高等学校烹饪与营养教育专业教材

中国饮食文化

冯玉珠 / 主编

ZHONGGUO
YINSHI
WENHUA

中国轻工业出版社

图书在版编目（CIP）数据

中国饮食文化 / 冯玉珠主编. -- 北京：中国轻工业出版社，2024.9. --ISBN 978-7-5184-1481-9

Ⅰ. TS971.202

中国国家版本馆CIP数据核字第2024K59D29号

责任编辑：方　晓

文字编辑：秦宏宇　　　　责任终审：腾炎福　　设计制作：锋尚设计
策划编辑：史祖福　方　晓　责任校对：晋　洁　　责任监印：张　可

出版发行：中国轻工业出版社（北京鲁谷东街5号，邮编：100040）

印　　刷：艺堂印刷（天津）有限公司

经　　销：各地新华书店

版　　次：2024年9月第1版第1次印刷

开　　本：787×1092　1/16　印张：15.75

字　　数：362千字

书　　号：ISBN 978-7-5184-1481-9　定价：49.00元

邮购电话：010-85119873

发行电话：010-85119832　010-85119912

网　　址：http://www.chlip.com.cn

Email：club@chlip.com.cn

版权所有　侵权必究

如发现图书残缺请与我社邮购联系调换

230575J1X101ZBW

本书编写成员

主　　编：冯玉珠

副主编：杜密英

参　　编：王　宏　王　娜　张玲娜　王　凡
　　　　　王　颖　叶　婷　李子薇　张姝馨
　　　　　商辰辰

PREFACE 前 言

习近平总书记指出，要讲清楚中华优秀传统文化的历史渊源、发展脉络、基本走向，讲清楚中华文化的独特创造、价值理念、鲜明特色，增强文化自信和价值观自信。要认真汲取中华优秀传统文化的思想精华和道德精髓，大力弘扬以爱国主义为核心的民族精神和以改革创新为核心的时代精神，深入挖掘和阐发中华优秀传统文化讲仁爱、重民本、守诚信、崇正义、尚和合、求大同的时代价值，使中华优秀传统文化成为涵养社会主义核心价值观的重要源泉。

中国饮食文化是中华优秀传统文化的重要组成部分，也是中国物质文化和精神文化最典型、最生动的一种文化载体。在实现中华民族伟大复兴的关键时期，世界百年未有之大变局加速演进，改革发展稳定任务艰巨繁重，对外开放深入推进，重视和加强中国饮食文化教育，对深化爱国主义教育，提高青年一代，乃至于每一个中国人的民族自尊心、自信心和自豪感，增强民族凝聚力，实现中国特色饮食文化大繁荣，是一项具有战略意义的基础性工程。

本教材信息量大，覆盖面广，主要内容包括4篇共16章。其中，第一篇为"原理篇"，讲授"源远流长的饮食文化""汗牛充栋的饮食文献""厚重深邃的饮食思想""特色鲜明的饮食传统"；第二篇为"美食篇"，讲授"百吃不厌的主食面点""享誉中外的名菜佳肴""各具特色的风味小吃""奇正互变的烹调技艺"；第三篇为"酒水篇"，讲授"中国饮食中的水文化""惊艳世界的中国茶饮""香飘万里的千年酒风""后来居上的咖啡文化"；第四篇为"综合篇"，讲授"华美丰盛的筵席宴会""绚丽多彩的食俗食礼""深藏智慧的饮食养生""走向世界的饮食文化"。全书内容丰富新颖，结构合理清晰，全方位展示了源远流长的中国饮食文化对社会生活各方面产生的巨大影响。

本教材注重思想性，突出教材思政。通过挖掘中国饮食文化中蕴含的思政元素，如家国情怀、文化自信、道德品质、奉献精神、创新思维、审美情趣、全球视野等，将习近平文化思想融入教学内容。教材每章以案例形式导入，每章开头的教学目标分为"知识目标""能力目标"和"思政目标"，章中插入知识链接，章末设"思考题"与"课外选读文献"。同时，本书引经据典，图文并茂，集学术性、科普性、通俗性为一体，是一本不可多得的兼具理论深度和实现细节的教材，既可作为高等学校烹饪、餐饮、酒店、旅游及相关专业的必修课教材和教师教学用书，也可作为高等学校通识类公共选修课教材，还可作为餐饮相关产业从业者和其他饮食文化爱好者的参考资料。

本书由河北师范大学家政学院冯玉珠教授主编,桂林旅游学院休闲与健康学院杜密英教授任副主编。参加编写的还有岭南师范学院食品科学与工程学院副教授王宏,黄山学院旅游学院讲师王娜,徐州开放大学教师张玲娜以及河北师范大学家政学院王凡、王颖、叶婷、李子薇、张姝馨、商辰辰。在编写过程中,参考和借鉴了国内众多专家和学者的最新研究成果和教改成果,在此一并表示衷心的感谢!

由于编者学识水平和经验有限,书中错漏和不妥之处,恳请广大读者给予批评指正。

编者

2024年2月

CONTENTS 目 录

导论：弘扬中国饮食文化
凝聚中华民族向心力 / 001

01 原理篇

第一章　源远流长的饮食文化 / 012

第一节　野性天然的远古饮食文化 / 013
第二节　古朴醇厚的先秦饮食文化 / 014
第三节　独具特色的秦汉饮食文化 / 019
第四节　胡汉交融的魏晋南北朝饮食文化 / 021
第五节　鼎盛繁荣的隋唐饮食文化 / 023
第六节　雅俗并存的两宋饮食文化 / 025
第七节　豪爽大气的元代饮食文化 / 030
第八节　由简而奢的明代饮食文化 / 032
第九节　满汉合璧的清朝饮食文化 / 033

第二章　汗牛充栋的饮食文献 / 037

第一节　中国饮食文献的概念和分类 / 038
第二节　中国饮食文献的特点和作用 / 043
第三节　中国饮食古籍经典名著名篇选介 / 044

第三章　厚重深邃的饮食思想 / 051

第一节　中国饮食思想的形成 / 052
第二节　中国饮食思想的源头 / 053
第三节　中国饮食思想认同的基础 / 056

第四章 特色鲜明的饮食传统 / 058

第一节　中国饮食文化的民族传统 / 059
第二节　中国饮食文化的基本特征 / 062
第三节　中国饮食文化的价值系统 / 065

02 美食篇

第五章 百吃不厌的主食面点 / 072

第一节　中国主副食文化形成 / 073
第二节　中国主食文化 / 076
第三节　中国面点文化 / 080

第六章 享誉中外的名菜佳肴 / 086

第一节　中国菜肴的概念和分类 / 087
第二节　中国菜单文化 / 095
第三节　中国菜谱文化与菜谱学 / 097

第七章 各具特色的风味小吃 / 101

第一节　小吃的内涵及种类 / 102
第二节　小吃的特点和作用 / 103
第三节　特色小吃文化资源举隅 / 106

第八章 奇正互变的烹调技艺 / 109

第一节　烹和食物加热技术 / 110
第二节　"调和鼎鼐"的调和原理 / 113
第三节　中国烹调文化的基本特点 / 115

03 酒水篇

第九章　中国饮食中的水文化 / 120

第一节　中国人的"喝热水"文化 / 121
第二节　健康科学喝水 / 125
第三节　水和中国饮食文化的关系 / 127

第十章　惊艳世界的中国茶饮 / 130

第一节　中国茶文化及其相关概念 / 131
第二节　中国茶文化的形成与发展 / 133
第三节　中国茶文化资源 / 138
第四节　世界非遗"中国传统制茶技艺及其相关习俗"
　　　　项目解读 / 147

第十一章　香飘万里的千年酒风 / 153

第一节　中国酒文化的内涵和表现形式 / 154
第二节　中国酒文化资源 / 155
第三节　中国酒文化的特点 / 162
第四节　饮酒与健康 / 164

第十二章　后来居上的咖啡文化 / 168

第一节　中国咖啡文化的产生与发展 / 169
第二节　中国咖啡地理 / 172
第三节　中国咖啡文化的特点 / 173

04 综合篇

第十三章 华美丰盛的筵席宴会 / 178

第一节 中国筵宴的特点和作用 / 179
第二节 中国筵宴的起源和发展 / 181
第三节 筵宴食品的基本格局 / 187
第四节 中国筵宴的分类及古典名宴赏析 / 189

第十四章 绚丽多彩的食俗食礼 / 196

第一节 饮食风俗的内涵 / 197
第二节 饮食风俗的主要内容 / 199
第三节 饮食礼仪的概念和功能 / 205
第四节 中国古代饮食礼仪 / 207
第五节 现代饮食礼仪 / 210

第十五章 深藏智慧的饮食养生 / 221

第一节 中国饮食养生文化的主要概念 / 221
第二节 中国饮食养生文化的起源和发展 / 223
第三节 传统饮食养生的观念和法则 / 225
第四节 中国居民膳食指南 / 229

第十六章 走向世界的饮食文化 / 232

第一节 中国饮食文化走向世界的历史 / 233
第二节 中国饮食文化走向世界的意义 / 235
第三节 中国饮食文化走向世界的主体和方法 / 237

参考文献 / 242

导论：
弘扬中国饮食文化　凝聚中华民族向心力

"国以民为本，民以食为天。"中国文化的许多方面都与饮食有着千丝万缕的联系。大到治国之道，小到人际往来，举凡哲学、政治学、经济学、伦理学、军事学、医学以至艺术学、文学等，无不在饮食中借用概念，甚至获取灵感。久而久之，便形成了世界上独一无二的中国饮食文化。

一、中国饮食文化的内涵

（一）"文化"界说

文化是一个很大的概念，对文化概念的界定也是个非常复杂的问题，以至于很多年来人们对它的争论几乎没有停止过。众多专家学者从不同的角度对它进行界定，甚至同一个角度都得出不同的结论，所以到目前为止国内外仍无法形成公认的统一定论。但是，我们要讨论"中国饮食文化"，必须先从"文化"的基本概念入手。

1. 中国古代语境中的"文化"

在中国古代文献中，"文"与"化"作为两个单个的汉字，很长时间是分开使用的。"文"字最早可见于商代甲骨文，形似身有花纹袒胸而立之人，后引申为各色交错的纹理。《易·系辞下》载："物相杂，故曰文。"《礼记·乐记》称："五色成文而不乱。"《说文解字》称："文，错画也，象交文。"由此衍生，又有色彩、纹理、文字、文章、条文、条理、装饰等意义，引申为事物的"道理"（结构、秩序等）。

"化"字最早为商代金文，是正反两个人形。左部像一个面朝左侧立的人，右部像一个倒立的人。也有的字形左部是倒立的人，右部是正立的人。"化"在古汉语里是一个动词，主要指事物动态变化的过程。其本意有三个层面：一是变化，二是生成，三是造化。《庄子·逍遥游》中有"化而为鸟，其名为鹏"，这里的"化"即指变化。《易经·系辞下》中有"男女构精，万物化生"，这里的"化"即生成。《礼记·中庸》中说"可以赞天地之化育"，这里的"化"又有"造化"的含义。

将"文"与"化"并联在一句话中使用，是春秋战国以后的事情，最早见于《周易·贲·象传》："……天文也。文明以止，人文也。观乎天文，以察时变。观乎人文，以化成天下。"这段话里的"文"，即从纹理之义演化而来。日月往来交错文饰于天，即"天文"，亦即天道自然规律。同样，"人文"指人伦社会规律，即社会生活中人与人之间纵横交织的关系，如君臣、父子、夫妇、兄弟、朋友等构成复杂交错，具有纹理表象。这段话的意思是治国者须观察天文，以明了时序之变化，又须观察人文，使天下之人均能遵从文明礼仪，行为止其所当止。在这里，"人文"与"化成天下"紧密联系，"以文教化"的意思显而易见。

至西汉，刘向作《说苑》，始将"文""化"二字正式联为一词。该书《指武》篇曰："圣人之治天下也，先文德而后武力。凡武之兴，为不服也；文化不改，然后加诛。夫下愚不移，纯德之所不能化，而后武力加焉。"其后，晋人束晳《补亡诗·由仪》云："文化内辑，武功外悠。"意思是"言以文化辑和于内，用武德加于外远也"。十分明显，在汉语系统中，

"文化"一词的本义是与"武功""武力"相对的,指以文德教化天下,这里面既有政治主张,又有伦理意义。"文化"表示用人的标准和尺度去改变对象的行为过程及其结果。

2. 西方语境中的"文化"

在西方各民族语言系统中,亦多有与"文化"对应的词汇,不过它们相互之间还有细微差别。如拉丁文"Culture",原形为动词,含有耕种、居住、练习、注意等多重意义。与拉丁文同属印欧语系的英文、法文,也用"Culture"来表示栽培、种植之意,并由此引申为对人的性情的陶冶、品德的教养,这就与中国古代"文化"一词的"文治教化"的内涵比较接近。所不同的是,中国的"文化"一开始就专注于精神领域,而"Culture"却是从人类的物质生活活动生发,继而引申到精神活动领域。

3. "文化"的本质

说到底,文化就是"人化"和"化人"。"人化"是按人的方式改变、改造世界,使任何事物都带上人文的性质;"化人"是反过来,再用这些改造世界的成果来培养人、装备人、提高人,使人的发展更全面、更自由。"化人"是"人化"的一个环节和成果、层次和境界。

"文化"这个词,是用一个整体性的抽象概念,给人类生存发展的这种根本方式、基本过程、基本状态和总体成果本身,作出的一个概括性描述。所以恩格斯说,对人类而言,"文化上的每一个进步,都是迈向自由的一步"。

这样理解文化的本质,要注意两点:第一,文化是一个最体现"以人为本"的概念。文化并不在人之外而独立存在,它不是一个"筐",倒像是"颜色"(任何物体都有颜色)。文化是任何人的活动都具有的"色彩",也就是人的思想、感情、活动及其结果中所包含并表现出来的特征和意义;第二,"文化"主要是个动词。梁漱溟说,文化归根到底也就是"人的生活样式"。不要把它只当作一个名词,企图寻找某个现成的"东西"来代表文化,而要联系人的活动方式和过程,注重人的"生活样式"来理解文化。总之,理解文化就是理解人。①

随着社会的发展和人类社会的进步,"文化"已逐渐成为一个内涵、外延都十分广阔的名词。

首先,文化是一种社会现象,它与人类社会息息相关,深深扎根于人类社会的各个生活领域。自然界在被人类化的漫长、复杂过程中,逐渐地产生了文化,是人类共同生活的需要。

其次,文化不仅是由人类社会独立创造的所有物质与精神产品的总和,而且还包括各种社会意识形态,例如:语言、科技、教育、文学、艺术、卫生、体育、制度与风俗等方面。

文化的分类方法有多种,但是无论是两分法、三分法、四分法还是六分法,都是包含于人类社会所有物质与精神领域之内,如宗教信仰文化、社会关系文化、制度文化、风俗文化、语言文化等。

(二)饮食文化的定义

1. "饮食"的含义

"饮"的繁体字为"飲",属会意字,右边是人形,左上边是人伸着舌头,左下边是酒坛(酉),像人伸着舌头向酒坛饮酒,本义指喝。

---

① 李德顺. 什么是文化[N]. 光明日报,2012-03-26(05).

在古文中，"饮"字的含义有三：一指饮料，二指喝，三指以饮料给人或畜饮。"食"字的含义与饮食有关者也有三：一指食物，二指吃，三指以食予人。"饮食"两字的不同含义，至西周时犹然。这从当时王室及贵族士大夫的饮食结构中可以清楚地看出。如《周礼·天官冢宰·膳夫》："掌王之食饮、膳羞，以养王及后、世子。凡王之馈，食用六谷，膳用六牲，饮用六清，羞用百有二十品，珍用八物，酱用百有二十瓮。"

在甲骨文中，"食"字的上面，像一个盖子，下面像装食物的容器，里面装满了主食。有的甲骨文两侧还有几点，表示的是漏下的米粒。所以，大多数人认为"食"字的本义就是食物。也有学者认为上面的这个"亼（jí）"不是盖子，而是表示人张着的口，正低头准备吃容器中的食物，认为它的本义是"吃"。东汉许慎《说文解字》："食，亼米也。"亼，是集、聚集，意思是集众米而成食。引申以后，人吃饭也谓之食。《说文解字》又说："饭，食也。"汉代刘熙《释名》："食，殖也，所以自生殖也。""食"与"殖"同声，故而"食"有"生殖"的意思，指人类生命自身的保持与繁衍，没有饮食则没有生命，也就没有生命的延续。正如《韩非子》所说："人上不属天，而下不着地，以肠胃为根本，不食则不能活。"

"饮食"一词，始见于《周易》。《周易·需》："《象》曰：云上于天，需。君子以饮食宴乐。"《周易·颐》："《象》曰：山下有雷，颐。君子以慎言语，节饮食。"春秋战国时期，先人在日常生活中，已经常使用"饮食"这个词了，例如《礼记》中所记载的"饮食男女"，而且常用"食"字来替代"饮食"一词，例如孔子所言"君子食无求饱"等。大约到了秦汉时期，出现了"饮"字与"食"字两字互为通用的情形，即"饮"字或"食"字都可以代表"饮食"一词。

"饮食"一词发展到现在，其内涵和外延已经变得相当宽泛。广义的"饮食"，不仅包括了人们的吃和喝，而且还包括食品生产加工的过程，以及制成的饮食产品。换句话说，"饮食"包括三个部分：一是饮食原料的加工生产，即制成产品的过程；二是制成的产品即饮食品；三是对饮食品的消费，即吃和喝。狭义的"饮食"，仅仅指的是饮食品的消费过程。

当然，古汉语中还有"食饮"一词，如《黄帝内经·灵枢》中"食饮入而还出""喜怒不适，食饮不节""食饮者，热无灼灼，寒无沧沧"等。

2. 饮食文化的概念

饮食是人类生存的第一需要。动物要生存，就必须饮食。然而，只有人类才有饮食文化，而且自从有了人类就有了饮食文化。随着人类文明程度的不断提高，通过有意识的劳动，获取或生产食物原料，进行加工生产食品，并建立起与之相适应的饮食方式、制度规范，形成了一定的意识形态、饮食风俗，饮食文化不断丰富和发展。

不过，"饮食文化"作为一个学术概念，大约出现于20世纪70年代末80年代初。据有关研究，较早应用"饮食文化"一词的是陈炳卿主编的《营养与食品卫生学》（该书讲到"对社会营养的饮食文化调控"）[1]和刘芳本编的《德汉口语手册》（其中有"谈论饮食文化"）[2]。之后，黄伟民、冯正宝在《中国烹饪》杂志，发表了"东亚的饮食文化"[3]，林乃燊撰写了"从甲骨文看我国饮食文化的源流"[4]；杨文骐在中国展望出版社出版了《中国饮食文化和食品工

---

[1] 陈炳卿. 营养与食品卫生学[M]. 3版. 北京：人民卫生出版社，1981：118.
[2] 刘芳本. 德汉口语手册[M]. 北京：外语教学与研究出版社，1981：292-296.
[3] 黄伟民，冯正宝. 东亚的饮食文化[J]. 中国烹饪，1982，（2）：2.
[4] 林乃燊. 从甲骨文看我国饮食文化的源流[J]. 中国烹饪，1983，（12）：8-11.

业发展简史》一书。

在此之前，孙中山先生提出了中国"饭食文化"。他在一次讲演中说："我们每天所靠来养生活的粮食，分类说起来最重要的有四种：第一种是吃空气，就是吃风。第二种是吃水。第三种是吃动物，就是吃肉。第四种是吃植物，就是吃五谷果蔬。这风、水、动物、植物四种东西，就是人类四种重要粮食……中国是文化很老的国家，所以中国人多是吃植物……中国有了四千多年的文明，我们饭食的文化是比欧美进步得多。"①陶文台先生在《中国饮食文化简论》中指出："（孙先生）这里的饭食，包括'饮'水在内，即今日所谓饮食文化。我国饮食文化历史悠久，从用火熟食开始，至少也有180万年了，经常用火也有几十万年了。但把饭食明确提到文化高度来创意的第一人，应该说是孙中山先生。"②

赵荣光先生在《全球化大趋势下中国餐饮文化的选择历程与趋向》一文中指出："20世纪80年代以来，学术界、院校教科书及知识界对'饮食文化'普遍认同的理解是：'饮食文化'是人们在食物原料开发利用、食品制作和饮食消费过程中的技术、科学、艺术以及以饮食为基础的习俗、传统、思想和哲学，即由人们食生产和食生活的方式、过程、功能等构成的全部食事总和。"③

饮食文化一词体现了人们对"吃"这种行为的看法，即"吃"是一种文化。"吃"超出了生理需要本身，引申为一种符号，满足人们的某种心理需要。例如在中国，春节要吃饺子，"饺子"是"交子"的谐音，意思是新旧更替；除夕吃鱼，取"余"的谐音，意思是年年有余，是一种祝愿和愿望。"喝"这种行为也不仅是解渴，而更具社会意义和文化意义。请喝酒的意义并不在于喝酒本身，而是为某种交际目的而组织的社交活动。随着饮食文化而产生的精美器具和烦琐的礼节更加体现了饮食的文化性。

广义的饮食文化涵盖了人类在饮食品的生产、产品和产品消费中所创造并积累的一切文化。狭义的饮食文化仅指人类在饮食品的消费中所创造并积累的文化。

饮食文化是相当复杂的人类社会生活现象，它几乎同人类的任何文化都有程度不同的关系。从存在形态来看，饮食文化包括物质形态的饮食文化、制度形态的饮食文化、行为形态的饮食文化和社会心理形态的饮食文化。

> 夫饮食者，至寻常、至易行之事也，亦人生至重要之事而不可一日或缺者也。
>
> 凡一切人类、物类皆能行之，婴孩一出母胎则能之，雏鸡一脱蛋壳则能之，无待于教者也。
>
> 然吾人试以饮食一事，反躬自问，究能知其底蕴者乎？
>
> 不独普通一般人不能知之，即近代之科学已大有发明，而专门之生理学家、医药学家、卫生学家、物理家、化学家，有专心致志以研究于饮食一道者，至今已数百年来亦尚未能穷其究竟者也。
>
> ——孙中山《建国方略》

---

① 孙中山. 三民主义[M]. 上海：东方出版社，2014：226-227.
② 郭立久，许先. 不断创意发展饮食文化. 中国烹饪协会编. 中国餐饮20年文集[M]. 2007：142-146.
③ 赵荣光. 全球化大趋势下中国餐饮文化的选择历程与趋向[J]. 饮食文化研究，2005（2）：3-18.

（三）中国饮食文化的概念界定

中国饮食文化就是在中国的土地上由中国人所创造的饮食文化，而创造中国饮食文化的主体是中国人。

中国自古以来就是统一的多民族国家，中华民族是中国五十六个民族的集合体。中国饮食文化即中华饮食文化，是我国五十六个民族共同创造的饮食文化集合体，中华民族是中国饮食文化的创造主体。

陶文台先生在分析中国饮食文化的内涵和本质时指出："中国饮食文化也有广义、狭义之分。一般多指广义，即中华各族人民长期奋斗、共同努力所创造的与饮食相关的物质与精神财富的总和，包括食源的开拓、食物原料的选择、运输、储存，取食和造食工具的创造，能源的开发利用，食品加工技术的形成与提高，美食的创造，食器的改进等；还包括饮食知识经验的总结与积累，如食医、食疗的发展，食经、食谱的记录整理，食礼和食俗的制定和遵守，饮食哲学观点的升华等，还包括有关饮食的文化活动，如食歌、食舞、食画、食文、食语、食诗、食剧、食境、食教育、食报刊等。"（见《中国饮食文化简论》）。[1]

中国饮食文化从远古延续至今，已有五千多年的发展历史。其中，从夏、商、周以来至清末鸦片战争前的这一大段属于中国传统饮食文化的范畴，它是中华民族在特定的地理环境、经济形式、政治结构、意识形态的作用下，世代形成、积淀，并为大多数人所认同而流传下来的中国古代饮食文化，至今仍在影响着我们当代的饮食文化。在中国特色社会主义新时代，仍然需要在马克思主义指导下，"取其精华，去其糟粕，结合时代精神加以继承和发展，做到古为今用"。

中国饮食文化是中国文化的重要组成部分，它反映了人民生活方式和价值观念，也是中华民族的重要文化遗产之一。中国饮食文化不仅包括中国饮食的制作和享用方式，还涵盖餐桌礼仪、餐饮器具等方面，各地的饮食文化也各具特色。

二、中国饮食文化的地位

饮食是一种文化。在中国，饮食早已超越了维持生存的作用，它的目的不仅是为了获得肉体的存在，而且是为了满足人的精神对于快感的需求。它是人们积极的充实人生的表现，和美术、音乐等等有着同样的提高人生境界的意义。

从沿革看，中国饮食文化延绵约243万年[2]，分为生食、熟食、自然烹饪、科学烹饪4个发展阶段，产生了多种传统菜点、工业食物，以及五光十色的筵宴和流光溢彩的风味流派，获得"烹饪王国"的美誉。

从内涵上看，中国饮食文化涉及食源的开发与利用、食具的运用与创新、食品的生产与消费、餐饮的服务与接待、餐饮业与食品业的经营与管理，以及饮食与国泰民安、饮食与文学艺术、饮食与人生境界的关系等，深厚广博。

从外延看，中国饮食文化可以从时代与技法、地域与经济、民族与宗教、食品与食具、消费与层次、民俗与功能等多种角度进行分类，展示出不同的文化品位，体现出不同的使用价值，异彩纷呈。

---

[1] 郭立久，许先. 不断创意发展饮食文化)［M］//中国烹饪协会，编. 中国餐饮20年文集. 北京：中国轻工业出版社，2007：142-146.
[2] 约243万年前的西侯度遗址，是目前中国已知最早的旧石器时代文化遗址之一，保存着中国最早的人类用火实证。

从特质看，中国饮食文化突出养助益充的营卫论（素食为主，重视药膳和进补），五味调和的境界说（风味鲜明，适口者珍，有"舌头菜"之誉），奇正互变的烹调法（厨规为本，灵活变通），畅神怡情的美食观（文质彬彬，寓教于食）等四大属性，有着不同于海外各国饮食文化的独特性。

从影响看，中国饮食文化直接影响日本、蒙古、朝鲜、韩国、泰国、新加坡等国家，是东方饮食文化圈的轴心；与此同时，它还间接影响欧洲、美洲、非洲和大洋洲，像中国的素食文化、茶文化、酱醋、面食、药膳、陶瓷餐具和大豆等，都惠及全世界数十亿人。

从作用看，中国饮食文化是中国传统文化的根基，是传承文明的纽带。饮食文化是一个国家和民族物质文明和精神文明发展的标尺，是一个民族文化本质特征的集中体现，也是考察一个民族历史文化与心理特征的社会化石。[1]人类学家、美国科学院院士、哈佛大学教授张光直断言："达到一个文化核心的最佳途径之一，就是通过它的肚子。"[2]"吃"这一最为生物化、物质化的层面，可能是理解一个民族精神气质和精神内核最重要的切入点。如人类交往的主要工具——中国文字的产生源于饮食活动，《周易·系辞下》说："上古结绳而治，后世圣人易之以书契。"结绳文字主要是记食物的数量。再如，人类的宗教活动亦是从饮食活动中发展起来的。《诗经·小雅·楚茨》云："苾芬孝祀，神嗜饮食。卜尔百福，如幾如式。"还有中国的礼仪风俗也是从饮食活动中发轫的，《礼记·礼运》引用孔子的话说："夫礼之初，始诸饮食。"一个时代、一个地域的人们的饮食生活，对于其社会生活的各个方面均发生着深刻的影响。

在一定程度上说，饮食文化是一个国家和民族物质文明和精神文明发展的标尺，是一个国家软实力建设的重要组成部分。比如，可口可乐、麦当劳、肯德基同好莱坞大片一样，代表了美国的文化与价值观，隐含的商业信用、经营理念与经营手法，处处显示着美国的文化与软实力。而建立在中华文化统一道德观、社会观、价值观基础上的中国饮食文化[3]，也是我们最大的文化财富与借此走遍世界的强大软实力之一。

总之，中国饮食文化是一种广视野、深层次、多角度、高品位的悠久区域文化，是中华各族人民在多年的生产和生活实践中，在食源开发、食具研制、食品调理、营养保健和饮食审美等方面创造、积累并且影响着周边和世界的物质财富和精神财富。

三、中国饮食文化课程教学建议

目前，国内许多烹饪、餐饮、酒店、旅游、商业、农业、食品类等高等院校，甚至一些综合性大学，都开设了中国饮食文化课程。本课程具有"一广、二多、三强"的特点。"一广"是指知识面广，饮食文化研究涉及自然科学、社会科学、哲学、艺术等多领域多学科知识。"二多"是指内容多，知识交叉点多，课程内容庞大。"三强"是指基础性强、理论性强、操作性强，其教学、研究内容可直接服务企业或生活实践。为此，我们提出如下教学建议，可根据实际情况进行调整。

---

[1] 姚伟钧. 饮食：中国传统文化的根基[J]. 南宁职业技术学院学报，2014，19（04）：1-5.
[2] 李波. 吃垮中国？——口腔文化的宿命[M]. 2版. 北京：光明日报出版社，2005：309.
[3] 蒋梅. 饮食文化是构建国家文化软实力的重要组成[N]. 中国食品报，2012-01-31（A2）.

（一）课程目标

1. 知识目标

了解中国饮食文化的历史渊源、发展脉络和基本特点，掌握中国饮食文化的内涵和外延，理解中国饮食文化的独特魅力和多元价值；了解并掌握中国主食面点文化、菜肴文化、小吃文化、烹调文化、水文化、茶文化、酒文化、咖啡文化、筵宴文化、食俗食礼文化、饮食养生文化、饮食文化历史人物、饮食民俗文化、饮食礼仪文化的基本知识；理解中国饮食文化走向世界的意义和方法路径。

2. 能力目标

能够运用所学知识分析、评价和鉴赏中国饮食文化，提高对中国饮食文化的认知水平；培养良好的沟通能力和交流合作能力；能够从中国饮食文化中汲取灵感，培养创新思维和创新能力，推动中国饮食文化传承和发展。

3. 思政目标

文化自信与传承：弘扬中华优秀传统文化，增强对中国饮食文化的自信心和自豪感，激发对中国传统文化的热爱和传承意识。

价值观塑造：树立正确的价值观，包括尊重传统、崇尚创新、注重和谐、倡导健康等。培养家国情怀和民族精神，增强社会责任感和担当精神。

将中国饮食文化与社会主义核心价值观相结合，认识和理解中国饮食文化中的道德伦理、文化交流和社会责任等方面的内涵，树立正确的道德观念和行为准则，强调诚信经营、注重卫生、尊重食材等方面的道德规范。

审美情趣：欣赏中国饮食的色香味形，理解中国饮食所蕴含的哲学思想和艺术精神，培养的审美能力和文化品位。

全球视野：在学习中国饮食文化的同时，了解世界各地的饮食文化，认识不同文化之间的交流与碰撞，培养国际视野和跨文化沟通能力。

（二）教学内容

中国饮食文化源远流长，博大精深，涉及自然科学、社会科学、哲学、艺术等多领域多学科知识，用有限的课时来学习庞大的知识体系有一定困难。本教材按照全面系统、重点突出、思想性和时代性原则构建了如下教学内容。

第一部分为"原理篇"，讲授"源远流长的饮食文化""汗牛充栋的饮食文献""厚重深邃的饮食思想""特色鲜明的饮食传统"。

第二部分为"美食篇"，讲授"百吃不厌的主食面点""享誉中外的名菜佳肴""各具特色的风味小吃""奇正互变的烹调技艺"。

第三部分为"酒水篇"，讲授"中国饮食中的水文化""惊艳世界的中国茶饮""香飘万里的千年酒风""后来居上的咖啡文化"。

第四部分为"综合篇"，讲授"华美丰盛的筵席宴会""绚丽多彩的食俗食礼""深藏智慧的饮食养生""走向世界的饮食文化"。

各院校可按照"抓住重点、兼顾一般"的原则谋篇布局，对教学内容进行适当增减加工，根据实际情况选学或详略讲授。

（三）教学策略与方法

1. 以习近平文化思想为引领，加强中国饮食文化研究阐释

习近平文化思想视野宏大、立意高远、思想深邃、内涵丰富，为中国饮食文化教育普及

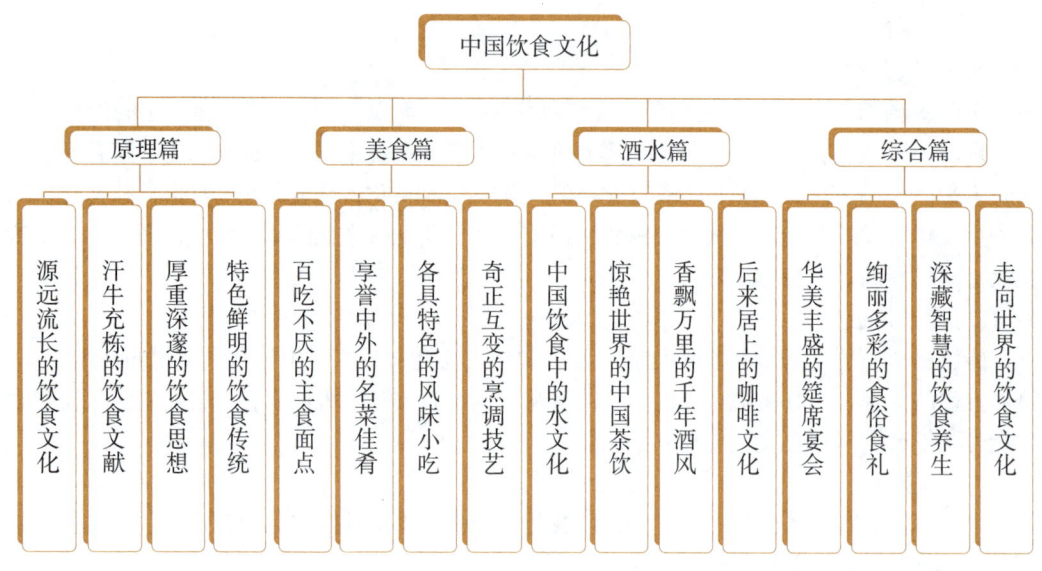

中国饮食文化教材内容结构图

指明目标方向和实现路径。在此背景下，首先，要真学真懂真信真用这一伟大思想，并将重点放在"坚定文化自信""两个结合""七个着力""新的文化使命"等方面，将习近平文化思想融入中国饮食文化教学全过程。其次，应加强中国饮食文化的研究阐释，深入研究阐释中国饮食文化的历史渊源、发展脉络、基本走向，着力构建中国饮食文化的思想体系、学术体系和话语体系。通过讲好中国饮食文化故事，来传播好中国声音，展示好中国形象。中国饮食文化只有通过有效的教育普及，才能获得认知认同与实践体验，成为活着的基因、不断的文脉。

2. 以OBE理念为基础，深化中国饮食文化课程教学改革

OBE（Outcomes-based Education）教育理念是一种以学生学习成果为导向的教育理念，包含"学生中心""成果导向""持续改进"三大核心要素。其中，"学生中心"是宗旨，"成果导向"是要求，"持续改进"是机制，特色是"逆向设计""正向实施"。在中国饮食文化课程教学中，第一，要明确中国饮食文化课程的整体教学目标以及每章的教学目标，包括知识目标、能力目标和素质目标；第二，应根据教学目标，设计中国饮食文化课程的教学内容，包括理论知识、实践技能和素质拓展等方面，并深入挖掘其中蕴含的思政元素，要注重教学内容的实用性和趣味性，激发学生的学习兴趣和积极性[1]；第三，可采用案例分析、小组讨论、角色扮演等多种教学方法，引导学生主动参与课堂活动，提高教学效果；第四，要制定科学的评价标准，采用考试、作品评价、口头报告等多种评价方式，全面了解学生的学习情况和能力水平；第五，应根据评价结果和反馈意见，对教学策略进行持续改进和调整，不断提高教学质量和效果。

3. 以混合式教学为抓手，推进中国饮食文化课程数字化建设

混合式教学需要结合线上和线下的教学资源，包括教材、课件、视频、网络资源等。将

---

[1] 李志鹏. OBE理念下应用型高校课程思政教学改革研究——以"中国饮食文化"课程为例[J]. 四川旅游学院学报，2021，（06）：1-4.

这些资源进行整合，形成系统化的教学内容，可以让学生在学习过程中获得更加全面和深入的知识。本教材的教学资源可在"轻工教学服务网"（http://edu.chlip.com.cn/blog）下载。

混合式教学需要将传统课堂教学与在线教学相结合。在课堂教学中，教师可以讲解理论知识、引导学生思考、组织讨论等；在线教学中，教师可以发布学习任务、提供学习资源、与学生互动等。通过两种教学模式的有机结合，可以更好地实现教学目标。

混合式教学需要学生采用多种学习方式，如自主学习、合作学习、探究学习等。通过自主学习，学生可以掌握基本知识；通过合作学习，学生可以提高团队协作能力；通过探究学习，学生可以深入思考问题，提高解决问题的能力。

混合式教学需要采用多元化的教学评价方式，包括过程评价、结果评价、学生自评、学生互评等。通过多元化的评价方式，可以全面了解学生的学习情况，发现学生的不足之处，并给予及时的指导和帮助。

在混合式教学中，教师的角色需要从传统的知识传授者转变为学习引导者和支持者。教师需要关注学生的学习过程，提供必要的指导和帮助，同时也要鼓励学生自主学习和合作学习，培养学生的学习能力和团队协作能力。

混合式教学需要充分利用现代信息技术手段，如在线课程平台、互动教学系统、移动学习APP等。通过技术应用与创新，可以更好地实现线上线下教学的有机融合，提高教学质量和效果。

文化前行，代有其责。在前进的道路上，我们要深入学习贯彻习近平文化思想，加强中国饮食文化研究阐释，贯彻OBE教育理念，普及中国饮食文化教育，更好担负起新的文化使命，切实增强铸就中国饮食文化新辉煌的责任担当。

01 原理篇

- 源远流长的饮食文化
- 汗牛充栋的饮食文献
- 厚重深邃的饮食思想
- 特色鲜明的饮食传统

第一章
源远流长的饮食文化

课程导入

《一馔千年》探索中华古代饮食文明的足迹

今天吃什么，是个问题？和谁一起吃，是更重要的议题！如果在餐桌上铺开一幅历史画卷，我们坐在时光这端，你希望哪位先贤老饕坐在那端？

是与首席美食博主苏东坡共话"东坡肉"的肥瘦相宜，还是与热爱江南之行的"驴友"乾隆皇帝聊聊白菜等的御赐冠名，又或者想问问曹雪芹"腐皮包子""松瓤鹅油卷"究竟做法如何，网友们的复刻DIY是不是那个味儿？……

在中央广播电视总台文艺节目中心原创推出的饮食文化探索节目《一馔千年》中，厨房也是历史舞台，餐桌可以成为穿越时空的任意门，那些家喻户晓的先贤老饕，那些只听过没尝过、令人浮想联翩的人间至味，那些活色生香、垂涎千载的传奇佳话……都在这间名为"一馔千年"的餐厅里活了起来。

《一馔千年》由《国家宝藏》原班人马倾力打造，这让节目自带精品基因。从"一眼千年"到"一馔千年"，从"国宝宇宙"到"美馔宇宙"，主创团队将探索历史、活化历史的触角探向中华文明五千年更核心的腹地，与千百年来祖祖辈辈的日常烟火气息息相关。

中国是世界文明古国之一，曾以高度发达繁荣的物质文明和精神文明，对人类发展的历史进程产生过举世瞩目的深远影响。其中，种类繁多、制作精美、工艺独特的美食和由此而派生出来的饮食文化，不但历史悠久、源远流长、内容宏富，是历朝历代社会发展进步的标志之一，而且对丰富完善世界饮食文化宝库做出过独特的贡献。

> 历史是一面镜子，从历史中，我们能够更好看清世界、参透生活、认识自己；历史也是一位智者，同历史对话，我们能够更好认识过去、把握当下、面向未来。"观古今于须臾，抚四海于一瞬"。没有历史感，文学家、艺术家就很难有丰富的灵感和深刻的思想。文学家、艺术家要结合史料进行艺术再现，必须有史识、史才、史德。
> ——习近平总书记在中国文联十大、中国作协九大开幕式上的讲话摘录

教学目标

◎ **知识目标**

了解中国饮食文化的发展历史，理解饮食文化和中国历史的关系，清楚不同时期中国饮食文化发展的主要特点。

◎ **能力目标**

能够从背景、条件和原因分析中国饮食文化各个时期发展的主要现象，能通过多种途径

拓展中国饮食文化历史方面的知识。

◎思政目标

弘扬以爱国主义为核心的民族精神，增强对祖国饮食历史与文化的认同感和自豪感。

第一节　野性天然的远古饮食文化

远古时代，指的是从人类出现到国家形成那段漫长的历史时期，大约起始于距今约243万年前的西侯度人，止于公元前21世纪夏王朝的建立，也就是原始社会，也称史前时期。

一、原始社会获取食材的方式

原始社会获取食材的方式，大致可以分为两种：一种是攫取，另一种是生产经济。

我国的史前文化与其他国家先民的历史步伐一样，起初也是运用攫取方法从自然界谋食，具体方式有采集、狩猎和捕鱼。

采集在旧石器时代有着举足轻重的作用，特点是来源比较稳定，因为那时的自然界，就如同一座无边的食物园，一年四季都有采集不完的食物。《韩非子·五蠹》上说："古者丈夫不耕，草木之实足食也；妇女不织，禽兽之皮足衣也。"

如果说采集主要是老人、妇女的活动，那么狩猎则是男人的主要谋生手段。因为狩猎对象多为凶猛动物，有出没于森林的虎、豹、剑齿象、毛冠鹿、巨貘、野猪等，有草原地带的三门马、肿骨鹿、牛、羊、鼠类，还有大角鹿、斑鹿等。但是当时猎取大型动物并不是轻而易举的，所以人们经常猎取较小的动物。在阴山岩画上，就记录有许多狩猎对象。

在史前时代，鱼类资源极其丰富。捕捉的方法也很简单，可以徒手捉鱼、掏鱼洞，也可以用木棒、鱼罩、弓箭、标枪、渔网等捕鱼。《初学记》上说："燧人之世，天下多水，故教人以渔。"

当时的饮食文化极其落后，人们过着衣不蔽体、茹毛饮血、食不果腹的生活。特点是利用简陋的工具，攫取自然界现成的食物，不进行任何人为的加工，完全靠大自然吃饭，这是比较低级、省事的谋食方式。

从距今大约1万年的时候，中华民族的先民就发明了农业和饲养业。

农业生产，使粮食逐渐成为先民生活中不可或缺的主食，粮食生产又推动了陶制炊食器的发展，陶制炊食器与烹饪之间又发生了互动式的演进，于是产生了各式器具、各种烹煮、各样调味，进而开始了对美器的追求，对美味的享受。

另外，新石器时代的家畜饲养业，同样深刻地影响了先民的饮食生活。饲养业丰富并部分地保证了先民肉食的来源，也调整了先民肉食的结构，比如先民以养猪、羊、牛等为主，这些牲畜也成了先民肉食中的主要成分。

当时，先民们因地制宜，在南方种植水稻捕捞鱼虾，创造了以稻米、羹鱼为特色的饮食文化，北方种植粟黍，饲养猪羊，创造了以食粟餐肉为特点的饮食文化，同时发明了酒，从而揭开了中国饮食文化的序幕。

二、原始社会的烹饪方式

在原始社会的绝大部分时间里，人们所经历的是生食时代：生吃瓜果根茎叶蔓，生食蚌蛤鱼虫鸟兽，生饮兽血湖泊河泉。这是"古者未有火化"的生食状态，我们中华典籍用"茹毛饮血"作经典概括。

在世界上，中国是最早发明用火的国家。专家认为，山西芮城西侯度是目前已知世界上最早的用火地点，距今约243万年。人类使用火是一种文化，这种文化又"点燃"了饮食文化的腾空"火焰"。周口店洞穴中的北京猿人留下的熟食遗迹，是人类历史上用火热食的光辉一页。

中国烹饪在"火"中诞生，在"火"中渐进渐行，在极其漫长的原始社会，烹饪技术曾发生过三次大的革命。

第一次是火的应用，带来了熟食生活。经过熟化的食物，芳香可口，易于消化，提高了营养价值，并且扩大了食物来源，从而提高了人类的物质生活水平。

第二次是陶器的发明，使煮食普及开来。人类用火之后，实现了熟食，但是烹饪技术简单，基本为烧烤法。尽管也发明了石烹法、竹筒煮食法，但受到种种限制，不易普及。陶器发明和使用以后，相应地普及了煮食方法，这一点尤其适应农业部落的需要。煮食的食物，比较熟化，容易消化，避免了烧煳造成的损失，扩大了食物种类，是比较优越的烹饪方式。这个革命，发生于距今1万年前后的陶器出现时期，它与农耕的发明几乎同步，并随着农业的发展而普及开来。

第三次是陶甑的发明，促进了人类从煮食向蒸食的过渡。以陶器煮熟食物，是远古时期最流行的熟食方法，但是陶质脆弱，食物容易烧煳烧焦并导致陶器的破损，因此陶器煮食，基本是煮粥、煮汤，不能直接煮干饭，这是陶质炊具的局限性。但是人类的烹饪技术并没有止步，在距今7000年前后，又发明了一种新式的炊具，那就是陶甑。后来又发明了甗，陶甑放在一般炊具上，陶甗是炊具与甑的合一，它们都不是在陶器上直接煮食物，而是在炊具内沸水上架箅子，利用蒸汽熟化食物，这是人类对蒸汽的最初开发和应用。这样既保护了炊具，防止食物烧焦，又能蒸干饭。陶器在烹饪史上具有划时代的意义，开创了中国烹饪技术的新时代。

三、原始社会的饮食分化

原始社会的饮食，就其形式而言，长期以来是氏族的共食。到了原始社会晚期，才发生重大变化，开始产生个体家庭消费，出现了贫富分化。少数氏族显贵、部落首领、祭司，过着高人一等的生活，出现了少数食肉族。

原始社会晚期，不同阶层的人有不同的食谱。贵族以荤食为特点，酒足饭饱；平民百姓则以素食为特点，有些人则常常受到饥饿的威胁，过着艰苦的生活。

总之，在史前时期，人们经历了从被动的采集、渔猎到主动的种植、养殖；从最初的茹毛饮血到用火熟食；从无炊具的火烹到借助石板的石烹，再到使用陶器的陶烹；从原始的自然烹饪到调味品的使用；从单纯的满足口腹到祭祀、食礼的出现。祖先们在饮食上显示出来的智慧让人惊叹！他们揭开了中国饮食文化的序幕。

第二节　古朴醇厚的先秦饮食文化

先秦时期是一个古朴而礼乐繁荣的遥远时代。在那个精致而考究的时代，一餐一饭、一盘一碗，都有精细的区分。也许在我们现代人眼中，这些遥远的名称过于考究和烦冗，但它们可以帮助我们从时光的缝隙中窥见先秦的风雅。

一、夏朝贵族的饮食

（一）钟鸣鼎食

中国社会自夏代起就已进入青铜器时代，由于食物资源的扩充，人们开始用铜制炊具和刀具，将原料切成小块，使用动物油烹制肉类及蔬菜，这就使烹饪技术进步到了油烹法。

随着生产力的飞跃发展，社会生活的各个方面发生了深刻的变化。夏朝的豪门贵族吃饭时要奏乐击钟，用鼎盛着各种珍贵食品，这一时期的饮食文化可以概括为"钟鸣鼎食"。

在夏朝的国家组织中，已设有庖正一职。庖就是厨房，庖人就是厨师，庖正是中国夏朝的一个职官的名称，负责掌管饮食，为庖人之长。《周礼·天官冢宰》记载，王室管膳食的主要机构约20多个，这些机构的工作人员达2300多人，分工极为精细。

我国的宴会制度、进餐制度在此时也初步形成。《周礼》《仪礼》中记录下了对天子、诸侯、士的进餐规定。什么人吃、吃什么、放什么调味品、用什么食具、奏什么乐等都有极其苛细、烦琐的规定。这一时期在饮食卫生方面也有所建树，《周礼·食医》形成了"春多酸，夏多苦，秋多辛，冬多咸，调以滑甘"的食医理论。

夏朝的贵族阶级们在进食时好以音乐、歌舞来助兴，用来强调气氛、激荡情绪、增进食欲，张大威仪。《墨子·非乐上》说"启乃淫溢康乐，野于饮食。将将铭苋磬以力。湛浊于酒，渝食于野。万舞翼翼，章闻于天，天用弗式。"《夏书·五子之歌》说太康"甘酒嗜音，峻宇雕墙。"《新序·刺奢》说夏桀"纵靡靡之乐，一鼓而牛饮者三千人。"诸如此类的传闻虽有夸拟不实成分，但夏代贵族成员的以乐侑食是可以与考古发现相印证的。

（二）钧台之享

"钧台之享"是夏代初年发生的重大历史事件。《左传·昭公四年》记载"夏启有钧台之享"。《竹书纪年》记载"元年癸亥，帝即位于夏邑，大飨诸侯于钧台。"

"钧台"之"钧"是指中央之天——钧天。在我国古代宗教观念中，天有九个分野，即九天，钧天是中央之天，是上帝群神居住的地方。因而钧台就是钧天之台，是为上帝群神修建的台坛。有人认为在今河南禹州市境内，也有人认为在今山西襄汾崇山一带，还有人说在今鲁西南一带。"享"本身就有两层意思：一是献祭；二是通"飨"，就是请客吃饭而已。

"钧台之享"是夏启剿灭有扈氏后，为废除传统的部落禅让制，巩固王权，确立王位世袭，召集各地方国首领，举行的一场盛大的献祭神灵的活动，同时这也是一次重要的方国盟会。这次盟会确立了夏启"共主"地位，奠定了夏王朝家家天下的政治基础，是我国文明时代开端的重要标志，同时也是我国饮食史上首次有记载的宴会，是上古的一次重要饭局。夏启召集各方诸侯一起参加祭祀活动，并作为东家请客吃饭、联络感情。名为吃饭，实际上是表态和站队。

（三）青海发现喇家遗址：4000年前的面条

2002年，考古人员在青海省新石器时代齐家文化层的喇家遗址进行发掘时，无意间在一堆破碎的陶器中，发现了一只红色的倒置的陶土碗。在这个碗中，有面条状的遗物，长约50厘米，直径约0.3厘米，粗细均匀，颜色鲜黄，与现在的拉面形态相似。后来经过研究分析才发现这碗里的东西，竟然是世界上最早的面条，其主要的材料是粟，也就是小米，还有少量的黍，也就是黄米，以及其他调料。

这一发现可以说震惊了世界,因为这碗面条已经有约4000年历史,直接将面条的历史大大提前了,同时也让一直在争夺世界最早面条诞生地的意大利和阿拉伯等国家偃旗息鼓。

(四)华夏第一爵:夏代乳钉纹青铜爵

在夏代,水利的发展大大促进农业发展,于是产生了大量的粮食,造酒行业也开始兴起。新石器时代后期中原文化中的龙山文化就有了酿酒的习惯,到了生产力更强的夏代,酿好酒、饮好酒变成了一种权力和财力的象征。

古文献中记载"杜康造酒""仪狄作酒""太康造秫酒""少康作秫酒"等传说,都可以佐证酒在这个时期的重要性。

在洛阳博物馆珍宝馆,有一件古拙的铜爵——被誉为"华夏第一爵"的夏代乳钉纹青铜爵。这个铜爵高22.5厘米,流、尾长31.3厘米,壁厚0.1厘米,窄长流、尖长尾,针状双柱矮小、细腰、瘦腹,扁带状鋬,三棱锥状足。腰腹正面装饰一排乳钉,共5颗,夹在两道凸弦纹之间。前有长流,后有尖尾,周身散发着俊巧清逸的气息。

作为"华夏第一爵",乳钉纹青铜爵是夏代青铜冶铸技术的实物见证,是使用者身份和地位的象征。古代爵禄制就是根据贵族身份的高低,规定其配享相应的爵,而现代汉语中的"爵位"一词,也是从用爵制度中衍化而来。

二、商朝的饮食烹饪

(一)肉食分配的等级性

商代在肉食分配上,存在向等级较高的人群倾斜的制度。等级较高的人群有更多机会食用肉食。牛、羊、猪等大中型动物主要供贵族食用,祭祀中需要向神灵或祖先奉献"祭食",自然也会首先选择供贵族食用的大中型动物。低级贵族的肉食以狗、鸡等小型动物为主,偶尔可以分享到羊、猪等肉食。身份和等级更低的人群所能获得的可能主要是兔、鱼、淡水贝壳类等肉食,一般可以在村落附近的山林河湖中捕获。《国语·楚语下》记载:"天子举以大牢,祀以会;诸侯举以特牛,祀以太牢;卿举以少牢,祀以特牛;大夫举以特牲,祀以少牢;士食鱼炙,祀以特牲;庶人食菜,祀以鱼。"

简单来说,与从天子到庶人的身份等级相应的是正食等级:天子,吃牛、羊、猪;诸侯,吃牛;卿,吃羊、猪;大夫,吃羊或猪;士,吃鱼;庶人,吃菜。如此方能"上下有序,则民不慢"。不仅肉类,作物类食材也存在等级分别,如前所述,粟、黍等以黏性较强者为佳,可能主要用于祭祀祖先或供贵族食用。

(二)商朝的烹饪技艺

商朝的烹饪方法,虽然不能详考,但从我国各地历史博物馆里可以看到煮肉食的鼎、煮饭用的鬲、蒸饭用的甗、盛食用的簋、盛酒的白陶罍和烹调用的铜锅、铜刀、铜瓯、铜俎(案子)以及相传纣王用的玉杯、象箸等烹饪器与餐具,铸造非常精巧,可以想象3000多年前的膳食如何精美,烹调方法如何高超、复杂。

商朝常见的烹饪方式有烤炙、煮、蒸等。

烤炙是人类最古老的烹饪方式之一,应该在人类学会用火之后就已经出现,在商朝也毫无疑问已存在。烤是把食物直接放在火上烤熟,炙是用火加热石板等,将食物放在其上烤熟。

煮很可能是商朝最常用的烹饪方式。现藏中国国家博物馆的商后母戊鼎高133厘米,口长110厘米,口宽78厘米,重量达832.84千克,形制非常雄伟,外表花纹清晰、精致,是我国目前已出土的青铜器中最大的一件，也是世界青铜器中所少见的大鼎。

蒸这种烹饪方式在商朝已经颇为流行。蒸食物时使用的器具主要是甗，这是一种由甑和鬲组合而成的器物，通过加热鬲内的水，使水汽上升，将甑中的食物蒸熟。1976年在河南安阳殷墟5号墓（妇好墓）中发掘出一件青铜"汽柱甑形器"。这件铜气锅高15.6厘米，口径31厘米，柱高13.1厘米，重4.7千克。敞口方唇，沿面有凹槽一周，可置盖，腹部两侧有附耳，下腹内收，底略内凹，底里中部有一圆柱形中空的透底柱，柱略低于器口，顶部作四瓣花朵形，中心突起，周壁有爪子形镂空四个，可透气。此器之柱中空透底，顶部又有小孔，其器形结构与今天的气锅基本相似。使用时可能放置在鬲和釜形器之上，腹腔内盛放鸡、鸭、鱼、肉、虾、蟹等食物，上面加盖，利用上升的水蒸气，通过柱上的小孔迅速散发，将食物蒸熟，是很适合烹饪原理的，可称其为现代气锅的始祖。这在3000多年前的商朝就开始使用这样先进的"气锅"确是一件很了不起的事，它充分表现了我国古代劳动人民的聪明智慧和创造才能，以及当时烹饪器具的高度发展。

1976年春，在河南安阳小屯发掘的商朝六件甗的下部都有明显的烟炱痕迹，是当时实用的炊器，有分体的，也有连体的。其中的一件青铜三联甗，由一件长方形六足甗架和三个大甑组成。甗架面上有三个高出的圈口放甑，中间的圈口内壁有铭文"妇好"二字，架面四角有牛头纹，架身长103.7厘米，高44.5厘米，宽27厘米，重113公斤。三个大甑均敞口收腹，底微内凹各有三个扇面孔，牛头环耳，口下有两组饕餮纹。甑的内壁和两耳际外壁也有铭文"妇好"二字。因其腹足有烟炱痕，故考古专家称此甗为实用之器，也就是曾为妇好蒸过美食的炊器。

（三）商朝的饮食方式

据考证，商朝时的平民和奴隶通常是一日两餐，两次开饭的时间大致相当于现在上午九点和下午五点。王公贵族们则是一日三餐，除了上述两餐，他们还会在晚上加一顿"宵夜"。

商朝人在多数情况下，直接用手抓着吃饭。但那时已经有了筷子，筷子只有吃蔬菜和肉食时才使用。另外还有一种被考古界称为"匕"的食具，和今天勺子的用途非常相似，但样式却有着极大的不同。匕大部分都是骨头做成的，前端呈扁平状，被磨制得极其光滑。同时他们盛放饮食的器具也有了明确的分工，盛饭和盛菜的器具、盛放主食和盛放副食的器具都是有区别的。而在商朝还没有出现桌子和椅子，吃饭时席地而坐，因此为了方便起见，当时的食具都带有高高的足。

商朝开始，就已经是分餐制了。安阳殷墟出土的陶鬲，其容量只够一人一餐之用。

（四）酒池肉林

在有关夏桀、商纣的史料中都有"酒池肉林"记载，之所以仅指商纣王荒淫腐化、极端奢侈，源自司马迁《史记·殷本纪》记载商纣的恶行非常多，其中就有"以酒为池，县（悬）肉为林"。东汉王充在《论衡》中曾为商纣王辩诬，力证"酒池肉林"不足信。后人使用"酒池肉林"是一种夸张的形容，指生活奢侈，纵欲无度。"酒池肉林"虽然不可信，却始终算在商纣王身上。直至3000年后的今天，人们说起商纣王，脑中出现的仍是一个嗜酒暴君的形象，想起的一定还是"酒池肉林"这个典故。

三、周朝的饮食风尚

周朝对于中华饮食文化具有承上启下的作用。西周上承商朝文明，中华饮食文化在此时奠基。东周生产力极大发展，为中华饮食增添了许多新的内容。因此，两周的饮食风俗兼具原始性与创新性，形成了一种极具特色的周朝饮食模式。

（一）珍用八物

根据《周礼》记载，周天子的菜谱里面记录有淳熬、淳毋、炮豚、炮牂、捣珍、渍、熬、肝膋等"珍用八物"。

"淳熬""淳毋"就是现代的盖浇饭。"淳熬"是煎过的咸肉酱浇稻米饭上，再浇上猪油或者狗油。如果换作黄米就是淳毋，"淳毋"是煎肉酱浇黍米饭。

"炮豚""炮牂"里的"豚"是乳猪，"牂"是羔羊，这两道菜类似现代的烤乳猪与烤全羊。做法是：将乳猪、羔羊，宰杀去内脏之后，用枣子填满肚子，然后用芦苇帘子包裹乳猪、羔羊，涂上黏土，架到火上烤，翻烤熟了之后，去泥撤帘除灰，涂上调好的稻米粉浆，再下油锅炸，而且油一定要多，多到淹没乳猪、羔羊，炸过的肉切片，配香料，入小鼎，小鼎放入一个大汤锅里面，汤锅水不过小鼎，文火炖三天，起锅之后再用酱油醋调味食用。

"捣珍"就是把牛羊或麋、鹿、獐等野味的里脊肉，反复捶打，捣碎，去掉肉筋，下锅烧制，这里面少不了要放各种调料，起锅，跟肉酱一起吃。

"渍"就是把刚宰杀的牛肉，逆纹路切成薄片，放到酒中浸渍，一般要过夜入味，再拿出来蘸酱食。

"熬"是把牛肉羊肉先捶打一顿，除去筋膜，然后铺在芦席上，撒上桂皮、生姜末，用盐腌制，风干就可以吃了。也可以把制好的肉跟肉酱一起煎了吃。

"肝膋"是一道比较特殊的菜，就是烤狗肝，用狗油（狗肠部位的脂肪）包裹狗肝，面上沾湿上火烤，烤到外焦里嫩就可以吃了，据说有特殊香味，所以不必用香蓼来调味。这菜的特色是油脂包裹狗肝，一来可以防止烤焦狗肝，二来油脂烤化之后狗肝更加油润香嫩。

除了这"八珍"，楚辞里面《招魂》《大招》提到的菜品也很多，大致有炖牛筋、炖甲鱼、烤羔羊（甲鱼羔羊拌甜酱）、醋烧天鹅、干烧野鸭、煎大雁、黄豆酸汤羹、卤鸡、焖龟、煎鲫鱼、氽汤鹌鹑等。诗里说楚人很注重做菜调味，鸽子、天鹅要配豺狗汤，乌龟、肥鸡要配楚国特产乳酪，乳猪做酱，胆汁渍狗肉再撒上香菜，一桌子菜要五味俱全。

（二）繁复的食礼

饮食原本只是人类为了求得生存而进行的一种最基本的物质活动。但随着文明的演进，饮食慢慢具有了社会性的意义。除了单纯的果腹功能外，饮食还具有精神与文化的意义。"食礼"就是这一理论的重要体现。《周礼》有言："以饮食之礼，亲宗族兄弟"，可见食礼是道德伦理在饮食方面的体现。在进食前，首先需要"摄衽盥漱"，就是整理好衣服，洗手漱口。此外，还需要祭祀先人。《论语·乡党》曾记载"虽疏食菜羹，瓜祭，必齐（通"斋"）如也""侍食于军，君祭，先饭"之类的话。

据《礼记·曲礼》记载，当时的进食过程也是讲究颇多。主人亲自劝食，就拜谢后食用；主人没有亲自劝食，就直接自己去吃。大家一起吃饭时不能吃得太饱，不能用手搓饭团，不能大口吞咽，不能将骨头投喂给狗……这些礼节有些在今日的餐桌上仍然适用，有些则显得有些繁复。但无论如何，这些食礼都是饮食风俗的重要组成部分，应当予以关注。

（三）分餐制与列鼎制度

到了周朝，分餐制的要求更为严格。《礼记》记载："天子之豆二十有六，诸公十有六，诸侯十有二，上大夫八，下大夫六。"这里的"豆"指的是一种盛装食物的容器。意思是：

天子的食物有26道菜，公爵官员为16道，诸侯12道，上大夫8道，下大夫仅有6道菜。

从菜肴的数量可知，不同地位身份的人，可享用的美食数量也不同。这意味着周朝的分餐制，代表了地位的尊卑。此外，《周礼》《礼记》中还对餐具样式、食物内容、餐具摆放、座位排序等方面，都做出了严苛的等级规定。

列鼎是指形制相同纹饰相同，大小依次递减的鼎的组合。周礼规定："天子九鼎八簋，诸侯七鼎六簋，大夫五鼎四簋，士三鼎二簋。"这就是西周的列鼎列簋而食。

第三节　独具特色的秦汉饮食文化

秦汉时期，生产力的发展为饮食文化提供了丰厚的物质基础。当时的食物资源得到了广泛开发，饮食结构趋于合理，烹饪艺术趋于成熟，为整个中国古代饮食风俗的形成奠定了基础。

一、两餐变三餐

秦时，民众一日两餐，第一顿饭称朝食，也称饔。在上午九点左右吃。第二顿饭是晡食，又称飧，在下午五点左右吃。

到了汉初，三餐制开始得到民众，特别是上层社会的广泛认可并得以推广。此后，中国大部分地区都实行早、午、晚三餐制，古称"三食"，并延续至今。

"三食"的第一顿，称为朝食，也就是早食，一般是在天色微明时就开始了。第二顿饭称为昼食，也就是中食，一般是在正午时刻开始。第三顿饭为晡食，就是晚餐，一般是在下午四时开始。古人早睡早起，所以晚饭比我们吃得早。

秦汉时，普通民众用两餐或三餐，而在上层社会多用三餐，皇帝则用四餐。皇帝在天刚亮"平旦"时用第一餐，称旦食；在中午"日中"时用第二餐，称昼食；在下午"晡时"时用第三餐，称晡食；在太阳落山后的"太阴"时用第四餐，称暮食。

秦汉用餐实行分餐制。先民席地而坐，凭案而食，人们各自用自己的餐具进餐。吃饭时厅堂中铺置大席，大席上再铺设小席。大席称筵，小席称席。这就是筵席一词的由来。秦汉时，没有桌子，席上盛放食物的矮脚托盘称为案。案都很低矮，这是为了坐在席上进食而设计的。无足的案称为椸案。举案齐眉的"案"即指椸案。

二、粒食变粉食

秦汉时期，先民的饮食结构以植物性食物（谷、果、菜）为主，动物性食物为辅，另有少量乳类。

在植物性食物中，以谷物为主。黄河流域适于种粟和麦，长江流域适于种稻。那个时候，小麦逐步取代了粟，成为北方主粮，而南方以稻米为主粮。

先秦时代，由于生产力和生产技术的限制，没有大规模地舂谷或磨面，食用稻、麦，均为粒食。

秦汉时期，由于石磨的发明，面粉的制作效率大大提高，各式糕点面饼也随之发展起来。秦汉时期的糕点叫做"饼饵"，水煮或油炸的称"汤饼"；用笼蒸的称"蒸饼"；用炉烘烤的称"炉饼"。不断丰富的糕点种类，大大提高了秦汉时期人们的生活水平。

三、狗肉成美食

秦汉时期，肉食的品种有很多，主要可分为家养和野生两大类。六畜之中，马、牛是役畜，很少食用，常被食用的是羊、猪、狗和鸡。

羊肉是我国古代主要食肉品种之一。羊的生存能力强，饲养成本低，在地广人稀的秦汉时期，养羊业很发达。汉时不少人拥有千足羊（也就是250只），富比王侯。羊不仅是主要的肉食来源，也是重要的商品，成为财富的象征。

猪肉不仅是肉食来源，也是祭祀活动中重要的祭品，以太牢（牛羊猪）之礼或少牢（羊和猪）之礼祭祀，已经成为皇室和国家的礼法。

秦汉时期，狗肉成为人们重要的肉食来源。养狗和食狗肉之风盛行，狗肉价格高于猪肉，富者多吃狗肉，而贫者才吃鸡或猪肉。

当时，还出现了专门以屠宰狗为职业的屠夫。比如，辅佐汉高祖刘邦建立西汉的大将军樊哙，曾"以屠狗为事"。传说刘邦与樊哙曾共同杀了一只老鼋，就是大鳖，与狗肉同炖，鲜味倍增。这道菜被后人称为"犬鼋会""鼋汁狗肉""沛县狗肉""樊哙狗肉"等。在《盐铁论》中，还记载了汉代的一道名为"狗脂"的美食，做法是将狗肉切成很薄的片状，并佐以美味的调料。

唐宋以后，狗肉的地位渐渐下滑，因为其他更多的肉食摆上了中国人的宴席。

四、盛行吃烧烤

秦汉时期的烹饪方式，除了蒸、煮、煎等以外，烧烤风俗也值得关注。枚乘在《七发》中把"薄耆之炙"列为"天下至美"之一。

西汉时期，不仅烤的肉类丰富了，烤具也越来越全。在山东诸城前凉台村发现的一处庖厨画像石上，刻画了一幅跟现在相差无几的"撸串儿"场景：一人串肉；一人打着扇子，翻转肉串；其他两人跪立在炉前等着。

当时西汉皇室有专门的烧烤炉，名叫"上林方炉"。此炉于1969年在陕西西安市延兴门村出土，分上下两层。上层是长槽形炉身，其底部有几个长条形的镂孔，形同箅子，主要用来放木炭。下层为浅盘式四足底座，主要用来承接木炭的灰烬，所以叫作"承灰"。现在的烧烤炉多数没有承接灰烬的底盘，然而早在2000年前的汉朝，就已经有了。

还有一种名为"釉陶烧烤炉"的工具，是在广州南越王墓中发现的，它是一种长方形的绿釉烤炉，和现在的烤炉非常相像，中间摆放着肉串。

汉代不仅有了烤羊肉串，当时的人们在羊肉上撒上姜、盐、豉等调味品，串在扦子上进行烧烤。汉代出土的画像石上就有主客两人席地而坐，围着烤炉两侧手持肉串进行烧烤的细致描绘。可见，烤羊肉串当时已经成为流行美食。

五、涮小火锅

在西汉时期，还能涮小火锅。当时有一种青铜染炉非常流行，以至于在许多地方都有出土。这种染炉分为三个构造：主体为炭炉，下部是承接炭灰的盘体，上面放置一具活动的杯。它曾让几代学者对它的用途迷惑不解。

2015年，考古学家在江西南昌西汉海昏侯墓中发现了距今最早的疑似火锅的青铜染器。这件青铜染器是个三足器，由杯、炉、盘三部分组成：主体为炭炉，下部是承接炭灰的盘体,上面放置一具活动的杯。类似的器物在湖南、河南、山西、陕西、山东、河北、四川等地都有出土,时间都属于西汉中晚期,表明这种器具在历史上流行的时间虽不算太长,地域分布却很广,使用比较广泛。

在江苏盱眙县境内大云山汉墓中,也就是江都王刘非墓中,还考古出土了一件分格鼎。这个分格鼎,是古代版的鸳鸯火锅。鼎分5格,中间圆格外面再分出4格,可以放置不同肉品,能吃到5种不同风味。

总的来说,秦汉帝国的大一统,不仅开创了中华民族的前所未有的文治武功,更在饮食文化上产生了翻天覆地的变革,中国的传统饮食模式在这一时期基本成型,多样化的食材与烹饪方法为人们描绘出一幅绚烂的美食画卷。

第四节　胡汉交融的魏晋南北朝饮食文化

魏晋南北朝时期,是中国历史上分裂与动荡交织、各民族文化交融的特殊时期。但那个时候,饮食文化却得到了空前的发展,成为中国历史上的一大奇观。

一、开启"馒头时代"

在魏晋南北朝的400年乱世,呈现出了南北饮食各自的独特魅力。在当时,"南稻北麦"的局面大体形成。

这一时期,北方食麦者日渐增多,面食的发酵技术更加成熟。比如《齐民要术》中记载的发酵方法是:"面一石。白米七八升,作粥,以白酒六七升酵中,著火上,酒鱼眼沸,绞去滓,以和面。面起可作。"这是一种酒酵发酵法,十分符合现代科学原理。

由于掌握了发酵技术,这时期面食的种类也日益丰富,品种主要有:白饼、面片、包子、髓饼、煎饼、膏饼、饺子、馄饨、馒头等等,但一般都统称为"饼"。

西晋时候(265—316年),文学家束皙,是阳平郡元城县(今河北大名)人,他写过一篇《饼赋》。里面有一段话的意思是:"初春时候,寒气渐渐去了,温润润的,不冷不热,恰是吃曼头的好时候。"这里提到的曼头,就是馒头。

馒头是从汉代蒸饼衍发而来,生于魏晋。不过,那时吃得起馒头的人不多,西晋开国元勋何曾(199—279年),史书上说他奢侈无度,罪证之一,就是吃馒头。官至三公的何曾,算得上是少有的美食家,家传有独到的烹饪技术,自己还撰有《食疏》的菜谱,为士大夫所侧目。他的生活也是极为豪侈,甚至超出帝王。饮食"日食万钱"的同时,还说没有下筷子的地方。何曾每次赴晋武帝的御筵,都要带着家厨精心烹制的饮食,根本不吃太官准备的膳食,晋武帝拿他也没办法,只好让他拿出带来的美味吃。何曾有时奢侈得莫名其妙,他吃蒸饼,非要蒸得开裂有一朵十字花,也就是现代的"开花馒头"。

魏晋南北朝时的馒头,跟现在的可不大一样。它里面不实,有馅儿,更像现在的包子。那时的人将这种新点心叫作曼头(馒头),但也叫它蒸饼。

十六国时期后赵皇帝石季龙,就是石虎,十分喜欢吃蒸饼,且比何曾更会吃。除了"坼裂方食"外,还爱吃"馅"。《太平御览》引《赵录》记载,石季龙"好食蒸饼,常以干枣、胡桃瓤为心蒸之"。蒸饼放入馅料的做法,成为后来广为流行的包子做法的源头。

二、欲食半饼喻

魏晋南北朝时的人还吃煎饼。北齐高祖高欢,曾在宴会上和大臣们玩乐猜谜,说了句:"卒律葛答"。"卒律葛答"是鲜卑语,译成汉文就是"前火食并"。照古汉语正反切的方法来解,前火表示"煎",食并,就是个"饼"字。所以,谜底是"煎饼"。

当时的煎饼,是流行物,人人都爱吃,连僧人也喜欢。南朝三藏译《百喻经》,里面有个"欲食半饼喻"的故事。说有一天,有个人饿得前胸贴后背,连忙买了七枚煎饼吃。他狼吞虎咽,一口气吃了六个半,饼团子都抵在了喉咙里,最后半个,怎么也吃不下了。这个人十分后悔,伸手就给了自己一巴掌,说:"早知道最后半个饼就能饱肚子,我又何必浪费钱,去买前面六个呢?!"这个故事在后世很有名,但几乎都是被当作笑话看,佛门喻义,反倒没多少人在意了。

三、纯孝之报

魏晋南北朝时期,北方食麦者日渐增多,与此同时,南方则以大米为主食。汉代的江南已经广泛种植水稻,稻米的吃法也是多种多样,其中煮米饭自然最为常见。《世说新语》里有个故事,说吴人陈遗非常孝顺,他母亲喜欢吃煮饭烧焦的锅巴,于是陈遗随身带着一个皮囊,收集煮饭后的锅巴,带回家给母亲吃。有一次乱兵作乱,陈遗来不及回家,就被裹挟军中,战乱之中"逃走山泽"。人"皆多饥死",唯独陈遗因为已经"聚敛得数斗焦饭",得以幸存。可见煮米饭烧焦的锅巴,以其味香为人喜爱,还可当作干粮充饥。

四、乳酪

魏晋时期,中国南方和北方,不仅作物有差别,对于副食品的喜好也不一样。西晋张华在《博物志》中说:"东南之人食水产,西北之人食陆畜。"北方具有代表性的美食就是乳酪。

乳酪是牛羊肉的副产品,北方草原的游牧民族早就以"食肉饮酪"著称。汉末三国时期,乳酪开始进入中原。《世说新语》中说有个人敬送了曹操一杯酪,曹操看了看,提笔在盖子上写了个"合"字,以示众。大家都不知道是什么意思,唯独杨修笑着说:这是丞相让大家分分吃了。大伙儿仍然不解是什么意思,杨修于是解释说:"合",就是"一人一口";丞相写"合"字,是让我们都能尝尝酪的美味。这样一解释,大家才一人一口地开始品尝了。

西晋时期,乳酪这种从游牧民族传入的食品,已经深受中原人的喜爱。尚书令荀勖,因久病羸弱,晋武帝"赐乳酪,太官随日给之",就是一个例子。

五、莼鲈之思

《晋书·文苑列传·张翰》中说,八王之乱时,齐王司马冏为了借用张翰的名声,聘用他为司马府的东曹掾,官不大,管着一些监察百官的事务,年俸四百石。几年下来,张翰觉得自己才学无法施展,同时对齐王司马冏的所作所为大失所望,于是就借口思念家乡的莼菜羹和烩鲈鱼,向齐王辞官,回到了老家。由此而产生了"莼鲈之思"的典故。

六、最早的炒菜

魏晋南北朝之前,汉族传统的烹饪方式主要以蒸煮为主,而随着少数民族的大量迁入,基本的烹调方法增加至30多种。比如《齐民要术》中收录的烹调方法，已经有生吃、腌制、风干、羹臛、杂烩、炖煮、蒸、煎、炒、酿、烤、炮等。

关于炒这种方法，史料中记载不多，争论也很多。在成书于北魏末年的《齐民要术》里就记载了一种"炒"——"炒鸡子法"，是这样的："（鸡蛋）打破，着铜铛中，搅令黄白相杂。细擘葱白，下盐米、浑豉，麻油炒之，甚香美。"翻译过来就是葱花炒鸡蛋。所以，可以推测，从魏晋南北朝时，中国人已经渐渐掌握了炒的方法。

总之，魏晋南北朝，既是战乱的时代，也是各民族深入交流，和汉族深入发掘自身地方文化的时代，在如此深广的交流的基础上，中华美食获得了质的飞跃，为下一步隋唐时代的南北菜肴大融合准备了条件。

第五节　鼎盛繁荣的隋唐饮食文化

隋唐五代是中国鼎盛繁荣的时代，也是中国饮食发展的重要阶段。这一时期，烹饪方法明显增多，饭粥糕饼和脍炙羹臛品种相当丰富，美馔佳肴层出不穷。

一、全民饼控

隋唐时期，人们的主食主要是饼和饭。这二者中，饼又占据主要地位。唐代赵璘撰写的笔记小说《因话录》记载，当时"世重饼啖，庖人以意相传"。

唐代饼的概念，和今天的饼并不完全相同。王赛时先生在《唐代饮食》中讲道，北朝以前"饼"是除了面糊以外，各种成形面食的统称。而到了唐朝，饼则根据加工方法、形状、有无包馅料等出现了几十种称谓。如胡饼、蒸饼、煎饼、曼头饼、薄叶饼、喘饼、浑沌饼、夹饼、水溲饼、截饼、烧饼、汤饼、索饼、鸣牙饼、糖脆饼、二仪饼、石敖饼等。饼食的流行，说明了小麦已经取代粟米而成为唐朝的大宗作物。

胡饼字面上来看，它是从西域传入的一种饼。它可以是芝麻油胡饼，在烤炉里烤制而成，就像诗人白居易在《寄胡饼与杨万州》中说"胡麻饼样学京都，面脆油香新出炉"；它也可以是蒸熟的，如皮日休在《初夏即事寄鲁望》一诗中写道"胡饼蒸甚熟"。它的面积可以是比较大的，比如1969年在新疆吐鲁番一处唐代墓葬中就发现一枚直径19.5厘米的面饼，推测就是当时流行的一种大形胡饼。

除了胡饼，汤饼也是一种大众生活的主流食物。汤饼是下在汤里煮的面食，是今天面条的前身，有索饼、水溲饼、馎饦等不同称谓，其形态也不太一样。比如，馎饦就是较短较宽面片汤。和汤饼相对的是一种干拌的凉面，唐朝时叫作"冷淘"。《唐六典》中记载，光禄寺供应百官膳食："冬月则加造汤饼……夏月加冷淘。"冷天吃汤饼，夏天吃冷面，因时而变。

蒸饼是将面糊发酵后再蒸熟的面食，如馒头、包子等。长安朱雀大街胜业坊上，常有人卖馒头。武则天当政时，有个四品官（相当于副部级）叫张衡，即将升任正部，没想到"八小时以外"犯了个生活小错误，结果导致本次提拔告吹。据《朝野佥载》记载：有一天，他参加完朝会（古代五点上早朝）时，已是上午十点多，因有急事需处理，就没吃皇帝在朝堂外提供的免费早餐，直接往单位赶。走在街上，看到路边有人卖刚刚出笼的蒸饼，热气腾腾，他这才觉得肚子饿了，于是在大庭广众之下买了一块蒸饼，骑在马上啃完。没想到，此事正好被一位御史看到，回去后便给皇上写了一份报告，弹劾张衡"堂堂四品官员竟随地买蒸饼吃，有损朝廷形象，恳请依规严肃处理。"武则天看到御史报告后，也认为张衡饿肚子事小，但有损朝廷形象事大，于是作出批示："流外出身，不许入三品。"就这样，眼看到手的三品官衔，只因一个蒸饼告吹。

有一说法，中秋节流行的月饼，是由胡饼而来。传说当年大将军李靖征讨匈奴，八月十五得胜归来。唐高祖李渊（也有的说是唐太宗李世民）将胡人献的祝捷饼，分食群臣。此后遂有中秋吃胡饼之俗。也有的说，唐玄宗李隆基时，杨贵妃将胡饼易名为"月饼"。当然，此说查无出处。但唐代确实已有八月十五有吃饼之习俗。据日本僧人圆仁《入唐求法巡礼行记》中记载："寺家设馎饨、饼食等，作八月十五之节"。

二、羊肉为大

隋唐五代时期的美食，除了继承和发展了脍、炙、脯、羹等品类外，还由于食源的开拓，烹调技术的进步，增加了许多新的奇珍异馔，中国美食进入丰富多彩的新阶段。

和现在猪肉消费量最大的情况有所不同，唐朝人食用最多的是羊肉。羊肉成为一种从王公贵族到普通老百姓，都喜爱食用的肉类。于是长安城出现了"此地日烹羊，无异我食菜"（唐曹邺《贵宅》诗）的景象。

唐人普遍爱吃羊肉，有时吃得还非常讲究。《云仙杂记》记载，有一个叫熊翻的人，每次请客都会宰杀一只羊，让客人根据自己的喜好割下其中的一部分，用彩带系好作为记号送入厨房蒸熟，再端至厅堂各自取自己的羊肉，用竹刀切而食之，被戏称为"过厅羊"。

三、流行生鱼片

唐代时，无论贫富，只要居住地附近有水域，就能享受到吃鱼的快乐。唐人吃鱼，有一种"鲙"的吃法。"鲙"就是指把鱼肉切成细丝，这种切细的鱼肉，多作为生食。

吃鱼生在中国最早可追溯到周朝。唐朝时，生吃鱼鲙，变得极其风靡。唐代《膳夫经手录》还将适合做鲙的鱼，进行了排序："鲙莫先于鲫鱼，鳊、鲂、鲷、鲈次之。"唐代的大诗人杜甫在一首和友人唱和的诗篇中，先用"无声细下飞碎雪"形容烹制生鱼技艺高超，说生鱼片像雪片一样落入食盘中，又用"放箸未觉金盘空"来形容享用生鱼片的争先恐后，竟将菜肴吃个精光，还不觉过瘾。将生鱼片的诱人魅力全然展现出来了。

"鲙"十分讲究刀工。光是刀法就"有小晃白、大晃白、舞梨花、柳叶缕、对翻蛱蝶、千丈线等名，大都称其运刃之势与所砍细薄之妙也"。又因为是生吃，蘸料就显得重要。唐人用"豉醯"蘸，大约是酱油和醋的一种混合。

四、辋川小样

隋唐时期，烹饪技艺飞跃发展，还出现了象形花色菜，代表作是"辋川小样"。据《紫桃轩杂缀》记载："唐有静尼，出奇思，以盘钉，簇成山水，每器占《辋川图》中一景，人多爱玩，不忍食。"钉，旧指堆叠皿中的蔬菜果品。一般作祭品陈列，而不食用。不过，静尼制作的辋川小样，却不同于古代的祭品。"不忍食"说明是可以吃的。"辋川图"盘钉，则是既可观赏，又可食用的菜肴。对此《清异录》中叙述得较为详细："比丘尼梵正，庖制精巧。用鲊、鲈脍、脯、盐酱瓜蔬，黄赤杂色，斗成景物。若坐及二十人，则人装一景，合成辋川图小样。"把"辋川图"二十景再现于花式冷盘中，将绘画艺术与烹饪技术巧妙地结合起来，实在是一件了不起的事情。

五、隋唐盛宴

隋唐时期，美食众多，还有好多经典名宴，如隋炀帝的湖上宴、龙舟宴，唐代科举的鹿鸣宴、曲江宴和烧尾宴等。

隋炀帝湖上宴，是隋炀帝杨广（569—618年）在东都洛阳西苑的人工湖上举办的大型游宴。见于他自填的词《望江南·御制湖上酒》。隋炀帝龙舟宴，是隋炀帝游幸扬州的途中，在大运河的龙舟上举办的盛宴。

在唐代，一个读书人从参加科举开始到进入官场，有三场宴会必不可少。一是通过乡试考试，取得举人身份后，需要参加"鹿鸣宴"。鹿鸣宴产生于科举，宴名则取自《诗经·小雅·鹿鸣》。二是通过礼部考试，取得进士身份后，需要参加"曲江宴"。"曲江宴"又叫作"曲江关宴"，关宴即在关试之后的宴会，关试是读书人需要参加的礼部考试，当通过考试之后，读书人就成为进士，再由吏部安排去处。一般进行关宴之后，同期进士就要各奔东西。关宴常常在曲江旁的杏园中举行，故人们常称之为"曲江宴"。三是吏部选拔之后，需要自己整一场"烧尾宴"，以此来告诉亲朋好友，自己不再是普通读书人，"神龙烧尾，直上青云"。"烧尾宴"是唐代著名的宴会之一，"烧尾宴"的风习，是从唐中宗景龙（707—709年）时期开始的，玄宗开元中停止，仅流行二十年光景。

以上我们所讲的仅是隋唐美食的冰山一角，由此我们不难看到那时统治阶级的生活之奢华，从一个侧面也反映出大唐盛世文化。

第六节 雅俗并存的两宋饮食文化

宋代是中国饮食文化继唐代之后发展的又一个高潮时期，尤其是在北宋、南宋进行的大规模迁徙与交流中，进一步促进了饮食文化的发展。当时，北宋都城开封的经济繁荣昌盛，以及南宋都城临安（即现在的杭州）皇室寄寓安乐的畸形消费，使整个宋代的饮食市场异常繁盛发达，形成了以宫廷御膳为龙头、文人饕客为特色、大众美食为主体的空前盛况。

一、宫廷御膳

（一）饮食不贵异味

宋代草创之初，诸事尚俭，饮食也不例外。宫廷规定王公贵族"不得取食味于四方"。据陈师道《后山谈丛》记载，宋太祖曾在福宁殿宴请平蜀归来的曹斌、潘美等将帅，所陈菜肴不过"彘肉斗酒""酒终设饭"而已。彘肉，就是猪肉。

宋朝的第四位皇帝宋仁宗赵祯，是个老饕，却率先垂范，厉行节约，谨奉俭食的祖训。邵伯温《闻见后录》记有一事：一次宫廷宴会上，御厨准备了二十八只蟹，宋仁宗还未动筷，就问："吾尚未尝，这蟹一只多少钱？"左右回答说，一千钱。宋仁宗听了很不高兴，说："我多次告诫你们，不要奢侈浪费，一下筷就二十八千钱，吾不忍也。"他将此菜放置一旁不吃，作为警示。

另据《宋史·仁宗本纪》记载，有一天半夜，宋仁宗夜来饥饿，想吃烤羊肉，但他不肯下旨索要，因为怕底下人从此为备不时之需，每日宰杀，天长日久，伤害生命无数，所以，他饥肠辘辘一直到天明。

（二）御厨止用羊肉

在宋代，勤俭节约还一度被提升至治国理政的高度。南宋李焘在《续资治通鉴长编》中记载"饮食不贵异味，御厨止用羊肉，此皆祖宗家法，所以致太平者"。意思是皇帝只能吃羊肉是祖宗的家法，不能违拗。

两宋皇宫"御厨止用羊肉"，原则上"不登彘肉"。这里的"止"是"仅""只"的意思。

据文献记载，宋初，吴越王钱俶来朝，太祖让准备南食，可是御厨不了解南方食风，仓促间又难以搜罗食材，于是"取羊为酢"，号"旋鲊"，结果大受欢迎，之后成为历次大宴的首菜。旋，言其快；鲊，原为腌制的鱼肉，而御厨师用做鱼的方法来做羊肉，竟创造性地发明出一道新菜品，可谓机缘巧合。

随着王朝的传续，宋代宫廷这种嗜吃羊肉为主要肉类的习俗，有增无减。大致在宋仁宗、英宗时，朝廷从"河北榷场买契丹羊数万"。

神宗时代御厨账本上记录，一年中"羊肉四十三万四千四百六十三斤四两，常支羊羔儿一十九口，猪肉四千一百三十一"，这里尽管记载着有少量的猪肉支出，但绝大部分的猪肉是上了"看碟"和配菜之列。建炎南渡之后，羊肉仍为宫廷的主要肉食。

（三）宫外取食，南料北烹

宫外取食，当时称"宣唤""索唤"。据宋人吴自牧《梦粱录·铺席》记载有南宋初年"钱塘门外宋五嫂鱼羹"。宋代周密著《武林旧事》卷三记载："小舟时有宣唤赐予，如宋五嫂鱼羹，尝经御赏，人所共趋，遂成富媪。"卷七记载："时有卖鱼羹人宋五嫂对御自称：'东京人氏，随驾到此。'太上特宣上船起居，念其年老，赐金钱十文、银钱一百文、绢十匹，仍令后苑供应泛索。"因为皇帝光顾，宋五嫂的鱼羹声名远扬。

宋代皇帝对于饮食具有极为自由包容的心态，既不像前代小心翼翼地遵循礼制，也不像后世战战兢兢地银针试毒。在宋代皇帝的眼中，食在四方，享用绚烂的美食才是最重要的。所以，他们吃得自由、洒脱，最有口福。

宋室南迁过程中，宫廷中北方籍御厨纷纷流散。定都杭州后，南宋宫廷召集南方名厨充实，又因杭州地处东海之滨，是钱塘江下游、杭嘉湖平原的江南大城市，江河交叉，海错河鲜，取之不尽，从而促进了以中原风味为主的宫廷菜谱结构的改变。

南宋前期宫廷菜主要沿袭北宋宫廷菜的中原风味，出现"南料北烹"特点；中后期主要是水产鱼虾菜逐渐挤入南宋宫廷菜谱，且日益增多，以水产鱼虾为主的江南菜肴成为宫廷菜肴的主要部分与主要风味。

（四）"丰亨豫大"，尽情享受

北宋初叶至中叶，宫廷御膳较为简约。然而承平日久，文恬武嬉、骄奢淫逸的帝王病就不可避免地滋长开来，到徽宗皇帝的"丰、亨、豫、大"而达至极致。

"丰、亨、豫、大"是蔡京援引《易经》，用来鼓吹宋徽宗尽情享受说辞。在"丰亨豫大"思想作祟下，徽宗在饮食生活上更是追求奢侈豪华，尽情享受，挥霍民脂民膏。据庄绰《鸡肋编》记载，徽宗"常膳百品"，已远超其祖，而意犹不满。一日早点，曰"选饭朝来不喜餐，御厨空费八珍盘"，意思是八珍罗列，还没下筷的地方，可知饮食水准之高。

宋徽宗赵佶醉心于奢侈享受，奢侈腐败。他的第九子，南宋第一位皇帝宋高宗赵构，对饮食的要求也极为苛刻。高宗常常派御厨到宫外寻访酒肆餐馆，采买新奇可口的美食，既满足他的口腹之欲，又敦促御厨不断丰富御膳的品种。在做太上皇时，高宗还曾嫌弃其子孝宗为他摆的祝寿御膳不够丰盛，而大发雷霆。

而最能代表高宗美食水准的，则是一份广纳196道菜品的食单。这份绍兴二十一年（1151年）十月的食单，被周密录于《武林旧事》，记载着清河郡王张俊供奉高宗的一场豪宴。

二、文人饕客

宋朝虽然疆域不广，而且南宋只有江南半壁江山，但两宋文化却达到了中国传统文化的巅峰。宋朝的文人墨客在饮食方面，富于想象，多有创造，新意迭出，穷极精妙。他们喜欢谈论饮食，把美食、美酒、美器、美景融入吟咏的诗词文赋，甚至还上升到哲理的层面，创造了别具一格的饮食雅文化。

（一）业余大厨苏轼

说起大宋最懂美食的文人，应该是苏轼。苏轼一向喜欢讲究美食，他历仕江浙、中州、南粤各地。走到哪儿，写到哪儿，也因地制宜地吃到哪儿，并且在自己的诗作中坦然自称"老饕"，并记录下自己钟爱的美食。

在策马行至黄州城的途中，他遥望远郭近水，俯瞰浩荡的江水，仰视群山，赋诗一首《初到黄州》，诗文中有："长江绕郭知鱼美，好竹连山觉笋香。"刚刚抵达贬谪地黄州，苏轼已经开始向往黄州的鲜鱼、竹笋了。

苏轼在黄州作团练副使时，曾将当时流行的猪肉烧制法揣摩一番后，创造出一道新菜。苏轼还专门写成打油诗一首来记述其做法："净洗铛，少着水，柴头罨烟焰不起。待他自熟莫催他，火候足时他自美。黄州好猪肉，价贱如泥土。贵者不肯吃，贫者不解煮，早晨起来打两碗，饱得自家君莫管。"苏轼"发明"的这道菜，成为一道后来闻名遐迩的名菜：东坡肉。

到了惠州，"罗浮山下四时春，卢橘杨梅次第新。日啖荔枝三百颗，不辞常作岭南人。"他吃到了各种鲜美水果，同时又研制出很多的美味佳肴。其中有外脆肉嫩、色泽金黄的炸鸡，被苏东坡冠以"宏志鸡"的美名。

晚年被贬儋州，他在小儿子苏过的陪同和启发下，发明了又一道苏记美食：玉糁羹。"香似龙涎仍酽白，味如牛乳更全清。莫将南海金齑鲙，轻比东坡玉糁羹。"他说这东坡羹香味和龙涎差不多，同样纯白，味道跟牛乳有一拼，而且更加清透。其实就是用米粉和萝卜煮成的粥。

苏东坡的美食轶事，可谓"车载斗量"。

（二）饮食专家黄庭坚

黄庭坚是苏门四学士之一，黄庭坚和苏轼的关系不仅仅是师生关系，还是好朋友、好兄弟、好同事，两人情谊真挚又深厚。这两人不仅都是当时的诗文大家、书法大家，还都是老饕，两个老饕之间就有不少有趣的故事，关于美食的诗词唱酬自然是少不了的。

元丰元年（1078年），苏轼在徐州任上曾写有一首题目为《春菜》的七言律诗，黄庭坚就和了一首《次韵子瞻春菜》。黄庭坚曾为一幅蔬菜画题款道："可使士大夫知此味，不使吾民有此色。"什么意思呢？就是士大夫可以知道菜蔬的味道，但是可不能让我们的老百姓脸上有菜色，也就是不能让老百姓过穷日子、苦日子。此话道出了诗人对百姓的关切之情。

黄庭坚喜欢吃笋，他在《食笋十韵》中写道：他在京城时，竹笋是"一束酬千金，掉头不肯卖"。到了南方，则"戢戢入中厨，如偿食竹债"。黄庭坚写的《苦笋赋》一文墨迹留存了下来，就成了书法史上的著名法帖。他在《苦笋赋》里这样写道："盖苦而有味，如忠谏之可活国；多而不害，如举士而皆得贤。"他吃着吃着，又把苦笋上升到政治的高度。

黄庭坚对美食很有研究，据说有一次一帮文人在一起共讨人生快事，而以黄庭坚的意见最为出色。黄庭坚的朋友赵令畤在《侯鲭录》中有记载。

黄庭坚写过一篇《食时五观》的短文，表达了自己对饮食生活的态度。

他认为士君子都应本着这"五观"行事：一是"计功多少，量彼来处"；二是"忖己德行，全缺应供"；三是"防心离过，贪等为宗"；四是"正事良药，为疗形苦"；五是"为成道业，故受此食"。黄庭坚的此番论述虽明指士大夫，实际上也是对当时社会现实的一种反映。其"五观"，以人的德行操守为出发点，要求士大夫量德而食，量力而食，量礼而食，以显士大夫的君子之风。

（三）美食达人陆游

如果说苏轼是北宋文人中美食家的代表，那南宋的代表一定是陆游。陆游是文学史上诗作最丰的诗人之一，身后留存的诗歌就达九千多首，诗坛有"六十年间万首诗"之誉。不仅如此，陆游还堪称美食家兼烹饪家。在他的诗词中，涉及饮食的篇目数以千计，咏吟烹饪的诗有上百首，记述了当时吴中（今苏州）和四川等地的佳肴美馔，如橙汁调和的猪排骨、花椒调味的白鹅、质地甘脆的笋尖、用莼花丝做的莼羹、以山中素菜制作的甜羹……其中有不少是他对饮食的独到见解。

一次，陆游心血来潮，亲自下厨宴客。用竹笋、蕨菜和野鸡等物，烹出一桌丰盛的菜肴，宾客一个个吃得欢喜不已。吃完还不够尽兴，于是就有了那首《饭罢戏示邻曲》："今日山翁自治厨，嘉殽不似出贫居。白鹅炙美加椒后，锦雉羹香下豉初。箭茁脆甘欺雪菌，蕨芽珍嫩压春蔬。平生责望天公浅，扪腹便便已有余。"诗人就是诗人，只要内心欢喜，吃喝皆是文章。

陆游对饮食讲求"粗足"，多吃蔬菜，力求清淡。他说，之所以这样节约，"不为休官须惜费"，而是"从来简俭是家风"。何况"邻家稗饭亦常无"，自己这样吃蔬食，"但使胸中无愧怍，一餐美敌紫驼峰"。他尤其嗜食荠菜，对荠菜的做法很讲究，主张采来便煮，确保新鲜，不加盐酪，突出真味。

陆游十分注重饮食调理，笃信粥为养生佳品。认为吃粥可以强身益气，延年益寿，如《食粥》一诗："世人个个学长年，不悟长年在目前。我得宛丘平易法，只将食粥致神仙。"他认为，烧烤熬煎、脂油较多的食物，吃起来最合口味，但不宜于肠胃消化，那些肥腻的食物吃多了就像在身体里贮存毒物一样。陆游说："倩盼作妖狐未惨，肥甘藏毒鸩犹轻。"可见他是怎样养生的。

（四）食材探索者林洪

南宋，除了陆游，林洪也是著名的饕客。林洪热衷流连于山野间寻访食材。他所著的《山家清供》一书，收录了多种以野菜、蕈菌、水果、动物为原料的美食，并介绍了这些山家美食的用料和烹制方法，堪称一本标准的宋朝食谱。

因为常年在山间野外搜寻食材，所以偶尔，他也会有一些与吃有关的奇遇。有一年冬天，林洪在武夷山捕获了一只肥美的野兔，可是荒郊野外，想做个红烧兔肉什么的大菜，材料显然是不足的。恰在这时候，一位老食客出现了，教他把野兔肉切成薄片，用筷子夹着在热气腾腾的汤水中一烫，再蘸上"酒酱椒料"制成的调味汁水，涮兔肉就做好了。

吃完野兔，意犹未尽的林洪边回忆野兔鲜美的味道，和云霞一般的颜色，文艺地为这种烹饪方式取了个好听的名字——拨霞供。后来，拨霞供传入市井，人们争相效仿，用各种肉类和蔬菜涮食，与现在的"涮火锅"如出一辙。

喜欢探索食材的老饕，总能探索出一些不一样的东西来。山野林间现成的不错，若是没有，制造出一些可食用的就更好。于是，便有了豆芽。当然，在《山家清供》中，豆芽的名字要文雅得多，叫鹅黄豆生。麻饼卷鹅黄豆生，正是北京的薄饼卷豆芽这吃法的鼻祖。

宋代的文人老饕很多，除了我们上面介绍的以外，还有欧阳修、王安石、辛弃疾、危稹、杨万里等，他们把吃提升到了一个新层次，吃出了一个新境界。可以毫不夸张地说，宋代简直就是"老饕"的天堂。

三、民间百味

前面，我们讲了宋代的宫廷御膳和文人饕客。细论之下，真正影响宋代美食发展的是民间。我们熟悉的俗语"柴米油盐酱醋茶"，就出自宋代的《梦粱录》。

（一）"市井饮食"的发展

宋代民间的饮食生活比宫廷更加丰富多彩，尤其是城市中的餐饮业空前发达，无论北宋汴梁，还是南宋临安，大街小巷布满了食铺酒楼。此外，还有星罗棋布的固定摊贩和沿街叫卖的小商贩，从早到晚，做餐饮生意的人，一拨接一拨，热闹非凡，竞争激烈，而所卖食物中饭菜、水果、酒茶、小吃应有尽有，令人眼花缭乱。

在堪称宋代穿越指南的《东京梦华录》中，更是描写了东京汴梁"集四海之珍奇，皆归市易；会寰区之异味，悉在庖厨"的盛景。

北宋张择端的现实主义风俗画长卷《清明上河图》，从某个角度来说，就是一幅"清明上河美食图"。有人统计过，《清明上河图》描绘了一百余栋楼宇房屋，其中可以明确认出是经营餐饮业的店铺有四五十栋，差不多接近半数。此外，画家还绘出了好几名走街串巷"盘卖"食品的小商贩，以及一些街边小摊。

那时候的饮食店肆遍地开花，有钱人也养成了经常下馆子的习惯，很少买菜回家做饭了。正如《东京梦华录》所言，"市井经纪之家，往往只于市内旋买饮食，不置家蔬"。

在宋朝，已经有了外卖。在《清明上河图》中就能找到"外卖小哥"的身影。

（二）夜宵生活从宋朝开始

宵夜，应写作"消夜"，意思是用吃吃喝喝消磨掉漫漫长夜。

在唐代及之前，城市实行宵禁制度，暮鼓一响，居民不能夜行。到了北宋，商品经济空前发达，市场已突破了时间的限制，宵市、野市应运而生，所以通宵卖吃食的店铺也随之产生了。由于"宵禁"制度被突破，宵夜就成规模地发展起来了。在北宋汴梁的夜市上，可以逛街、购物。走累了，口渴了，可以找个地方坐下来，吃点美食，喝碗饮料。除了昼夜迎客的酒楼茶坊，夜市上还有各种饮食小摊，叫卖水饭、肉汤、干脯等各色美食。到了夏天，能吃到砂糖冰雪冷元子、生腌水木瓜等食物和甜品；入了冬，还能吃到野鸭肉、煎夹子等滋补食品。

吃夜宵是宋代的一种消费时尚，北宋的夜市没有等级和身份的差别，平民可以找到适合自己的消遣方式，富人则在高台上开设宴席，伴着丝竹歌舞，整夜把酒言欢。

（三）正式时兴三餐制

宋朝还有一个伟大的地方，就是它奠定了我们现代人一日三餐饮食习惯的基础。我们现在习以为常的三餐制，其实并不是自古以来的餐制传统。

两宋时期，粮食的盛产、燃料的改革以及"宵禁"制度的取消，使"一日三餐"在民间流行起来。当然，对于那些穷苦人家，仍然保留着一天只吃早晚两顿的习惯。

一日三餐是目前被公认为最科学的餐制，而在食物供应匮乏的时代，能够多吃上一餐，本身就是社会经济状况优越的表现。英国人是在1786年才有了午餐的概念，日本人吃三餐也不过上百年历史，而宋朝（960—1279年）率先带领着中国人吃上三餐，已经有千年的历史。

（四）合餐制基本定型

到了宋代，合餐制基本定型，并成为社会主流，原因是多方面的。一是与人口的增长、生产力的提高和饮食的丰富性有关。二是与烹饪技术的发展有关。宋代的烹饪方法很多，有些方法制作的美食，形态完整，美观，不适合分餐。如果被分得七零八落，就失去特色。合餐制明显有利于食物的完好，同时完整的食物也有利于刺激食欲。另外，若进行分食，还可能会导致分配不均。三是宋代热情好客，他们喜欢邀请亲朋好友同桌共饮，"吃饭"变成一件更加热闹的事，"以礼而食"逐渐被共同用餐的文化取代。四是宋代出现了高桌大椅，大家围成一桌就餐，气氛更加温暖也更加热闹，而且可供选择的食物逐渐增多。可以说，多种因素促成了共器共餐的合食制，成为宋代主流饮食方式，并延续至今。

第七节　豪爽大气的元代饮食文化

元朝（1206—1368年）是中国历史上第一个由少数民族建立的大一统王朝，进入中原之后又定都大都（今北京），多民族之间不断融合。因此，元朝的饮食文化也呈现出多样化的局面。

一、多民族饮食逐渐汉化

元代地域广阔，多民族融合，在各民族交往过程中，汉族的一些习俗也逐渐影响着其他民族的生活。比如，汉族北方的"面"和南方的"米"传入北方少数民族，使少数民族饮乳食肉的习俗受到不同程度的冲击。

到忽必烈时代，蒙古族人已经遍食米饭。《元史·铁哥传》记载，至元二十年（1283年）前后，"内府食用圆米。铁哥奏曰：计粳米一石，仅得圆米四斗，请自今非御用，止给常米。"

生长在草原的蒙古族人原本不吃蔬菜，进入中原以后，蔬菜开始成为他们食品中的重要组成部分。据《饮膳正要·聚珍异馔》记载，元代宫廷饮食中各种"聚珍异馔"涉及多种蔬菜。

二、吃羊肉习俗大盛

由于蒙古族人入主中原，大批蒙古族人和色目人移居北方农业区，蒙古族人的饮食习惯也影响了汉人。比如，汉族本是不怎么喝奶的民族，随着蒙古族人的到来，奶制品越来越被北方地区的汉族人民所接纳。同时，蒙古族人吃羊肉的习惯也影响了汉族人，使吃羊肉的习俗大盛。

据史料记载，元朝人非常喜欢吃羊肉，羊肉的量词已经不用"斤两"，而是用"脚子"。"脚子"是个约量词，最大可以指四分之一只羊，最小则指一块肉，差不多可以理解成"一大块"。

元代的宫廷饮食，肉类也以羊肉为主。皇帝的"御膳"，每日"例用五羊"。末代皇帝顺帝"自即位以来，日减一羊"，每日用四只羊，被视为贤明之举。

在元代的宫廷饮食中，羊的各部位都可以制成美味佳肴。《饮膳正要》中，除了用羊肉制作的大量美食外，羊的其他部位，包括羊皮、羊肝、羊肚、羊扒、羊肺、羊尾子、羊胸、羊舌、羊腰、羊苦肠、羊头、羊蹄、羊血、羊脂、羊髓、羊辟膝骨、羊肾、羊骨等用来制作菜肴。可以说除了羊毛、羊角以外，羊身上的一切，几乎都被用来制作菜肴、汤、面食等美味。

三、宴会名目繁多

元代时期，饮食宴会之风也很盛，宴会的名目繁多，过年过节要宴饮，婚嫁生日要宴饮，请托酬谢要宴饮，亲朋聚会要宴饮，君臣议事更要宴饮。

元朝宫廷最高规格、最为隆重的宫廷宴会叫诈马宴。诈马宴，又称"珠玛宴""质孙宴"或"只孙宴"，是融宴饮、歌舞、游戏和竞技于一体的贵族庆典娱乐活动。2007年，诈马宴被列入内蒙古自治区第一批非物质文化遗产名录。

元代的宫廷筵宴，还有全羊席。全羊席在成吉思汗时代，就已经风行蒙古草原。所谓全羊席，实际上是蒙古族羊肉吃法、做法的一个大荟萃、大展示。其中常见的吃法和做法有：吃整羊（羊背子）、烤全羊、手把肉、腊肉、烤肉、烤羊腿，用羊肉炒菜，用羊肉做汤、调羹，用羊肉熬粥等。

元代宫廷的美食还有"行厨八珍"，也称"行帐八珍"，源于中统年间，官拜中书左丞相的耶律铸（1221—1285年）所写的《行帐八珍诗》小序中道："往在宜都，客有请述行帐八珍之说。则此行厨八珍也，一曰醍醐，二曰麆沆，三曰驼蹄羹，四曰驼鹿唇，五曰驼乳糜，六曰天鹅炙，七曰紫玉浆，八曰元玉浆。"

在元代，蒙古八珍由宫廷专职御用厨师制作，在蒙古大汗每年六月三日举行诈马宴、八月举行马奶子宴时，作为御用膳，也作为赏赐左右大臣、贵族的一种荣典。

四、食器简朴而典雅

在元代，蒙古族人所使用的餐具和汉族也有很大的区别，蒙古族人们经常吃烤肉，所以在饮食过程中习惯使用刀叉，经常使用小刀来切割羊肉，蒙古族人们经常使用专用的刀具，既方便外出狩猎，又能够随时吃烧烤类的食品。

元代是中国陶瓷工艺发展的新阶段，出现了卵白釉、青花、釉里红等饮食用具。卵白瓷，又称"枢府窑"器，是专门为宫廷内府烧制的饮食器。这种饮食器胎白厚重，釉色青白似鹅蛋色，有乳浊状，所出的产品以各式碗、盘、执壶、瓶、罐、高足杯（碗）为多，极少见大器。碗多制成小足，折腰，体现了蒙古民族审美和饮食习俗的风格。

青花瓷器虽在唐代即已经出现，但到了元代才臻于成熟。元青花食器多见大、中小盘，罐和碗等，体现了蒙古族同胞性格豪爽的特点。

第八节　由简而奢的明代饮食文化

明代是我国历史上社会相对稳定的一个统一王朝,饮食文化也进入了繁荣阶段。明代宫廷菜以汉菜为主,偏于苏皖风味;民间菜则五花八门,异常丰富。

一、明初饮食简朴

明朝初年,宫廷饮食"筵不尚华""筵会无珍异之设"。身为开国之君的朱元璋,他的吃喝也经常是青菜豆腐红烧肉,不改平民本色。

上崇俭,下面的人也知道节约。有些大臣用菜粥招待朝廷使者;有些地方大员,每天所食不过猪肉一斤、豆腐两块、蔬菜一把。民间人家宴席,更是简单,几盘水果,数碟菜肴就行了。

据陆容《菽园杂记》记载,江西地方有些人家吃饭,第一碗只吃寡饭,吃到第二碗才夹菜。吃肉只买猪内脏,一是因为便宜,二是内脏没有骨头,吃起来不会浪费。还说很多江西人家,摆在酒席上的果盘,纯粹是一种装饰,只有最中间的可以吃,其他水果用木头雕刻而成。就连祭祀用的食品,也是临时从食店里租来的,祭祀完了再送回去。

二、中后期奢靡浪费

随着经济的发展与朝廷的腐败,到明代中叶,朴素的社会风气烟消云散。宫廷中的豆腐已不用黄豆,而以百鸟脑髓酿成,一盘"豆腐"费鸟近千只,奢侈至极。

宫廷御膳的品类丰富,食物档次高、排场大,所费不计其数。据刘若愚《明宫史·火集》记载:"宫眷所重者,善烹调之内官;而各衙门内官所最喜者,又手段高之厨役也。"后妃皇子们只能选择手艺较好的太监当厨开小灶,太监则可以从宫外挑更好的厨师,烹制更精美的菜肴。从中我们也可以看出明朝太监专权的影子。

当时,大臣设宴摆席,花费更是高达千金。士大夫们置办宴席,一般要准备几天,采购许多美食,才能发请帖。至于餐具,金银不再被视为珍贵,而以玉器为尊。酒席上还要请来乐队、舞队助兴。主人也不再亲自下厨,而是花钱雇用专业厨师烹调饭菜,钟鸣鼎食,极尽奢华。

明朝中后期,普通百姓也追逐时髦,崇尚享乐,"人情以放荡为快,世风以侈靡相高"。美食品种空前丰富,南方的牡蛎,北方的熊掌,东海的鳆鱼,西域的马奶,成为流行全国的特产。在商品经济大潮的冲击下,从江南到塞北,从繁华的都市到偏远的乡村,到处都在追求口腹的享受。

在官场,吃喝之风,逐渐兴盛。明朝官场吃喝风中的第一号名人,当推明朝建立初期的左丞相胡惟庸。胡惟庸不仅经常拉拢一帮权贵在家中酣饮,而且挖空心思,把十几只猴子训练成能打躬作揖,跳舞吹笛。宴客时,就让它们端茶斟酒,并雅称为"孙慧郎"。

而比起胡惟庸来,嘉靖时的权相严嵩,则更为荒唐离奇,和其子严世蕃,生活奢豪,日享珍馐百味。而且每当贪赃受贿满百万两,就大肆请客以示庆祝。严嵩垮台后,从他家抄出的金酒杯、酒盂、酒缸的价值,不下一万七千余两。抄出的物品中仅筷子一项,就有金筷2双、镶金牙筷1110双、镶银牙筷1009双、象牙筷2691双、玳瑁筷10双、乌木筷6891双、斑竹筷5931双、漆筷9510双。

万历初的名相张居正，在大刮吃喝风方面，并不比胡惟庸、严嵩逊色。有一年，张居正的父亲死了，张居正奉旨归葬。一路上，各地的官员都跪地迎接。所经之处，各地官员准备的宴席都是"牙盘上食，味逾百品"，每顿饭都有上百道菜，然而面对这么豪华的酒席，张居正"犹以为无下箸处"，还是嫌弃吃得不好，自己一道菜都看不上，根本不想动筷子，可见其饮食之挑剔。经过无锡的时候，无锡当地的官员特别找名厨为他精心准备了当地风味的美味佳肴，张居正这才给了个"好评"，说"吾至此，始得一饱。"

不难想见，吃喝风的盛行，必然导致政风的腐败。政风的腐败，必然导致王朝的灭亡。

三、催生许多美食家

明朝中后期，从上到下讲究吃喝，蔚然成风，进而催生出许多美食家。他们不仅精于品尝和烹饪，也善于总结烹调的理论和技艺，形成文字，享誉一时。

比如，高濂，他所著《遵生八笺》符合当时的美味标准潮流，是一部鉴赏著作，就如何完善物质环境和形而上的生活提出了意见。高濂在关于饮食的论述中宣扬节制健康的饮食，并指出恰当饮食与身心力量的联系。但高濂的书中也不乏对令人垂涎欲滴的美食的描述，说明他并未放弃对美食的追求。

徐渭，是明代著名的画家、诗人。他的画作和诗作，总围绕着食物，表现出对食物强烈的兴趣，他常用自己的作品换取无法承担的昂贵食材，当时类似的交换系统并不罕见，但徐渭的情况尤为突出。

张岱，是明朝遗老，总怀念明朝统治下的舒适生活，他的作品中也充斥着关于美食带来的愉悦的描述。用他自己的话来说："耽耽逐逐，日为口腹谋。"

宋诩，生卒年不详，明代弘治、正德年间华亭（今上海松江）人，出身于美食世家。他和儿子宋公望编写了一部内容丰富的明代饮食著作，名为《竹屿山房杂部》。

总的来说，明代的饮食，从初期的淳朴、有序，"筵不尚华"，到中后期的奢靡、无序、浮夸，它反映的更多的是一个时代的兴盛与衰落。

第九节　满汉合璧的清朝饮食文化

清朝是中国最后一个封建王朝，生产力和作物种类比明朝有很大发展，饮食方式也逐渐与近现代趋同，尤其是随着南美、非洲作物的传入和种植，烹饪技术的逐渐完善，无论是宫廷饮食、贵族与官府饮食，还是地方饮食、民间饮食，都呈现出蓬勃发展的趋势，把中国封建时代的饮食文化推向了高潮。

一、清宫御膳

清代宫廷的御膳可以说是我国美食宝库中的珍品。当时，为了保证皇帝和皇室成员，能在紫禁城内就享受人间的荣华富贵，品尽天下的珍馐美馔，清政府除在内务府设有庞大的机构，专门管理皇帝与皇室的饮膳外，还征集全国各地的烹饪高手到宫中服役。

清宫御膳主要由三种地方风味组成。一是皇室成员从小吃惯了的满族风味美食，如各种肉类及野味、黏食饽饽、蘸酱菜等；二是入主中原后，清宫沿袭了明代宫廷饮食特色，膳食逐渐以山东风味为主；三是到了乾隆年间，由于皇帝数次南下，苏杭菜点受到赏识并在宫中流行起来。

清宫的筵宴名目繁多，从年初吃到年尾。除元旦、万寿（也就是皇帝生日）、冬至三大节日筵宴之外，还有庆祝征战胜利的凯旋宴、笼络臣民的千叟宴、皇帝大婚宴、公主下嫁宴、招待朝鲜使臣和西藏贡使及蒙古王公等的除夕宴、皇太后圣寿宴、皇后千秋宴、各嫔妃的生辰筵宴、皇子皇孙的成婚礼宴、宗室家宴。此外，还有各种节令宴等。

满汉全席是集满族与汉族菜点之精华而形成的最著名的宫廷盛宴，旨在化解当时满汉不和，提倡满汉一家的用意。乾隆甲申年间李斗所著《扬州画舫录》中记有一份满汉全席食单，可能是关于满汉全席的最早记载。

满汉全席以东北、山东、北京、江浙菜为主。世俗所谓"满汉全席"中的珍品，其大部分是黑龙江地区特产：如犴鼻、鱼骨、鳇鱼子、猴头蘑、熊掌、哈士蟆、鹿尾、豹胎以及其他珍奇原料等。后来闽粤等地的菜肴也依次出现在满汉全席之上。其规模盛大，程式复杂，满汉食珍俱备，南北风味兼有，堪称"中国古代宴席之最"。

二、贵族与官府美食

清代的宫廷美食发展到了登峰造极的地步，贵族与官府的美食也叹为观止。

关于清代贵族的美食，我们从名著《红楼梦》中就可见一斑。《红楼梦》中记载的清代贵族美食丰富多彩。

比如，光粥就有碧粳粥、腊八粥、香薷粥、燕窝粥、鸭子肉粥、枣儿粳米粥、绿稻米粥、江米粥，饭又有绿畦香稻粳米饭、白粳米饭、各色杂米饭等。

碧粳米是一种优质大米，原产地在河北省玉田县，这可不是普通的米，这种米在清代是一般人难以有机会品尝的贡品，具有粒细长，微带绿色，烹饪时喷香的特点。之所以叫碧粳米，是因为煮熟后，会显出晶莹剔透的绿色，与一般米截然不同。

清代的官府多讲求美食，常常"家蓄美厨，竞比成风""私家名厨，甚于菜馆"，从而形成了许多著名的官府菜。比如，孔府菜、谭家菜、随园菜、直隶官府菜等。

三、民族饮食文华融合

开放包容、兼收并蓄，是清代美食的一个明显特征。不仅各民族之间的饮食传统独具特色，相互影响，而且中外美食也互相交流，互相渗透。清代之前，满族善食野味，喜食杂粮，奶食丰富，擅长烧烤炖煮等烹饪技术，饮食器具大多用木器具……满族的美食显得粗犷，带有浓厚的北方特色和特殊的异域风情。

满族入关，成为统治阶层后，相应地，其饮食文化也就成为官方的权威的代表。一方面，满族为保持其民族性，必然带入和保留其特色；另一方面，为效仿和体味官方美食，关内各民族也努力接受满族饮食文化。从而使大量的满族美食被吸纳到中华美食的主流之中，这就大大丰富了中华美食文化内涵。

这种融合与影响主要体现在以下几方面。首先，在食材上，为中原注入满族关外的土产。诸如熊掌、飞龙、猴头、人参、鹿尾、鹿筋、野鸡、羊羔、乳猪等等。其次，是烹调上，满族的烧、烤、煮、炖等技术，也融到中华烹调技艺当中。再次，是多种满点和特有菜肴的影响。例如，满族的传统美食"萨其马"，如今仍是风靡全国的美食。最后，随着满族饮食文化的传入，一些满族固有饮食礼仪也在潜移默化中进入汉族人的生活。这种现象最明显的例证，就是满汉全席的上菜礼仪。此外，在满族饮食文化的影响下，其周边的少数民族饮食文化也出现了满化特点。比如，受满族饮食文化影响最明显的是内蒙古的贵族阶层，尤其是上层贵族。他们不仅日常生活已满族宫廷化，甚至节令饮食习俗也满化了。

在各民族美食的融合中，满汉融合是最典型的，不论在宫廷还是民间。

在民间，满汉饮食交流是常态。袁枚在《随园食单》中说，"汉请满人，满请汉人，各用所长之菜，转觉入口新鲜""汉请满人用满菜，满请汉人用汉菜。反致依样葫芦"这说明清代的满菜和汉菜，已是各成体制，由来已久，单凭仿效制作，达不到正宗原样；又说明当时满、汉杂居，其饮食习俗是在互相渗透、影响。

满汉饮食文化的融通，为满汉席并用乃至满汉全席打下了社会与民族的基础。据研究，"满汉席"一词最早出现在李斗的《扬州画舫录》中。"满汉全席"这个名词最早出现在晚清时期的《海上花列传》里。不过这部书并没有讲述其中有哪些菜肴，只不过是用此形容丰富罢了。所谓"满汉全席"，是20世纪60年代，由香港的商人根据史料记载发明的，并不是清宫御膳，但也不妨碍满汉全席成为中华美食文化的至尊象征。

四、中西饮食文化交流

清代，还是中西美食交流的重要时期。

中华美食向西方国家传播，从传播的途径看，主要包括三个方面：一是来华的西方人士，二是赴西方国家的中国人士，三是中西方的商贸展览等。从传播的内容看，不仅有食物原料与餐饮器具、饮食习俗与礼仪，还有众多的中国美食及制法等。比如，在清代，荷兰、英国、法国、美国等国的商人，纷纷到中国经商，购买最多的大宗商品，就是茶叶和瓷器。从18世纪开始，中国茶和中国瓷制饮食器具受到西方人普遍喜爱，其优质品更成为欧洲各国王室和贵族炫耀财富、互相馈赠的珍贵器物，并常常出现在其客厅中和餐桌上。

在清代，中国多次参加世界博览会，参展的商品中有茶、蜜饯、黄豆、水产、饮食器具等。

在饮食习俗与礼仪方面，一些来华的西方国家使节、传教士等，主要通过带回和翻译中国书籍、文献和撰写相关著述，如《诗经》《尚书》《礼记》《易经》《道德经》等，对中国文化进行西传，这些书中有许多中国饮食习俗与礼仪的论述，尤以《礼记》最为丰富。

1840年鸦片战争后，中国被迫开放门户，向西方国家大量派遣驻外使节、留学生及其他人员。这些人在西方国家学习、工作和生活时，常常通过言谈举止，尤其是宴请等方式，将中国食俗、中国美食及制法，介绍给西方人。

中国移民在西方国家开办的中餐馆，也是传播中华美食的重要途径。据记载，华人在美国开办的中餐馆，最早出现在1849年7月的旧金山。1851年，采金者威廉·萧在《黄金梦和醒来的现实》一书中写道："旧金山最好的饭馆是中国人开的和按中国风味做菜的饭馆。菜肴主要是咖喱食品、杂烩和酱汁肉丁，都盛在小碟子里。"

在清代，上流社会的人们还有机会尝到西餐的滋味。西餐的传入不晚于清代中期，首先在广东等地传入，后来在清末逐渐在整个上层社会流行。《清稗类钞》记载，当时吃西餐分为三个部分，一曰大餐、一曰番菜、一曰大菜。电影《邪不压正》中的六国饭店，就是清末著名的西餐馆。

清末《京华慷慨竹枝词》中有一首关于"六国饭店"的诗，是这样写的："海外奇珍费客猜，西洋风味一家开。外朋坐上无多少，红顶花翎日日来。"可见，当时六国饭店并无多少洋人,更多的是清代的达官显贵。从中也可以看出,当时西餐在上流社会已经极为流行,成为达官显贵经常食用的美食。

除西餐与西餐馆外,清末还有西式饮料,如汽水、咖啡的制造,并有汽水店、咖啡馆专门出售。

清代后期,随着中外商业、交通、传教、外交等活动的开展,西方的烹饪书籍也输入中国。同治五年(1866年),出版了一本教做西餐的书,名为《造洋饭书》。该书前言说明了它的阅读对象是在外国人家庭工作的中国厨师。

不仅如此,西餐的做法有时还被记录在清代文人的作品中。比如,袁枚在其《随园食单》中就记录着一种他吃过的西洋美食"杨中丞西洋饼"的做法。

总之,清代是我国古代饮食文化发展的高峰。从清代开始,中华美食已经开始走向了近代化。

思考题

1. 简述中国饮食文化的发展历程,以及不同历史时期的特点和影响。
2. 中华人民共和国成立以来中国饮食文化有哪些变化?
3. 中国饮食文化在全球化背景下有哪些发展和变化?它对世界饮食文化有哪些影响?
4. 宋朝是中国历史上经济高度发达的时期,请分析这一经济繁荣背景如何促进了饮食文化的多样化与精细化?
5. 据考古发掘中国饮食文化有许多世界之最,举几个例子说明。

课外选读文献

1. 姚伟钧,刘朴兵. 中国饮食史(上下2册)[M]. 武汉:武汉大学出版社,2020.
2. 徐海荣. 中国饮食史(6卷)[M]. 北京:华夏出版社,1999.
3. 赵荣光. 中国饮食文化史[M]. 上海:上海人民出版社,2014.
4. 赵荣光. 中国饮食文化史(10卷)[M]. 北京:中国轻工业出版社,2013.

第二章
汗牛充栋的饮食文献

📖 课程导入

在《典籍里的中国》品味饮食文化

《典籍里的中国》是中央广播电视总台打造的大型原创文化节目。该节目通过时空对话的创新形式，以"戏剧+影视化"的表现方法，聚焦中华优秀文化典籍中《尚书》《论语》《楚辞》《史记》《本草纲目》《齐民要术》《茶经》《备急千金要方》等流传千古、享誉中外的经典名篇，展现其中蕴含的中国智慧、中国精神和中国价值，讲述这些典籍在五千年历史长河中源起、流转及书中感人至深的传承故事。

饮食文化作为中国传统文化的重要组成部分，在《典籍里的中国》中也有所体现。一方面，《典籍里的中国》通过介绍古籍中的饮食文化，向观众展示了中国饮食文化的历史渊源和文化内涵。例如，《礼记》中的"诸侯无故不杀牛，大夫无故不杀羊，士无故不杀犬豕，庶人无故不食珍"，反映了古代饮食文化中的等级制度和礼仪要求。在《孔子》一期中，也有孔子对于饮食的精辟见解：食不厌精，脍不厌细。食而习礼者，人之大伦也。这句话强调了饮食对于礼仪和人际关系的重要性。另一方面，《典籍里的中国》还展现了古代的烹饪技术和食谱。例如，《齐民要术》中的一些烹饪方法和食谱在节目中得到了还原，包括荷包蛋、炒鸡蛋、咸鸭蛋等。这些古代的烹饪方法和食谱不仅是中国饮食文化的重要组成部分也为现代烹饪技术的发展提供了启示和借鉴。

可以说，《典籍里的中国》不仅呈现了中国传统文化中的思想、哲学和艺术，也展示了中国的饮食文化。让我们一起读懂典籍，在典籍里认识中国，在典籍里领略博大精深的中国饮食文化。

> 要运用现代科技手段加强古籍典藏的保护修复和综合利用，深入挖掘古籍蕴含的哲学思想、人文精神、价值理念、道德规范，推动中华优秀传统文化创造性转化、创造性发展。
>
> ——习近平总书记2022年4月25日在中国人民大学考察时的讲话

📖 教学目标

◎知识目标
了解中国饮食文献的概念和分类以及中国饮食古籍文献的类型，理解中国饮食文献的特点和作用，掌握中国饮食文化典籍的主要内容、价值和影响。

◎能力目标
具有较强的中国饮食文献阅读、整理与研究能力，能够阐释中华优秀文化典籍经典名篇中与饮食文化相关的内容。

◎思政目标
热爱中华民族优秀传统文化，传承和推广中国传统优秀饮食文化。

第一节　中国饮食文献的概念和分类

一、饮食文化文献的界定

"文献"一词，最早见于儒家经典《论语》。《论语·八佾》记载了孔子的话："夏礼吾能言之，杞不足徵也；殷礼吾能言之，宋不足徵也。文献不足故也。足，则吾能徵之矣。"东汉郑玄注："献，犹贤也。我不以礼成之者，以此二国之君，文章、贤才不足故也。"宋代朱熹注："文，典籍也；献，贤也。"综合古人注义，文献之"文"指文章典籍，"献"指能传述典章制度的贤士的言论。古代学者所谓"徵文考献"，就是说要了解一个时代的典章制度（礼），就必须取证于典籍的记载，同时采录宿贤耆旧的言论、评议。宋末元初学者马端临首先将"文献"二字自名其书《文献通考》，他在此书《自序》中说："凡叙事，则本之经、史而参之以历代会要，以及百家传记之书，信而有徵者从之，乖异传疑者不录，所谓文也；凡论事，则先取当时臣僚之奏疏，次及近代诸儒之评论，以至名流之燕谈，稗官之纪录，凡一话一言，可以订典故之得失，证史传之是非者，则采而录之，所谓献也。"这段话阐明了"文献"的原始涵义。后来"文献"一词渐渐不再分释，专指各种图书资料。明初编纂的大型类书《永乐大典》，初名《文献大成》，即取该书包含各类图书之义。

随着近、现代以来人类文明的进步和考古新的发现，人们对"文献"的认识也突破了以前的狭窄圈子，其范围也随之不断扩大。如《辞海》对"文献"的释义："专指具有价值或某学科相关的图书文物资料，如历史文献、医学文献等。今为记录知识的一切载体的统称，包含以文学、图像、符号、声频、视频等记录人类知识的各种载体（如甲骨、金石、竹帛、纸张、胶片、磁带、光盘等）。"将图书与文物都纳入了文献的范围。《（GB 3792.1-83）中华人民共和国国家标准·文献著录总则》给"文献"下的定义更为广泛："记录有知识的一切载体。"这些载体除书籍、期刊等出版物外，凡载有文字的甲骨、金石、简帛、拓本、图谱乃至缩微胶片、视盘、声像资料等等，皆属文献范畴，而古典文献专指古籍而言。

从这个意义上来说，饮食文化文献的范围非常广博，除常见的饮食文字资料外，诸如出土或遗存的饮食原料、食品、饮食器具等实物，与饮食有关的图画、雕塑、书法等艺术作品，饮食歌谣、传说等口头资料，以及约定俗成的饮食风俗习惯，等等，无所不包。

二、中国饮食文献的分类

在浩如烟海的中华文献中，饮食文化文献可以说是汗牛充栋，不计其数。这些数量众多的饮食文化文献，可以从不同的角度分类。

按有无文字记录，大体上可分为两类：一类是无文字记录的，一类是有文字记录的。无文字记录的史料又分为两种形式：一种是遗物，一种是人们的口头传说和风俗习惯等。

按文献载体划分为两类，一类是有载体的文献，包括出土或遗存的饮食原料、食品、饮食器具等实物；与饮食文化相关的绘画、雕塑、书法等艺术作品；文字文献，包括甲骨文、铜器铭文、陶器文字、石刻文献、简牍、帛书、纸质文献等。另一类是无载体的文献，包括与饮食有关的歌谣谚语、传说故事等口头资料以及约定俗成的饮食风俗习惯、饮食礼仪等。

按文献内容，大致可以划分为酒文献、茶文献、烹饪文献、食疗与养生文献、综合文献五大类。

按照出版形式分，有图书、报刊、会议文献、专利文献、学位论文、档案等不同的文献类型。

按照内容性质的演变过程和加工深度分，有一次文献、二次文献、三次文献，亦称为一级文献、二级文献、三级文献。

三、中国饮食古籍文献的主要类型

中国饮食文化古籍文献是中国古代关于饮食文化的著述和出版物的总称，由刻印本、活字本、手写本、抄本等成卷的能独立成书的著作所组成。我国古代饮食文化古籍文献的范围大致包括以下方面：

（一）饮食文化专著

专著通常是对某一学科领域中的某一专题或问题进行系统、深入、全面的研究，并得出新的、创造性的结论或观点的著作，具有原创性、系统性和深入性的特点。中国饮食文化专著有茶文化专著、酒文化专著、食疗与养生文化专著、烹饪文化专著、饮食文化综合专著等，如陆羽《茶经》、朱翼中《北山酒经》、孟诜《食疗本草》、袁枚《随园食单》、宋诩《宋氏养生部》等。

（二）各种综合性类书

类书是辑录群书中各种资料按类编排而成的我国古代的百科全书式的资料汇编工具书，其中包含丰富的饮食文化文献。许多类书都明确列有饮食的部类，如唐徐坚《初学记·服食部》、虞世南《北堂书钞·酒食部》、欧阳询等《艺文类聚·食物部》、宋李昉《太平御览·饮食部》、吴淑《事类赋·饮食部》、谢维新《古今合璧事类备要》外集"饮膳"、明董斯张《广博物志·食饮》、彭大翼《山堂肆考》羽集"衣食部"、清张英、王士禛等《渊鉴类函》"食物部""菜蔬部"、蒋廷锡等《古今图书集成·食货典·饮食部》、陈元龙《格致镜原·饮食类》、徐珂《清稗类钞·饮食类》、傅崇榘《成都通览·饮食》等。以上仅仅是这些类书中明确列有饮食的部类，以《太平御览》为例，除"饮食部"外，与饮食直接相关的部类尚有"百谷部""兽部""羽族部""鳞介部""虫鱼部""果部""菜部"等。其他未明确列有饮食部类的类书中往往也包含有丰富的饮食文化文献，如西夏人编写的西夏文类书《圣立义海》，15卷中就有7卷直接与饮食有关。

（三）农书

我国古代以农业立国，农业是古代人们饮食原料的主要来源，因此在农书中包含着丰富的饮食文化资料，举凡粮食、蔬菜、果品、禽畜、鱼类等各种食物原料的栽培、养殖技术，这些食物原料的种类、品质、性味、加工、储藏和食用价值，以及各种主副食品的加工酿造、烹饪方法，乃至荒年可食野菜的种类等，几乎无所不包。如贾思勰《齐民要术》、司农司撰《农桑辑要》、鲁明善《农桑衣食撮要》、王祯《农书》、徐光启《农政全书》、戴羲《养余月令》、黄省曾《理生玉镜稻品》、佚名《便民图纂》、王磐《野菜谱》、鲍山《野菜博》等。

（四）医书

我国古代药食同源，以食当药是我国古代医学的一个特色。在古代不少医书中都有食疗食治、饮食宜忌的内容。比如成书于战国时期的《黄帝内经》就系统地阐述了膳食平衡理论、营养卫生理论和食疗理论，并提出了"五谷为养，五果为助，五畜为益，五菜为充"的饮食观。唐代《新修本草》、孟诜《食疗本草》，明李时珍《本草纲目》，清姚可成《食物本草》等本草类医书也有大量关于养生、食疗、营养等方面的记述。较多涉及食治食养、饮食宜忌的医书还有汉代张仲景《金匮要略》（禽兽鱼虫禁忌、果食菜谷禁忌），唐代孙思邈《备急千金要方》（食治篇）、《千金翼方》（涉及老年人食疗的内容），昝殷《食医心鉴》，宋代《圣济总录》、娄居中《食治通说》、王怀隐《太平圣惠方》（食治门），宋陈直撰、元邹铉增补《寿亲养老新书》，清章穆《调疾饮食辩》等。

（五）史书

在古代史书中同样有着丰富的饮食文化文献。如我国现存最早的一部史书《尚书》，其中《酒诰》以殷亡为戒谈禁酒，《禹贡》则记述了各地贡品和农作物的名称。自班固《汉书》开始，我国历代正史都撰有《食货志》，从《汉书》对"食货"的解释不难看出《食货志》中所包含的饮食文化资料之丰富："食谓农殖嘉谷可食之物，货谓布帛可衣及金刀龟贝所以分财布利通有无者也。"一些正史的《食货志》还列有饮食文化细目，如《宋史·食货志》的"和籴""常平义仓""盐""茶""酒"等子目。《汉书》之前，类似于《食货志》，《史记》有《平准书》《货殖列传》。除《食货志》外，正史一般还都撰有《礼乐志》或《礼仪志》《礼志》，内容涉及各种祭典及饮宴场合等的祭品、食品和饮食礼仪等。另外，正史中有关少数民族的传记，往往亦多载其饮食风俗。正史中一些人物传记中亦载有饮食文化资料，如《史记·仓公列传》载名医淳于意以粥治病的故事，《汉书·循吏传·召信臣传》则有西汉王宫温室种植蔬菜的记载。

我国历代专门记载典章制度的史书中也有颇多饮食文献，如"三礼"，《周礼·天官冢宰》有关西周庞大的饮食管理机构和众多食官的设置情况，以及一些饮食物名称和各地农作物、家畜的记载，《仪礼》《礼记》中许多篇章对先秦饭食、酒浆、膳牲、荐羞、饮食器皿、饮食礼仪和习俗的介绍。又如历代的《会要》《通典》《会典》《文献通考》等类著作，如《唐会要》中的"正月祈谷""祭器议""断屠钓""搜狩""盐铁"等部分，《通典》《续通典》《清朝通典》中的"食货""礼"等部分，《钦定大清会典》之"精膳清吏司""盐法""乡饮酒礼"，马端临《文献通考》中"土贡考"，以及"征榷考"之"盐铁""榷酤""榷茶"，"宗庙考"之"祭祀时享"，"王礼考"之"田猎"等部分。其他如明刘若愚《明宫史》中记载明代宫廷食谱和京师食俗的卷四饮食好尚等。

此外，杂史、别史、传记等中也有部分饮食文献，如载述金国女真族人饮食风尚，就有杂史类的宋洪皓《松漠纪闻》和别史类的宋宇文懋昭《大金国志》卷39"饮食"等；传记，如明顾元庆《云林遗事》"饮食"记元末倪瓒饮食事迹。

除上述史籍外，历史档案中亦保存了不少饮食文化文献，如前述山东曲阜文管会藏《孔府档案》、中国第一历史档案馆藏清代内务府"御茶膳房"档案、现存满文《黑图档》等。

（六）地理类著作

地理类著作中也有大量饮食文化文献。如地方志中往往都有介绍某一地区物产和饮食习俗的内容，如宋谈钥《吴兴志》卷18"食用故事"、卷20"物产"，明万历《新昌县志》卷4《风俗志·宴饮》等。一些地理总志中有时也载及一些地区或域外的物产和饮食风俗，如《太平寰宇记》卷169《岭南道》十三载海南岛人取严树皮汁，"捣后清水浸之酿粳"为酒，以及取石榴花叶和酝酿酒之风俗；卷177《四夷》六《南蛮二·徼外南蛮·真腊国》"土俗物产"载真腊国人："饮食多酥酪、砂糖、杭米饼，欲食之时，先取杂肉羹与饼相和，手搦食之。"

地理类著作中饮食文化文献最为集中的是历代书目中归入地理类杂记（或杂志）的一些著作，其中主要是反映某一地区物产、风俗的风土记，以及载有特定地区节日饮食习俗内容的岁时记。前者如反映南宋江南地区饮食文化的周密的《武林旧事》、耐得翁的《都城纪胜》、吴自牧的《梦粱录》、孟元老的《东京梦华录》，反映岭南地区饮食文化的唐代刘恂的《岭表录异》、段公路的《北户录》，宋代周去非的《岭外代答》、范成大的《桂海虞衡志》，明末清初屈大均的《广东新语》等，记载我国东南沿海地区及台湾物产与饮食风俗的三国沈莹的《临海水土异物志》、清代周亮工的《闽小纪》等。此外，还有东汉杨孚《异物志》、晋人嵇含《南方草木状》、清代李斗《扬州画舫录》等。岁时记，如记载荆楚地区民间节日饮食习俗的南朝梁宗懔的《荆楚岁时记》，记载清代北京节日饮食的清潘荣陛《帝京岁时纪胜》、富察敦崇《燕京岁时记》等。

（七）笔记小说

历代笔记中亦不乏饮食文化文献。如唐段成式《酉阳杂俎》卷7《酒食篇》介绍130余种食品及当时名家制作的名菜，卷16～19"广动植篇"广记各地食品；宋陶谷《清异录》"百果""蔬菜""酒浆""茗荈""馔羞"等门；《太平广记》卷233"酒"部、卷234"食"部等；明佚名《墨娥小录·饮膳集珍》等。此外，如五代王定保《唐摭言》载唐代曲江宴的礼仪、名目、宴名、诗文、典故、逸闻，元陶宗仪《辍耕录》记元代宫廷饮食礼仪，明陆容《菽园杂记》记述作者亲历各地的饮食风情等。

（八）文学作品

在历代的诗、词、曲、赋、散文、小说、戏剧等文学作品中也包含丰富的饮食文化资料，具体内容包括各类饮食原料及其加工制作方法、各地饮食特产、烹调技艺、饮食活动、饮食方法、饮食感受、饮食习俗、饮食观等。

诗歌、散文、辞赋中的饮食文化文献，可参熊四智主编《中国饮食诗文大典》、清陈元龙《历代赋汇》卷100"饮食"类等。如《诗经》中的《雅》《颂》宴饮诗，《楚辞》中的《招魂》《大招》，明周履靖辑和《青莲觞咏》《香山颂酒》《狂夫酒语》，晋杜育《荈赋》，唐萧昕《乡饮赋》，宋苏轼《老饕赋》《猪肉颂》，黄庭坚《士大夫食时五观》等。

词中的饮食文化文献，如苏轼茶词《行香子》、黄庭坚茶词《品令》描绘烹茶、饮茶情景及饮茶后的感受，明周履靖《唐宋元明酒词》，清陈维崧《二郎神·玉兰花饼》等。散曲中的饮食文化文献，如元李德载《喜春来·赠茶肆》，全套散曲由10首小令组成，运用众多典故，广泛讲述了煎茶、饮茶的乐趣，写出了茶博士的"妙手"和"风流"，以及茶肆的"声价彻皇都"。

小说中的饮食文化文献，如汉刘歆撰、晋葛洪辑抄《西京杂记》载重阳食蓬饵、饮菊花酒的食俗，晋干宝《搜神记》载松江鲈脍及菊花酒的酿制方法，《水浒传》《金瓶梅》《红楼梦》《儒林外史》《老残游记》等明清小说中饮食文化文献尤多。

戏剧中的饮食文化文献，如清王文治《龙井茶歌》杂剧，洪升《四婵娟》杂剧中描写李清照夫妇饮茶趣事的第三折《斗茗》等。

文学作品是我国饮食文化文献的一个重要组成部分，一些饮食专著的内容或全部或部分由文学作品构成，如明喻政《茶集》即选辑唐宋元明各代有关茶的诗词文赋100多篇编成，田艺蘅《煮泉小品》系汇集历代论茶与水的诗文，清刘源长《茶史》"古今名家茶咏"亦辑录自唐至宋、金大量茶诗、茶赋、茶铭、茶词，陈世元《金薯传习录》下卷也是，收集有关甘薯的诗歌。

（九）哲学、政治类著作

我国古代主要是先秦两汉时期的一些哲学、政治类著作如《周易》《老子》《墨子》《论语》《吕氏春秋》《淮南子》等包含有较为丰富的饮食文化文献。例如《论语·乡党》详细记述了孔子时代一些具体的礼食要求和孔子的饮食观；《吕氏春秋》"本味篇"记述厨师出身的商初贤相伊尹以至味说汤，畅谈烹调之道，列举天下美食；《淮南子》表现出来的食为民本、养性之道、食不求饱、调和五味的饮食思想等。

（十）宗教典籍

在佛教、道教、伊斯兰教等宗教典籍中也包含有饮食文化文献。佛教典籍中有关饮食的文献并不是很多，主要涉及佛家禁食酒肉、提倡素食、嗜茶等内容，如《楞伽经》《楞严经》《涅槃经·四相品》等经籍中的"戒杀放生""素食清净"等思想，《广弘明集》卷26周颙《与何胤论止杀书》、梁武帝《断酒肉文》四首、道宣《叙梁武帝断杀绝宗庙牺牲事》《叙梁武帝与诸律师唱断肉律》等。伊斯兰教典籍，如清代刘智《天方典礼择要解》以"物性有善者，有不善者"，谈"人有可食者，不可食者"，表现出伊斯兰教以清净为本的饮食观。相比而言，道教典籍中饮食文献要丰富得多，如晋葛洪《抱朴子》论道家服食与"酒诫"；《云笈七签》卷32~36"杂修摄"谈饮食养生、饮食禁忌；《道藏》中有关食疗、养生文献，如《太清经断谷法》之药膳方，《太上肘后玉经方》述服食药方，《神仙服食灵草菖蒲丸方传》谈服食菖蒲养生法，《修真秘录》《保生要录》《混俗颐生录》《太上保真养生录》论饮食养生、食疗等。

（十一）字书、辞书、韵书等工具书

在古代的字书、辞书、韵书等工具书中也有不少饮食文化资料，诸如收录有关饮食的字词，考察其得名的由来及释义等。如西汉以前的辞书《尔雅》卷下有《释草》《释木》《释虫》《释鱼》《释鸟》《释兽》《释畜》，其中就有大量饮食原料的名称；东汉许慎《说文解字》也收有大量饮食类的文字，并解释其起源、做法等。此外，如西汉扬雄《方言》、三国魏时张揖《广雅》、唐初释玄应《一切经音义》、北宋陈彭年等修《广韵》等字书、辞书、韵书中也都有不少饮食类文字及其释义。一些字书、辞书还设有收录、解释饮食词汇的专章，或是集录训释饮食字词的专书，如我国最早的语源学词典东汉刘熙《释名》卷四《释饮食》专门阐释饮食方面的名词77个，蒲松龄《日用俗字》也有"饮食章""菜蔬章"，宋何剡《酒尔雅》更是一部汇集训释有关酒的文字、语词的专书。

在少数民族的字书、辞书、韵书等工具书中也有一些饮食文化文献。例如西夏文《三才杂字》、西夏汉文本《杂字》、西夏文韵书《文海宝韵》、西夏骨勒茂才编著的西夏文和汉文双解通俗语汇辞书《番汉合时掌中珠》中都收有大量与饮食相关的词语及其释义，包括粮食种类、食品、蔬菜、水果、调味品、饮料、粮食及肉食加工、食品制作、饮食器具、畜牧业等，《番汉合时掌中珠》《三才杂字》还收有四字一句的成语，如"富贵具足，取乐饮酒""夜夜设宴，朝朝祭神"等。

除以上主要方面外，其他包含饮食文化文献的典籍还包括：部分科技类书籍，如明代宋应星《天工开物》中"乃粒""粹精""作碱""甘嗜""陶埏""曲糵"等类分别记述了各种粮食作物的品种和加工方法，以及制盐、制糖、制陶、制酒等技术，明末清初方以智《物理小识》全书15门中也有"饮食类"；法律类书籍，如西夏《天盛律令》有关畜牧业、粮库管理等与饮食相关的条款等；戏曲理论著作，如清代李渔的《闲情偶寄》之"饮馔部""颐养部"等。

第二节　中国饮食文献的特点和作用

一、中国饮食文献的特点

（一）面广量大，与其他学科相互交叉

饮食文化是一门跨越自然科学和社会科学的综合性学科，它与农学、医学、养生学、民俗学、史学、文学、地理学、政治学、哲学、法学、文字学、音韵学、美学等其他学科相互交叉。正因为如此，在浩如烟海的中华文化典籍中，饮食文化文献不仅数量上汗牛充栋，不计其数，而且分布也极为广泛。

（二）内容广泛性，涵盖了中国饮食文化的各个方面

我国的饮食文化文献内容极其广泛，可以说涵盖了中国饮食文化的方方面面。从文献的具体内容来看，诸如饮食资源、饮食制作、饮食消费、饮食器具、饮食方式、饮食卫生、饮食礼俗、饮食思想、饮食掌故、饮食文艺、饮食文化交流、中外饮食文化比较、饮食文献等，无所不包；从文献的类别来看，则包括酒文献、茶文献、烹饪文献、食疗与养生文献、综合文献等。

（三）延承性与创新性相结合，多采辑汇编及续撰补正之作

我国饮食文化文献非常重视对前人成果的承继和资料的收集，这一特点，时代越后越明显。如现存茶文化专著，明代钱椿年收采古今篇什而成《茶谱》，屠本畯摘录唐宋时陆羽《茶经》、蔡襄《茶录》等十余种茶书资料编成《茗笈》；清代摘录茶文化专著及散见于史籍、笔记、杂考、字书、类书及文学作品等中的茶事资料而成的茶书，则有刘源长《茶史》、余怀《茶史补》、陆廷灿《续茶经》、蔡芳炳《历代茶榷志》、冒襄《岕茶汇钞》等。

我国饮食文化文献中这些采辑汇编之作，大多并非简单的重复、抄袭前人，在资料的采辑汇编中往往能见出作者的观点和新意，并力争有所突破和提高。如明人张谦德撰《茶经》，虽折中陆羽、蔡襄诸书，但又"附益新意"，对"不能尽与时合"者进行辨析。

我国饮食文化文献创新性的特点还表现在多续撰补正之作。许多饮食文化文献从书名上就可看出其续撰补正的性质，如宋李保《续北山酒经》（续朱肱《北山酒经》），明赵之履《茶谱续编》（续钱椿年《茶谱》），清陆廷灿《续茶经》（续陆羽《茶经》）等。另外，还有一些饮食文化文献虽然从书名上看不出其续撰补正的性质，但实际上亦为续撰补正之作。[①]

二、中国饮食文献的作用

（一）传承中华饮食文化

中国饮食文化文献是中国饮食文化的重要组成部分，它们记录了中国古代饮食文化的发展历程和特色，是中华饮食文化的重要代表。这些文献不仅有助于我们了解中国传统饮食文化的历史背景和发展轨迹，还能帮助我们更好地理解和欣赏中国美食的独特魅力和文化内涵。这些文献的传承和发展，对于弘扬中华饮食文化、推动中华文化的传承和创新具有重要意义。

（二）丰富饮食文化研究资料

中国饮食文献不仅包括古代的饮食著作，还包括各类历史、文化、艺术等文献中涉及饮食文化的资料。这些文献为我们提供了丰富的饮食文化研究资料，有助于深入挖掘中华饮食

---

① 姚伟钧，刘朴兵，鞠明库，著. 赵荣光，主编. 中国饮食典籍史 [M]. 上海：上海古籍出版社，2012：19-20.

文化的内涵和价值，推动饮食文化研究的深入发展。

（三）提供饮食文化教育素材

中国饮食文献中蕴含着丰富的历史文化知识和烹饪技艺知识，是开展饮食文化教育的重要素材。通过将这些文献引入教育领域，可以帮助学生和广大民众更好地了解中华饮食文化的历史渊源、文化内涵和烹饪技艺，提高对中华优秀传统文化的认识和认同感。

（四）促进中外文化交流

中国饮食文献作为中华优秀传统文化的重要组成部分，不仅在国内具有重要影响，同时也对世界文化产生了积极的影响。通过对外交流和传播，可以促进中外文化交流和互动，增强中华文化的国际影响力和竞争力。

中国古代文献学的优良传统，就是把"辨章学术、考镜源流"作为文献学的重要任务。研究饮食史的发展同样离不开饮食古籍，包括烹饪技法的发展、烹饪理论的提高、菜点品种的丰富、食疗的形成、饮食风习的演化等，都得在饮食文献中找根据。所以，学习饮食文献就可以更好地研究饮食文化史。通过饮食文献书目来了解饮食文化的学术源流，是我国古代文献学的优良传统，也是古代文献学的核心思想。通过饮食文献学，不仅可以了解古代饮食"一家一书之宗趣"，而且可以"周知一代之学术"源流。

第三节　中国饮食古籍经典名著名篇选介

一、《吕氏春秋·本味篇》

战国末年，吕不韦组织门客编纂《吕氏春秋》，共26卷计160篇，是先秦时杂家代表作。内容以儒道思想为主，兼及名、法、墨、农及阴阳家言，汇合先秦各派学说，为当时秦统一天下、治理国家提供理论依据。

《本味篇》为《吕氏春秋》的第14卷，记载了伊尹以"至味"说汤的典故。它的本义是说任用贤才，推行仁义之道可得天下成天子，得天下者才能享用人间所有美味佳肴。但在本意之外却不经意间塑造了伊尹这个庖人出身的"鼎鼐之才"的政治家形象，记载了当时的美味佳肴和各地特产，论述了关于刀工、火候、调味的烹饪工艺理论，形成了一份名目繁多的食单，是中国历史上第一部论述烹饪学的经典著作。

二、《齐民要术》

《齐民要术》是北魏时期的农学家贾思勰所著的一部综合性农书，也是世界农学史上最早的专著之一，是中国现存的最完整的农书。书名中的"齐民"，指平民百姓。"要术"指谋生方法。《齐民要术》大约成书于北魏末年（533—544年），该作系统地总结了6世纪以前黄河中下游地区农牧业生产经验、食品的加工与贮藏、野生植物的利用等，对中国古代汉族农学的发展产生有重大影响。

书中正文分成10卷，共92篇，收录1500年前中国农艺、园艺、造林、蚕桑、畜牧、兽医、配种、酿造、烹饪、储备，以及治荒的方法，书中援引古籍近200种，所引《氾胜之书》《四民月令》等现已失传的汉晋重要农书，后人只能从此书了解当时的农业运作。其中第8、9两卷保存了大量珍贵的烹饪史料，诸如历经乱世而亡佚的长达130卷的巨著《淮南王食经》等均为《齐民要术》所引而得以部分保存。书中所收菜肴，似乎以黄河下游地区为主，如产于黄河的鲤鱼、鲂鱼在书中被提到的次数特别多，又如所提到的牛、羊肉的吃法也是北方的习惯。记载的饮食原料，不仅品类繁多，而且还详尽地记载了原料的性能、栽培、养殖、增产、保优的各种技法。同时，对前人的一些不正确的记载，也作了订正和补充。书中涉及的烹饪方法多种多样，达三十种之多，收录菜肴丰富多彩，仅荤菜一类品种达百余之多。据统计，该书记载了各类饮食有粮食主食8类29种，菜肴20类156种，调味品5类32种，饧餭（麦芽糖）1类7种，酒4类40种，以上共计五大项38类264种。这些统计数目，尚未包括散述在种植、养殖篇章中的30余种，如果将这些再加上去，全书共载各类饮食有300种。从饮食文化的角度看，该书是资料珍贵、影响巨大的烹饪文献。

三、《备急千金要方·食治》

孙思邈（约581—682年），人称"药王"，京兆华原（今陕西铜川市耀州区）人。他自幼多病，立志于学习经史百家著作，尤立志于学习医学知识。青年时期即开始行医于乡里，并获得良好的治疗效果。他对待病人，不管贫富贵贱，都一视同仁，无论风雨寒暑，饥渴疲劳，都求之必应，一心赴救，深为群众崇敬。他著的《备急千金要方》和《千金翼方》等医学著作对后世的影响极其深远，在这两部书中都有关于食疗的论述。《备急千金要方》又名《千金要方》，全书30卷，第26卷为食治专论，后人称之为《千金食治》。

在《千金食治》的绪论部分，作者阐述了他的食疗思想。孙思邈说：人安身的根本，在于饮食；要疗疾见效快，就得凭药物。不知饮食之宜的人，不足以长生；不明药物禁忌的人，没法根除病痛。这两件事至关重要，如果忽而不学，那就实在太可悲了。饮食能排出身体内的邪气，能安顺脏腑，悦人神志。能用食物治疗疾病才算得上是良医，作为一个医生，先要摸清疾病的根源，知道它给身体什么部位会带来危害，再以食物治疗。只有在食疗不愈时，才可用药。

《千金食治》分果实、蔬菜、谷米、鸟兽等几篇，内中详细描述了各种食物的药理性和功能。在果实篇中，孙思邈提倡多吃大枣、鸡头实、樱桃，说这些食物能使人身轻如仙。告诫人们不能多食用的东西有：梅，坏人牙齿；桃仁，令人发热气；李仁，令人体虚；石榴，损人肺脏；梨，令人生寒气；胡桃，令人呕吐，动痰火。食杏仁尤应注意，孙思邈引扁鹊的话说："杏仁不可久服，令人目盲，眉发落，动一切宿病，不可不慎。"

在蔬菜篇中，孙思邈认为，越瓜、胡瓜、早青瓜、蜀椒不可多食，而苋菜和小苋菜、苦菜、苜蓿、薤、白蒿、茗叶、苍耳子、竹笋均可长久食这些食物不仅可以让人身体轻松有力气，更可延缓衰老。

在谷米篇中，孙思邈认为，长久食用薏仁、胡麻、白麻子、饴、大麦、青粱米能让人身轻有力，使人不老；赤小豆则会让人肌肤枯燥；白黍米和糯米令人烦热；盐会损人力，使肤色变黑，这些都不可多食。

在鸟兽篇中，孙思邈认为，乳制品对人有益；虎肉不能热食，能坏人齿；石蜜久服，强志轻体，耐老延年；蝮蛇肉泡酒饮，可疗心腹痛；乌贼鱼也有益气强志之功，鳖肉食后能治脚气。

孙思邈发现动物性食物在治疗某些疾病上有一定的作用。他用羊骨粥治疗肾脏虚冷，猪肾汤治疗产后虚羸，羊肝治疗夜盲症，鹿鞭治疗阳痿，羊靥治疗粗脖子病（即单纯性甲状腺肿）。

孙思邈说"食毕摩腹，能除百病"，又说"平日点心饭后即自以热手摩腹，出门庭行五六十步,消息之"。饭后用手摩腹,对健康大有好处。因为用手轻轻按摩腹部能活血通络、疏通经脉,对胃肠和心脑血管系统疾病的防治有独特的作用。

孙思邈还告诫人们说:"凡常饮食,每令节俭,若贪味多餐,临盘人饱,食讫觉腹中彭亨(胀肚)短气,或致暴疾,仍为霍乱。又夏至以后,迄至秋分,必须慎肥腻、饼臛、酥油之属,此物与酒浆、瓜果理极相仿。夫在身所以多疾病,皆由春、夏取冷太过,饮食不节故也。又鱼鲙诸腥冷之物,多损于人,断之益善。乳、酪、酥等常食之,令人有筋力、胆干,肌体润泽。卒多食之,亦令胪胀、泄利、渐渐自已。"这段话当中不仅谈到一些平时饮食搭配的禁忌,也谈到了饮食与节气之间的紧密关系,很多思想都包含了很科学的道理。

孙思邈的这些话不仅使自己成为"药王",更让自己活到百余岁,他的饮食思想对后人具有很大的指导作用。

四、《茶经》

《茶经》是中国乃至世界现存最早、最完整、最全面介绍茶的第一部专著,被誉为茶叶百科全书,唐代陆羽所著。此书是关于茶叶生产的历史、源流、现状、生产技术以及饮茶技艺、茶艺原理的综合性论著,是划时代的茶学专著,精辟的农学著作,阐述茶文化的书。将普通茶事升格为一种美妙的文化艺术,推动了中国茶文化的发展。

《茶经》提倡清饮,除了调味的盐之外,不加任何他物,如葱、姜、枣、茱萸、橘皮、薄荷等,使得茶饮从羹饮方式中脱身而出,更为方便、便捷,且提神、醒脑、明目、强身等效果更加彰显。所以《茶经》问世之后,"茶道大行""天下益知饮茶矣"。同时,陆羽在《茶经》中总结了他考察并躬身实践的种茶、制茶、鉴茶的技术,为南方适茶地区开始种茶,提供了技术指导。饮茶人群的扩大与饮茶量的日益增加,茶叶生产、贸易相应扩大,茶的大面积种植从无到有并不断发展,《茶经》其功一也。《茶经》还提倡在"二月、三月、四月"之间采摘制作春茶,使得茶叶从早先多为附尾于农事结束之后的秋茶,转而以春茶为贵。"自从陆羽生人间,人间相学事春茶",提升了茶的自身价值,使其商品附加值和文化价值得以产生和实现。

《茶经》提炼了文化内涵的提炼,同样定义了茶的文化属性。《茶经·一之源》阐述:"茶之为用,味至寒,为饮,最宜精行俭德之人",首次将"品行"引入茶事之中,将茶性与人的美好品行联系在一起,提升了茶的精神属性和文化内涵。从此,茶不再只是一种单纯的嗜好物品,还是"精行俭德"之人进行自我修养、锻炼志趣、陶冶情操的途径。

《茶经》定义了茶的社会属性。陆羽在《茶经·四之器》中以自己所煮之茶相比伊尹治理国家所调之羹,表明了他对茶可以凭借《茶经》跻入时世政治从而有助于匡时济世的向往与抱负。此外,陆羽设计的风炉一足之上书"圣唐灭胡明年铸",表明了他对社会和平的向往。这种社会责任与理想担当,在古往今来的许多茶人身上都有充分的体现。

陆羽给出了茶艺道所包括的各方面内容:好茶、宜茶之水、好炭火、成套茶具、完整的煮茶程式、饮用原则、茶具简省原则等,可以说,《茶经》定义了茶的艺道属性。后世茶艺道的发展变化,万变不离其宗。茶艺道与完整成套的茶器具是密不可分的,《茶经·四之器》详细介绍了二十四组二十九件茶具的尺寸、材质、功能甚至装饰,注重茶具形式与内容蕴含之美的协调与统一。《茶经·五之煮》系统介绍了唐代末茶煮饮程序:炙茶→碾罗茶→炭火→择水→煮水→加盐加茶粉煮茶→育汤华→分茶入碗→趁热连饮。

陆羽所著《茶经》是中国乃至世界第一部茶叶百科全书,其问世具有划时代的意义。《茶经》不仅是一部以茶论道的经典之作，也是一部以道育人的警世之作，更是一部以茶作经的传世之作。

五、《山家清供》

作者为宋人林洪，字龙落，号可山，福建泉州人，宋绍兴间进士，林逋七世孙。

《山家清供》是南宋的一部重要烹饪著作。内容以素食为中心，包括当时流传的104个食品，夹叙夹议，丰富多彩。唐代杜甫有诗云："山家蒸栗暖，野饭射麋新。"林洪取其诗意撰著《山家清供》，即杜甫诗中的山家、野饭，意思是山居家庭待客用的清淡饮馔。全书二卷，上卷列举饮馔47种，下卷列举饮馔57种。记述以素食为主，亦有少量的荤菜，如饭、羹、汤、饼、粥、糕、脯、肉、鸡、鱼、蟹等。选料大部分为家蔬、野菜、花果、粮米，少部分也有取料于禽鸟、兽畜、鱼虾的。用料尽管平常，但由于烹饪方法奇妙，同样给人们以丰富的启发和借鉴。许多菜肴别出心裁，各具一格，足可使人窥见当时烹饪技术、烹饪艺术所已达到的水平。

林洪文笔优美，记叙中多有生动的描述。另外，书中还有不少第一次出现的饮食记载，比如"酱油"一词，就因为见于《山家清供》而被认定起于宋代，当时作为调味品，已广泛地应用于烹调。在食谱中，他还特意记录了当时具有药用价值的食谱，比如萝菔面称："王医师承宣常捣萝菔汁搜面作饼，谓能去面毒。"而麦门冬煎，则是纯药物，其下称："春秋采根去心，捣汁和蜜，以银器重汤煮，急搅如饴为度，贮之瓷器，温酒化服，滋益多矣。"由此可见当时民间已经很注重食疗和养生。从林洪遗留下来的著作看，他在弘扬我国饮食文化和民俗风情方面，还是功不可没的。

六、《饮膳正要》

作者忽思慧，元朝蒙古族人，营养学家，是我国古代药膳学的奠基人。生平不详，仅知道他在元朝政府管理饮食机构中担任饮膳太医，负责宫廷里的饮食调配工作。我国从周代开始，宫廷内就设有"食医"（相当于现代的营养科医生），以后历代相沿，到元世祖忽必烈时，在皇宫里专设"掌饮膳太医四人"。他们具体的任务就是对食疗本草进行挑选、鉴别，然后将那些"无毒，无相反，可久食、补益"的食物和药品筛选出来，以供宫廷食用。皆因忽思慧对于食物营养甚有研究，他在元仁宗延祐年间（1314—1320年），被选任为宫廷饮膳太医，专门从事研究供给皇帝可以长寿食用的补养药品，饮膳烹调等。任职期间，积累了丰富的营养卫生，饮食养生及烹调技术多方面的知识，他又兼通蒙、汉医学。几年之后，即利用闲暇时间"将累朝亲侍进用奇珍异馔，汤膏煎造，及诸家本草，名医方术，并日所必用果肉谷菜及其性味补益者"结合自己监制饮食经验，编著了《饮膳正要》于天历三年（1330年）三月完成，即送朝廷审阅，很快被"刻梓而广传之"。在此书之前，有北魏崔浩的《食经》、南北朝梁代刘休之《食方》，唐代孟诜的《食疗本草》、昝殷的《食医心鉴》等，可惜这些原书都已亡佚。《饮膳正要》传至明代，得到了明代宗皇帝朱祁钰的肯定，并为之作序，所以该书至今完整无缺。

全书共三卷。卷一分"三皇圣纪""养生避忌""妊娠食忌""乳母食忌""饮酒避忌""聚珍异馔"6部分，其中"聚珍异馔"收录回族、蒙古族等民族及印度等国菜点94款；卷二分"诸般汤煎""诸水""神仙服食""四时报宜""五味偏走""食疗诸病""服药食忌""食物利害""食物相反""食物中毒""禽兽变异"等11部分，其中"食疗诸病"中收录食疗药方61种；

卷三分"米谷品""兽品""禽品""鱼品""果品""菜品""料物性味"7部分，其中"料物性味"收录调味料28种。综观全书，除阐述各种饮馔的烹调方法外，更为注重阐述各种饮馔的性味和补益作用，即注重饮食与营养卫生的关系。另一方面，此书是蒙、汉饮馔兼收并蓄，而以蒙古族饮馔为主体的食谱。所述馔品的用料，兽类以羊、牛居先，次及马、驼、鹿、猪、虎、豹、狐、狼等，而"奇珍异馔"中，以羊肉为主料者达70010之多。作者从蒙古族的角度研究饮食烹饪，大量吸收汉族人历代宫廷医食同源的经验，结合蒙古人的饮食习惯，来制定肴馔法度，这使此书别出心裁。

《饮膳正要》有三个主要特点：一是民族性。《饮膳正要》是各民族营养知识和养生文化的汇总。作者忽思慧是穆斯林医家，书中自然少不了他最为熟悉的本民族的清真食品原料。比如，回回葱、回回青、回回豆子、回回小油[①]。清真食品原料中，包括来自阿拉伯国家冠以"胡"字的食材。比如，胡葱、胡麻、胡椒、胡荽。拿胡葱来说，《本草纲目》的解释是："元人《饮膳正要》作回回葱，似言自胡地，故曰胡葱耳。"《洛阳伽蓝记·城南》也有记载，有些食物是"波斯国王所献也"。可见，《饮膳正要》中的一些食品原料和营养配方，来自信仰伊斯兰教的民族和国家。二是地方性。《饮膳正要》中的诸家本草、奇珍异馔、汤膏煎造和食疗诸病的食谱，就其风味而言，具有明显的宫廷饮食风味和北方各民族的饮食风味。三是实用性。《饮膳正要》内容丰富，既有饮食禁忌、食物中毒、药膳配方、食疗方法、滋补作用、肴馔性味，又有并不复杂的烹饪技法。这些内容在古为今用中发挥了巨大作用，正所谓"功在当代，利在千秋。"

七、《调鼎集》

《调鼎集》全十卷，清代中期的烹饪书，是厨师实践经验的集大成。该书介绍了正宗的扬州菜的烹调方法。尤其是书中收录了300多种鱼菜，并附有对原料鱼的详细说明。书中不少记述与朱彝尊的《食宪鸿秘》、李渔的《闲情偶寄》和袁枚的《随园食单》相似。

一般认为，本书作者是《扬州画舫录》卷9中提到的扬州盐商童岳荐，该书原名为《童氏食规》或《北砚食单》（北砚是童岳荐的字）。但也有人认为，该书是后人在乾隆三十年（1765年）之前成书的《北砚食规》基础上，做了大量增补后写成的。由于赵学敏的《本草纲目拾遗》中引用了《北砚食规》的内容，如果根据过去的观点，就等于说该书是1765年以前成书的。而且也等于说，袁枚的《随园食单》中的许多内容是从本书中抄袭的。这个问题引起人们很大的争论。为此，也有人主张本书的成书时间是在同治七年（1868年）。

本书是据手抄秘本整理出版的清代菜谱。以扬州菜系为主，从日常小菜腌制到宫廷满汉全席，应有尽有。收录素菜肴两千种、茶点果品一千类、烹调、制作、摆设方法，分条一一讲析明白。实为我国古代烹饪艺术集大成的巨著。

该书内容相当丰富。第1卷为油盐酱醋与调料类，其中尤其以各种酱、酱油、醋的酿制法以及提清老汁的方法，叙述详备；第2卷较杂，主要为宴席类，尤其以铺设戏席、进馔款式及全猪席等资料比较珍贵；第3卷为特牲、杂牲类菜谱；第4卷为禽蛋类菜谱；第5卷为水产类菜谱；第6卷与第2卷相似，内容比较杂乱，写法较简，如同随手摘录的零碎资料而尚未成书（其中"西人面食"一节，记载了我国西北地区的种种面食，这对于研究我国西北地区的饮食发展有着重要的史料价值）；第7卷为蔬菜类菜谱；第8卷为茶酒类和饭粥类；第9卷

[①] 回回：此为旧称，本书引用古籍原文。

前半卷为面点类，后半卷和第10卷全卷，为糖卤及于鲜果类，写法亦很详细。该书收录菜点的范围很广，除江浙地区扬州、南京、苏州、杭州、绍兴等地菜点外，还收有安徽、广东、河南、陕西、东北等地的菜肴。如扬州的文思豆腐、葵花献肉、焦鸡、籽面，南京的三煨鸭，苏州的熏鱼子，镇江的空心肉圆，安徽的徽州肉圆，杭州的醋搂虾、家乡肉，嘉兴的豆腐，金华的火腿，绍兴的汤，西北的烧剥皮羊肉，河南的烧黄河鲤鱼，东北的关东烧鸡，广东的鱼子饼等。书中还有一些烹饪理论方面的内容，但比较零碎，无甚新意。

八、《随园食单》

作者袁枚，字子才，号简斋，晚号随园老人，浙江钱塘（今杭州）人，生于清康熙五十五年（1716年），12岁即为县学生，旋为进士，改翰林院庶吉士，出知溧水、江浦、沭阳、江宁等县。40岁起就退隐于南京小仓山房随园，论文赋诗，一生著有《小仓山房诗文集》《随园随笔》等30余种，享文章之盛名达50余年。卒于清嘉庆二年（1797年）。

袁枚不仅是我国清代著名的文学家，还是一位有丰富经验的美食家，所著《随园食单》一书，是我国清代一部系统论述烹饪技术、南北菜点茶酒的食物本草类重要文献。经40年的积累，于乾隆五十七年（1792年）才刊刻出版。今国内存世版本有清乾隆五十七年（1792年）小仓山房刻本（藏湖南中医学院图书馆）、清乾隆嘉庆间刻本（藏中国中医研究院图书馆）、清嘉庆元年（1796年）经纶堂刻本（藏中国中医研究院图书馆）、清光绪十八年（1892年）著易堂铅印本（藏扬州市图书馆）、随园刻本（藏中国中医研究院图书馆）、民国上海中华图书馆铅印本（藏长春中医学院图书馆）6种。

全书分须知单、戒单、海鲜单、江鲜单、特牲单、杂牲单、羽族单、水族有鳞单、水族无鳞单、杂素菜单、小菜单、点心单、饭粥单、茶酒单14个方面。须知单中提出了既全且严的20个操作要求，包括食物的性味，作料的配伍，洗刷，调剂，搭配的方法，以及火候，色香的掌握和补救，乃至盛具的讲究等。戒单中提出了14个注意事项，其中不少经验值得借鉴。书中用大量篇幅详细地记述了我国从14世纪至18世纪中流行的南北菜肴饭点，以及当时的美酒名茶。分别列出海鲜单9种，江鲜单6种，特牲单43种，杂牲单16种，羽族单47种，水族单（又分有鳞、无鳞两类）45种，杂素菜单47种，小菜单41种，点心单55种、饭粥单2种，菜酒单16种，共327种。此外，《随园食单》虽言菜点茶酒，但其中不乏食物疗法内容。如记载食物的药用功能的有："黄芪蒸鸡治癆"，"马兰头，油腻后食之醒脾"，"酸菜，醉饱之余，醒脾解酒"。另外"煨麻雀"单中，记有"薛生白常劝人勿食人间豢养之物，以野禽味鲜，且易消化"等等，不胜枚举。记载饮食清淡，有益健康时，说到"富贵之人嗜素，甚于嗜荤"，且介绍"豆芽配燕窝以极贱陪极贵"，"大头菜入荤菜中，最能发鲜"等食单。

总之该书是一部记载我国饮食文化的杰出著作。1979年，日本东京岩波书店将它译成日文出版，该书极为畅销，一时风靡整个日本。《随园食单》乍看书名，知是一部介绍饮食文化的作品，细细读来，更咀嚼出不少精神食单。

思考题

1. 中国饮食文献有哪些种类？它和中国饮食古籍有什么不同？
2. 中国饮食文献有哪些特点？学习中国饮食文献有什么意义？
3. 简述《吕氏春秋·本味篇》的主要内容，它对中国饮食文化有什么影响？
4. 《茶经》被誉为中国乃至世界第一部茶学专著，其成书背景如何？请分析《茶经》在茶文化史上的地位及其对中国乃至世界茶文化发展的贡献。
5. 《随园食单》是清代著名文学家袁枚所著，被誉为中国古代饮食文化的集大成者。请分析书中体现了哪些饮食美学观念？袁枚在烹饪上提出了哪些独到的哲学见解？这些观念对现代饮食文化有何启示？

课外选读文献

1. 张宇光，主编. 中华饮食文献汇编[M]. 北京：中国国际广播出版社，2009.
2. 倪建伟，罗全，主编. 古代饮食文献集成[M]. 北京：北京燕山出版社，2021.
3. 王仁兴，著. 国菜精华[M]. 北京：生活·读书·新知三联书店，2018.
4. 谢静，著. 中国传统饮食文化文献研究[M]. 北京：中国广播影视出版社，2017.
5. 姚伟钧，刘朴兵，鞠明库，著. 赵荣光，主编. 中国饮食典籍史[M]. 上海：上海古籍出版社，2012.

第三章
厚重深邃的饮食思想

课程导入

以"和"为美：中华饮食文化的核心思想

中国传统文化讲究"和"，"和"蕴含和谐、统一、协调之意，主张和而不同，同则不济。这种哲学思想体现在以和为美的审美观、以和为贵的处世观、和气生财的财富观、和而不同的世界观、天人合一的自然观等多个方面。追本溯源，"和"最早在音乐中得以体现，《尚书·尧典》："八音克谐，无相夺伦，神人以和。"老子也曾说"音声相和"，都指多种声音的协调状态。随后又将声音之和发展至饮食之和。晏婴以"和如羹焉"作比喻来论述"和"的政治哲学，他说"和如羹焉，水、火、醯、醢、盐、梅，以烹鱼肉。燀之以薪，宰夫和之，齐之以味。济其不及，以泄其过。君子食之，以平其心。"（《左传·昭公二十年》）之后，董仲舒又说"天地之道美于和""和者，天地之大美"（《春秋繁露·循天之道》）。

中华民族之所以重视"和"，是因为在中华民族的价值观中，注重生民的集体性、社会性与整合性，而不是生人的个体性、独立性和单一性。一个"和"字，却能涵盖如此之多的方面，成为中华饮食的最高境界。任何一道美食，从选材、制作到食用整个过程，无不体现"和"的内涵。以"和"为美的饮食文化，所蕴含着的正是中华民族对真、善、美的追求，对人类饮食生活的健康、快乐与和谐的祈盼。要实现这一境界，追求时令之和、营养之和、性味之和、色性之和、礼乐之和等成为必由之路，这条路换种说法就是食与天和、食与地和、食与人和、食相和的路。中国处于独特的地理环境之中，孕育出独特的饮食文化，在现代化的今天，我们没必要盲从西方饮食或高级饮食。因为我们的身体经过长期的适应，已经对食物形成一定的生理适应，适合自己的才是最好的饮食。这也是"和"的体现。对"以和为美"的饮食文化的提倡，正是对近现代西方强势热量文化的反思和对民族传统的一种回归与重建。[①]

> 中国文化历来推崇'收百世之阙文，采千载之遗韵'。要挖掘中华优秀传统文化的思想观念、人文精神、道德规范，把艺术创造力和中华文化价值融合起来，把中华美学精神和当代审美追求结合起来，激活中华文化生命力。
> ——摘自习近平总书记2021年12月14日在中国文联十一大、中国作协十大开幕式上的讲话

教学目标

◎知识目标

了解中国饮食思想的内涵和形成过程，掌握中国饮食思想的源头和认同的基础，理解中

[①] 刘鑫凯. 以"和"为美：中华饮食文化的核心思想[C]//中国农业史青年论坛暨中国农业历史学会年会（2019）、第十届中华农圣文化国际研讨会论文集，2019：255-258.

国饮食思想的重要性。

◎ 能力目标

能够阐释中国饮食思想的基本内容，并具有分析中国主要饮食思想的基本能力。

◎ 思政目标

感悟中国饮食思想是博大精深，增强文化自信和民族自豪感，具有通过中国饮食文化铸牢中华民族共同体的意识。

第一节　中国饮食思想的形成

一、中国饮食思想的内涵

思想是历史的灵魂。民以食为天，民亦以食思之、悟之。饮食思想是指人们对食的认知、理解和价值观，它体现了人们对食物的选择、烹饪、品味和分享等方面的思考和态度。饮食思想通常与一个地区或民族的传统、习俗、信仰和哲学观念等密切相关，它反映了人们的生活方式、历史背景和文化底蕴。

中国饮食思想是指在中国传统文化中，关于饮食的观念、理论、原则和价值观的集合。它不仅仅关注食物的口感、色泽、香气等感官体验，更强调饮食与人的身心健康、社会伦理、文化传承等方面的内在联系。中国饮食思想是一种综合性的观念体系，主要包括三个方面。

一是饮食生产与制作的思想，包括从饮食生产的发生、进行到制作完成的过程所形成的饮食思想，以食材、烹饪技术和饮食生产工艺为主要研究对象，侧重于饮食客体的思想研究。

二是饮食享用过程中主体的感受、鉴别、体验和思想体悟，包括某一个体、群体对食物的理解所形成的思想和理论，以指涉社会化饮食理解和评判为研究对象，侧重于饮食主体的思想研究。

三是饮食功能、价值和意义的思想认识，包括对饮食对生命（身体、精神）给予的不限于物理营养功能的影响，以及对饮食社会功能和价值意义等的认识，以饮食文化的立场、价值态度为主要研究对象，属于饮食思想的深层内容，往往具有系列性的范畴、范式和系统的理论表达结构。

中国饮食思想是中华文明与中国文化的宝贵精神财富。在世界饮食文化中，中国饮食文化历史悠久，饮食思想资源保存得丰富而全面，对世界饮食文化影响甚巨。从古迄今，中国饮食思想以深邃性、多元性和生成性见长，各民族饮食思想在中华民族统一发展进程中，汇聚、见证了各民族的饮食智慧探索和思想境界，有力证明了饮食思想是中华历史与文化的重要软实力之一。当代中国饮食思想呈现与世界饮食文化和思想深度交流和融合的趋势。

二、中国饮食思想的历史演变

中国饮食文化思想的形成过程是一个漫长而复杂的历史演变过程，它受到多种因素的影响，包括自然环境、生产力水平、社会制度、文化传统等。

在史前时期，人类最初是处于茹毛饮血的状态，随着火的发现和使用，人类开始学会用火熟食，进入了石烹时代。这一阶段主要是解决了食物的生存需求，还没有形成真正的饮食文化思想。

随着生产力的发展和人类文明的进步，人们开始有意识地选择和加工食物，形成了初步的饮食文化思想。例如，在神农氏时期，人们开始耕种和制作陶器，这为制作发酵性食品提供了可能，如酒、醋等。这说明人们已经开始思考如何通过加工和烹调来改善食物的口感和保存性。

到了先秦时期，中国的饮食文化思想已经基本形成。这个时期，人们开始注重食物的色、香、味、形等感官享受，同时也开始探讨食物与健康、养生之间的关系。例如，《黄帝内经》中就有关于饮食与健康的论述。此外，这个时期还出现了一些重要的饮食文化思想，如"医食合一""本味主张""孔孟食道"等，这些思想对后世的饮食文化产生了深远的影响。

随着历史的发展，饮食文化思想不断得到丰富和发展。在各个历史时期，由于社会制度、经济发展和文化交流等因素的影响，饮食文化思想也呈现出不同的特点和风格。例如，在汉唐时期，由于中西饮食文化的交流，中国的饮食文化思想得到了进一步的丰富和发展；而在明清时期，由于社会经济的发展和文化的繁荣，饮食文化思想更加注重精细和品味。

总的来说，饮食文化思想的形成过程是一个不断演变和发展的历史过程。在这个过程中，人们不断探索和创新，逐渐形成了具有独特风格和特色的中国饮食文化思想体系。这些思想不仅满足了人们的生理需求，也体现了人们对美好生活的追求和向往。

三、中国饮食思想的重要性

中国饮食思想是中国传统文化的重要组成部分，对中国人的生活方式、健康观念、社会交往以及文化传承都产生了深远的影响。

第一，饮食思想体现了中国传统文化中的天人合一观念。中国人认为，人与自然是相互依存、相互影响的，人的饮食应该顺应自然，遵循天地万物的生长规律。这种观念体现了中国人对自然环境的尊重和敬畏，也体现了人与自然和谐共生的理念。

第二，中国饮食思想注重食物的色香味俱佳，追求食物的艺术性和美感。这种追求不仅让人们在享受美食的同时，也提高了生活的品质和美感。同时，中国饮食文化还融合了广泛的地域文化、民俗文化、历史文化和哲学思想等多个方面，形成了独具特色的饮食风格和特色。这种文化的多样性和丰富性，也为中国的文化传承和发展注入了新的活力和动力。

第三，中国饮食思想还体现了中国人的健康观念和生活方式。中国人注重饮食的节制和自律，认为饮食应该与身体的需求相适应，不过度追求口腹之欲。这种观念有助于保持身体健康和预防疾病。同时，中国饮食文化还融合了中医养生观念，注重食物的药膳功能和食疗作用，为人们提供了更为全面和科学的饮食健康方案。

第四，中国饮食思想还在社会交往和文化传承方面发挥着重要作用。在中国传统文化中，饮食不仅是一种生理需求，更是一种社交和文化活动。通过餐桌上的交流和互动，人们可以增进感情、加深友谊、促进合作。同时，中国饮食文化也是中国传统文化的重要载体之一，通过食物的传承和发展，人们可以了解和传承中国的历史、文化、哲学等多个方面的知识和智慧。

第二节　中国饮食思想的源头

一、儒家饮食思想：以食为天

先秦儒家经典《礼记·礼运》，对饮食有句百世不刊的名言，这就是："饮食男女，人之大欲存焉。"它比孟子的"食、色，性也"还要彻底，食和性不仅是人类本能的欲望，而且是天下之大欲，这一"大"字，把饮食提高到至上的位置。

对这"大欲"思想作出具体阐发的,有许多鸿儒硕学,虽然他们流派不一,师承不同,但都在充分肯定人生欲望、追求足食美味的问题上发表过精辟的见解。比如,《荀子·性恶》:"若夫目好色,耳好声,口好味,心好利,骨体肤理好愉佚,是皆生于人之情性者也。"《韩非子·解老》:"人无毛羽,不衣则不犯寒。上不属天,而下不著地,以肠胃为根本,不食则不能活,是以不免于欲利之心。"《列子·杨朱篇》:"恣耳之所欲听,恣目之所欲视,恣鼻之所欲向,恣口之所欲言,恣体之所欲安,恣意之所欲行。"《吕氏春秋·仲春纪·贵生》认为:"圣人深虑天下,莫贵于生。"这部书正是从"贵生"的高度,对先秦的饮食理论进行系统的总结,写出《本味》《本生》《尽数》等不朽的篇章,成为先秦的饮食文化宝典,享名千古。

饮食文化在中国的出世不凡,还由于它是儒家文化的核心思想——礼的本源。《礼记·礼运》说:"夫礼之初,始诸饮食。其燔黍捭豚,污尊而抔饮,蒉桴而土鼓,犹若可以致其敬于鬼神。"这大约就是先民视为美食美酒的盛事,用自己最得意的生活方式,祭祀鬼神,表示对祖先和神灵的崇拜和祈祷,这就开始了礼仪的行为。

祭祀礼仪从饮食行为中发端,盛放饮食的食器就成为礼器。"食"字在甲骨文中的字形就似食物盛放在容器中。比起茹毛饮血的原始生活,有了食器的发明,这是饮食的进化,这一进化深深烙在文明的标志——文字的创制之中,食器也就成为饮食的符号,至今中国人还习惯用"铁饭碗"来表示有吃有喝的保障。

儒家的至圣先师孔子,又是礼制思想体系的集大成者,对饮食的重视仅次于他推崇备至的"礼",一部《论语》出现的"食"与"吃"字就有71次,"礼"字是74次,仅多3次。至于那"食不厌精,脍不厌细"的名言,早已被美食家们奉为孔子的饮食之道,脍炙人口。饮食中的"十不食",经现代科学验证,完全符合食品卫生学的原则对于以食祭先人的要求。

作为中华文化典籍中最光辉著作的《论语》,这样不厌其详地讲授饮食之道,是因为在儒家心目中,饮食不仅是人欲的需求,也与天理相通。"民以食为天",词简意赅,高度凝练地表述了民食即天理的伦理观念,把饮食提到至高无上的地位。[①]

二、道家饮食思想:养生为尚

在中国思想史上,最崇尚自然,重视健身、强体的当数道家。在先秦,它本是一个哲学流派,它的创始人老聃以《老子》一书,提出"道"的概念,作为"造化之根,神明之本"。提出"道生一,一生二,二生三,三生万物",因而"万象以之生,五行以之成",构成宇宙的万事万物。由于"道"是物质世界和精神世界的本源,这种学说就称为道家学说。

道家学说对中国饮食文化最大的贡献,是在饮食之中以养生为尚,讲究服食和行气,以外养和内修,调整阴阳,行气活血,返本还原,以延年益寿。大凡追求长生不老的人都倾向素食,以谷物、蔬菜、水果为主要食粮,甚至"辟符"即断食五谷,以"辟谷药"代替,传说这样能益气轻身,飘飘欲仙,如同在四海遨游,这就是《庄子·逍遥游》所说的:"不食五谷,吸风饮露,乘云气,御飞龙,而游乎四海之外。"进入此种神仙状态,是因为"食精身轻,故能神仙。若士者食合蜊之肉,与庸民同食,无精轻之验,安能纵体而升天?闻食气者不食物,食物者不食气。若士者食物如不食气,则不能轻举矣"(《论衡·道虚篇》)。从道家的饮食观看来,"饮食"与"养生"之间,既有手段与目标之别,又有"食"与"养"之间的天然而多元的有机联系。正是这种联系,使之成为一个完整的主客体。

---

① 徐海荣. 中国饮食史 卷1[M]. 杭州:杭州出版社,2014:26-30.

道家的益气养生学说促进了"食补"和"食疗"的发展，在中国开拓出"药膳"这一独特的食物品种与进食手段。一些著名的医药学家往往又是道教的信徒，如东晋的葛洪、南朝的陶弘景、唐朝的孙思邈都是虔诚的道士，以他们的信念和医学知识创造出"食治"的理论和配方。孙思邈在《备急千金要方·食治·序论》中说："食能排邪而安脏腑，悦神爽志，以资血气。若能用食平疴，释情遣疾者，可谓良工。长年饵老之奇法，极养生之术也。夫为医者，当须先洞晓病源，知其所犯，以食治之；食疗不愈，然后命药。"由于"医食同源"，故中药中的许多原料同时也是食物的原料，擅长医药的必然精通某些食物原料的性能和药理，所以优秀的中医没有不精通"药膳"的。

以养生为尚的思想发展出一套进食之道。孙思邈在《备急千金要方》中提到"饮食有节"，主张少吃多餐，认为"善养性者，先饥而食，先渴而饮，食欲数而少不欲顿而多，则难消也。常欲令饱中饥，饥中饱耳"。又说："一日之忌，暮勿饱食。"进食时要保持精神愉快："人之当食，须去烦恼。""食毕当漱口数过，令人牙齿不败、口香。"早在一千多年前他就能如此系统地提出进食的卫生保健知识，是中国古代饮食文明高度发展阶段性成果的体现。[①]

三、佛家饮食思想：茹素修行

中国佛教并非土生土长，它是约两千年前由印度传入，与中原传统文化相结合而形成的中国教派。中国佛教与印度佛教不同的一大特点是，在饮食上以茹素作为信徒与执教者斋戒的重要内容和手段之一，且由此形成禁欲修行和素食的制度，对中国人的饮食生活方式产生很大影响。

中国佛教的禁止肉食，是从南朝的梁武帝萧衍舍身献佛而始倡的饮食制度。在梁天监十年（511年）他亲自公布《断酒肉文》，劝导佛教徒严守不杀生的戒律，并身体力行。

佛家所谓的素食，也就是非动物类的食物，不言而喻，素食是指植物性原料的制成品。佛家所谓的荤食，并不仅仅指鱼、鸟兽等可肉食的生灵，凡是气味浓烈呛人的蔬菜也在禁忌之列。

僧侣的进食称为吃斋，"斋"在印度佛教中的原意与"过午不食"的戒律有关，按照规定的时间进食就称为"斋"，所以这"斋"字有节制饮食的意义。中国佛教中的"斋"与印度的"斋"不同的是，从遵时进食，发展成不食荤腥的素食主义，成为汉传佛教的传统。

佛教的素食和斋戒对中国人饮食习惯最大的影响，是在社会上大开吃素的风气，促进了对素食的精益求精，并创造出素菜荤做的烹饪技术。北京的法源寺、常州的天宁寺、镇江的定慧寺、杭州的炯霞洞等一些著名的寺院，都以制作精良的素菜扬名于世。有些斋食广为传布，腊月初八吃腊八粥的传统，就来源于腊月初八这一天，释迦牟尼在进食用野果熬成粥后，坐在菩提树下冥想成佛的故事。罗汉斋等素斋已融入汉族菜系，成为人们喜好的名菜。

四、伊斯兰教饮食思想：清净为本

伊斯兰教中的清真是"清净无染""真乃独一"的意思。

伊斯兰教进食的原则是"清净的为相宜，污浊的受禁止"。它忠告人们："你们应食地面上合义的、清洁的食物，"又说："惟禁尔等食死物、血、猪血与未经高呼安拉之名而宰割之动物。"从信奉者看来，食物不仅有净与不净之分，也有善与不善之别。

清净为本的伊斯兰教饮食思想，丰富了中国的饮食文化。

[①] 徐海荣. 中国饮食史 卷1 [M]. 杭州：杭州出版社，2014：31-33.

第三节　中国饮食思想认同的基础

一、四教合一

在思想史研究中，中国传统文化以儒家伦理为本位，在海内外已成为绝大多数学者的共识，这不仅表现在诸子百家的学术思想对儒家伦理的认同，还深入中国人衣食住行的消费生活，成为凝聚中华民族无所不包的文化网络，主导中国人的精神生活和物质生活。

在饮食上，不管是儒家、道家，还是外来的佛教和伊斯兰教，它们在对饮食文化的影响上都遵循着同样一个规律，即饮食伦理化。佛教和伊斯兰教本来都属于外来宗教，但它们对信众以及整个社会都产生了极其深刻的影响。"全素宴"以及"清真美食"的遍地开花是最好的例证。

二、食礼一体

礼，从远古饮食习俗中发源，经过孔子的发展与集大成，构建成治国理政处世为人的思想体系和社会制度。这是古人用以别尊卑、定亲疏、辨是非的准则。它以等级分配为核心，用各种伦常制度规范社会各阶层的思想行为、人际关系和生活消费，用以确立与维系"天有十日，人有十等"，层层相隶属的统治序列。

"礼"作为中国传统文化和行为规范的核心，在饮食文化中同样体现得淋漓尽致。如果说"俗"是饮食文化中自下而上产生影响的途径，那么"礼"就是自上而下形成的制法与规定。中国的食礼传统萌芽于先秦时期，受祭祀礼仪的启示，逐渐形成了丰富且具有约束性和传承性的饮食礼仪。饮食礼仪不仅是待客之道，更是社交的基础与场域，是社会生活的重要组成部分，对维护社会稳定和教化晚辈都有着重要的意义。

在中国传统文化中，饮食不单是满足充饥、营养、保健的自然欲求，还是社会地位、伦理道德、权势共享的生动体现。中国的饮食习俗，不仅受到生产水平、地域、气候、民族、宗教等自然生态和社会生态环境的影响，更要受制于礼的规范，这对饮食行为有全面而深刻的影响，促成中华饮食的食俗、食性、食规和烹调理论的伦理化。所以中华饮食文化的伦理化是中国传统文化模式结构性的特征，这种导向具有的稳定传承的内在机制，绵延数千年，它在饮食习惯、人情事理方面蔚为传统，至今仍有深刻的影响。

三、医食相通

医食相通也称药食同源，这一思想观念，深深地影响着中国饮食文化的发展过程，许多古籍对此都有论述。中国古代医学就源于饮食，神话传说中神农氏不仅是教民稼穑以获食源的谷神，而且还是医药的发明者。

在神话中，人们还想象出一些能够吃的东西具备某种药性，这就是后人所谓的"医食相通"，《山海经》对此就多有记载。中国的"医食同源"思想，是中国饮食科学的重要内容之一，中国独特的饮食传统与制度的生成，与"医食相通"的观念就有直接关系。

医家治病常用食方，烹饪师烧菜配料也是根据原料的功能来的，这与许多原料自身具有药用价值的规律有很大关系，如韭菜具有壮阳之效，番茄具有醒胃之功。管理饮食的机构统称膳夫，其下又设有庖人、内饔、外饔等机构，再下又设有亨人等职，还设有才智很高的称为"胥"的什长和供胥使役的一大批"徒"。

而管理治疗疾病的官称为医师，下设食医、疾医、疡医等，其中的食医所做的就像现在的营养师调配各类原料的营养一样，但他与现代营养师不同的是，食医不仅注重食物的营养，而且还得根据食物的药性、不同的季节给周天子搭配不同的食物。战国时期，阐述中医理论的《黄帝内经》的出现，使医食相通的思想系统化、理论化，其中提到的"五谷为养，五果为助，五畜为益，五菜为充，气味合而服之，以补精益气"，是把中国人的饮食结构与医食相通理论有机结合起来的最好诠释。

四、多民族统一

从先秦到元明清的数千年岁月里，中国经历了多次民族大交流、大融合，由于人口迁移、族际通婚、经贸往来甚至战争等多重因素促使各民族饮食文化不断交流交融，各民族从相互知晓了解到相互学习借鉴、相互补充、融合创新，共同铸就了各民族饮食文化和中华民族饮食文化思想，有力地助推了中华民族共同体的形成和发展[①]。如汉族作为连接中国疆域内各民族的重要纽带，在同其他民族交流互动过程中，其饮食文化思想也被其他民族广泛引入并进行了新的发展，如饮茶文化被广泛传播并深深地影响到蒙古族。蒙古族饮茶习俗是元朝建立后开始出现并发展起来的，到了明清两代，饮茶成为蒙古族社会生活中不可或缺的重要组成部分，并在清代形成了蒙汉民俗文化交融背景下具有鲜明地域与民族特色的蒙古族饮茶习俗。[②]

> 💡 **思考题**
>
> 1. 中国饮食思想有什么重要性？如何理解中国饮食思想认同的基础？
> 2. 中国饮食思想的源头有哪些？其核心观念是什么？
> 3. 孔子的"食不厌精，脍不厌细"不仅是对食物品质的要求，更隐含着怎样的饮食礼仪与生活态度？这一思想如何影响了中国古代的饮食文化，以及对现代人追求精致生活的启示？
> 4. 苏东坡不仅是文学巨匠，其"东坡肉"等美食佳肴也广为流传。他的饮食思想中蕴含着怎样的豁达人生态度？这种态度如何通过他的烹饪技艺与饮食选择得以体现？对现代人在面对生活压力时如何寻找乐趣与平衡有何启示？
> 5. 中国古代哲学强调"天人合一"，认为人与自然是一个不可分割的整体。在饮食选择方面，这一理念如何体现？比如，不同季节应食用哪些食材以顺应自然规律？又如，食材的采集、加工过程中如何体现对自然的尊重与和谐共处？请深入探讨这一思想对现代饮食文化的启示。

> 📖 **课外选读文献**
>
> 1. 刘春呈. 铸牢中华民族共同体意识的饮食文化认同进路[J]. 广西民族研究，2021，（2）：43-52.
> 2. 徐兴海，胡付照，著. 中国饮食思想史[M]. 南京：东南大学出版社，2015.
> 3. 丁晶. 从《史记》看司马迁的饮食文化思想[D]. 江南大学，2006.
> 4. 赵建民. 《管子》饮食思想对齐鲁饮食文化的影响[J]. 美食研究，2011，（1）：1-5，9.
> 5. 刘玉梅. 李渔与袁枚饮食思想差异及其原因——基于《闲情偶寄·饮馔部》与《随园食单》的比较[J]. 美食研究，2017，34（03）：21-25.

---

① 杜莉，王胜鹏. 元明清时期中国多民族饮食文化交流交融及其作用[J]. 民族学刊，2022，第13卷（12）：127-133，159.
② 崔思朋. 民俗文化交融与中华民族共同体的形成——以蒙古族饮茶习俗为例[J]. 中华民族共同体研究，2022，（06）：76-88，170.

第四章
特色鲜明的饮食传统

课程导入

"礼"之道与"孝"之道

《礼记·礼运》记载:"夫礼之初,始诸饮食。"礼仪产生于饮食,食之礼是一切礼仪的基础,用以辨异,分别贵贱的等级。

自春秋战国时期,人们便开始分外注重饮食礼仪,据史书记载,日常进食应体现出孝亲敬师。孔子在《论语·乡党》中指出应"食不言寝不语",饮食同时讲究秩序和规范,座席的方向、箸匙的排列、上菜的次序等。在进食时,《礼记·曲礼上》对如何使用餐具、如何吃饭食肉等都有详尽的记载,例如宴席之礼,赴宴时入座要求"虚坐尽后,食坐尽前",宴席开始时要求"食至起,上客起",宴席将近结束,主人未饱,"客不虚口",这些古代文明的细枝末节,都体现着"礼"。但这里"礼",并不是简单的一种礼仪,而是一种内在的伦理精神。

这种"礼"的精神,贯穿在饮食活动过程中,从而构成中国饮食文明的逻辑起点。如今在餐桌上,我们仍重视礼节、礼貌的传统餐饮礼仪,在传统饮食文化中来体味传统的烙印。

而随着交际圈子不断扩大,人们都会参与各种各样的聚会,了解和继承传统的用餐习俗,学会重视餐桌礼仪,不仅可以更加自然、娴熟地与人交往,还能提升气质,体现教养,展示我们的中华气派与风度。

《论语·为政》记载:"今之孝者,是谓能养,至于犬马,皆能有养;不敬,何别乎?"自中华几千年开始,赡养敬爱父母,这些儒家的孝文化就深刻融入饮食中。

在蒙古族里,牧民们离不开奶茶和奶豆腐,每一个家庭里都会把做好的奶豆腐最先递到长辈面前,给长辈吃,因为那是最好的美食,要先给家里地位最高的人享受,这是家里子女对长辈的孝。

顺德是广东有名的美食城,有"食在顺德,厨出凤城"的说法,当地每逢大型节庆日都会举行村宴,村宴的主角就是当地的老人们。在宴席上,老人们都坐在上席,晚辈们要挨个给长辈敬茶敬酒,除此之外,晚辈们还要赠与长辈红包和祝福。而为了敬老,宴席上会特意准备易嚼巧消化的蒸猪和粉葛蒸肉等菜肴,在这些独特的菜肴中体现着孝的深刻内涵。这个持续几天的庆祝宴席,是在反复提醒着年轻人尊老敬老。

在太行山脚下,为了庆祝玉米丰收,一家团聚,四代同堂,即使是最平常的饭菜,也要讲究落座的顺序和朝向,正对院口的位置要留给90岁的祖爷爷,这是长幼尊卑的秩序,是这个家庭对老人的孝义。

此外,中国还是以宗族为本位的伦理社会,祖先就是人们的信仰。每逢祭祖时,村民们总会在祖先的牌位前摆上水果、糕点等贡品进行祭拜,虔诚地烧香、跪拜、祈祷,而伴随祭祖的是一场盛大的宴席,族人汇聚一堂,吃着盆菜,诉说着各自的故事。

如今,随着社会环境的变化,给人们带来了新的技术和更高的生活水平,但是,传统的饮食思想却依旧留在人们的祖祠记忆里,表现在日常的生活中。人们对家庭的在乎、对孝的注重无一不是对传统饮食文化的继承。这些包含孝道的饮食思想,经过漫长的历史、四季的轮回，在家族里代代传颂。

要讲清楚中华优秀传统文化的历史渊源、发展脉络、基本走向，讲清楚中华文化的独特创造、价值理念、鲜明特色，增强文化自信和价值观自信。
——2014年2月24日，习近平总书记在中共中央政治局第十三次集体学习时的讲话

教学目标

◎ 知识目标
了解中国饮食文化的民族传统，理解中国饮食文化的基本特征，掌握中国饮食文化的价值系统。

◎ 能力目标
具有挖掘和阐发中国饮食文化民族传统基本特征和价值理念的基本能力。

◎ 思政目标
汲取中华优秀传统饮食文化的思想精华和道德精髓，大力弘扬以爱国主义为核心的民族精神和以改革创新为核心的时代精神，增强文化自信。

第一节　中国饮食文化的民族传统

中国饮食文化博大精深、源远流长，在漫长的历史发展过程中，逐渐结晶为一系列优秀的文化传统。这些优秀文化传统对于中国社会的进步和民族的延续、发展有着极为重要的作用，成为中华民族生存发展的强大精神动力之一。

一、"以粮为主，主副搭配"的膳食结构

膳食结构是指人们在饮食生活中食物种类与相对数量的构成。它的形成与确立，不仅关系到一个人的身体素质与健康长寿，也关系到一个民族、一个国家的健康发展。中国人的祖先是农耕民族，很早就以粮食及其制品为一日三餐必不可少的主要食品，以蔬菜、肉、鱼为辅助食品。《黄帝内经》指出："五谷为养，五果为助，五畜为益，五菜为充。气味合而服之，以补精益气。此五者，有辛酸甘苦咸，各有所利，或散，或收，或缓，或急，或坚，或软，四时五藏，病随五味所宣也。"历史发展表明，中国人特别是汉族人的饮食，在以主食、副食和饮品为表现形式、以养、助、益、充为养生内容的饮食结构中经历了2000多年，直到今天，仍未改变。

"以粮为主"一是指"粮"的地位重要，必不可少；二是指"粮"的食用数量较多。副食有调剂口味、引发食欲、补充营养成分的作用。没有副食佐餐，主食的食用常常会受到影响。中国人的副食品十分丰富，除了最常见的鸡鸭鱼肉等荤菜外，形形色色的新鲜蔬菜、豆制品、酱菜、咸菜、泡菜、腌腊制品等也是饭桌上常见的菜肴。搭配的方式多种多样，因食、因人、因地、因时而异。中国营养学会发布的《中国居民膳食指南（2022）》首次提出了"东方膳食模式"。

二、"热熟为主，兼用生冷"的饮食习惯

中国人早在几十万年以前就懂得用火熟食了。用火熟食大大减轻了肠胃的负担和损耗，有益于营养的吸收。另外，中国人主张喝热水、吃热食熟食还与中医医理有关。中医主张人之热腹不宜承受过多的冷食，某些体质的人还要忌生冷，甚至认为即使在盛暑炎夏之时喝绿豆汤也以热饮为宜。虽然中国人很早就习惯饮用熟食、热食，但他们也并不排斥生、冷食品。中国人很早就认识到，有些食物原料，本身就具有极其鲜美的滋味，如果加以烹饪、调味，反而会破坏、掩盖其自身的鲜味。于是便有了吃食物"本味"的讲究、做"本味菜"的理论与实践。所以在中国人的饭桌上生、冷食品也并不罕见，如生鱼片、葱、姜、蒜、香菜、辣椒、黄瓜等。

三、"以味为本，至味为上"的美食追求

"以味为本、至味为上"，即把保持烹饪原料的自然风味或经过烹饪使食物达到尽善尽美境地（至味）作为烹饪的根本目的和最高要求。这是《吕氏春秋·本味篇》提出来并对后世产生深远影响的中国传统烹饪思想，也是中国烹饪最突出的特点之一。中国人追求味觉美，为了这种追求，中国人在理论上和实践上都进行了广泛而深入的探索，所谓"五味调和"以及"有味使之出""无味使之入"等说法便是这种思想理论，许多"入味""保味"措施的发明便是其实践。

四、"菜系繁多，流派纷呈"的菜肴风格

中国菜肴的地方风味早在西周春秋战国时代就已初见端倪，至唐宋时期中国饮食风格流派已经初具雏形。明清时期中国菜肴便基本形成了众多较为稳定的风味流派，其中最具特色的是宫廷风味、官府风味、地方风味、清真风味和寺观风味。在清代形成的众多地方风味流派中，最具代表性的是鲁菜、川菜、淮扬菜及粤菜。20世纪初期，餐馆业中出现"帮口"称谓，"帮口"乃行帮和地方风味兼而有之，诸如京帮、豫帮、鲁帮、扬帮、徽帮、粤帮、湘帮、苏帮、宁帮等。20世纪七八十年代兴起"菜系"之说，出现了川、鲁、苏、粤"四大菜系"以及"八大菜系""十大菜系""十二大菜系"等提法。2018年，中国烹饪协会提出了"34大菜系"的概念，中国各个省市的饮食都各有其特点。不仅如此，每个"菜系"下往往还有许多亚系或分支，如粤菜下就还有广州菜、潮州菜、东江菜等亚系；鲁菜下也有济宁（曲阜）、济南、胶东三大分支。每个"菜系""流派"，都有自己的风味特点和名菜、珍品。中国菜系之多、风味流派之众真可谓令人目不暇接、眼花缭乱。无疑，也正是这些多姿多彩的风味菜肴才使我国赢得了"食在中国"的美誉。

五、"分食在先，合食在后"的饮食方式

宋代以前，中国实行的是以食案当食盘、分案分食或同案分食的饮食食俗。实行这种分食制的原因主要是古代等级森严的宗法社会制度，在那个等级森严的宗法社会里，车有等级、穿着有等级、饮食也有等级，不同的人在食料、食器方面自然有所区别。

"团坐合食"习俗的兴起始于魏晋南北朝时期。这一时期是我国历史上的民族大融合时期。数百年间，少数民族与汉族文化逐渐融合，也带来了饮食风俗的变化，其中一个很大的影响是这一时期出现了高足坐具。高桌大椅的出现让一人一桌变得不太现实，它促使人们开

始同桌而食，以饮食之道表达伦理亲情自然成为维系亲族和睦、稳定家族团结的最好形式。

在敦煌壁画中，考古学家们发现南北朝时期开始出现了家庭式的"团坐合食"场景。不过，这种情况并不代表人们已经开始"合食"。实际上，食品的分配仍然是一人一份，人们只是围桌而坐，开始有了"合食"的气氛而已。

到了隋唐时代，高椅大桌已在民间广泛流行，更从根本上改变了席地而坐、用小食案分食的古老的吃饭习惯。

宋代，完全意义上的"团坐合食"习俗形成，食者围坐在一起，同吃一盘菜，同喝一碗汤。

鸦片战争之后，西方饮食文化强势输入，特别是在民国时期上海的中上层社会人士中，西餐一度非常普遍，甚至有些公共卫生学者呼吁"饮食革命论——废止筷碗共食、实行中菜西吃法"，短时间内在部分大城市有所体现。

不过，时至今日，合餐制仍然是国人最普遍的饮食方式。究其原因，饮食不只是满足人们温饱需要的生理行为，更是一项重要的社会交往活动。

六、"以筷进餐，一筷多用"的进餐工具

筷子是我们每一个中国人吃饭的必备工具。更为确切地说，筷子古称箸，是一种由中国汉族发明的具有民族特色的进食工具。中国是筷子的发源地，以筷进餐少说已有3000年历史，是世界上以筷进食的主要地区。《史记》中记载"纣始为象箸，而箕子唏。"筷子取材广泛，不仅有竹、木所制的竹筷、木筷，还有象牙筷、人造象牙筷、铜筷、银筷、骨筷等。筷子看起来只是非常简单的两根小细棒，但它适用性强，可谓"以不变应万变"，不管菜食是条、是块、是丝、是片、是丁、是段，用筷子或夹或挑、或拈或拨，都应付自如、无往而不利。筷子造型实用，它上粗下细、上方下圆，持在手中有棱不转，置之台面不滑不滚，夹菜入口不伤唇舌。筷子又是一种技能餐具，要会使用，必须通过学习和训练才成。筷子也是当今世界上一种独特的餐具。中国人都用筷子吃饭，这个习惯几千年也没有改变过。简单的筷子有着丰富而又深刻的文化内涵，可以说，筷子是我们中国的国粹。

七、"白酒当家，浅斟慢啜"的品饮风尚

白酒是中国人饮酒时的首选酒品，这同欧洲人爱喝啤酒、果酒、葡萄酒的传统明显不同。中国人一向以能喝白酒为荣，特别是男人喝白酒几乎成了阳刚之美的标志。中国人饮酒的传统观念是"酒以烈为贵"。这种"白酒当家"的饮酒传统至今仍在一些地区和民族如北方汉族中相当广泛地流行着，他们要么不喝酒，喝酒必喝白酒。中国人饮酒常常是酒杯在手，边饮边啜，不停地斟，慢慢地饮，闲谈神聊，徐徐而进。当然，中国人也有满斟猛喝，一杯酒甚至一瓶酒一仰脖子喝个精光的"牛饮"者，但毕竟不普遍。中国人"浅斟慢啜"的饮酒方式的形成，一方面是由于中国人习惯饮用的白酒酒精度数高，刺激性特别大，过量地一饮而尽常人难以忍受；另一方面也与中国人传统的"中庸"思想有关，即感情的宣泄不应过分猛烈，而应和缓适中。

八、"客来敬茶，清饮热品"的茶事传统

清茶一杯是中国人热情待客的习惯，"因人设茗"、礼貌周全是中国人以茶待客的特点。中国茶品丰富，茶具多样，客人到来后，主人会首先尊重客人的爱好，请客人自选茶品、茶

具。如果客人没有特别的爱好，主人便会根据客人的情况，选用与客人相宜的茶品、茶具，中国人饮茶的"清饮"习惯就是直接用开水冲泡或熬煮茶叶，无须在茶汤里加入它物，是一种纯茶原汁本味饮法。中国人有品茶的习好。品茶的乐趣在于欣赏茶汤的香气，品尝茶汤的滋味，观赏茶汤的颜色，察看茶叶在茶汤里沉浮升降时舒展的形状姿态。茶叶不同，其香、味、色、形也总是各有差异，欣赏玩味各种茶的香、味、色、形各自独有的特色，乐趣无穷。中国人喜欢饮用温热的茶水，茶汤的温度在55℃时最适合品茶，过热过冷都不妥。

九、"用膳循礼，讲究客套"的食仪传统

中国人很早就形成了饮食讲究礼仪和礼貌的优良传统。主人按照礼宾次序排定席位，宾客分别在指定的位置上落座就餐。这种座次制度目的是突出主宾、使其享受应有的尊荣，并合理对待其他宾客，使之各安其所。中国人十分讲究文明就餐、吃相文雅，在宴会上很讲究客套，比如，入座时，主人会再三邀请大家，客人也会为座位互相礼让。客人一般不会把菜吃完，要是那样，主人会很不好意思，觉得自己准备的菜不够。客人对主人的热情招待总是表示礼让。中国人的餐桌上一般都比较热闹，劝酒、劝菜，客人们可以高声谈笑。宴会结束的时候，先吃完的人，总是会先跟其他人打招呼"慢慢吃""慢用"，而主人总是要最后一个吃完，他必须陪着客人。

十、"筵宴排场，意在社交"的饮食旨趣

筵宴是中国人传统的社交方式，上到国家大典、外事活动，下至婚丧嫁娶、亲朋交往，少不了都要举办各种筵席宴会，交流感情。中国筵宴的一个突出特点是讲究排场。中国人总是认为，排场是筵宴举办者经济实力、社会地位、自身形象、待客态度的综合显示。所以筵宴要么不办、要办就得排场。中国传统筵席宴会不外乎三大类型：一为官场酬酢筵宴，即古代官场以饮食酒宴为媒介进行社交活动的筵宴；一为百业帮会筵宴，即民间"三百六十行"祭祀行业祖师神，或者为开帮结社、处理纠纷、卜吉占凶、贸易往来、招徕顾客而举办的筵宴；三为民间交际筵宴，即平民百姓在民间往来应酬方面的筵宴。这些传统筵席宴会的目的不外乎四点：一曰"家人享乐自娱"，二曰"协调人际关系"，三曰"谋求功利目的"，四曰"炫耀富贵尊荣"。为了能够达到这样的目的，场面的铺张、布置的排场、菜肴的丰盛、酒食的美味等自然就是必不可缺的了。

正是中国饮食文化赋予了中国餐饮特别诱人的魅力。应当说，只要国人继承和发扬我们民族饮食文化的优良传统，同时注意汲取世界各国、各民族饮食文化的有益营养，新时代的中国饮食文化一定会继续保持自己的鲜明特色和世界先进的地位。[①]

第二节 中国饮食文化的基本特征

一、统一性：多元统一、文化认同

中国饮食文化源远流长，之所以能顽强地生存发展并绵延至今，究其原因，其最显著的特征在于它的统一性。中国饮食文化在其历史发展的长河中，逐渐形成了一个以汉族饮食文

---

① 余世谦. 中国饮食文化的民族传统［J］. 复旦学报（社会科学版），2002,（05）：118-123+131.

化为中心，同时汇聚了国内各民族饮食文化的统一体。这个统一体发挥了强有力的同化作用，在中国历史上的任何时刻都未曾分裂和瓦解过。即使在内忧外患的危急存亡关头，它仍能够保持完整和统一，这一特征是在世界任何民族的文化中都难以找到的。形成这一特征的因素和条件很多，比如，政治的统一、民族的融合、思想的提倡、共同的文字等。这种统一性使中国人对自己的民族饮食文化产生强烈的认同感，人们往往从日常的饮食方式和饮食内容就能认出他是否是中国人。这一点，在海外的华人中尤其突出。

在许多民俗学和相关学科的学者看来，饮食是一种在日常经验层面表达认同感和进行身份博弈的有效方式。例如，查尔斯·坎普曾说："食物是最能表现身份认同的标志物之一（如果不是唯一的话）。"华人饮食文化在构建、呈现和凝练个体或者集体层面的华人身份认同时，发挥着至关重要的作用。[1]

二、连续性：未曾发生断裂

连续性与统一性的概念既有区别又有联系。从其联系方面看，二者有重合的关系。一个民族的文化若在空间上有统一性的特点，那么在时间上它就应该有连续性，否则就很难保持它的统一。但从区别的角度看，统一性是相对文化的多元性说的，在同一个空间和时间中，有众多系统的文化并存。而连续性，是指文化发展的传承性，它是相对于文化的间断性或中断性说的。一个民族的文化具有连续性的特点，就是说这个民族的文化在时间的长河中没有中断过，它是一环扣一环，连续发展的。[2]

纵观中国饮食文化的历史发展过程，上下延续一百七八十万年之久，其源头之源远，足以傲视世界。最早可以追溯到距今约243万年的山西芮城西侯度猿人和距今约170万年的云南元谋猿人。从距今约170万～180万年到距今约50万～60万年前，生活在中华大地上的原始人还没有学会用火，处于生食阶段。到了距今约50万～60万年的北京猿人学会了用火熟食，结束了完全生食的时期，拉开了世界范围内人类用火熟食的序幕。在大约1万年前，中国的先民发明了陶器，出现了真正的烹煮，中国饮食文化发展又进入了新阶段。之后，历经夏、商、周、春秋战国时代，中国饮食文化体系开始形成，为中国古代传统的饮食文化奠定了基础。再后，经历了秦、汉到隋、唐的发展时期，至宋、元、明达到繁荣阶段。至清代，中国古代传统的饮食文化达到成熟，创造了无与伦比的辉煌成就。这种一脉相承、延续至今的民族历史，自然而然也是中华民族饮食文化的历史。正是这一历史，为中华民族所独有。

中国饮食文化的连续性是由中国固有的自然地理环境、经济、政治、思想和学术的连续性决定的。

众所周知，世界上有四大文明古国。然而，古埃及、古巴比伦和古印度的文明已经中断，居住在这三大文明古国土地上的人已经不是创造这些文明的后代了。只有在中国，这一文明被创造它的后代所继承。因此，中国的饮食文化是唯一没有中断、环节完整、延续至今的饮食文化。正因为如此，中国饮食文化才有着无比深厚的积淀、博大精深的内涵、结构完整的体系。[3]

---

[1] 李牧. 饮食文化与华人身份的跨文化表演性：海外中餐与中餐馆 [J]. 广西民族大学学报（哲学社会科学版），2022，(02)：106-118.
[2] 李中华. 中国文化通义 [M]. 北京：世界图书出版公司，2019：191.
[3] 李曦. 中国饮食文化 [M]. 北京：高等教育出版社，2002：4.

三、和合性：天地人合，五味调和

纵观中华民族的思想史与文化史，"和合"理念一直贯穿于中华文化的发展过程中，成为中华优秀传统文化的重要基因。"和合"两字最早见于甲骨文、金文。"和"的初义是声音相应和谐，"合"的本义是上唇与下唇的合拢。在殷周之时，"和""与合"是单一概念。"和合"一词，首见于《国语·郑语》："商契能和合五教，以保于百姓也。"意思是商族的始祖商契综合运用"五教"来教化百姓，使得百姓之间可以和睦相处、安居乐业。所谓"五教"是指父、母、子、兄、弟之间的五种伦常关系，后孟子确定为：父子有亲、君臣有义、夫妇有别、长幼有序、朋友有信五种伦理纲常美德。简而言之，中国"和合"文化以人为本，包含着人与自然、人与自身、人与人（社会）三个方面的"和合"。

中国饮食文化中的"和合"文化，首先体现在天人合一的生态观。人与自然的"和合"表现在食物的选择上，四方不同食、四季不同食。以人与自然的和谐来达到养生的目的，体现了中国饮食文化的最大特点。其次体现为五味调和、食治养生的营养观。中国饮食文化强调色、香、味、形的融合，味是美食的核心。五味调和，是指采用多种烹饪方式，将酸、甜、苦、辣、咸等多种味道调和在一起，创造出新的综合性美味。一道美味的菜肴通常由主料、辅料、调料合烹而成，上火前它们都是独立的个体，根据不同时序将主料、辅料和调料放入锅中上下颠炒，出锅装盘后，形成色、香、味、形的完美整体。菜的本味、佐料味调和在一起，互相补充、互相渗透，达到饮食之美的最佳境界"调和"。此外，还体现在饮食意境和美观。中餐的桌、椅、锅、盘、碗、盏、杯、盒等都喜用圆形，上菜也喜欢摆圆形，大家围圆桌而坐，表示团团圆圆、美美与共，这也形成了中国独特的饮食方式，即合餐制。中国人饮食意境强调人与人之间的和合关系。①

四、求吉性：求吉重利，祈福禳灾

在中国饮食文化中，无论是宫廷菜、官府菜，还是寺院菜、市肆菜，"求吉重利"重点表现在食物选材和菜肴命名上。春节的酒桌上，江西奉新大获岭一带的农家必上两道菜，一道是"长吉"，即白糖拌柑橘；一道叫"有余"，即油炸鲤鱼。在扬州，人们过年时必吃两道炒菜，一道是"安豆"，即豌豆苗，寓意"平平安安"；一道是"路路通"，即水芹菜，寓意"心想事成，万事如意"。又如"子孙饽饽""长寿面""消灾饼""发糕"等米面食品，其名称无不流露出老百姓祈福禳灾的心理。

在全国许多地方，将对食物的命名与老百姓的祈福纳祥的愿望直接联系在一起更是普遍现象。在江西的农村，猪头被称作"神户"；猪舌头被称作"招财"；猪耳朵被称作"顺风"。这种叫法，最初与祭祀有关。至今，猪头仍然是民间过年或祭祖的重要贡品。在浙江沿海地区，猪头被称作"利市"，猪舌头被称作"赚头"。广东人的筵席上也常见"烤乳猪"，因烹制后上席的小猪保留了头、尾、蹄，而取意"十全十美"，颇受欢迎。②

五、乡土性：乡土情谊，凝聚力

中国文化中的家族本位和有情的宇宙观，使中国文化带有浓厚的乡土色彩。生于斯而长

---

① 王子辉. 五味斋集（下）[M]. 北京：三秦出版社，2013：351-354.
② 赵荣光. 中华食学[M]. 北京：中国轻工业出版社，2022：91-95.

于斯的人，对自己的乡土美味有无限的眷恋之情，表现出"乡里"观念和乡土情谊。其中，最能表现中国乡土文化的是地方菜的发达和对菜系之间你追我赶的派系之争。

由于地方观念强烈，引出山头主义、地方主义及帮派观念，出现了饮食"帮""帮口"的概念。20世纪80年代，"菜系"的概念取代了以帮分菜的传统分类法，此时正逢改革开放后饮食消费业的恢复发展时期，人们竞相提出五大菜系、八大菜系、十大菜系等朗朗上口的菜系分类概念，这在当时是地方餐饮业最好的广告词。然而，至今关于八大菜系的争议依然没有停止，无论八大菜系中谁是正统，"第九大菜系"花落谁家，都是中国饮食文化中的"乡里"观念、乡土情谊的体现。

第三节 中国饮食文化的价值系统

一、人生价值观：重群体、重亲情

人生价值观是人们在认识、评价人生行为活动所具有的价值属性时所持有的根本观点和看法。人生价值观建立在认识之上，作为人生再认知与行为实践指导理论，运用于日常所有行为活动。

中国饮食文化在多个方面体现了人生价值观，这些价值观不仅影响着人们的饮食行为，也塑造了中华民族的精神风貌。

尊重与谦逊：在中国饮食文化中，餐桌上的座位安排、餐具的使用、食物的夹取和品尝等都有严格的礼仪规范。这些规范体现了对长辈、尊贵客人的尊重和谦逊。这种尊重与谦逊的价值观在日常生活中也表现为对他人意见的尊重、对他人成就的谦逊以及对自然的敬畏。

和谐与团圆：中国饮食文化强调家庭和社会的和谐。在重要的节日和庆典上，家人会围坐在一起共享美食，这象征着家庭的团圆和和谐。此外，在餐桌上避免大声喧哗、吵闹等行为，也是维护社会和谐的表现。

养生与健康：中国饮食文化注重食物的养生和健康。食材的选择、烹饪的方式以及餐桌上的搭配都体现了对身体健康的重视。这种养生观念也体现了对生命的尊重和珍惜，以及对个人健康的责任。

勤劳与节俭：中国饮食文化强调勤劳和节俭。勤劳表现在对食材的精心挑选、对烹饪技艺的不断追求上；节俭则体现在不浪费食物、珍惜资源等方面。这种勤劳和节俭的价值观有助于培养个人的自律和责任感，也有助于促进社会的可持续发展。

共享与感恩：在中国饮食文化中，共享美食是一种重要的社交方式。无论是家庭聚餐还是朋友聚会，共享美食都能增进彼此之间的感情。此外，感恩也是饮食文化中的重要价值观。感恩大自然的馈赠、感恩厨师的辛勤劳动、感恩家人的陪伴等，都是人们在享受美食时应有的心态。

二、自然价值观：天人合一，道法自然

"天人合一"典出北宋张载《正蒙·乾称篇》，原文是"儒者则因明致诚，因诚致明，故天人合一，致学而可以成圣，得天而未始遗人"。天即天道、自然，古代哲学思想认为天与人的关系紧密相连而不可分，强调天道与人道、自然与人为相通统一。

"天人合一"一词虽然最早见于北宋，但源头可追溯至先秦时期。《易经》中有："易，

所以会天道，人道也。"是关于"天人合一"思想的最早表述。

"天人合一"是中国古代哲学中人与自然的经典命题，也是中华优秀传统饮食文化生态观念的重要体现。

孙思邈的"不知食宜者，不足以生存"的观念，强调的就是"知食宜"。所谓"知食宜"就是要顺应季节的变化、环境的不同、体质的差异以及疾病的属性，而实施"食养"或"食治"的规律。这种"天人合一"的饮食观与中医因人、因时、因地的治疗原则是一致的。

孔子有"不时不食"的格言，民间也有赶时鲜的习俗。有些时令菜，都有其最佳的生长季节，一过时令，难以寻觅，或质量下降。袁枚说："冬宜食牛羊，移之于夏，非其时也。夏宜食干腊，移之于冬，非其时也。"人的口味，冬天喜欢吃浓厚，夏日宜爽口，如果冬夏交换，口感上大煞风景不说，对身体也有损。

"天人合一"是中国传统饮食文化中的核心价值观之一。"天食人以五气，地食人以五味""一畦春韭绿，十里稻花香"。人类获取食物从狩猎与采集开始，成熟于畜牧与农耕，始终同大自然休戚与共。一切食物，都来源于大自然的馈赠。尊重自然，敬畏自然，热爱自然，保护自然，秉承"绿水青山就是金山银山"的绿色发展理念，人与自然和谐共处，才能共建生态文明美丽家园。

三、道德价值观：讲食德，重礼仪

中国人的饮食重道德，讲"食德"。孙中山先生在品尝宣威火腿后，亲自挥毫，题下"饮和食德"四字，以表彰"火腿王"浦在廷"以和为人，以德经商"的美德。"饮和食德"的"饮"字读"荫"音，饮和，意谓使人感到自在，享受和乐。《庄子·则阳》"故或不言而饮人以和"，意思就是不要用言语教育人，要给予人心灵的和谐。至于"食德"，《周易·讼》中说"六三，食旧德"，就是享受先人的德泽，即"承祖荫"的意思。而"食德"指不铺张、不浪费的饮食道德，后来在朱柏庐的《治家格言》里有所提及："器具质而洁，瓦缶胜金玉；饮食约而精，园蔬愈（逾）珍馐。"①

讲求仁、义、礼、智、信、忠、孝、节、廉等个体品格的完善，是儒家传统文化的鲜明特征。在饮食礼仪方面，孔子不仅率先垂范，"先饭黍而后啖桃"，还制定了一系列必须遵守的饮食道德规范。如《礼记·曲礼上》："虚坐尽后，食坐尽前，坐必安。""共食不饱，共饭不泽（摩）手。毋抟饭，毋放饭，毋流歠，毋咤食，毋啮骨，毋反（返）鱼肉。""长者举未醴，少者不敢饮。""赐果于君前，有核者怀其核。"《礼记·玉藻》："凡尝远食，必顺近食……凡侑食不尽食，食于人不饱。"《论语·学而》："君子食无求饱，居无求安。"孔子讲："君子谋道不谋食。"儒家特别注重饮食上的气节，反对在饮食上堕落丧志，"饱食终日，无所用心"。总之，儒家的传统伦理道德都渗透、落实在饮食风俗中，成为每个人必须遵从的守则。它有效地维护了餐桌上的秩序和人际关系的和谐。通过饮食，使每个人的品质、气节、欲望都得到了道德上的净化。②

四、知识价值观：重食育、立食学

中国饮食文化中的知识论与人生论、道德论比较，显得不够协调。古代对饮食知识零散

---

① 李继强. 吃的智慧：食亦有知味犹长 [M]. 武汉：华中科技大学出版社，2020：235.
② 秦永洲. 山东社会风俗史 [M]. 济南：山东人民出版社，2011：587-588.

的见解，包括古代典籍中相对深入的认识。与现代学科意义的系统饮食知识还存在距离。

造成这种欠缺的原因是极其复杂而多方面的，其中与中国传统的知识价值观有密切联系。中国传统的知识论，只强调心的作用，超越经验事物。由这种认识方法所得到的认识，只能是模糊的而非清晰的，整体的而非分析的，直观的而非逻辑的，伦理的而非知识的。因此也就造成传统的理性范畴、知识概念具有整体性、模糊性、直观性的特点。①

"知己难，知味尤难""学问之道，先知而后行，饮食亦然。"中国饮食文化历史悠久，源远流长，内涵丰富深邃，是中华文化知识体系的重要组成部分。随着中国饮食文化研究的深入，饮食文化的学科化建立也将成为一种趋势。

（一）食商很重要

商是一个数学术语，是一种比率。食商也称吃商，就是吃的商数，是一个人关于饮食方面的知识和行为作为分子（用S表示），人们对饮食应该具备的知识与行为作为分母（用M表示），二者的比。这个"M"，是一切吃的知识、吃的艺术的总和，不管你是否了解和掌握，它都客观地存在，是全人类长期的科学与经验积累的财富，是吃的智慧的总量。这个"S"，是指一个人自己已经掌握了的关于吃的知识与艺术的量。掌握得越多，"S"的值就越大，它与"M"的比也大，吃商就越高。反之，关于吃的学问知道得很少，S的值就小，吃商当然也就小了。

（二）食育是大事

食商的培养与提高，需要食育。食育简单来说就是饮食教育、食物教育、食学教育，具体来说是指每个国民为在自己一生中能够实现健全的饮食生活、继承饮食文化传统、确保健康等而自觉培养良好饮食生活习惯、学习关于饮食各种知识及选择食品的判断能力的学习过程。②

"食育"这个词最早由日本养生学家石冢左玄提出，他在1896年写的《食物养生法》中说："体育、智育、才育，归根到底皆是食育"。在中国传统食文化中虽然没有提出"食育"一词，但中国传统饮食文化中涵盖了很多"食育"的思想。比如，老子在《道德经·六十章》中提出"治大国，若烹小鲜"的政治理论，《史记》里记载阿衡（伊尹）"负鼎俎，以滋味说汤，致于王道"，《礼记·内则》中说道："子能食食，教以右手"（就是孩子能够吃饭时，教给他们用右手吃）等。

21世纪初，中国一些专家学者开始关注食育，认为食育是国民健康的大事，有必要在提倡"德育""智育""体育"的同时提倡"食育"。从2010年起，北京、上海、浙江、哈尔滨、青岛等地中小学将食育引入课堂，我国的食育进程加快。《中国食物与营养发展纲要（2014—2020年）》将食物与营养知识纳入中小学课纲，引导学生养成科学的饮食习惯。2015年开始，中国营养学会确定每年5月的第三个星期为"全民营养周"，每年5月20日为"中国学生营养日"。2020年10月9日，教育部在对十三届全国人大三次会议第2439号建议的答复中提出支持有条件的师范院校将食育课程纳入基础教育课程体系，提高师范学生的综合素养。

（三）食学是门大学问

中国自先秦以来对饮食的研究从未停止过，只是与现代学科意义上系统食学知识体系还

---

① 李中华. 中国文化通义 [M]. 北京/西安：世界图书出版公司，2019：154.
② 宁本涛. 加强"食育"刻不容缓 [N]. 光明日报，2020-06-30（14）.

存在很大距离。民国时期，已出现"饮食学"一词，如1930年上海广学书局出版了由中华护士会编写的《护士饮食学》一书，1934年胡秀英在《教育新路》第46—47期上发表了"饮食学"一文。中华人民共和国成立后，也有一些关于饮食学的研究成果发表，在此不再赘述。

"食学"这一概念在我国出现较晚，大概源自我国台湾地区出版的由萧瑜所写的《食学发凡》（1956年）。作者在"自序"中说"研究饮食之道，宜单独成立一科学，非可以营养学或烹饪法等义尽之，故正其名曰'食学'""必就食之生理、心理、物理、哲理四大方面及其与教育经济社会人群各种关系综合而分门治理之，方足以尽其能事。"①随后，我国台湾学者狄震出版了《中华食学》（1970年）。进入21世纪，"食学"引起了业界学者的热烈讨论。

赵荣光先生在其《中华食学》中提出以生理、物理、医理、心理、法理、伦理、道理、学理"八理"概括中华食学的基本结构。他认为"食学是研究不同时期、各种文化背景人群食事事象、行为、思想及其规律的一门综合性学问"②。食学事实上是一门通识必修课，是一门关乎生死的实用之学、丰富情感的理想之学。

刘广伟和张振楣先生于2013年编著了《食学概论》一书。刘广伟先生认为，食学是以食事为研究对象，开展对人类食事问题的整体性研究，从而建立起来的知识体系。食学以应对食事问题为目的，揭示食事问题的形成规律，是一个具有新质内容的整体知识体系。其中，食事既包括食者的吃饭、喝水、生存、健康之事，又包括食物的种植、养殖、烹饪、发酵之事，还包括维护食事秩序的法律、经济、行政、教育之事，等等。食事是人类生存的第一要事，也是人类文明的重要内容。刘广伟先生以逻辑学为依据，从本质、功能、关系、发生四个维度分析了食学定义的内涵与外延。③

五、经济价值观：谋道、谋食、谋财

中国饮食文化作为中华民族悠久历史的重要组成部分，不仅蕴含着丰富的文化内涵与民族情感，还展现出显著的经济价值。它不仅是经济活动的基石，消费模式的塑造者和经济增长的直接推动力，也是增强文化软实力、推动产业升级与创新的重要力量。

（一）"谋道不谋食"

孔子认为"谋道"比"谋食"更重要。《论语·卫灵公》："君子谋道不谋食。耕也，馁在其中矣；学也，禄在其中矣。君子忧道不忧贫。"君子心在大道，而不是整日谋求吃食。"谋道"是本，"谋食"是末。"学"比"耕"重要。因为"耕是为谋食，而未必得食"，有时不免陷于饥寒；学为谋道而且能得到做官的俸禄，即"学而优则仕"，当然生活也就有保证。这是中国较早的"重学轻农"思想。孔子的这些思想对后来影响很大，孟子、荀子以至汉代的"贤良文学"（《盐铁论》中的儒家一派）都沿着孔子"谋道不谋食"的思想路径发展下来。

（二）"谋食"与"谋财"相互关联

中国以农业立国，历代王朝的统治者及其思想家们都非常清楚农业和粮食的重要，因为人民的生存，首先依赖于粮食，孔子论政就把"足食"放在首位。其余如商鞅、墨子、孟

---

① 萧瑜. 食学发凡[M]. 台北：世界书局，1956：1.
② 赵荣光. 中华食学[M]. 北京：中国轻工业出版社，2022：2-5.
③ 刘广伟. 食学导论——构建揭示食事客观规律的自主知识体系[J]. 山西农业大学学报（社会科学版），2023，22（01）：7-19+133.

子、荀子、韩非等各派思想家均有"重农"的论述。至秦汉以后，随着国家的统一，人口的增长，人民的穿衣吃饭问题更显得突出，因此重农思想愈被强化。汉文帝曾为此诏告全国："农，天下之大本也，民所恃以生也。"（《汉书·文帝本纪》）由是，"民以食为天"成为中国几千年长期不变的重农口号，只要有一口饭吃，中国的老百姓是决不会铤而走险反抗朝廷的。历代帝王深深懂得这一点。因此兴修水利，发展农业，解决粮食问题，是中国历史上较有作为的圣君贤相奋斗的目标。这样做的帝王将相，往往能得到百姓的拥护与颂扬。

明代医学家李时珍说："饮食者，人之命脉也。"饮食作为人类所必需，对于普通知识分子和下层百姓生活来说，"谋食"当作人生第一要务，"谋食"是"谋财"的基础和前提，人们只有填饱肚子满足第一需要才能追求功名利禄，如果连最基本生活都无法满足就更不要说考取功名了。另一方面，"谋财"是"谋食"的保障。谋得足够财富，自然不愁吃食，封建制度造成社会严重分配不均，贫富差距巨大，"不患寡而患不均"，富商们整日大鱼大肉铺张浪费，普通百姓连基本生活需要都无法满足，士人们只能寄希望于科举缓解寒门的囊中羞涩。

"谋食"与"谋财"虽然是辩证关系，即两者相互统一，相互关联；但又并非绝对相互依存。财与食同样都是生活的必需品，贤人通过正当手段"谋食""谋财"。"谋食"本身就可以作为"谋财"的一种表现形式，不需要附加过多理由。

"食"往往作为彰显"财"的一种方式和手段。对待食物的态度反映了个人位于需求层次的某一阶段。首先是要满足生存需要，在此基础上丰富口腹之欲，再进一步追求饮食健康。高端人群会通过饮食结交朋友，通过宴请获得尊重，最终达成自我实现。饮食与经济关联，饮食与文化并重，饮食与历史同步。经济生活层次高，饮食水平就高；经济生活层次低，饮食水平也会下降。这种情况不仅体现在贫穷与富贵人家的对比，还表现在国家兴亡的盛衰变迁中。①

（三）"文化就是明天的经济"

饮食不仅仅是满足人们的口腹之欲，更是促进经济发展、推动文化交流的重要手段。

首先，餐饮业本身就是一个重要的、庞大的产业。根据统计数据，2023年全国餐饮收入52890亿元，体现了餐饮经济的潜力大、活力足，充分说明了饮食文化在当今经济中的重要性。

其次，饮食消费助力经济发展②，饮食文化能够带动餐饮业、食品工业、旅游业、房地产、商贸业、文化娱乐业、建筑业等行业发展，给经济发展带来了巨大的空间和发展的潜力。如一个热门景点往往与当地的名吃紧密相关。游客来到这些地方不仅要欣赏当地的自然景观和文化名胜，还要品尝当地的美食，这就会促进旅游、酒店、物流等相关产业的发展。一个地区独特的饮食文化，还会吸引更多的人去关注和了解这个地方，甚至留在这个地方，从而给这个地方增加经济活力，带来发展机遇。例如，义乌的小商品市场就是因为当地的小吃和夜市出名，吸引了很多游客前来消费，使得义乌市场的发展更加稳健和蓬勃。沙县把小吃当作大产业来抓，推动沙县小吃做大做强，走规模化、产业化、标准化、国际化之路。

六、审美价值观：美善统一、情景相即

中华传统饮食文化蕴含着丰富的审美意蕴，传统厨师通过其审美思维对自然食材的生命

---

① 刘姿含. 论《儒林外史》的饮食经济文化观念[J]. 信阳农林学院学报，2023，（2）：70-74.
② 田广，王颖，胡明志. 饮食消费与经济发展[J]. 领导之友，2017，（11）：28-34.

诗性进行高度体认和礼赞，为现代美食奠定了以自然、美味、精致为主的人文格局。在食材上，传统食料来自自然，厨师们将食料以线条或块状的式样呈现饮食的艺术之美，高度体现了主体既基于现实食材的感性生命又不滞于对感性生命的追求，凸显出传统饮食的搭配颇具有一定的规范性。在技艺上，中国传统饮食非常注重技法操作，通过厨师娴熟的刀工把自然食材幻化为美味可口的餐食，它超越了个体对食材感性层面的理解，凝结了厨师对食材生命之美的深刻体悟和极致追求，承载了食材幻化前的物质性，并形成了强烈的感官刺激，从而给人们带来无穷的美食遐想空间。在食器上，不同种类和不同造型的食器应用于传统的饮食佳肴，以器皿的形态和纹饰来衬托传统饮食的美味与清新。①

中国人饮食的目的不仅是为了果腹充饥，还要追求精神享受。一方面要求吃得饱吃得好；另一方面要求将肴馔美化，蕴含许多文化成分，使菜品内涵增加，外延扩大，能够吃得开心，吃出情味。中国烹饪中有自然美、社会美、生活美、艺术美，厨师按照自己的审美意识进行审美活动（制作菜品），食客获取美感（即欣赏、评价、消费菜品），双方都可得到生理和心理上的满足，畅神悦情。

💡 思考题

1. 中国饮食文化有哪些民族传统？
2. 如何理解中国饮食文化的基本特征？
3. 中国饮食文化的价值表现在哪些方面？
4. 如何在新时代背景下，通过弘扬饮食文化来进一步促进各民族之间的交流与融合。
5. 中国拥有悠久的饮食文化传统，其中蕴含着丰富的历史、文化和哲学思想。食育在传承这些传统文化方面扮演着怎样的角色？如何通过食育活动了解和珍惜这些宝贵的文化遗产？

📖 课外选读文献

1. 陆卫明，邓皎昱，王文辛. 论中华文明精神标识与文化精髓的提炼及其价值［J］. 北京联合大学学报（人文社会科学版），2023，21（03）：17—28.
2. 朱芳菡，赵春玲. 中华优秀传统文化中的国民经济调控思想及其当代价值［J］. 新经济，2022（01）：68—71.
3. 李曦辉. 中华优秀传统文化的经济学价值［J］. 财贸经济，2023（12）.
4. 辛丽莉，等. 中华优秀饮食文化的特性及其在当代的价值［J］. 餐饮世界，2023（08）：14—17.
5. 何婉依. 中国传统文化的价值研究［M］. 长春：吉林出版集团股份有限公司，2024.

---

① 刘程. 流动的视觉美学：中国传统饮食文化的审美核心价值［J］. 牡丹江教育学院学报，2022，（4）：99—102.

02 美食篇

- 百吃不厌的主食面点
- 享誉中外的名菜佳肴
- 各具特色的风味小吃
- 奇正互变的烹调技艺

第五章
百吃不厌的主食面点

课程导入

主食变迁里的历史文化味道

《论语》中有句话叫"肉虽多,不使胜食气",说的是吃饭时肉的数量不应该超过主食,这句话也反映了千百年来中国人以粮食为主的传统饮食习惯。作为中国人餐桌上的常客与主角,包括谷类、豆类、块茎类在内的主食是人们日常所需营养的重要来源。粟、稻米、大麦、小麦、大豆、芋头、马铃薯、玉米等主食,都曾经为中国人所食用。古往今来,主食充盈了中国人的饭碗,寄托着中国人的情感,透过主食的变迁,我们可以从中捕捉历史的印痕,感受文化的味道。

比如,农作物中,粟是古人最早的主食之一,其俗名谷子,禾本科狗尾草属。有些书中将粟和黍并列,其实,二者并不相同。粟的种子带有一层硬壳,脱壳之后称作小米,而黍的种子煮熟后有黏性,在今天通常称为黄米。粟有着悠久的历史和灿烂的文化。新石器时期的黄河流域就栽培粟,夏商时期被学者称为"粟文化时代"。

考古证明,我国至少在西周中期已开始种植小麦,但还不是很普遍。当时人们食用的是"小麦粒",因颗粒坚硬,口味较差,也不便消化。春秋末期,鲁班发明了石磨,汉代,石磨得以在全国推广。小麦磨成面粉,可以做成各类面食,面条即出现在此时——当时,面条形状分片状和条状两种。由于面食的普及,小麦的种植面积逐渐扩大。相传,三国时期出现了北方传统的主食——馒头。南北朝时还出现了馄饨,号称"天下通食"。

中国栽培稻米的历史源远流长。1973年,在浙江余姚境内河姆渡遗址,考古发现储藏量逾120吨的稻谷,经测定,这批稻谷距今有7000年,籼稻、粳稻都有,且属人工栽培。约在商朝,稻米成为南方贵族阶层的主食。《诗经·大雅·泂酌》云:"泂酌彼行潦,挹彼注兹,可以餴饎。"这里的"餴"即蒸饭之道。据《天工开物》记载,明末粮食供给,大米约占70%。清康熙朝有谚语说:"湖广熟,天下足。"

资料来源:郑学富. 主食变迁里的历史文化味道[N]. 中国文化报,2023-12-19(8).

在粮食安全这个问题上不能有丝毫麻痹大意,不能认为进入工业化,吃饭问题就可有可无,也不要指望依靠国际市场来解决。要未雨绸缪,始终绷紧粮食安全这根弦,始终坚持以我为主、立足国内、确保产能、适度进口、科技支撑。

——2022年3月6日,习近平在看望参加全国政协十三届五次会议的农业界、社会福利和社会保障界委员时的讲话

教学目标

◎ 知识目标

了解中国主副食文化的形成过程,理解中国面点的内涵、技术特点和文化特色,掌握饼、饺子、面条、馒头、饭、粥等食品的文化内涵。

◎ 能力目标

能通过主食面点体会不同地区的风土人情和文化底蕴。

◎ 思政目标

养成良好的主食习惯,增强文化自信和民族自豪感,继承并弘扬中华优秀传统主食面点文化。

第一节　中国主副食文化形成

主食与副食是中华民族固有的观念。最初,人类是通过采摘和狩猎来获得食物的。由于季节变化、自然灾害以及动物的凶猛,人们能够得到的食物十分有限。这个时期,人类是饥不择食,找到什么食物就吃什么食物,整个觅食过程是一种本能的自发行为,没有主食和副食的概念。

原始农业出现后,农作物的收成相对稳定,人们便选择了稻、粟、麦、玉米等谷物为主要的食物来源,初步解决了果腹问题。主食的出现,体现了人类在饮食活动中的自觉。

一、粮食作物的发现和种植之始

粮食是各种主食食料的总称。郑玄注《周礼·地官司徒》说:"行道曰粮,谓糒(干粮)也。止居曰食,谓米也。"

原始人的生产力是十分低下的,饥饿和寒冷时时刻刻威胁着他们,物质生活自然十分艰难而贫乏。在这种情况下,人们为了生存,不得不花费主要的精力来从事物质资料的生产,采集食物便是一项非常重要的生产活动。

考古发现证明,先民们在早期漫长的进化历程中,虽然也靠渔猎获取部分肉食,但是,主要获取的食物能量还是依靠采集植物的果实、块根和茎叶。可以想到,先民们采集过无数的植物,有的吃了口齿发麻,有的吃了呕吐,有的吃了致命,也有的吃了口感舒适,又能充饥,又有的不仅能充饥,且能疗疾。渐渐地就有了朴树籽、榛子、松子、板栗之类可供食用充饥的籽实选择。然而,这些籽实毕竟产量有限,生产周期长,爬树采摘又费功夫,同时,人们几乎完全依赖大自然的恩赐。因此,只有原始农业开始有了种植,人类的主食文化才真正进入到食用粮食的阶段。

关于粮食作物是如何发现并开始种植的,至今我们只能从丰富的传说和神话故事中寻觅它的踪影,想见其时发现的艰辛历程。

在汉民族的古籍中,神农是最有代表性的农业神。神农即炎帝,他是传说中的上古部落著名首领。清朝马骕《绎史》卷4引《周书》说"神农之时,天雨粟。神农遂耕而种之,作陶冶斧斤,为耒耜锄耨,以垦草莽。然后五谷兴助,百果藏实。"晋王嘉《拾遗记》卷1:"炎帝时,有丹雀衔九穗禾,其坠地者,帝乃拾之,以植于田,食者老而不死。""天雨""丹雀"之类承担了天降谷物于斯民的重要角色，显然神迷离奇，美丽诡幻而可信性少。《淮南子·修务篇》称："古者民茹草饮水。采树木之实，食蠃蚨之肉，时多疾病毒伤之害。于是神农乃始教民播植五谷。"

在我国西南许多少数民族中，都有"祭谷魂""叫谷魂"之类的习俗，相信谷子也有魂，在打谷时，谷魂可能被吓跑，如不叫它，它就不能随谷子回家，谷子也就不能吃。壮族、布依族、苗族、藏族、哈尼族等十几个少数民族以及北方的汉族地区都曾有狗等动物取谷种的神话，内容十分丰富，并因此而有谷子熟了先让狗吃的习俗。在江苏将军崖岩画中，曾经发现过一幅谷灵崇拜图：大地上生长着各种农作物，而且各自都与人面图像之间用抽象的线条相联结，人面恰如农作物的果实，证明了人对农作物的依赖。

不管丰富多彩的传说和神话故事如何描述，谷种的发现从本质意义上说，还是先民们艰苦的劳动实践的结果。也正是在劳动和生活实践中，先民们学会了栽培谷物，使人类自身的生产劳动质量得到了一个很大的飞跃。《诗经·周颂·丰年》记载："丰年多黍多稌（特指糯稻）。亦有高廪，万亿及秭。为酒为醴，烝畀祖妣。以洽百礼，降福孔皆。"虽是秋收后报祭鬼神所用的颂歌，却多少反映了当时的农业生产情况。

粟的栽培早于稻谷，粟曾被列为五谷之首。历代文人也有过一些讴歌粟的诗词，如李白"虽有数中玉，不如一盘粟"，白居易也有"剥我身上帛，夺我口中粟"之句，《全唐诗话》中"春种一粒粟，秋收万颗粒"更令人所熟诵。

考古证明，大约在8000至5000年前，粟的栽培已在黄河流域和辽河流域逐渐普及。约8000年前，华北平原的磁山人和裴李岗人终于从"狗尾草"或类似的原植物的籽实中，选出了产量多、生长周期短的作物，这就是粟。大约在7000至5000年前，稻谷的栽培已在长江中下游和珠江流域逐渐普及，这或许是在类似稗草一类的野生稻中培育出米的。

二、五谷说和南北主食格局的形成

"五谷"在中国古代，既有具体所指，如粳米、小豆、麦、大豆、黍，或麻、黍、稷、麦、豆等；也有泛指，是粮食的泛称。成语中五谷丰登、五谷不分的"五谷"都泛指粮食。李时珍在《本草纲目》"谷部"更列有麻麦稻类、稷黍类、菽豆类等，其"五谷"也是指包括谷类和豆类在内的各种粮食。

夏商周三代，粮食作物已是五谷具备了。我国第一部农书《夏小正》已有种植麦、黍、菽、糜的记载。商代已有小麦、大麦、小米、大米、黍等的象形文字，说明当时已知驯化栽培多种谷类作物。西周初年至东周春秋时代中叶约500年间的民间诗歌总集《诗经》，留下了许多关于谷物栽培方面的资料。《小雅·甫田》有"黍稷稻粱，农夫之庆"。《周颂·思文》有"贻我来牟，帝命率育"，"来牟"即大麦。《小雅·白华》记载"滮池北流，浸彼稻田"，可知西周的沣镐之野有很多的稻田。

从汉代至南北朝，一直都是开放的社会，也是中国封建社会的上升时期，这对饮食文化的交流与发展带来了深刻的影响。到了南北朝的时候，各类粮食作物已培植出很多品种。贾思勰在《齐民要术》中记有粟86种、黍12种、稷6种、粱4种、秫7种、小麦8种、粳稻25种、糯稻11种，且对不同的品种还作了不同的分类，指出其品质的优劣。如他记述的86个粟类品种中，指出"早熟耐旱、抗虫害"的有14种，"抗风害、抗鸟害"的有24种，"秆粗穗大"的有38种"晚熟耐涝、易虫害"的有10种。除外，贾思勰在《齐民要术》中还引述郭义恭《广志》所记载的水稻品种，指出这些水稻品种，不仅有不同品质的如籼稻、粳稻、香稻等，还有不同熟期的如五月熟、六月熟、七月熟、九月熟等。[1]

隋朝，南北大运河的开通是中国继万里长城之后具有世界意义的伟大工程。大运河全长2700多千米，连接了黄河、淮河、长江三大水系。从隋唐至明清，中国的产粮区南方占了一大半。大运河的开通使东南的粮食得以北运。隋唐两代在洛阳附近建有许多大粮仓。南北经济交流的加强也促进了稻作文化和粟稷文化，并推动饮食业的发展。

根据史料记载，稻米最初是排在五谷之末的，后来随着稻的栽培发展和产量的逐渐上升，稻米才跃升为五谷之首。唐代杜甫有"六月青稻多，千畦碧泉乱""春稻三收末，平田百顷间"等诗句。南宋陆游有"秋风穰穄九千顷""家家场中打稻声"之句，可见那时稻谷的栽培已具有相当规模了。

史学家提供的研究资料表明，中国的广大地区约在5000年前已经结束了采集游猎时代，北方以小米为主食，南方则以大米为主食。这种主食结构的分解在新石器时代已经开始定型。夏商周三代时，北方食麦和黄米的比重增加。北方以粟稷为主，南方以稻谷为主，这种主食格局的确立是与粮食作物的生长地理环境等因素密不可分的。

三、丰富的米食、面食

先秦时，人们加工粮食的方法还很简单，制作的主食食品种类还不多。在先秦文献中出现的粮食制品，常见的仅有饭、粥、饎（蒸饭）、糇（干粮）、饘（厚粥）、餈（糍粑）、糗（炒熟捣碎的米或豆类制作的饭食）等。比周代早约1000年的二里头文化遗址，发现有陶制澄滤器，这是筛米粉的工具，新石器时代的石磨盘和石臼不仅是脱谷壳之用，还可把米、麦擂成粉。

古籍中面食的记载始见于汉代。汉代统称面食为"饼"，把调好味的面团压平，放在烤炉颈边烘烤酥脆的称"烧饼"，放在平底铁锅上加油煎熟的称"烙饼"，用甑锅蒸熟的馒头或包子称"蒸饼"，用水煮的面条或水饺称"汤饼"。用米粉或面粉加糖和枣栗放在蒸锅里蒸成松软厚块的则称为"饵"，扬雄《方言》说："饵谓之糕"，也就是面糕或米糕。

米食、面食的丰富可能与粮食加工工具的改良有很大关系。先秦文献中常见的粮食粉碎方法是用石臼、石杵（或木擂棒）之类的工具"捣""捶""舂"。陕西关中曾经出土的古代石磨已是汉代之物。石磨的发明大大提高了粮食加工的效率和质量，并为丰富人们米食、面食品种创造了良好的条件。汉代也已出现缣筛，生产的米粉和面粉很精细，使得汉代的点心面食大量增加。甘肃嘉峪关出土有一组汉代画像砖庖厨图，有仕女揉面和手持托盘进奉馒头或包子的图像，说明汉代已能做发酵面点。

四、副食的发展也有一个过程

原始采集渔猎时代，野兽、禽鸟虫鱼等动物肉类及植物蔬菜茎叶果品等，同样是"主食"，或者说主食副食根本不区分。农业种植开始，主食转为以粮食为主，畜养驯化的猪、羊、鸡、鸭等及种植的蔬菜作物，则退而成为副食，果品更为辅助。这种主副食的分化是生产力水平及谷物收成、畜养不易而周期长等有关。这样的时期一定持续很长，所以主副食分制明确，并成习俗。甚至在殷周时代，即使被称为"肉食者"的士大夫以上的贵族，也是

---

[1] 张熙惟，著. 贾思勰与《齐民要术》[M]. 济南：山东文艺出版社，2004：57.

以食谷物为主的。《周礼·天官冢宰》说:"膳夫掌王之食、饮、膳、羞,以养王及后、世子""食,饭也;饮,酒浆也;膳,牲肉也;羞,有滋味者"。就是说那时王室的食品首先是饭,其次是饮,然后才是肉类制作的醢、醯脯、腊(成干肉)以及蔬菜制品菹(腌菜)、齑(切得很碎的腌菜)之类。"凡王之馈,食用六谷",即王室的主食乃为黍、稷、稻、粱、苽米、麦等制作的,这也是符合膳食平衡原理的。

在古汉语中没有"副食"一词,它的大流行不过是历史的产物。旧时相当于"副食"的词语没有统一的规范,一直处于变动中。普遍流行的是"菜",但这个名词含义混乱。最为准确的词语是"下饭",这本来是个"动宾词组",意思是把饭送下去。宋代笔记《过庭录》记载,有人问"何物可下饭"?回答竟是:唯有饥饿!"下饭"因为特别常用,后来变成名词,"下"字还曾随之发生演变,写成"嗄饭"。[①]

第二节　中国主食文化

一、主食的定义和特点

主食是中国饮食文化中独有的概念。关于主食的定义,我国《粮食加工业发展规划(2011—2020年)》的表述是:主食品指供应居民一日三餐消费、满足人体基本能量和营养摄入需求的主要食品。我国传统主食品包括面制主食品和米制主食品,如馒头、面条、饺子、油条、包子、米饭、方便米饭、方便米粉等。

主食的判定标准:一是满足人体基本能量和营养需求的食品;二是在较大区域内,每日必须食用的食品;三是对主食粮食作物转化量大的食品;四是食用人口比重大的食品。同时符合上述四条标准的食品,方可称之为主食。

按此标准衡量,中国主食包括面制主食和米制主食,如馒头、面条、饺子和米饭,有的地方薯类也是主食的一部分。其中,馒头是历史传统最悠久、最具中国文化特色的代表性主食。西方主食有面包、肉类和奶类,其中面包和牛肉最具西方特色。谷类和薯类是中国人民主要的能量来源,我们每一餐都离不开米饭、馒头、大饼、面条或者其他谷类、薯类制品。在农村,这些谷类食物占到居民一日三餐提供能量的80%以上,而城市居民也超过50%。

中国主食有两大特点:一是无论面制主食还是米制主食均是以淀粉为主要组分的农作物果实为原料,与我国耕种的主要农产品稻谷、小麦相对应,具有丰富的农业资源,而西方的主食更倾向于畜牧业产品;二是中国主食的制作方法是以水为介质的蒸煮为主,明显区别于西方饮食的焙、烤、烘、炸。不同的主食种类和不同的饮食方式体现了不同的文明和文化特色。

二、主食的主要形态

(一)米食类

1. 饭食类

饭,这一概念在中国习惯上有四种理解。一种是广义的食品,如俗语所说:"人生

[①] 高成鸢,著. 饮食与文化[M]. 上海:复旦大学出版社,2013:40-41.

万事，吃饭第一"；二是狭义的主食品，如俗语所说："看菜吃饭，量体裁衣"；三是粒食，泛指各类谷米所制的主食品；四是稻米粒食，特指用稻米所制的主食品，又称作"大米"，是相对于粟米即"小米"而言。此外，西北传统面食区还习惯上将麦粉食品称为"饭"，把稻米（粳、糯）、粟（黏或不黏两种）、高粱（红、白两色，黏与不黏两种）、玉米（黏或不黏两种）、麦（小麦、大麦、荞麦、燕麦等多种）等各种谷类颗粒用煮、蒸、焖等方法制成的食品，也统称为饭。其中最广泛的便是用稻米制作的米饭，或称"大米饭""白米饭"。明代科学家宋应星《天工开物》（1637年）中称当时中国谷物食料结构是："今天下育民人者，稻居十七，而来（小麦）、牟（大麦）、黍、稷居十三。"自公元12—13世纪稻米主产区的江南人口超过北方人口形成定势之后，历史上中国人的大部分即以米饭为主食品大宗。这些谷米用来烧饭，既可单一品种制作，也可两种或多种混合制作，如北方人习惯的大米、小米合烧的"二米饭"，许多少数民族尚食的"五色米饭"。以大米、高粱米、玉米、乌米、麦等合煮，而所有这些谷米，又都可以与红豆、绿豆等许许多多的豆类合煮成豆饭，如大米与红小豆合煮，玉米与芸豆合煮等。以上多种方法烧成的又称为"干饭"，那是相对于"稀饭"或"粥"而言的。而粽子、粢饭团等虽属粒食，但可视其为变异品种。

2. 粥食类

粥，俗称稀饭，用料与饭基本相同，烹制方法一般是煮，即用较多的水，烧成流质的主食品，也以谷米的粒状为基本形态。由于谷米充分与水融合，粥的特点是黏稠，柔滑，且易消化吸收。

自古以来，粥是人们喜爱的主食形式之一，早在《周书》中就有"黄帝始烹谷为粥"的记载，这表明中国人食粥的历史十分久远。历代本草及养生等书中多记有各类粥谱。其中又以清乾隆年间（1736—1795年）成书的曹庭栋的《粥谱》（《养生随笔》卷5）和光绪七年（1881年）出版的黄云鹄《粥谱》较集中。

古时凡粳、粟、粱、黍、秫、麦等都可以煮粥，现在一般是以粳米、粟米（小米）、糯米熬粥。粥有两种类型，一种是单纯用米煮的粥；另一种是用中药和米煮的粥。这两种粥基本上都是营养粥，后者因加进中药，所以又称药粥。粥有稠厚、稀薄之不同，在古代其名称也有别。《广雅》称粥之厚者为"饘"，唐代经学家孔颖达则认为"稠者曰糜，淖者曰饘"。食粥之益处，清代黄云鹄《粥谱》说：一省费，二津润，三味全，四利脑，五易消化。其实，从更宽广的角度来看，食粥至少有六方面的意义和作用，即敬老、节约、救荒、疗疾、养生、美食。

食粥不仅能疗疾，还可养生，这是中国古人的又一宝贵经验。南宋著名诗人陆游曾作《粥食》诗一首："世人个个学长年，不悟长年在目前，我得宛丘平易法，只将食粥致神仙。"将世人对粥的认识提高到了一个新的境界。

3. 粉食类

各类谷米皆可加工成粉，而后制食，如滇、桂、粤等南方省区早餐可食的"米粉"，即是以稻米为原料所制。又如西南地区许多少数民族习尚的饵、粑，江浙等广大地区的年糕等，均是以稻米（糯或不糯）加工而成。但粉食以麦粉为主，其中又以小麦粉为大宗。小麦粉用作食物原料因其面筋特性而具形制充分发挥的性能，它适宜煮、蒸、焙、烤、炸等多种烹饪方法。中国人有2000年以上传统的面条、饼、馄饨、饺子、馒头、包子、糕等，是粉食品种的典型代表。所有上述粉食品种，又因形制、组配原料、制作方法等的不同而变化出难以计数的花色。

（二）面食类

1. 包子类

包子是中国传统食品之一，价格便宜、实惠。包子通常是用面做皮，用菜、肉或糖等做馅心。不带馅的则称作馒头。在江南有些地区，馒头与包子是不分的，他们将带馅的包子称作肉馒头。包子一般是用面粉发酵做成的，大小依据馅心的大小有所不同，最小的可以称作小笼包，其他依次为中包、大包。从形状看，还可以分秋叶形、月牙形、菊花形、三角形、佛手形、道士帽形等。从馅心口味上看，也有甜、咸之别。甜馅包子有豆包、果馅包，还有包入白糖或红糖的糖三角，糖腌猪油丁的水晶包以及芝麻馅、油酥馅等品种包子；咸馅包子有肉馅包子、素馅包子。

2. 饺子类

饺子是我国面食的一种重要形态。据古籍记载，已有1400多年的历史。据推测，早时的饺子煮熟后，是连汤带饺子一块儿盛在碗里，因而当时人们把饺子叫作"馄饨"。大约到唐朝的时候，才时兴饺子煮熟后捞在盘里，和今天的形式一样。关于饺子的名称，自古有许多别称，如"角子""扁食""饺儿""水点心""煮饽饽"等。经过一千多年的发展，我国饺子形成了形态各异、馅料多样、熟制方法不同、品种众多的特色。

3. 面条类

面条是我国传统的面食品，多将面粉加水制成细长条、宽条、长薄片等形状。古代将面条称为汤饼、索饼、水引饼等。《齐民要术》记有一种长一尺，"薄如韭叶"的水煮面食，类似阔面条。唐代出现了称为"冷淘"的过水凉面；宋代，市场上出现的面条有炒面、煎面及多种浇头面；元代，出现了可以久贮的"挂面"；明、清时期，除面条的花色品种更加丰富外，出现了"抻面""刀削面"等制法特殊的品种。

如今，面条遍及全国，南北各异。论其风味独特者，有起源于宋代有八百年历史的四川中江的银丝面，有始传于清朝道光年间湖北云梦县的鱼面，还有福州的线面、山西的刀削面、上海的阳春面、扬州的裙带面、山东的百合面、湖南怀化向矮子的原汤面、河北的杂面、北京的炸酱面、东北的驳面、延边的狗肉冷面等等，不计其数。按风俗礼仪，过生日贺诞辰吃长寿面，拜天地入洞房吃鸳鸯面，佛门寺院僧侣尼姑吃素斋面，农历九月九重阳节吃茱萸面等。

4. 饼类

饼，今人专指蒸烤而成的扁圆形的面食，或其他饼状食物。在我国古代，饼是一切面食的总称。宋代黄朝英说："凡以面为食具者，皆谓之饼。故火烧而食者，呼为烧饼；水瀹而食者谓之汤饼，笼蒸而食者谓之蒸饼，而馒头谓之笼饼，宜矣。"（《细素杂记》卷2《汤饼》）。古时各种面食的名称很多，根据烹调方式不同，大致可分为三类：一是水煮类，有"汤饼""水引饼""索面"等实心的面条类；有"馄饨""水饺"等有馅的饺子类。二是笼蒸类，有"蒸饼""笼饼""炊饼"等实心的馒头类；有"馒头""包子"等有馅的蒸包类。三是火烤类，有"烧饼"等有馅的肉烧饼或菜饼类，有"胡饼""麻饼"等实心的烙饼类。至清代，饼才开始指扁圆、长方、扁形的面食品。沿袭至今，饼已成为人类一种主要食物。有蒸、煮、烙、烧、炸、扒、煎等方法制作的，有水面、酵面、酥面、蛋面、米面等制作的各种风味的饼食。

三、主食是民族文化的结晶和象征

在饮食结构中,主食处于基础性、框架性地位。不同地区、不同民族的人群拥有各具文化特色的传统主食。主食作为一个国家的主要食物品种,决定着一个国家的人口素质,同时与农业、食品业的发展紧密相关。不同的主食种类和不同的饮食方式体现了不同的文明和文化特色。不同地区、不同民族的主食是其文明的必然产物。

人类是生物进化的产物,人类文明也出现了不同的民族特点。在中国这块土地上,在历史的进程中形成了以定居养息、农业耕作为突出特点的农耕文明,也产生了与农耕文明相适应的传统主食。因此中国人传统上以农作物果实作为主要食物,形成了"五谷为养,五畜为益,五菜为充,五果为助"的膳食结构,具有广杂性、主从性和匹配性。中国谚语"一方水土养一方人"就是指中国的生态农业系统生产出的农产品与中国人的饮食习惯是匹配的,这既是文化传承的结果,也是生物进化的结果。从世界文化地理角度看,西方人、阿拉伯人在主食文化方面,主要选择了焙烤食品的发展道路,面包、烤肉等是这类食品的代表。西方主食体现了游不定居、牧养为生的游牧民族文化的特征。实际上,中国人为什么选择馒头而没有选择面包作为主食是一个十分复杂的学术问题,涉及生物进化、气候变化、地理环境、作物种类、生活方式等方方面面。但历史的结果就是这样,中国人喜食馒头,西方人偏爱面包。

中国人以蒸煮为特点的面米主食,体现了中庸、儒雅、闲适的和谐文化,与游牧文化的剽悍形成反差。从文化传承上来讲,我们要继承、发扬传统的中国饮食。当然并不是说传统饮食绝对不能改变,而是说在继承的基础上进行扬弃,这是一个改善的过程,是一个渐变的过程,而不是突然改变。现在,我国民众的生活条件发生了变化,饮食观念和需求也在变化,传统饮食也要随着改变,这种改变是一种进步,这种进步也正是一个民族进步的表现形式。所以对中国主食首先要继承,同时利用现代科技手段改造落后的生产方式,以现代营销理论改造传统的销售方式,以适应现代需求观念,从而让中国主食在继承中发展,在发展中光大。

四、主食自信的内涵和意义

主食自信是指一个群体对日常所食用的主要食物的生理认同、心理认同、农业生态认同、生产方式认同和社会习俗认同等,本质上是文化自信在饮食行为上的表现。

主食自信应该包含以下几个层次:一是安全自信。所选择的主食,数量和质量可以满足本群体的基本生存需要。二是营养自信。所选择的主食,营养组成可以满足本群体个体的基本生理代谢平衡。三是口感风味自信。所选择的主食,口感风味适合本群体大多数人的饮食爱好和习惯。四是加工方式与消费方式自信。所选择的主食,加工方式为本群体所擅长,消费方式为本群体所喜好。五是情感自信。所选择的主食符合本群体的风俗礼仪和文化传统。

主食自信是固土安邦的基础。民以食为天,主食自信使人们在一日三餐中既得到生理保障,又得到心理满足,同时起到保持传统、凝聚人心和维护社会稳定的作用。同时我们还可以看到,主食自信是主食发展和创新的前提。中国是蒸法的发源地.中国人因为对蒸法的自信,所以发明了馒头,开创了人类食用面食的新局面。在此之前,人们食用面食的方法是烤制成饼。

当然，主食自信绝不是盲目自大。从营养平衡的角度出发，我们应该提倡主食的多样性和膳食的科学性，在保持自己主食结构的基础上，积极借鉴其他主食的优点，取长补短。早期，我国北方人的主食是小米饭。但是，由于谷子的产量低，满足不了日益增长的人口的需求，人们就用高产的小麦替代谷子作为主粮作物，馒头就成了中国北方人的主食。当然，中国历史上的麦作农业替代粟农业，有一个长期的渐进过程，既是一个农业生态改良过程，也是一个文化传承过程。现在，以面食三宝（馒头、面条和饺子）为代表的中国传统蒸煮主食，是世界公认的健康食品。[①]

第三节　中国面点文化

一、面点的概念和种类

（一）面点的概念

面点是面食，也是糕点、点心，是面食与糕点或点心的复合词，一般指以粮食类面、粉为主要食材加工制作的食品。从面点演变规律看，先有主食，后有点心、糕点。在面点制作中，各种面点的制作，在基本操作的表现形式上是相同或基本相同的，如在面粉制品制作中，几乎都需要和面、揉面、搓条、下剂等基本操作技术；在包馅制品制作时，又都需要制皮、上馅、包捏成形等；不论哪一类的面点品种都需要熟制（烤、炸、蒸、煮及复合加热法等形式）；每一个面点品种几乎都需要进行配色装饰，盛器美化等工艺。任何面点品种的制作，都离不开基本的操作程序。所以，面点品种的基本操作程序可概括为：坯皮加工工艺、馅心调制工艺、品种成形工艺、成品成熟工艺、配色装饰工艺及盛器美化工艺。

"面食""糕点""点心"这三个词既有相近之义，又有区别。一般而言，"面食"指用麦面粉制作的食品。至迟在宋代，"面食"一词已经出现，当时临安就开设有不少"面食店"，其品种多为各种面条、棋子面。明代的《宋氏养生部》中，也列有"面食制"一节，所收录品种均为麦面制作，品种已不限面条，棋子面、馒头、包子、卷子、馄饨、角子（饺子）等均已包括进来。

糕点是一种营养丰富，色、香、味美的方便食品。所谓"糕"是指用米、面、豆类等粮食或粮食制品为原料，经加工制作而成的片、块、条等形状的食物。所谓糕点的"点"，它含有人们日常生活中常说的"点心"的意思，也还含有"早点"或"小吃"的内容。其主、辅料更是多种多样，形制丰富多彩。总的说来，糕点是以糯米、面粉、食糖、油脂、蛋品、乳制品以及花生仁、芝麻仁、核桃仁、果仁和果脯、蜜饯等多种主辅料，经过调制加工和熟制加工而成的食品。糕点依国家、民族、地区的物产、气候、风俗习惯、嗜好特点的不同，而有各种制作方法和品种花样，在我国还形成不同的风味。全国著名的糕点风味有：京式、广式、苏式、扬式、闽式、宁式、潮式等。

"点心"一词唐代已经出现，初为动词，指在正餐之前吃一点食品以充饥。唐代《板桥三娘子》一文中记有"三娘子先起点灯，置新作烧饼于食床上，与客点心。"南宋吴曾撰写的《能改斋漫录》记载了唐代的一个故事，"郑傪为江淮留后，家人备夫人晨馔，夫人顾其

[①] 于学军. 馒头话题[M]. 开封：河南大学出版社，2016：60-63.

弟曰：'治妆未毕，我未及餐，尔且可点心'。其弟举瓯已罄。俄而女仆请饭库钥匙，备夫人点心。"这里的"点心"显然指早餐，已演变成名词，指正餐之外用以垫饥、品味的用面粉、米以及莲子、栗子、枣子、银耳等制作的食品。把专门制成的面食称点心始于宋代。周密《癸辛杂识》记载"阜陵谓赵温叔曰：'闻卿健啖，朕欲作小点心相请。'"这儿的"点心"一词说明古代面食个体小巧、质量上乘、做法多样，且是正餐以外的食品。

我国地域辽阔，语汇丰富。从广义上说，"糕点"与"点心"虽然是类称，也可以互称，但是个别地区"吃糕点"和"吃点心"的含义却是不同的。如福建，广东沿海个别地区，人们所说的吃"糕点"大都是指从商店里买来的"糕点"，而吃"点心"则是指待客时特意制作的"非正餐"食品。[1]

点心的含义在南方要比北方更加宽泛。北方人一般视糕点为调剂口味的零食，常常是临时补充的小吃，很少当作主食。南方人则不同，点心的概念已远远超出"点点心意"的意思，经常与主食相互混同，点心也可当成主食吃。比如，天津的包子是主食，到了南方就可作精致的小点心了。

（二）中国面点的种类

中国面点制品品种繁多，南北方的面点制作，加之少数民族的风味制品均各有特色。因品种花色复杂，所以分类方法也多种多样。其主要分类方法有以下几种：

按使用原料分类，根据面点的制作原料，人们习惯分为麦类制品、米类制品、杂粮类制品和其他制品。麦类制品，按掺入的添加料不同，又可分为水调面团制品、发酵面团制品、蛋类面团制品、油酥面团制品和化学膨松剂面团制品。米类制品，根据加工制作的不同，又分为米制品和米粉制品。杂粮和其他原料制品，又可细分为杂粮粉面团制品、薯类面团制品、豆类面团制品、根茎菜类面团制品、鱼虾蓉面团制品和水果类制品等。

按所用馅料分类根据制品的馅料可分为有馅制品和无馅制品两种。有馅制品又可分为荤馅类、素馅类和荤素混合馅类三大种类的制品。

按制品口味分类面点的口味可分为甜点、咸点、甜咸味和本味类制品四大类。

按熟制方法分类可分为煮制品、蒸制品、炸制品、烤制品、煎制品、烙制品以及复合熟制品。

按制品形态分类可分为糕类、团类、饼类、饺类、条类、粉类、包类、卷类、饭类、粥类、冻类、羹类等制品。

按成品干湿分类可分为干点制品、湿点制品和水点制品等。

二、面点的风味流派

我国幅员广阔，面点的风味流派很多。从地域看，有京式、苏式、广式、川式、晋式等流派。特色点心有北京宫廷御点、山西民间礼馍、苏州市肆粉点、无锡太湖船点、扬州富春茶点、上海南翔花点、广州早茶细点、杭州灵隐斋点、蒙古毡房奶点、藏胞标花酥点等系列。下面简介京式、苏式、广式三大流派。

（一）京式面点

京式面点是以北京为中心，北京是金、元、明、清的古都城，同时也是北方广大地域的文化中心，在民俗上涵盖我国北方地区的大多数特征，因此京式面点一方面带有浓厚的封建

---

[1] 吴孟，王承言，孙继英，主编. 中国糕点 [M]. 北京：中国商业出版社，1989：1.

宫廷色彩，另一方面却民风淳朴，富有地方风俗特征。

所谓宫廷色彩，是由于宫廷仿膳点心的影响。宫廷仿膳的服务特性决定京式面点的特点是制作精致、形状美观、用料考究，以宫廷仿膳点心为代表，如豌豆黄、芸豆卷、小窝头、银丝卷、盘丝饼、木樨糕、枣糖糕、金丝卷、小包酥等；另一方面由于京式面点在地域上涵盖我国北方广大农村，这一地区盛产小麦和杂粮，面粉、杂粮是北方农村面点制作的主要原料，因此，京式面点又有既是点心又是主食的特征，其取材广泛，粗粮细作，品种繁多，五光十色，经常食用的面点有锅贴、花卷、馒头、包子、烧麦（烧卖）、烧饼、烙饼等，蕴含浓厚的地方气息，令人目不暇接。也由于这种民间背景的特征，北方面点在不同季节还有相应的应时小吃，如春天有艾窝窝、年糕、豌豆黄；夏天有杏仁豆腐、凉糕；秋高气爽时有糯米藕、栗子糕；冬天有热乎乎的清油饼、羊肉饼、炸元宵等，熟制方法有蒸、炸等，冷热咸甜俱全。另外，北方地区还有不少清真区域，清真食品有另外特别的食制，尤好奶酪、乳酪、羊酪、牛酥酪等，更是广集天下精湛技艺，质量精美、脍炙人口。京式面点质感较硬实，强调筋度，制品外形精细美观，表面多有印纹，富有传统的民族特色，口味以咸鲜为主，咸甜分明，咸馅多用姜、葱、黄酱、香油等，口感鲜咸而香，柔软鲜嫩，别具风味；甜馅多用蜜饯，常夹着芝麻、干果、果仁等。

（二）苏式面点

苏式面点是指长江中下游以江、浙、沪一带地区为中心的面点风格。江、浙一带经济繁荣，民风细腻，故苏式面点具有制作精巧，造型美观，手工精细，花色繁多的特点，有近百种的经典点心面食。特别是由于江、浙一带是我国著名的鱼米之乡，时令蔬果和河鲜鱼产丰富，因此苏式面点用料广泛，强调馅心，注重浆汁，历来有皮薄馅大之称。馅心既有芝麻、鲜果等甜馅，又有鱼鲜、海虾等咸馅，到了大闸蟹季节，甚至用蟹肉蟹粉作馅心的点心更是脍炙人口。苏式面点中皮馅类面点品种最多，如三丁包子、蟹黄包子、翡翠烧卖、糯米烧卖、淮扬汤包等；另一方面，由于苏、杭一带民风细腻，与北方面点相比，苏式面点的馅心注重细节，强调辅料，如甜馅用料比北方面点独特，不但用糖、花生、芝麻、果仁、蜜饯为主要的馅料，还常常辅以桂花、玫瑰花香料等，使味道更加细腻持久。值得一提的是苏式面点中的面团用油酥方式成形的品种很多，各式酥饼独具特色，有甜酥饼、油酥饼、麻酥饼等。苏式面点熟制方法往往综合使用，蒸、煮、炸、煎、烤、烙均有。

（三）广式面点

由于近代广州是我国的对外口岸，广州人性格兼容，容易接纳外来事物，勇于创新，因此，在面点制作上中西兼容，亦点亦菜。面点工艺不但深化了我国传统技术，还吸收了西点的制作方法，更有意思的是，还吸收了中华传统菜肴制作技术，形成独特魅力。广式面点一方面有西方甜点的甜滑细腻，如奶黄包、流沙包、马蹄糕等，另一方面又有中华菜肴的鲜咸浓腴，如叉烧包、虾肠粉、肉粉果等，又有独特地域特征的盲公饼、老婆饼，形成了独特的地方风味，有"食在广州"之称。

另外，广式面点取料广博、善于探索和变化，讲究原汁原味，口味清淡鲜嫩。特别是善于运用马蹄、芋头、椰丝、榄仁等土特产原料制作多种面点，并且充分利用珠江流域盛产大米的特点，以米制品制作面点是广式面点的另一特征，如芋头糕、马蹄糕、娥姐粉果、莲蓉酥、鲜蛋挞等。

除了多样多变外，广式面点还讲求精美和珍贵馅料，以传统的菜肴原料为主料的面点独具风采，如传统的菜肴原料燕窝、鲍鱼、龙虾等，经过粤港厨师的灵活运用，在本来已是珠玉纷呈的广式面点上，更添缤纷姿彩的风景线。

三、面点的技术特点和文化特色

（一）中国面点的技术特点

1. 取料广泛

中国面点制作从古到今，随着生产力的发展，各兄弟民族的饮食交融，以及经过历代厨师的反复实践，极大地丰富了原料来源。在面点制作中，凡可入馔的食物原料，几乎无不采纳。米麦黍豆、菜蔬子仁、花果菌藻、肉鱼蛋乳、山珍海味，加上色味纷呈的碱、色素、香精等各种辅料及各类调料，经合理搭配、精巧烹调，便造就出各地区各民族具有独特风味的中式面点品种。

在繁多的原料中，对原料的选择特别严格。不同面点品种要选用不同的原料。同一面点品种选用同一原料时，也应注意原料因产地、季节。选取部位的不同而有所区别。

2. 技法多样

中国面点技法多样，单其成形技法就有揉、搓、包、捏、卷、夹、切、摊、叠、按、压、绞、拉、削、拨、剪、钳、印、滚、粘、镶等二十多种，一般面点的制作，都要运用多种成形技法相互配合完成。如黄桥烧饼，就运用了揉、搓、包、擀、卷、叠、捏、按、粘等法。这些成形技法，再加上和面技法、揉面技法、擀皮技法、上馅技法、熟制技法等，真可谓是技法万变了。

3. 工艺精良

古代人们就讲究面点制作的工艺水平，从晋人束皙《饼赋》中可见一斑："笼无迸肉，饼无流面。姝媮（同"愉"）冽敕，薄而不绽。弱似春绵，白若秋练；气勃郁以扬布，香飞散而远偏。"——皮薄且白而不破，馅丰且腴而不漏，质暄软而味隽永，这一千多年前的"笼饼"，足见古人是很讲究制作质量和规格的，古代类似这样的制作记载是很多的。清宫面点"银丝卷"，虽然主要原料不过水和面，但制作要求却十分复杂而精良。制作须经和面、发酵、揉面、溜条、抻丝、包卷、蒸熟等七八道工序，其中技术性最强的要数溜条抻丝。一块1.5千克左右重的面团，在抻、拉、摔、抖中变为索绳般的丝条，在胸前上下翻腾，左旋右转，如此溜好之后，即行搭扣抻条，经连续九次反复抻扣，可得512根2米多长的丝丝细面，且不断不乱，互不粘连，行语谓之"一窝丝"。抻好的面丝顺放案上，切成小段，再用面皮包卷蒸熟，即得银白暄软的银丝卷。若在512根的基础上再接连扣抻两次，面丝则变为2048根，这就是世人叹为观止的"龙须面"。

4. 品种繁多

中国面点历来以丰富繁多的品种而著称，它同中国菜肴一样，各地区都有自己独特风格的品种，并且形成了浓郁的地方风味（民族风味）特点。以包子为例，因馅心不同，包子品种达数十种之多，如鲜肉包、菜肉包、干菜包、三丁包、素菜包、叉烧包、豆沙包、蟹黄包等；同是馄饨，有三鲜馄饨、鲜肉馄饨、虾仁馄饨、菜肉馄饨等；同属烧卖，又有糯米烧卖、翡翠烧卖、虾肉烧卖、鲜肉烧卖、羊肉烧卖等之别。北京"都一处烧卖馆"专门经营烧卖，据说烧卖品种有数十种。至于北方的饺子其品种就更不胜枚举。

在那些丰富的面点中，就地方风味而言，我国就有黄河流域的京鲁风味、西北风味；长江流域的苏扬风味、川湘风味；珠江流域的粤闽风味等。另外，还有东北、云贵、鄂豫等不同风味特色。就民族风味而言，既有各具特色的汉族面点，也有少数民族各式风味面点，回族、维吾尔族、蒙古族、藏族、满族、苗族、壮族等民族各有自己的特色品种。

(二) 中国面点的文化特色

1. 名称典雅

中国面点大多起自于民间，为广大劳动人民所喜爱。对于民间自古流传的故事、典故、神话、传说，常常应用到面点的名称之中，寓意吉祥如意的心愿。无论是民间流传的，还是面点师创造发展的，很多品种在名称上都引人入胜，富有诗情画意。诸如："百子寿桃"，象征长寿多子；花篮糕点，象征欣欣向荣；"朝霞映玉鹅"，呈现生动可爱之趣等。"穆桂英挂帅""嫦娥奔月"等，名称是取用自历史故事或传说；许多品种是含有纪念意义的，如粽子表示人民对屈原的永远纪念；光饼、征东饼表示人们对戚继光的纪念；"大救驾"标志宋太祖的征战业绩等等。祝寿糕点如寿桃、寿糕、寿面、"麻姑献寿""鹤鹿同春"，都借喻长寿，寿桃做成桃形，寿糕做成九层糕、八仙糕，寿面取长寿命之意。正如"发菜"被很多海外华人看重，是因为谐音"发财"一样，许多面点也靠谐音"福""禄""寿""喜""财"而走红，许多印糕的模具上也直接刻成了有关这类的字样，用以表达人们美好的愿望。另外，从外形美好命名而寓意的，像"开口笑""元宝酥""四喜饺""喜鹊登梅""花好月圆""鸳鸯戏水"等，都给人以吉祥如意、诗情画意的美好感觉。

2. 传说生动

我国面点食用方便，许多品种具有广泛的全民性。这些面点，由于历史上的传说，而增加了传奇色彩，从而吸引了大批品尝者，这也是一种文化现象。如清宫的肉末烧饼、小窝头就因慈清太后的喜爱而闻名，便成为宫廷风味的著名食品，吸引着中外人士。天津的"三绝"，各有绝活，更有绝妙的传说。如"狗不理"包子，最初就是由清末一个小名叫"狗子"的高贵友摊主制售。他所制的包子外形美观，有咬劲、满口香，吸引许多顾客，买卖日益兴隆，许多相熟的顾客常戏称他为"狗不理"，久而久之，"狗不理"包子在天津广为传开了。戊戌变法前后，袁世凯进京时，曾将"狗不理"包子奉献慈禧，慈禧吃后非常满意，这样一来，就更加声名远扬了。"桂发祥"麻花、"耳朵眼"炸糕也是这样，传说生动，为观光旅游的中外宾客提供了觅食的去处。全国各地有关于此的例不胜枚举。又如油条这种全国皆有的早点食品，相传在南宋时，人民对卖国贼秦桧恨之入骨，临安（今杭州）丁姓小贩，把面团做成人形，两手两足，入油锅炸之，取名"油炸桧"，就是演变至今的油条。其他如饺子、月饼等传统食品，不但有动人的传说，而且饱含传奇色彩。从文化角度看，人们寓情于吃，使人们的饮食生活洋溢着健康的情趣，这些美食也得到了全国人民的普遍喜爱。

3. 形象优美

中国面点艺术性强，技艺精湛，色、香、味、形俱佳，强调给人视觉、味觉、嗅觉、触觉以美的享受，而不是追求单一的果腹目的。中国面点自古以来，注重内在美与外在美的和谐统一，始终坚持馅心的味美可口与面点色、形美观生动，特别注重外表形态的变化，讲究一饺十变、一包十味、一酥十态、一卷一样的特色，运用多种造型制作技法，使中国面点既形象生动、朴实自然，富于时代气息和民族特色，又可食味美、充饥饱腹。注重形态的变化是面点制作独特的个性。如1983年全国烹饪名师技术表演鉴定会的面点，绿茵白兔饺、莲蓉荷花酥、椰蓉南瓜脯、荷花莲藕酥、硕果粉点、三鲜海星饺等色彩、造型、质地都很优美，给人一种美的享受。中国面点具有制作别致、技法巧妙、色彩鲜明、神形兼备、小巧玲珑、味美可口的特点，并能真正达到"观之者动容，味之者动情"的美妙的艺术境地。

4. 适时应节，耐贮易存

自古以来，我国面点就与中华民族的时令风俗和淳朴的感情有着密切的关系。我国早在春秋时期，即有"四时八节"的说法。春、夏、秋、冬的"四时"与立春、春分、立夏、夏至、立秋、秋分、立冬、冬至的"八节"，按节令制作面点食品，古人就较重视和讲究。元日造五辛盘、夏至尝角黍、伏日食汤饼、冬至吃馄饨的食俗，至今仍在不少地区流传。

我国面点制作强调节令性，这种应节应典、当令宜时的特点，反映了面点食品与人们生活的密切关系。与此同时，各地的面点食品，又往往寓以优美的故事和传说，使人们在品受美食的同时，又享受民族文化的熏陶。例如北方人大年吃饺子，岭南人的年宵煎堆，春节南北皆食年糕，正月十五合家吃元宵，端午吃粽子，中秋吃月饼等年节食俗，在我国民间一直沿用着。

思考题

1. 中国主副食文化是如何形成的？
2. 主食有何重要性？为什么要增强中国主食文化自信？
3. 中国面点有哪些文化特色和风味流派？
4. 中华人民共和国成立以来中国人的主食有哪些变化？
5. 请简要阐述"大食物观"的核心内涵，并说明它如何影响现代面点制作的理念与实践。

课外选读文献

1. 邵万宽. 中国面点文化［M］. 南京：东南大学出版社，2014.
2. 邱庞同. 中国面点史［M］. 青岛：青岛出版社，2010.
3. 喻敏，胥忠生，刘璐等. 中国主食产业化的问题分析及对策研究［J］. 粮食科技与经济，2023，48（05）：5-8.
4. 卞林鑫. 饮食文化视域下的中国主食设计研究［D］. 北京服装学院，2021.
5. 李晓丽. 清代中国面食地理研究［D］. 西南大学，2023.

第六章
享誉中外的名菜佳肴

课程导入

夫妻肺片成美国年度开胃菜

据美国侨报网综合报道，美国一杂志发布了餐饮品赏大师Brett Martin最新出炉的"美国2017餐饮排行榜"，位于休斯敦的Pepper Twins双椒川菜馆的招牌凉菜"夫妻肺片"荣登榜首，被评选为"年度开胃菜"（Appetizer of the Year）。

美国人民也难逃川菜的魅力。不仅如此，他们还脑洞大开给这道"夫妻肺片"翻译了英文名字——"Mr. and Mrs. Smith"（史密斯夫妇）。

一名休斯敦食客、私企老板李维特（Max Levit）说："我走遍了美国大部分城市，这是我吃过的最好吃的中餐了。"还有食客甚至表示："我从小到大都没吃过这么好吃的东西。"

作为一名餐饮品赏大师，马丁（Brett Martin）在谈到夫妻肺片时，他说，这道菜唤醒了他的味蕾。

据传，20世纪30年代，成都人郭朝华和妻子一道走街串巷卖凉拌肺片，他们夫妻俩亲自操作，提篮叫卖。由于选用牛肉铺的边角料做食材，价格便宜、味道好，颇受欢迎。人们就将这种凉拌牛杂称为"夫妻肺片"。

资料来源：中国新闻网，2017年05月27日.

> 中国式现代化是物质文明和精神文明相协调的现代化。必须增强文化自信，发展社会主义先进文化，弘扬革命文化，传承中华优秀传统文化，加快适应信息技术迅猛发展新形势，培育形成规模宏大的优秀文化人才队伍，激发全民族文化创新创造活力。
>
> ——党的二十届三中全会《中共中央关于进一步全面深化改革、推进中国式现代化的决定》

教学目标

◎知识目标

1. 了解中国菜肴的概念、种类、属性，清楚宫廷菜、官府菜、素菜、农家菜的特点和种类。
2. 了解中国菜单文化的源流，理解不同类型菜单的特点。
3. 理解中国菜谱文化的概念和作用，清楚学习和研究中国菜谱学的重要性。

◎能力目标

具有分析和评价菜肴特点的基本能力，能够挖掘不同类型菜肴的应用价值。

◎思政目标

牢记中国菜肴的根与脉，增强文化自信和民族自豪感。热爱家乡美食，宣传家乡美食。

第一节　中国菜肴的概念和分类

中国菜肴文化是中华各族人民在漫长的历史发展进程中共同创制出来的一份珍贵遗产，是中国饮食文化的重要组成部分，它蕴含着丰富的历史和文化内涵，是劳动人民智慧和心血的结晶。其中的每一道菜肴都承载着人们的情感和记忆，是中国人民生活的重要组成部分。在未来的发展中，我们应继续传承和发扬中国菜肴文化，将其推向世界，让更多的人了解和喜爱中国美食文化。

一、中国菜肴的概念

菜肴是指相对于主食面点、饮料等而言的用于佐酒、下饭的食品的总称。

在中国古代的字书、辞书中，"菜"一般指的是蔬菜。如《礼记·月令》："乃命有司趋民收敛，务畜菜，多积聚。"《国语·楚语》："庶人食菜，祀以鱼"中"菜"均指的是蔬菜。从先秦至宋朝，大体是这种情况。宋朝及其后，"菜"的词义方才逐步演变为用各种动、植物原料烹制的"菜肴"了。如《随园食单》一书中有"素菜""荤菜""小菜""满菜""汉菜""杭州菜""菜"等，指的就是各种类型的"菜肴"。

在古汉语里，"肴"与"餚"与"殽"为同意或者意义相近的字，一般解释为"煮熟的鱼类、肉类食物"。如《诗经·小雅》："彼有旨酒，又有嘉肴。"《诗经·大雅》"嘉殽脾臄""其殽维何，炰鳖鲜鱼。"《楚辞·招魂》："肴羞未通，女乐罗些。"中的"殽"和"肴"，指的都是肉食和鱼类制品。但有时也泛指所有的菜肴，不仅仅是指肉类食品。如《诗经·小雅·宾之初筵》"笾豆有楚，殽核维旅。"左思《蜀都赋》："金罍中坐，殽槅四陈。"《东坡文集·前赤壁赋》"肴核既尽，杯盘狼藉"。

"菜肴"这个词大约出现在汉、魏之时，最初指的是把蔬菜经过腌制加工后的菜类食品。如汉《毛诗诂训传》："蕨，菜殽也。"唐孔颖达疏《尔雅·释器》"菜殽，对肉殽，古人云菜殽，谓之菹也。"以后，"菜肴"一词逐渐成为泛指一切佐酒下饭的副食制品了。

在古代，与"菜肴"类似的词还有"菜蔬""下饭"（明代仍有，又叫"嗄饭"），"按酒"（又作"案酒"），但不如"菜肴"用得多。[1]

现代社会，通常把"菜肴"简称"菜"，如中国菜、川菜、广东菜等。为了区别于"蔬菜"之"菜"，餐饮业还出现了"菜品"一词。赵荣光先生认为，菜品是用于交易目的让渡性生产物，不是生产者自我消费，是通过交易手段提供给其他消费者的食物。商品属性，商业文化属性，是菜品与生俱来的属性。[2]

二、中国菜肴的主要种类和特点

中国菜肴种类繁多，分类方法也多种多样。比如按产生历史，可分为古代菜和现代菜；按主要原料性质不同，分为荤菜和素菜；按烹调方法不同，可分为炒菜、炸菜、烤菜、烩菜、蒸菜等；按地方风味不同，可分为四川风味菜、山东风味菜、江苏风味菜、广东风味菜、北京风味菜、上海风味菜等；按民族不同，可分为汉族菜、朝鲜族菜、满族菜、蒙古族

---

[1] 邱庞同. 中国菜肴史[M]. 青岛：青岛出版社，2010：2-3.
[2] 赵荣光. 中华菜论[M]. 北京：中国轻工业出版社，2021：38.

菜、藏族菜、土家族菜等；按来源和饮食对象，分为宫廷菜、官府菜、私房菜、市肆菜、民族菜等。

（一）宫廷菜

所谓宫廷菜，是指奴隶社会王室和封建社会皇室成员所食用的肴馔。宫廷菜由于饮食者的特殊身份，役使天下名厨，聚敛天下美食美饮，形成了豪奢精致的风味特色。可以说，每个时代的宫廷菜，都能代表同时代的中国烹饪技艺的最高水平。因此，宫廷菜是中国古代烹饪艺术的高峰。

我国的宫廷风味菜肴，主要以几大古都为代表，有南味、北味之分。南味以金陵、益都、临南、郢都为代表，北味以长安、洛阳、开封、北京、沈阳为代表。

1. 宫廷菜的历史发展

宫廷菜初步形成规模大约在周朝。当时的宫廷饮食有代表性的有两种风味，一是周王室的饮食风味，其"八珍"是中国最早的宫廷宴席，体现了周王室烹饪技术的最高水平，也代表着黄河流域饮食文化；二是楚国宫廷风味，楚宫筵席兼收并蓄，博采众长，代表着长江流域饮食文化。

秦汉时期，宫廷菜在总结前代烹饪实践的基础上，菜品更加丰富，烹饪技法也不断创新。如汉朝宫廷的面食品比以前明显增多，而豆腐的发明，更使宫廷饮食发生了重大变化。

魏晋南北朝时期，各族人民的饮食习俗在中原交汇，大大丰富了宫廷饮食。如新疆的烤肉、涮肉，闽、粤的烤鹅、鱼生，西北游牧民族的乳制品等都被吸收到宫廷菜中，为宫廷风味增添了新的内容。

进入唐朝，宫廷菜的烹调技术和烹饪技艺已经达到很高水平。这主要通过宫廷宴会体现。当时，宫廷宴会不仅种类繁多，而且场面盛大，宴会的名目和奢侈程度都是空前的。据韦巨源（唐京兆万年人）的记载，在烧尾宴的菜品中各类山珍海味就达58款之多。

北宋时期，宫廷菜相对简约。从原料选择看，这个时期以羊肉为原料烹制的菜肴在宫廷饮食中占有重要地位。南宋时期，宫廷菜开始越来越奢华，遍尝人间珍味的君王们对菜肴非常挑剔，宫廷筵（宴）席也是奢靡异常。

元朝的宫廷菜，以蒙古风味为主，所制菜肴多用羊肉，全羊席是代表，同时还吸收多个少数民族乃至外国的饮馔品种和技法，充满少数民族和异国情调。

明朝宫廷菜十分强调饮馔的时序性和节日食俗，重视南味。

清朝的宫廷菜无论在质量上还是数量上都是空前的，奢侈靡费、强调礼数达到了古代中国宫廷饮食的极致，是中国宫廷菜发展的顶峰。

2. 宫廷菜的主要特点

（1）选料广泛严格　历史上宫廷菜的原料，大多数是各地方的贡品，以清朝的宫廷档案中的贡单为证，山珍海味，无所不包，如燕窝、鱼翅、鲍鱼、竹荪、野鸭、驼峰、鹿鞭、大虾、熊掌等。有一些宫廷原料多取珍贵之物，因而有"拔珍自奇"之说。如宫廷名肴"清汤虎丹"，以小兴安岭的雄虎睾丸为主料。再如东北熊掌，多选秋末冬初的掌，而海南的燕窝只选官燕。虽然宫廷菜原料多为珍贵之物，但也不乏市井常见之物，只是选用必是上品，如猪要选鬃毛刚硬的，羊要选毛细密柔软的，兔要双目明亮的，等等。

（2）烹调精细讲究　宫廷菜特别讲究刀工。在刀工处理上既要求易入味，又要求造型美观，同时根据原料性质及烹调需求运用不同刀法。以鱼为例，其花刀处理有兰花花刀、柳叶花刀、松塔花刀等等。宫廷菜的刀工还往往表现在细微之处，如小料也常切花刀。在刀工上堪称绝技的"怀抱坡刀",它借助两手配合,左手掌握尺度,右手掌握速度,以腕力和娴熟的技巧,将里脊片成自然微曲薄如纸帛的羽毛片,这种刀工确非一日之功。

宫廷菜十分重视造型。它一般多是两种或三种原料构成菜肴造型。厨师中有这样一句话,皇帝不吃"寡妇菜",所以每道菜肴既讲究饱满,又讲究色彩,并多用围、酿、配、镶等方法。形象逼真,使人不忍下箸。

在调味上,宫廷菜有九九八十一口之说。有的是根据调料名称所定,如"宫门献鱼",其味先甜后咸再辣,层次分明,所以叫"梯子口";又如"瓦香肉"所用的调料酱油、糖、醋比例大致相同,所以称"三致口"。像"一品四喜丸子"的"红光口","八宝肥鸭"的"净贤口","葱烧海参"的"吐汁口","焦熘里脊"的"文霞口","扒肘子"的"天堂口"等,举不胜举。宫廷菜在口味上以复合味居多,讲究小料的使用。再以宫门献鱼为例,其小料多达十种,在制汤上达到登峰造极,如"龙凤双吊绍汤",需三天完成,口味鲜香无比。

(3)菜名典雅,器皿精美 宫廷菜的名称多是吉祥富贵的名称,许多是以福、禄、喜、寿、财之意命名,或者是根据传说和典故而创制。如"黄葵伴雪梅""凤胎龙子""雪夜桃花""三姑守节""蟠桃玉树"等。在餐具上宫廷菜以金、银、玉、象牙等居多,有的有万寿无疆等字样。餐具造型多种多样,如鱼形、鸭形、寿桃形等。有的餐具镶有宝石、翡翠等。在华贵古雅的餐具中盛放精烹细作的美食,再加上典雅的菜名,三者相互辉映,相互衬托,在享受美味的同时,领略了美的艺术。

(二)官府菜

"官府菜"又称官僚士大夫菜、官邸菜、会所菜等,素以清淡、精致、用料讲究而闻名,其美味人间少有,如汉朝郭况的"官府菜"有"琼厨金穴"之称。不过,无论你的官位如何大,自家"官府菜"的规格都不得超过宫廷菜,这也是封建等级制度的体现。

1. 官府菜源远流长

官府菜始于春秋时期,从汉至唐已初具规模。东汉大鸿胪郭况之家号称"琼厨金穴",西晋荆州刺史石崇以操办"金谷园宴"驰名,中唐礼部尚书韦陟的府邸名曰"郇公厨",晚唐邹平郡公段文昌的厨房更有"炼珍堂"的美称。

到了宋朝以后,官府菜有了更大的发展,除了绵延千载的孔府菜外,各朝均有著名品种。如宋朝有苏轼的东坡菜,清河郡王张俊家菜;金元时期有元好问家菜,刘因家菜,阿合马家菜;明朝有礼部侍郎钱谦益家菜,魏忠贤家菜,严嵩家菜;清朝有袁枚的随园菜,曹寅的曹家菜,纪晓岚的纪家菜,谭宗俊的谭家菜等。

民国初,"官府菜"尤为兴盛。最为有名的是军界的段家菜、银行界的任家菜,还有财政界的王家菜,他们做菜品各具特色,在北平风靡一时。那时候,北平的大街小巷流传着这样一句话:"私家名厨,胜于菜馆。"不过这三家"官府菜"虽然名气不小,但和建于清末的官府谭家菜相比,还是要逊色些,"戏界无腔不学'谭'(指谭鑫培),食界无口不夸'谭'(指谭家菜)",就是对谭家菜最大的褒扬。

封建社会官府菜之所以兴盛不衰,主要原因有三个方面:一是封建官吏为了享乐和应酬;二是通过饮食活动为官职升迁铺路;三是养生延年的需要。虽然,官府菜主要是因封建官吏的需要而产生,但它对中国烹饪的发展、演变也有其积极的一面,它保留了很多饮食烹饪的精华,在烹饪理论与实践方面有很多建树。

2. 官府菜的主要特点

(1)用料广博 官府菜由于出自官宦之家,能够有条件获得各种档次或等级的原料,对原料的选择和使用都非常广泛而且讲究。以孔府菜为例，其用料多选自山东的品种繁多、档次齐全的特产原料，如胶东的海参、鲍鱼、扇贝、对虾、海蟹等，鲁西北的瓜、果、蔬菜，鲁中南的大葱、大蒜、生姜，鲁南的莲藕、菱米、芡实，以及遍及全省的梨、桃、葡萄、枣、柿、山楂、板栗、核桃等，都是孔府菜取之不尽的资源，由此可见官府菜的用料广博。

（2）制作技术奇巧　官府的家厨虽然不会像宫廷御厨那样经过层层筛选而来、各怀绝技，但是在制作技术上也各有独特之处，更能够出奇、出巧。如镶豆芽，通常的做法是在豆芽外面包裹肉泥制成，而孔府的做法是将豆芽掐去两头，入70℃的水中氽一下，捞出控尽水分，用细竹签把豆芽穿至中空，塞入鸡肉泥、火腿丝等，清炒而成，其制作之奇，技法之巧由此可见。此外，石崇的"咄嗟即办"、谭家菜的"清汤燕菜"等也都以制作奇巧取胜。

（3）菜名典雅有趣　官府菜非常注重菜肴的命名，常常选择雅致、有情趣意味的文字为菜肴命名。如东坡菜中的玉糁羹，是用山芋制成的，因为它香味奇绝、色白如玉，苏轼为它取名为玉糁羹。而孔府菜的许多菜肴名称既保持和体现着"雅秀而文"的齐鲁古风，又表现出孔府肴馔与孔府历史的内在联系。如"玉带虾仁"表明衍圣公之地位的尊贵，"诗礼银杏"与孔家诗书继世有关，"文房四宝"表示笔耕砚田的家风，而"烧秦皇鱼骨"则寄托着对秦始皇"焚书坑儒"之暴政的痛恨。

3. 官府菜的种类

官府菜主要分为以下几种：孔府菜、谭家菜、组庵菜、东坡菜、云林菜、随园菜、段家菜、直隶官府菜等。

（1）孔府菜　孔府菜是中国著名的官府菜之一，是中国饮食肴馔中的极品之作，是孔子后裔、被称为"天下第一家"的衍圣公府迎送礼仪的重要内容。孔府菜是中国饮食文化的集中表现，它既是一种饮食内容，又是一种文化现象。它是中国饮食文化史，乃至世界饮食文化发展史中绝无仅有的珍贵文化遗产。孔府菜用料极其广泛，制作极为精细，菜式极具富贵气息，造型极具美感，菜名极具文化韵味。

（2）直隶官府菜　直隶官府菜又称直隶衙门菜、直隶公府菜，是对古代直隶衙门官府制作的供直隶官僚阶层享用的菜肴流派的统称。

直隶官府菜选料广泛，品种多样；出品精致大气，形象逼真，彰显官府贵族气派；不仅注重口味，而且注重质感，做工精细，讲究汪油抱汁、明油亮芡；菜肴在鲜嫩、爽滑、醇厚、干香基础上，兼具多味，南北适宜，在注重"色、香、味、形"的同时，又增加了"料、器、养"的特点，也就是原料考究，器皿精美，营养丰富。

直隶官府菜讲求美食，各有千秋，至今流传的有李鸿章烩菜、乾隆皇帝与白菜、乾隆皇帝与鸡里蹦、慈禧与"阳春白雪"、直督方观承与荷包里脊、曾国藩与曾蹦鱼、曾国藩与锅爆肘子、曾国藩与国藩代蟹、相先生豆腐、官府抓炒鱼、袁世凯与清蒸炉鸭、总督豆腐、古莲花池与芙蓉鸡片（芙蓉鱼片）、直隶官府名人与鲍鱼、燕赵佳馔烧南北、直隶海参、直隶全爆、黄袍豆腐、侉炖鱼、南煎丸子、芴板干贝、加板鱼肚、西法鹅肝、玉带鱼卷、慈禧槐茂太平菜等。

（三）私房菜

私房菜就是私人的菜、私家的菜，广义的私房菜是指所有在各自家中所做出的菜肴，比如农家菜；狭义的私房菜是指有其独自特色与市场价值的私家菜，通常主要指后者。早期的陈麻婆豆腐和黄敬临的姑姑筵应当是比较典型的私房菜。从全国来讲，则以谭宗浚的早期谭家菜为代表（当时的谭家菜每天只有三桌，与后来情况完全不同）。今天在全国出现了无数的私房菜，以北京、广州、香港发展得最好，其中北京最典型的首推羊房胡同的厉家菜和大翔凤胡同的梅府家宴。

有些私房菜其实也是官府菜的一种延伸，有称官府私房菜。从前官府的厨子离开府邸后，流落民间，民间的大户人家吃饭同样讲究，拥有家厨，尤其是拥有官府里出来的家厨，是他们财富与身份的象征。这些家厨在官府菜的制作基础上，为迎合主人的口味，进一步将烹饪技术融会发挥，久而久之，也就形成了私房菜。

私房菜，从渊源上来讲，大抵都是无门无派，独来独往，却以味道取胜，且不管是开在如何偏僻的地方，食客总会有办法找上门来。"私房"两个字本身就包含了太多的隐秘，太多的诱惑和太多的期待。不过，现在的许多私房菜只是一个招牌，卖的其实是一个概念。

（四）素菜

素菜通常指用植物油、蔬菜、豆制品、面筋、竹笋、菌类、藻类和干鲜果品等植物性原料烹制的菜肴。素菜以其食用对象分为寺院素菜，宫廷素菜，民间素菜。素菜的特征主要有：时鲜为主，清爽素净；花色繁多，制作考究；富含营养，健身疗疾。

1. 素菜的发展历史

中国素菜的历史可追溯到西汉时期。相传西汉时期的淮南王刘安发明了豆腐，为素菜的发展立下了汗马功劳。豆腐不仅是素菜的重要原料，也是素食中的优质蛋白。因此，豆腐的发明不仅极大丰富了素菜的内涵，而且在营养学方面使素食主义有了更加强有力的说服力。据考证，北魏的《齐民要术》中专列了素菜一章，介绍了11种素食，是我国目前发现的最早的素食谱。南朝的梁武帝崇尚佛学，终身吃素，并倡导素食，大大推动了中国素菜文化的发展。此后据《东京梦华录》和《梦粱录》记载，北宋汴京和南宋临安的市肆上曾有专营素菜的素食店。宋朝时有林洪的《山家清供》，其所载一百多种食品中大部分为素食，包括花卉，药物，水果和豆制品等。在《山家清供》中还首次记载了当时有"假煎鱼"，"胜肉夹"和"素蒸鸡"等"素菜荤作"的手法。此外还有陈达叟的《本心斋疏食谱》记录了20种用蔬菜和水果制成的素食。元明清三代，素菜的发展愈加繁荣，素菜在各种文献中的记载也非常丰富。清末薛宝辰曾有素食专著《素食说略》，其中记述了200多种素食。

2. 素菜的主要流派

一般认为，中国素菜有三大流派，两大方向。所谓三大流派是指：宫廷素菜，寺院素菜和民间素菜；所谓两大方向是指："全素派"和"以荤托素派"。全素派主要以寺院素菜为代表，不用鸡蛋和葱蒜等"五荤"。以荤托素派主要以民间素菜为代表，不忌"五荤"和蛋类，甚至用海产品及动物油脂和肉汤等。

（1）寺院素食　所谓寺院素食泛指佛家寺院和道家宫观中的素食佳肴，为中国素菜的"全素派"。据《清稗类钞》记载，清朝"寺庙庵观素馔之著称为时者，京师为法源寺，镇江为定慧寺，上海为白云观，杭州为烟霞洞"。据记载少林寺曾用少林素食在寺中先后招待过唐太宗、元世祖、清高宗等20多位帝王。629年9月，唐太宗因念及当年十三棍僧救驾之恩，亲率魏征、秦琼等人拜访少林寺。昙宗和尚以60款素菜摆设"蟠龙宴"招待唐太宗。1292年4月，元世祖前往少林寺寻访他的好友福裕大和尚，寺中为其特设"飞龙宴"，多达90道菜。

（2）宫廷素食　宫廷素食来源于民间，发展于宫廷，最后亦流传民间。因御厨最先选拔于民间，年老退休后也回到民间。如清朝的御厨年老要退休离宫，退休后他们也开饭馆或传艺他人，御膳也流传于民间。辛亥革命后，清朝灭亡，更是有一批御膳房素局的名厨流落于民间，开创了各自的素菜事业。如刘海泉创立了"全素斋"曾名噪京城。宫廷素菜，是素菜中的精品。在宫廷中，御膳房内专设"素局"，负责皇帝"斋戒"素食，能调制出好几百种素馔。皇帝在祭祀先人或遇重大事件时，事先要有数日沐浴，更衣独居，戒酒、食素，使心地纯一诚敬。南朝武帝萧衍，当了48年皇帝，此人长于文学、乐律、书法，笃信佛教，素食终身，为天下倡，曾四次舍身入同泰寺，皆由国家出钱赎回。

（3）民间素食　民间素菜是指民间的素菜馆和家常烹制的素菜。民间吃素大多是以慈善心怀和道德情操的，认为吃素是仁者的美德。都是怀着"一箪食、一瓢饮，不以物喜，不以己悲"的情怀吃素菜。孔子云："饭蔬食，饮水，曲肱而枕之，乐亦在其中矣。"所以民间吃素，并不是不吃肉荤，只是强调多吃菜蔬，崇尚朴素清淡的生活。朴素永远比华丽更接近真实。所以，人们在大鱼大肉过后不如到素菜馆品尝一顿素食，在质朴的菜蔬食物中，蕴含着陶冶性情、升华灵魂的境界，带来妙不可言的雅趣。

（五）地方菜

我国的各种地方菜是各个地区具有不同特色的民间菜，它是相对于宫廷菜、官府菜和寺院菜而言的，是构成中国菜的主体。我国地方菜的系统较多，主要有山东菜、四川菜、广东菜、江苏菜、浙江菜、福建菜、湖北菜、安徽菜、湖南菜、北京菜、上海菜、天津菜等（表6-1）。其中，特色突出而又影响较广的是四川菜、山东菜、江苏菜和广东菜。

表6-1　中国主要地方菜的构成、特色及代表菜

类别	构成	风味特色	代表菜
四川菜	由成都菜、重庆菜、自贡菜等为主体构成	（1）选料广泛，精料精做工艺有独创性 （2）菜式适应性强，清、鲜、醇、浓并重，以善用麻辣著称 （3）川菜雅俗共赏，居家饮膳色彩和平民生活气息浓烈，享有"味在四川"之誉	毛肚火锅、宫保鸡丁、樟茶鸭子、麻婆豆腐、清蒸江团、干烧岩鲤、河水豆花、开水白菜、家常海参、鱼香腰花、干煸牛肉丝、峨眉雪魔芋等
山东菜	济宁风味（含曲阜）、济南风味（含德州、泰安）、胶东风味（含福山、青岛、烟台）等	（1）鲜咸、纯正、葱香突出，重视火候，善于制汤和用汤，海鲜菜尤见功力 （2）装盘丰满，造型大方，菜名朴实，敦厚庄重 （3）受儒家学派饮食传统的影响较深	德州脱骨扒鸡、九转大肠、清汤燕菜、奶汤鸡脯、葱烧海参、清蒸加吉鱼、油爆双脆、青州全蝎、泰安豆腐、博山烤肉、糖醋鲤鱼等
江苏菜	金陵风味、淮扬风味（含扬州、镇江、淮安、淮阴）、姑苏风味（含苏州、无锡）、徐海风味（含徐州、连云港）等	（1）清鲜、平和、微甜 （2）因料施艺，四季有别，组配严谨，刀法精妙 （3）色调秀雅，菜形艳丽 （4）筵席水平高，园林文化和文人雅士的气质浓郁	松鼠鳜鱼、大煮干丝、清炖蟹黄狮子头、三套鸭、清蒸鲫鱼、炖菜核、水晶肴蹄、梁溪脆鳝、拆烩鱼头、镜箱豆腐、将军过桥、金陵桂花鸭等
广东菜	广州菜（含肇庆、韶关、湛江）、潮州菜（含汕头、海丰）、东江菜（即客家菜）、港式粤菜（又称新派粤菜或西派粤菜）等	（1）生猛、鲜淡、清美 （2）用料奇特而广博技法，广集中西之长，且趋时而变，勇于创新 （3）点心精巧，大菜华贵，富于商品经济色彩和热带风情，民间素有"食在广州"的称誉	金龙脆皮乳猪、盐焗鸡、鼎湖上素、蚝油网鲍片、大良炒牛奶、白云猪手、烧鹅、炖禾虫、咕噜肉、南海大龙虾等

续表

类别	构成	风味特色	代表菜
北京菜	本地乡土风味、齐鲁风味、蒙古族风味、清真风味、宫廷风味（含今日之仿膳菜）、斋食风味、江南风味等	（1）选料考究，调配和谐 （2）以爆、烤、涮、扒见长，酥脆鲜嫩，汤浓味足 （3）形质并重，名实相符 （4）菜路宽广，品类繁多，广集全国美食之大成	北京烤鸭、涮羊肉、三元头牛、一品燕菜、八宝豆腐等
上海菜	海派江南风味、海派北京风味、海派四川风味、海派广东风味、海派西菜、海派点心、功德林素菜、上海点心等	（1）精于红烧、生煸和糟制 （2）油浓酱赤，汤醇卤厚 （3）鲜香适口，重视本味	八宝鸭、虾子大乌参、松仁玉米、炒青蟹粉、鱼皮馄饨、灌汤虾球、下巴划水、贵妃鸡等
浙江菜	杭州风味（以西湖菜为代表）、宁波风味、绍兴风味、温州风味等	（1）鲜嫩、软滑、精细，注重原味，鲜咸合一 （2）以烹调制作海鲜、河鲜与家禽见长，富有鱼米之乡风情 （3）形美色艳，掌故传闻多，饮食文化的格调较高	西湖醋鱼、东坡肉、泥烤童鸡、一品南肉、冰糖甲鱼、蜜汁火方、干炸响铃、双味蜻蜓、龙井虾仁、西湖莼菜汤等
福建菜	福州风味（含闽侯）、闽南风味（含泉州、漳州、厦门）、闽西风味（含三明、永安、龙岩）和南普陀素菜4个分支	（1）清鲜、醇和、荤香、不腻重、淡爽、尚甜酸 （2）善于烹调制作珍稀原料 （3）汤路宽广，佐料奇异，有"一汤十变"之誉	佛跳墙、龙身凤尾虾、淡糟香螺片、鸡汤汆海蚌、太极芋泥、半月沉江、七星鱼丸、炸蛎黄、香露河鳗等
安徽菜	皖南风味（含歙县、屯溪、绩溪、黄山）、沿江风味（含安庆、铜陵、芜湖、合肥）、沿淮风味（含蚌埠、宿县、淮北）等	（1）擅长制作山珍海味，精于烧、炖、蒸、烟熏 （2）重油、重色、重火力，原汁原味 （3）山乡风味浓郁，迎江寺茶点驰誉一方	无为熏鸡、软炸石鸡、清蒸鹰龟、毛峰熏鲥鱼、和县炸麻雀、酥鲫鱼、火腿炖甲鱼、腌鲜鳜鱼、黄山炖鸽等
湖南菜	湘江流域风味（含长沙、湘潭、衡阳）、洞庭湖区风味（含常德、岳阳、益阳）、湖南山区风味（含大庸、吉首、怀化）等	（1）以水产品和熏腊原料为主体，多用烧、炖、腊、蒸诸法 （2）咸香酸辣，油重色浓 （3）民间肴馔别具一格，山林和水乡气质并重	腊味合蒸、冰糖湘莲、麻仔鸡、潇湘五元龟、翠竹粉蒸鱼、红椒酿肉、牛中三杰、发丝牛百叶、霸王别姬、五元神仙鸡、芙蓉鲫鱼等
湖北菜	汉河风味（含武汉、孝感和两阳）、荆南风味（含荆州、沙市和宜昌）、襄郧风味（含随州、襄樊和十堰）、鄂东北风味（含黄石、黄冈和咸宁）、鄂西土家族山乡风味（以恩施为中心）等	（1）水产为主，鱼菜为本 （2）擅长蒸、煨、炸、烧、炒，习惯鸡、鸭、鱼、肉、蛋、奶合烹 （3）汁浓芡亮，口鲜味醇，重本色，重质地	清蒸武昌鱼、冬瓜蟹裙羹、鸡汁桃花鱼、沔阳三蒸、钟祥蟠龙、荆沙鱼糕等

（六）少数民族菜

我国是一个幅员辽阔、人口众多的国家。其中少数民族在我国人口中占很大的比例。

在中国烹饪这个百花园地里，少数民族菜以它独特的烹调方法和著名的菜肴享誉中华大地（表6-2）。

表6-2 部分少数民族菜肴的风味特色

菜系	范围	风味特色	代表菜
朝鲜族菜	流传于东北和天津，与朝鲜和韩国食馔同出一源	选料多为狗肉、牛肉、瘦猪肉、海鲜和蔬菜，擅长生拌、生渍和生烤，习惯以大酱、清酱、辣椒、胡椒、麻油、香醋、盐、葱、姜、蒜调味，菜品风味鲜香脆嫩，辛辣爽口。餐具多系铜制，喜好生冷	生渍黄瓜、辣酱南沙参、苹果梨咸菜、头蹄冻、生烤鱼片等
满族菜	流传于东北、京津和华北，有400余年的历史，在清代颇有名气	用料多为家畜、家禽或狗、兔子等。主要烹调方法有白煮和生烤，口味偏重鲜。咸、香，口感重嫩滑。菜品多为整只或大块，吃时用手撕或用刀割食	白肉血肠、阿玛尊肉、烤鹿腿、手扒肉、酸菜等。民族风味宴席（如三套碗、茶席）
蒙古族菜	流传于内蒙古、东北和西北地区，有800多年的历史，元代是其鼎盛时期	与蒙古菜近似，统称"乌兰伊德"，意为"红食"（其奶食面食点心则称为"白食"）。原料多系牛、羊，也有兔、铁雀之类。一般不剔骨，斩大块，或煮或烤。仅用盐或香料调制，重酥烂，喜咸鲜，油多色深量足，带有塞北草原粗犷饮食文化的独特风味	手扒羊肉、烤羊尾、炖羊肉、羊肉火锅、炒骆驼丝、太极鳝鱼等
彝族菜	传于川、云、贵、桂等地，有800多年的历史。宋、辽、金、元时的南诏国菜品即以其为主体	原料多用"两只脚"的鸡、鸭和"四只脚"的猪、牛、羊，也用其他野味。多为大块烹煮。添加盐和辣椒佐味	佗佗肉、皮干生、席子干巴、羊皮煮肉、肝胆参、油炸蚂蚱、生炸土海参、巍山焦肝等
藏族菜	传于西藏、云南和青海，有1400多年的历史。隋唐至今，其高原雪山的独特风味一脉相承	原料多为牛羊、野禽、昆虫、菌菇等；重视酥油入馔，习惯于生制、风干、腌食、火烤、油炸和略煮；调味重盐，也加些野生香料；口感鲜嫩，分足量大	手抓羊肉、生牛肉、火上烤肝、油炸虫草、油松茸、煎奶渣、"藏北三珍"（夏草黄色炖雪鸡、赛夏蘑菇炖羊肉、人参拌酥油大米饭）、竹叶火锅等
苗族菜	传于贵州、云南、四川、湖南等地，有1000多年的历史。红苗、黑苗、白苗、青苗、花苗的饮食风味大同小异	食料广泛，嗜好麻、酸、糯，口味厚重，制菜常用甑蒸、锅焖、罐炖、腌渍诸法，酸菜宴独具特色	瓦罐焖狗肉、清汤狗肉、薏仁米焖猪脚、血肠粑、油炸飞蚂蚁、辣骨汤、鱼酸、牛肉酸、蚯蚓酸、芋头酸、蕨菜酸、豆酸、蒜苗酸、萝卜酸等
侗族菜	流传在黔、桂、湖北省交界的山区，有近千年历史。侗族菜现仍秉承古代百越人的山林食风	无料不腌，无菜不酸，腌制方法独特（有制浆、盐煮、拌糟、密封、深埋等10多道工序，保存时间少则2年，多则30年）。侗族菜酸辣香鲜，甘口怡神	五味姜、"龙肉"、醅鱼、牛别、酸笋、酸鹅、腌龙虱、腌蜻蜓、腌葱头、腌芋头、腌蚌等
傣族菜	流传在云南西双版纳、德宏一带，有800余年历史，带有小乘佛教的浓郁色彩	用料广博，动、植物皆被采用。制菜精细，煎、炒、炮、熘无所不用。口味偏好酸香清淡，昆虫食品在国外与墨西哥虫撰齐名。肴撰奇异，自成系统，有热带风情和民族特色	苦汁牛肉、烤煎青苔、五香烤傣鲤、菠萝爆肉片、炒牛皮、鱼虾酱、香草烧鸡、牛撒撒拼盘、炸什锦、刺猬酸肉、蚂蚁酱、蜂房子、生吃竹虫、清炸蜂蛹、烧烤花蜘蛛、凉拌白蚁蛋、油煎干蝉、狗肉火锅等

续表

菜系	范围	风味特色	代表菜
土家族菜	流传在湘、鄂、川边界，有近2000年历史。由于受到湘、鄂、川菜系的影响，饮食文化较为发达	菜料包括禽畜鱼鲜、粮豆蔬果及山珍野味。烹调技法全面，嗜好酸辣，有"辣椒当盐"之说。肴馔珍异而丰富，带有浓郁的南国原始山林情韵	米年肉、凉拌鹿丝、红烧螃蟹等
京族菜	流传在广西防城港市防城区，有300余年历史，与越南菜同属一个体系	制菜多用海鲜，善于使用鲶汁，并有主副食合煮的习惯，爱用鱼汤调味下饭。由于是"靠海吃海"，其食馔有鲜明的渔村特色	螺蟹米粉汤、烤鱼汁芝麻糍粑、烧大虾、生鱼片、鱼露、蚌肉羹、烧石花鱼、炖海龟、清炒海龟蛋、烩海味全家福
壮族菜	流传在广西和粤、滇、湘等地，有3000年以上的历史，是现今岭南食味的本源	以狗、虫为珍味，也吃禽畜与果蔬，擅长烤、炸、炖、煮、卤，口味趋向麻辣酸香，酥脆爽口。美食众多，调理精细，食礼隆重，在桂菜中占有重要的地位	辣白旺、火把肉、盐凤肝、皮肝生、脆熘蜂儿、油炸沙蛆、清炖破脸狗肉、洋瓜根夹腊肉、香星肉、烤辣子水鸡、酿炸麻仁蜂、白炒三七鸡、酸水煮鲫鱼、马肉米粉
高山族菜	流传在台湾，有1000余年历史，系由古越人食馔、琉球群岛土著食馔和福建菜等融合而成	食料多取自本岛所产的动植物，技法有蒸、烤、煮、拌等。口味偏好酸。香、肥、糯，饮食带有热带山风情	芥菜长年、香烤墨鱼、萝卜缨菜、干贝烘蛋、芋头肉羹、南瓜汤、发家鸡、蒜基熬鱼、黄笋猪脚、土豆烧肉等

第二节　中国菜单文化

一、菜单的定义和作用

简单来说，菜单是指开列多种菜名的单子，记录菜肴的名目。

在餐饮业，菜单有广义与狭义之分。广义的菜单是指餐厅中一切与该餐饮企业产品、价格及服务有关的信息资料，它不仅包括各种文字图片资料、声像资料以及模型与实物资料，甚至还包括宾客点菜后服务员所写的点菜（订餐）单。而狭义的菜单则仅指餐饮企业为便于宾客点菜订餐而准备的介绍该企业产品、服务与价格等内容的点菜菜单或介绍该宴会菜点的宴会菜单。另外，餐饮业往往"菜单""食单"不加以区分，甚至是以"菜单"替代"食单"。

随着餐饮业的发展，新的餐饮经营形式不断出现，新技术在餐饮业广泛应用，从而使得菜单的种类与形式日趋丰富，其内容与作用也相应扩大。现在，菜单的作用已不局限于传统上人们的眼光立即见到的文字内容，它已成为餐饮企业与宾客进行信息交流与沟通的重要手段之一，同时也是餐饮企业对整个餐饮经营过程进行计划、控制不可缺少的管理工具之一。

（一）菜单是餐厅经营的总纲领，决定了餐厅的定位

菜单是餐厅的经营起点和核心，是餐厅的商业计划书和商业模型。菜单一旦确定，餐厅的布局规划、空间设计、服务方式、价位高低、目标顾客都将随之确定下来，所以菜单决定餐厅经营的一切。如何把菜单打造成"看起来很诱惑，听起来很好吃，读起来很冲动，尝起来很美味，用起来很赚钱"是每个餐厅经营成功的关键。

（二）菜单是餐饮促销的手段

菜单也是一种餐饮行业的营销手段，菜单在餐厅经营中起着至关重要的作用，甚至有人把餐厅经营成功，归结为餐厅的菜单设计是否成功。经权威机构对一千家酒店调查显示，97%的人爱翻菜单，但只有22%的餐厅懂得利用菜单营销，看菜单时间越长的客人比不看或粗略看菜单的客人消费平均高出2.8倍，最高可达到6倍！一份精心编制的菜单，能使顾客感到心情舒畅，赏心悦目，并能让顾客体会餐厅的用心经营，促使顾客欣然解囊，乐于多点几道菜肴。

（三）菜单是沟通消费者与接待者之间的桥梁

经营者通过菜单向宾客展示销售的饮食产品种类、价格，消费者通过菜单来选购自己所喜爱的菜肴，而接待人员通过菜单来推荐餐厅的招牌菜，两者借由菜单开始交谈，使信息可以交流，形成良好的双向沟通模式。有些在菜单上还绘上漫画，加上菜点小常识，更拉近与消费者的距离。

（四）菜单既是宣传品也是艺术品

菜单犹如一面镜子，反映出饭店饮食的特色和服务水准，因此也是饭店饮食的最好广告和宣传。一份制作精美的菜单不但可以提高用餐气氛，更能反映餐厅的格调，使客人对菜单内所列的美味佳肴留下深刻印象。

典雅讲究、内涵丰富的菜单是一种深邃的饮食文化。一份精心设计制作的菜单也是艺术品，可以使客人对佳肴美味留下永久纪念，还可带回去与亲朋好友共享这种愉快。张大千先生是中国艺术家中顶尖的美食爱好者，不但会吃而且会做。他宴客的菜单都会成为拍卖市场的天价艺术品。

二、菜单源流

菜单在中国古代即有之。战国时期楚国的爱国诗人屈原在《楚辞·招魂》篇中为我们记载了中国宴会的第一份菜单。菜单中记录了大量楚国国王的饮食，有"鲡鳖炮羔，有柘浆些。鹄酸腼凫，煎鸿鸧些。露鸡臛蠵，厉而不爽些"。中国有关饮食的记载浩如烟海，然而作为一份能反映筵席整体风貌的菜单，这篇《楚辞·招魂》应为最早。这份战国菜单中有稻粱、稀麦、黄粱等主食，有挫糟冻饮，酎清凉些的冷饮，有蜜、大苦、咸、辛、柘浆等调味品，有肥牛之腱、鲡鳖、炮羔、鹄酸、腼凫、煎鸿鸧、露鸡臛蠵等美味菜式，真是珍馐佳馔，应有尽有。菜单中还充分体现了当时高超的烹饪技艺，如煨、红烧、烧烤、醋烹、水煮、油煎等。

《楚辞·招魂》以后，汉长沙马王堆汉墓的竹简菜单记有食品100多种、隋朝的尚食值长谢讽《食经》中记名馔53种、唐代韦巨源所著《烧尾食单》中记菜点58种，宋代周密记张俊供奉宋高宗赵构的"御宴"馔肴250种，《粤菜存真》记录清代"满汉全席膳单"有各色肴点共100多种……

中国古代还有几份菜单值得一提。西汉才子枚乘曾赋《七发》，其中一大段为一份出色的美宴菜单，小牛肥肉、狗肉和羹、烧煮熊掌、兽脊烧烤、鲤鱼脍片、野鸡豹胎……生猛海鲜、九酝八珍都能在份菜单上找到最初的踪迹。在欣赏赋文遗韵的同时，还能品味千年之古的美味。宋代著名诗人陆游在《老学庵笔记》中曾经记载过宋朝宫廷宴请金国使者的国宴菜单。此单包括：肉咸豉、爆肉双下角子、莲花肉、油饼骨头、白肉胡饼、群仙肉、太平毕罗、假黄鱼、奈花素粉、假沙鱼、水饭、咸豉、旋钱鲊、瓜姜。另外，主食还有枣子髓饼、白胡饼和环饼等。这份菜单是宴请金人的特色菜单,大有几分"胡味"。

菜单曾是帝王豪门的专宠。清朝乾隆皇帝的早膳菜单,菜品共有53种,晚餐食谱,菜品也有75种,更别提正式的大宴了。末代皇帝溥仪的妻子婉容早餐菜单内容即包括炒三冬、炒黄瓜酱、大豆芽炒各达英、鸭条烩海参、葛仁烩豆腐、烩酸菜粉、红烧鱼翅、锅烧茄子、红烧鳜鱼、热汤面、黄焖鸡、熏肝、清汤银耳、木樨汤、酱肘子、摊鸭子……

现在的菜单融入了许多文化因素,内容丰富,设计精美,寓知识性、趣味性为一体,饭店轶事、名人掌故、诗词曲赋纷呈,图文并茂,交相争妍,令人赏心悦目。北京"大观楼酒家"的菜单是对折回页,里边还有"红楼宴"的简介。杭州"太子楼酒家"菜单上有广告语、菜肴名称、原料加工方法及其特点,并恰如其分地配上一些有趣的漫画……精美而又有特点的菜单不仅仅是美食之源,还逐渐成为收藏者喜欢的藏品之一。

三、菜单的种类

菜单的分类有多种方法,一般来说,根据用餐时间,分为早餐菜单、午餐菜单、晚餐菜单。早餐菜单一般内容较为简单;午晚餐菜单必须品种齐全,丰富多彩,富有特色。

根据餐饮形式和内容,分为宴会菜单、团体菜单、冷餐会菜单、自助菜单、餐后甜品单、客房餐饮菜单、泳池茶座菜单、特种菜单(如儿童菜单、家庭菜单等)。宴会菜单讲究餐饮规格、传统、名菜和特色;团体菜单内容需经济实惠,搭配有致;冷餐会和自助餐菜单讲究食物丰盛、食物造型和气氛炫耀;餐后甜品单需有强烈的诱人魅力;特种菜单必须有特定的市场对象和针对性很强的餐饮内容。

根据顾客不同,分为固定菜单、循环菜单以及二者相结合的混合菜单。

根据价格形式,分为零点菜单、套菜菜单和混合式菜单。其中,零点菜单是指每一道菜都单独标价的菜单,它是最常见、使用最广泛的一种菜单,它能迎合不同层次顾客的需求。套菜菜单指在一个价格下所列的整套餐饮,而不仅是一道菜,如所常见的"四菜一汤,30元"之类,即属套菜菜单。套菜菜单多适用于团体餐、宴会等。混合式菜单是指零点与套菜这两种菜单的混合,它综合了两者的特点和长处。

第三节 中国菜谱文化与菜谱学

一、中国菜谱文化内涵

(一)菜谱的概念

菜单有个孪生兄弟叫菜谱。菜谱是详细或大略记录菜肴制作方法及过程的集合,是指导人们如何进行烹饪的工具书。菜谱一般由典故、主料、辅料、配料、调料、工艺过程、装盘方式、成品特点、注意事项、说明等10大构成要素[①]。很显然,通常人们走进餐厅拿到的是菜单而非菜谱。

"菜谱"与"食谱"不同,"食谱"是主食与副食,也就是中国俗语所说的"饭"和"菜"的加工方法记录,它比"菜谱"更宽泛。

菜谱是厨艺的媒介,也是人们宴食活动的自然反映与记录。菜谱是饮食文化重要的载体

---

① 陈学智. 浅析中国菜谱的三座历史丰碑[J]. 南宁职业技术学院学报,2018,23(06):11-18.

之一，可以折射出其所处时代的社会生活图景，具有鉴赏与珍藏意义。菜谱文本包含很大的研究价值，是进行科学研究不可忽视的领域。

菜谱的种类很多，赵荣光先生在《中华菜论》中将菜谱分为餐饮企业的经营性菜谱、技术培训的技艺性菜谱、阅读兴趣的知识性菜谱、欣赏收藏的鉴赏性菜谱、翻译出版的异域文化菜谱等五大基本类型。①

（二）中国菜谱文化的起源和发展

中国有注重文献积累的文化传统，早期有关菜谱的文字记录散见于《周礼》《仪礼》《礼记》《诗经》《楚辞》等先秦文献中，主要涉及祭祀与宴享的食材、膳品、食事记录等。

北魏时期，贾思勰撰的《齐民要术》记录许多食物与菜品的确切烹饪方法的记，被称为中国菜谱肇始奠基之作。全书10卷92篇，11万字。共引用北魏崔浩记录整理其母卢氏口述亡佚《食经》36条，卷8、卷9为比较详细的菜食谱，约有菜谱131种（含不同食材的同一工艺），面食谱14种，粥4种，饭13种，煎蛋1种，糟2种，粉1种，小吃糗1种。菜肴成品特点、装盘方式、注意事项、说明、典故来历等菜谱构成要素基本具备。

中国历史上的菜谱因其认识与表述的文化修养要求，编撰者基本是有相当学养的文化人，而非出自纯粹的厨工或庖人之手。中国历史上菜谱书的滥觞，与本草书药剂炮制、农书原料加工有启承关系。②

明清时期，随着经济的发展、各种农作物的引进，"吃货"们的菜谱日益丰富，他们的饮食情趣也得到了极大满足，登峰造极。晚明文震亨所著《长物志》中有两卷与饮食有关；明清相交之际文人李渔在《闲情偶寄》中开《饮馔》部专论菜品；至于清之鼎盛时期，才子袁枚置业随园，或会友于此，或云游赴宴，品味美食，终于写下《随园食单》，详论饮食之道，记载菜品加工之法，留香后世。

《随园食单》出版于乾隆五十七年（1792年），是中国菜谱文化史上的一座丰碑，它开创了菜谱分类，区划了菜肴类别。《随园食单》采用分类学方法，将菜谱记录进行了分门别类记载，记有海鲜单、江鲜单、特牲单、杂牲单、羽族单、水族有鳞单、水族无鳞单、杂素菜单、小菜单、点心单、饭粥单和茶酒单。同时区划了地域风格、地方特色风味的浙菜、苏菜、京菜、粤菜、鲁菜、宫廷菜、官府菜、寺院菜、民族菜、民间家常菜等。这是继宋代南北食大致分野后，更加具体的一次地方风味特色的代表性采撷。作为200多年前在中国名气不凡的随园会馆，在美食大家袁枚打理下，所经营的菜肴无疑是地方特色的精品，具有权威性和代表性。此外，袁枚还用"海参触鼻，鱼翅跳盘""驼背夹直，其人不活"等极其形象生动的语言，对326种菜肴工艺旁征博引，逐一解读，增强了菜谱的故事性，通俗易懂，别具一格。③

民国时期是中国社会被饥饿、动乱严重困扰的时期，但菜谱仍有特定的社会需求。李公耳的《家庭食谱》（1917年），时希圣的《家庭食谱续编》（1923年）、《素食谱》（1925年），辽东饭庄的《北平菜谱》（1931年），任邦哲等的《新食谱》（1941年），是这一时期菜谱的历史特征。

许广平曾经亲自记录过一本家用菜谱，这个菜谱写在两本紫色封面的横线条练习簿上。

---

① 赵荣光. 中华菜论 [M]. 北京：中国轻工业出版社，2021：53-57.
② 赵荣光. 中华菜论 [M]. 北京：中国轻工业出版社，2021：42-44.
③ 陈学智. 浅析中国菜谱的三座历史丰碑 [J]. 南宁职业技术学院学报，2018，23（06）：11-18.

1950年，许广平将这两本菜谱捐献给国家，现珍藏于上海鲁迅纪念馆。1995年，上海鲁迅纪念馆工作人员王寿松对这件文物进行了资料整理，将菜谱全文发表在《上海鲁迅研究》第6期上，定名为《鲁迅家用菜谱》，并根据此件文物资料，撰写了《鲁迅生活的真切记录——关于〈鲁迅家用菜谱〉的说明》刊发在同一期。①这份鲁迅家用菜谱有可能是鲁迅于1933年4月迁居大陆新村之后，在日常伙食方面的又一种尝试记录，即生熟菜肴订购。它的时间跨度是1933年年底至1934年上半年。②

中华人民共和国成立后，人民的生活水平得到改善，大量的供普通家庭使用的菜谱面世，一批地方风味菜谱和专题类菜谱也在此时问世。20世纪五六十年代，我国出版的菜谱大致有四种类型：一是《中国名菜谱》丛书，二是地方风味菜谱，三是家常大众菜谱和专题菜谱，四是公共食堂菜谱及代用品菜谱。③

20世纪70年代以后近半个世纪时间，是中国菜谱印行的持续洪泛期，种类和数量都无法确凿统计，是它支撑了中国菜谱文化的兴旺发展。代表性的菜谱有《中国菜谱》《中国名菜图谱与营养分析》、《新概念中华名菜谱》、《国菜精华》等。难计其数的菜谱书，以及更强势充斥到人们生活各种空间的菜谱资讯，使菜谱文化成了中国改革开放40多年来最为普及的文化知识。顺应其势，菜谱文化的现象与学术问题也自然引起了研究者的关注。④

二、中国菜谱学的形成与发展

赵荣光在《中华菜论》（图6-1）中指出，菜谱学是"以古今菜谱数据作为基本信息对特定社会的食物加工、食品制作、食事等相关视域以及菜谱著述及其文化承载体制作技艺、经营、使用等进行研究的学术领域。"⑤这里的"菜谱数据"包括历史文献中的相关记录，现时代的摄影与声像数据等。"特定社会"是指特定地域、具体时限、特定文化系统与结构中的民族、族群、阶层、类型，甚至特定地位、身份。"食物加工"包括加工对象的各种类别、质地、形态的食料，各种加工技法与阶段结果。"食品制作"包括手工操作、经验把握的传统食品和工业化生产的食品两大类。其中传统食品又分为家庭饮食（"中馈"）与店食肆经营的品类（"外食"）；工业化生产的食品，如模具月饼的生产线流程、机制快餐，以及其他项目。"食事"包括一切与菜谱相关的文化，参与者行为、事象、习俗、心理、礼仪、规范等。如各种宴会的"食单"设计，菜谱审读，菜品选择，膳品食用知识等。"菜谱著述"指菜谱编写的原则、技艺、风格、规范、评价标准等。"文化承载体"包括古今各种记录材质，以及工具等。"制作技艺"指菜谱制作材质选择，承载体设计艺术，摄影、录像技艺等。"经营"

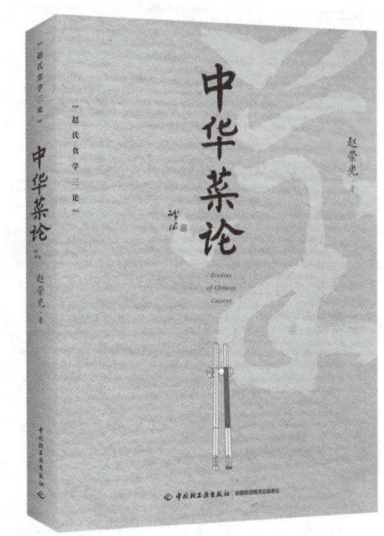

图6-1 《中华菜论》

---

① 施晓燕.《鲁迅家用菜谱》年代疑云[J]. 上海鲁迅研究, 2017, (03): 31-39.
② 向敏艳.《鲁迅家用菜谱》再研究[J]. 上海鲁迅研究, 2022, (01): 134-147.
③ 何宏. 建国十七年间（1949—1966）菜谱述论[J]. 扬州大学烹饪学报, 2008, (03): 14-19.
④ 赵荣光. 中华菜论[M]. 北京：中国轻工业出版社, 2021: 52-53.
⑤ 赵荣光. 中华菜论[M]. 北京：中国轻工业出版社, 2021: 53.

指菜谱营销理论方法、谋略技巧。"使用"指菜谱的选择、识读、利用、批评、鉴赏、珍藏等。①

> **思考题**
>
> 1. 中国菜肴有哪些分类方法？举例说明。
> 2. 你认为什么是地标菜，开发地标菜有什么意义？
> 3. 关于"菜系"的划分有哪些主要说法？菜系争论的实质是什么？
> 4. 菜单、菜谱、食谱有什么不同？研究它们有什么意义？
> 5. 举例说明中国菜肴的传承与创新。

> **课外选读文献**
>
> 1. 艾明作. 中国美食地理 [M]. 北京：中国轻工业出版社，2021.
> 2. 赵建民. 中国菜肴文化史 [M]. 北京：中国轻工业出版社，2017.
> 3. 邱庞同. 中国菜肴史 [M]. 青岛：青岛出版社，2010.
> 4. 赵荣光. 中华菜论 [M]. 北京：中国轻工业出版社，2021.
> 5. 王仁兴. 国菜精华 [M]. 北京：生活·读书·新知三联书店，2018.

---

① 赵荣光. 中华菜论 [M]. 北京：中国轻工业出版社，2021：53-54.

第七章
各具特色的风味小吃

课程导入

那些被沙县小吃点亮的人生

沙县，因小吃而被世人熟知，尽管很多人也说不清楚，这个县到底在中国的什么地方。

沙县小吃的故乡在福建省三明市沙县区，那里的农村有一个有意思的现象——很多村干部曾经当过沙县小吃的店主。"小吃书记"张昌松就是其中之一。

他是较早一批走出沙县到外地经营小吃店的年轻人，赚到人生"第一桶金"后回到家乡，开过皮具店，又当起村干部。2021年，张昌松成为"沙县小吃第一村"俞邦村党支部书记。

走出去、又返乡，一次次的创业经历让他更明白，沙县小吃如何在改革开放浪潮中应运而生、发展壮大；也更清楚过去几十年，沙县人如何顺应时势，抓住时代机遇，让沙县小吃坐上"国民小吃"的头把交椅。

2021年3月，习近平总书记在沙县夏茂镇俞邦村考察时指出，沙县人走南闯北，把沙县小吃打造成了富民特色产业。他强调，要抓住机遇、开阔眼界，适应市场需求，继续探索创新，在创造美好生活新征程上再领风骚。

2023年，中青报、中青网记者先后走访了江苏南京、苏州，广东深圳，福建沙县等多个城市的沙县小吃店主，从几代小吃店主的奋斗经历中可以看出一条清晰的发展脉络——百亿级小吃产业背后起作用的，是政府和市场"两只手"。

资料来源：中国青年报，2023年12月27日第04版.

> 民以食为天，沙县小吃非常受欢迎。我这次来也是看一看沙县小吃目前的现状和前景怎么样，沙县小吃在现有取得成绩的基础上，还要探索，还要完善，还要办得更好。现在的城市化、乡村振兴都需要你们，这就叫做应运而生，相向而行，我希望你们再接再厉，继续引领风骚！
>
> ——2021年3月23日，习近平总书记在福建沙县夏茂镇俞邦村同乡亲们的交谈时强调

教学目标

◎知识目标

了解中国小吃的概念由来和内涵，理解中国小吃的特点和作用，掌握家乡特色小吃的历史背景、地域特色和发展趋势，清楚中国小吃的类型和特色文化资源。

◎能力目标

能够调查、分析和评价本地或中国部分特色小吃的特点及其文化现象。

◎思政目标

感受中华小吃文化的独特魅力，增强民族自豪感和责任感。增强对家乡文化的认同感，

更好地理解和尊重各地的文化差异。

第一节　小吃的内涵及种类

小吃是中国饮食文化的一朵奇葩，是人们生活的一道风景，是城市的一张名片。小吃，不仅仅是一种食物，更是一种情感，一种记忆，一种文化。小吃，是中国人的骄傲，是世界人民的向往。

一、小吃的内涵

小吃最初的含义，指非正式的饭食，是用于早点、夜宵、茶食或席间的点缀，以及茶余饭后消闲遣兴的小型方便食品，如油条、豆浆、油茶、粽子、元宵、糕点等，它以量少、精制而有别于正餐和主食，也以量少、价钱便宜而区别于大菜，常称作经济小吃。

随着时代发展，小吃的概念也在发生变化。《现代汉语词典》（1981年版）的"小吃"词目释义有三：一是饭馆中分量少而价钱低的菜，如经济小吃；二是饮食业中出售的年糕、粽子、元宵、油茶等食品的统称。如小吃店；三是西餐中的冷盘。

《中国烹饪百科全书》（1992年）对小吃的定义是"用于早点、夜宵、茶食或席间的点缀，以及茶余饭后消闲遣兴的小型方便食品，如油条、豆浆、油茶、粽子、元宵、糕点等，它以量少、精制而有别于正餐和主食，也以量少、价钱便宜而区别于大菜，常称作经济小吃。小吃、点心两词，古代常互用，沿袭至今。北方与长江上游地区，将食肆饭摊边做边卖的早点、夜宵食品，都称为小吃，而将糕点厂的制品，以及宴会所用的精美糕点，则称为点心；南方地区有的将早点、夜宵用的米面制品都称作点心，而将肉类制品称作小吃。有的地方则把小吃、点心视为同义词，不加区分而混用。许多地方还将一些主食的食品作为小吃、点心供应于市。"[①]

《中国烹饪辞典》（1992年）解释，小吃"也称'小食'。正餐以外的小分量食品。一般带汤汁，某些小吃也可作为主食或用于筵席。有的用米粉、面粉等原料制成，也有的用肉或其他原料制成。"[②]

从上述各种解释看，"小吃"在国人的概念中是几乎无所不包的。不仅糕点、年糕、油条、豆浆、油茶、粽子、元宵，这一类食品叫小吃，像炒肉皮、黄豆芽、羊肉杂碎等也是小吃，而有的地方还把肉类制品叫小吃，有的地方把一些主食当小吃，再加上"早点""夜宵""正式饭菜以外的熟食""下酒菜"这样伸缩性很大、容量很大的食品，和"西餐中的冷盘"这样的东西，剩下的不能进入小吃系列的，恐怕只有宴会上的大菜了。

二、小吃的分类

中国小吃的类型可谓五花八门，遍及粮食、果蔬、肉蛋奶各类，酸甜辣各味俱全，热吃、凉吃吃法不一，远远超出了辞书中关于"小吃"所下的定义范畴。

---

① 《中国烹饪百科全书》编辑委员会，中国大百科全书出版社编辑部. 中国烹饪百科全书 [M]. 北京：中国大百科全书出版社，1992.
② 萧帆. 中国烹饪辞典 [M]. 北京：中国商业出版社，1992.

按小吃来源，大体分为本地小吃、外地小吃，或宫廷小吃、民间小吃两类。民间小吃又分汉民小吃、回民小吃以及其他少数民族小吃。

按地域不同可分为北京小吃、天津小吃、上海小吃、重庆小吃、四川小吃、浙江小吃、广东小吃等。

按小吃制作技艺和烹调方法可分为烙烤类、蒸煮类、煎炸类、烩氽炒类等。

按小吃的功能可以分早点小吃、夜宵小吃、便餐小吃、休闲小吃、垫补小吃等，或分为年节小吃、祭祀小吃、习俗小吃等。

按烹饪产品性质，分为面点类小吃和菜品类小吃。面点类小吃，传统叫做"点心"，涉及的工种技术称为"白案技术"（也称面案），其品类泛指各种面条类、包子类、花卷馒头类、各种糕点、米团、饼、粥、羹等制品。菜品类小吃指一些制作风味独特，地域文化浓厚，制法讲究，用着尝奇品味的地方名食，更确切说是，不是为了饱肚子，方便食用的部分菜肴，也属于小吃类。如"陈麻婆豆腐""夫妻肺片""灯影牛肉""张飞牛肉"等菜肴类。

按主要原料可分为禽肉类小吃、畜肉类小吃、海鲜类小吃、米面类小吃、豆类小吃、饮料类小吃、酱料小吃等。

第二节　小吃的特点和作用

一、小吃的特点

中国有句俗语说："民以食为天，食以味为先。"中国人对食物的追求，不仅体现在大餐上，更体现在小吃上。中国的小吃，博大精深，品种繁多，风味各异，各具特色。从北到南，从东到西，每个地方都有自己的小吃，每个小吃都有自己的故事，每个故事都有自己的味道。小吃，是中国人的灵魂，是中国人的情结。

（一）量少价廉

"小吃"顾名思义，它不是大吃，不是一般的吃，总体概念上应该是小，这个"小"字有多种含义，比如体积小、分量小，这是由小吃品种本身决定的。如四川麻辣串、糖葫芦、章鱼小丸子、陕西凉皮、炸臭豆腐它本身就不能当作一顿饭吃。还有一种是出售单位分量小，既可以当小吃品尝，也可多买几份当一顿饭吃，例如天津狗不理包子。如果天津狗不理包子做成大馒头大小出售，那就不叫小吃了。同样，北京烤鸭只卖整只的，而不卖小份的，也不能叫小吃。如果是买一只烤鸭拿回家几个人分食，那不算小吃，因为小吃是从商品属性角度定义的。

小吃在数量上要小，稍稍吃一点，品尝特色食品，或作为点饥食品（垫补肚子），不当一顿饭吃[①]。因此，它属于非正式的进餐，功能在补充正餐之不足，往往时间在两餐之间，餐前已饿，饭后未饱之际，又名打尖、加餐、小餐、夜宵等，有负、配的意思，既然不是正份儿，当然不能称大，只能做小。

小吃的价格通常比较便宜，花小钱，几元甚至几毛，便足一餐。因为小吃的原料大部分是以粮食、蔬菜为主，兼及小荤，比较廉价、低档而容易取得，这是相对山珍海味、生猛海鲜、鸡鸭鱼肉而言；制作程序相对粗简、快捷、易行，立等可取。当然，小吃为特色食品，

---

① 滕真如．"小吃"内涵和经营小议[J]．北京工商大学学报（社会科学版），2009（1）：82．

有些也具有较为复杂或特殊的加工制作工艺,"小吃大艺",这必然提高成本。但从形成平民化小吃来说,太贵平民吃不起,采取的办法是"分量少",这样出售单位的价格就显得低,显得"好吃不贵"。但筵席上的配套小吃,精雕细琢,那又另当别论了。

(二)地域特色鲜明

小吃是一类在口味上具有特定风格特色的食品的总称。在交通不发达、经济不繁荣、人员交往不频繁的过去,小吃具有明显的地域限制。比如西方人嗜好的奶酪,中国人很少吃到,正因为很少吃,所以不习惯吃,在西餐馆到处都是的现在,我们中间喜欢吃奶酪的人依旧不多。别说是奶酪,就是一般的牛奶,现在还是有人不爱吃,因其体内缺乏乳糖酶,这就是一方水土养一方人的原因。

小吃之所以呈现地域特色,首先是因为原料产地的限制。北方之所以流行面食,因为北方盛产小麦;南方流行米食,比如粽子、糕团,因为南方是水稻和薯叶的产地。尽管在古代也有商人在贩运粮食和其他原材料,但总不如就地取材来得方便。其次是地理环境的原因,比如粤港一带流行甜丝丝、水漉漉的带汤小吃,如双皮奶、米仁羹,以及各种各样的粥品,因为那里气候酷热,人流汗较多,需要及时补充水分;四川、云贵一带流行吃辣,有人分析是因为当地气候潮湿,需要用热辣来驱潮去湿。最后,在这些实实在在的原因之外,还有形形色色的美丽传说,来为当地某小吃的流行助力,当然也恰好有名人出现,哪怕是走马观花,稍纵即逝,比如六下江南的乾隆,流放到彼地的苏东坡等。

如今,西北的拉面走遍了全国,大娘水饺开出了几百家店,洪七公叫化鸡到处在叫,全聚德烤鸭香飘全国,但是小吃的地域性依然存在。香港的濑尿牛丸、台湾的老婆饼、内蒙古的羊肉串仍然让人趋之若鹜。

现在小吃已经打破了地域界限,很多小吃已经墙内开花墙外香,外地比当地更吃香。改革开放,成果无数,小吃兴盛是见证之一,从繁华都市,到穷乡僻壤,小吃店摊无孔不入,遍地开花,在国外也是如此。

小吃小吃,实际上是大吃广吃,消费群广,利润不小,吃出了大市场,吃出了大生意,吃出了一个小吃经济。因为有小吃,不同地方更具不同的风情,人们旅游赏景更多了一项重要的内容。

(三)经营灵活多样

小吃在饮食形式上呈现出多种多样,有作为正餐的米面主食,有作为早餐的早点、茶点,有作为筵席配置的席点,有作为旅游和调剂饮食的糕点,以及作为喜庆或节日礼物的礼品点心等。

小吃往往干稀合一,荤素合一,菜饭合一,一物多能,不像正餐分工那么明确、精细。它有极强的季节性,既随物质的生长,又随冷热的变化,如春天的春卷,夏天的凉粉等。它还有专一的节日性,如粽子、月饼、年糕、汤圆之流。

小吃进食的环境、形式没有较正式的要求,显得随意自然,如街边小摊、鸡毛店、小馆子之流,甚至手持一物,边走边吃。

随着居民生活水平的提高以及生活节奏不断加快,越来越多的居民喜欢地方小吃,特别是旅游地区的地方小吃,一般从早上的面点到白天人们喜欢吃的休闲食品,直到晚上的宵夜,无时不在,无处不在,什么小吃街、小吃城、小吃大厦、小吃中心等,不一而足。[1]

---

[1] 唐沙波. 川味儿[M]. 北京:生活·读书·新知三联书店,2011:82-89.

（四）极具感情色彩

小吃具有强烈的个性化和感情色彩，"小"字有谦称、爱称的意思，而五花八门的小吃形态也确实玲珑可爱，让人念念不忘。所以，当问及一个人一生中最难忘的饮食经历时，往往不是什么山珍海味，而是最不起眼的馒头、包子、小面、泡菜、油茶、汤圆等。小吃，给人有一份刻骨铭心的思念。

吃小吃，不仅仅在于"吃"，它感受的是"民俗风情"，体验的是小吃的"环境和氛围"，品味的是"乡土情怀"，回味的是久久难忘的"童年回忆"。一个地方名小吃的诞生、成熟到流传，往往倾注了制作者对它的理解、悟性、创意、绝技、情感和智慧。简简单单的一道小吃，却可能与当地的历史文化脉络血肉相连，蕴含着丰富的政治、经济、社会和思想文化信息，能够突出反映当地的物质文化及社会生活风貌，是当地市井文化不可或缺的重要组成部分。也正因如此，品尝小吃成为了解地方风情的一大捷径，是游客每到一地的必做功课。

在文化视野里，小吃商贩也是市井文化中一抹温情色调。跟在大饭店里吃饭不同，小吃商贩与顾客往往互动频繁、聊天热烈。那些性情开朗、见多识广的游客，一方面给小吃商贩带来外面世界的信息，另一方面又通过小吃商贩的技巧和故事，来探寻当地的生活方式，了解当地的风土民情。这种鲜活的、充满烟火味道的经历，往往成为旅途中愉快而难忘的记忆。

许多传统节日与习俗都是传统文化的凝结，都有着特定的思想内涵。各地依其物产及民俗风情，又演化出许多具有浓郁地方特色的风味小吃。风味小吃，源远流长，绵延不绝，具有强烈的时代性和顽强的再生力。它们丰富多彩，花样繁多，具有鲜明的整体性和活跃的多元性。它们长于积淀，注重交流，具有相当的稳定性和一定的开放性。风味小吃体现着当地的历史文化、民俗风情，具有深刻的人文内涵。风味小吃的历史渊源、经济价值、文化底蕴，值得深入了解和探究。

小吃代表着人类文化生活的精致化。它的每一个品种的制作方式和食用方式等等，都蕴含着深刻的哲理和人类特有的审美意趣。既是物化的一块"活化石"，又是文化人美学意识的象征。而集各种小吃之大成的小吃谱或小吃书，实际上就是一部小吃的文化与文化的小吃的画卷。

二、小吃的作用

（一）满足口腹之欲，提供营养与能量

小吃作为一道道美食，能够满足人们的口腹之欲。无论是嘴馋还是饥饿，小吃都是一种美味的享受。

小吃通常含有丰富的蛋白质、碳水化合物、脂肪以及各种维生素和矿物质，可以提供能量和营养，满足人们的日常需求。对于忙碌的人们或者在旅途中的人们，小吃可以方便快捷地提供能量和营养。

（二）传承地域文化

每个地方都有独特的风土人情和传统文化，而地方小吃往往承载着丰富的地域文化和历史。无论是广东的早茶点心，还是四川的辣味小吃，都深深植根于当地的历史、地理和生活方式。这些小吃不仅在制作过程中融入了地方的独特风味，更在其背后传递着一种世代相传的文化传统。通过品尝和了解不同地区的小吃，人们可以更好地了解当地的历史、文化和传统。

（三）推动经济发展

小吃是一个地域独有的美食符号，不仅是味觉的享受，更是承载着丰富文化与经济发展的重要元素。小吃产业在中国经济中占有重要地位，它为许多人提供了就业机会，也为地方经济带来了巨大的贡献。小吃的制作和销售已经成为许多家庭和地区的收入来源。

随着旅游业的发展，小吃已经成为许多游客体验当地文化的重要环节。品尝当地特色小吃已经成为许多旅游行程的重要组成部分。

（四）促进社交活动

在中国，小吃常常是人们社交活动的一部分。例如，在茶馆、庙会、集市等场所，人们可以聚在一起品尝各种小吃，交流心得和情感。小吃也是人们互相招待、增进友谊的一种方式。

第三节　特色小吃文化资源举隅

一、特色小吃街

小吃街不仅代表了当地的饮食文化，也是民间智慧的一种体现。每个地区都有着独特的小吃，被称为当地的特色。这些食物通常是就地取材，也能够突出反映当地的物质及社会生活风貌。因此，小吃也成为一种地方文化，每一种小吃都代表着一种浓浓的乡情。中国的特色小吃街很多，下面略举一二。

1. 南京夫子庙小吃

南京夫子庙有许多著名的特色小吃，如鸭血粉丝汤、小笼包、糖醋排骨等。这些小吃不仅口感独特，而且具有丰富的历史文化背景。比如，鸭血粉丝汤是南京的传统小吃之一，它的起源可以追溯到清朝末期。小笼包则是南京夫子庙必吃的美食之一，它的特点是皮薄馅嫩，汤汁丰富。秦淮八绝是南京夫子庙的代表性菜肴，由八种不同的小吃组成，分别是：炒螺蛳、蟹壳黄、炸麻团、八宝油糕、糯米藕、小馄饨、兰花干和素鸭，这些小吃都有着独特的风味和特色。

2. 苏州玄妙观小吃

玄妙观小吃位于苏州闹市中心观前街，集姑苏点心、小吃于一市，著名的有五芳斋的五香排骨、升美斋的鸡鸭血汤、小有天的藕粉圆子、炸酥豆糖粥等，此外还有千张包子、观振兴面馆的各种苏式面条、净素菜包子等；此外还有供人们茶余酒后闲吃的品种：盐金花菜、腌黄连头、去皮油氽果玉、油氽黄豆、酱螺蛳、油氽臭豆腐、油氽粢饭糕、烘山芋、油三角粽等，均是价廉物美，具有浓郁江南风味的小吃。

3. 上海城隍庙小吃

城隍庙小吃是上海小吃的重要组成部分。形成于清末民初，地处上海旧城商业中心。其著名小吃有南翔馒头店的南翔小笼、满园春的百果酒酿圆子、八宝饭、甜酒酿，湖滨点心店的重油酥饼，绿波廊餐厅的枣泥酥饼、三丝眉毛酥。此外还有许多特色小吃如：生煎馒头、南翔小笼、三鲜小馄饨、海鲜馄饨、蟹壳黄、面筋百叶、糟田螺和氽鱿鱼等。

4. 长沙火宫殿小吃

长沙火宫殿小吃群始建于1747年，1941年重建，集湖南各地风味小吃于市，具有浓郁的地方风味，其特色小吃有姜二爹的臭豆腐，张桂生的馓子，李子泉的神仙钵饭，胡桂英的猪血，邓春香的红烧蹄花，罗三的米粉及三角豆腐，牛角蒸饺等，共300余个品种。目前火宫殿小吃在继承传统的基础上，开发新品，形成系列。主要品种有糯米粽子、麻仁奶糖、浏阳茴饼、浏阳豆豉、湘宾春卷等。

二、特色面条

从2000多年前的汉朝到日新月异的今天，从大雪纷飞的北方到四季如春的南方，几乎每个中国人心里都有一碗面，几乎每座中国城市里都会飘着面香。一碗面，代表着一个城市的底色。

中国的特色面条众多，如北京炸酱面、山西刀削面、武汉热干面、四川担担面等。

三、特色包子

包子是中国传统食品之一，价格便宜、实惠。包子通常是用面做皮，用菜、肉或糖等做馅心。不带馅的则称作馒头。在江南有些地区，馒头与包子是不分的，他们将带馅的包子称作肉馒头。包子一般是用面粉发酵做成的，大小依据馅心的大小有所不同，最小的可以称作小笼包，其他依次为中包、大包。常用馅心为肉、芝麻、豆沙、干菜肉等，出名的有北京庆丰包子、都一处烧卖，天津狗不理包子，广东奶黄包和叉烧包，成都小笼包和韩包子，上海南翔小笼包，西安贾三灌汤包，开封第一楼灌汤包，扬州"富春茶社"和"冶春茶社"三丁包，武汉民生甜食馆生煎包，呼和浩特"麦香村"烧卖等。

四、地方名饼

浙江的金华酥饼，江苏南通的文蛤饼，盐城的鲸鱼饼，福建的闽南薄饼，浙江湖州的姑嫂饼，湖北黄州的东坡饼，山东的周村烧饼，济南的糖酥煎饼，内蒙古的哈达饼，青藏的焜锅馍，天津的赖皮饼，北京的茯苓夹饼、玫瑰饼，上海的状元饼、太史饼，长春的双酥饼，河南的双麻饼，广东的鸳鸯夹心饼，太原的加利饼，遵义的特加饼，沈阳的李连贵熏肉大饼等。

思考题

1. 小吃文化在地方文化中扮演着怎样的角色？它是如何反映当地的历史、传统和生活方式的？
2. 小吃文化的传承和创新之间的关系是什么？我们应该如何保护和发扬小吃文化？
3. 小吃文化对于人们的情感和记忆有何影响？有哪些特别的小吃或小吃故事让你印象深刻？
4. 阐述中国小吃作为旅游资源的重要组成部分，如何吸引游客、丰富旅游体验、促进地方经济发展。
5. 假设你是一位中国小吃文化的推广者，请思考并设计一套全球化传播策略，包括目标市场选择、传播渠道利用、文化差异处理等方面，以有效推广中国小吃文化并提升其国际影响力。

> **课外选读文献**

1. 本书编委会. 中国地理标志产品集萃特色小吃［M］. 北京：中国质检出版社，2016.
2. 李韬. 舌尖上的中国乡土小吃［M］. 北京：旅游教育出版社，2013.
3. 梁莹. 小吃中的中国文化［M］. 上海：中国中福会出版社，2009.
4. 餐饮大数据中心. 小吃产业及消费大数据分析报告（2023年）. 辰智，2024-01-05.
5. 妥艳媜，吴建坨，白长虹，等. "国民小吃"怎样炼成幸福产业？创造力驱动的沙县模式研究［J］. 管理世界，2024，40（06）：150-168+194+169.

第八章
奇正互变的烹调技艺

课程导入

谈烹说调

中国饮食文化之烹调,一半是烹,一半是调。烹起源于火的利用,调起源于盐的利用,调味是烹饪的永恒的话题,烹饪所有的环节,最终都是服务于和服从于调味的。

中国饮食之所以"尚滋味、好辛香""一菜一格、百菜百味",就在于中国人经过几千年的文明深化之后的烹调哲学。以烹之火候为关键、以调之中庸为灵魂、追求本味为极致。中国烹调最为讲究的是"调和鼎鼐、善均五味"。在《吕氏春秋》的本味篇中有:"凡味之本,水最为始。五味三材,九沸九变,火为之纪。时疾时徐,灭腥去臊除膻,必以其胜,无失其理。调和之事,必以甘、酸、苦、辛、咸。先后多少,其齐甚微,皆有自起。鼎中之变,精妙微纤,口弗能言……"。唐代段成式在《酉阳杂俎》里也说道:"……每说,物无不堪吃,唯在火候,善均五味"。清代袁枚在《随园食单》里也说道:"熟物之法,唯在火候"。

烹,重在火候。需要掌握用火时间长短、用火火力大小、食材质地老嫩与形状大小,三者相加,才能准确施以烹之火候。调,必须善均五味,并突出本味。这里需要的是中庸之道,过犹不及,并且要讲究一个"和"字。"和"是中国文化与文明的"魂",也是中国做人的"魂",更是中国烹调的"魂"。

> 我中国近代文明进化,事事皆落人之后,惟饮食一道之进步,至今尚为文明各国所不及。中国所发明之食物,固大盛于欧美;而中国烹调法之精良,又非欧美所可并驾。
>
> 夫悦目之画,悦耳之音,皆为美术;而悦口之味,何独不然?是烹调者,亦美术之一道也。西国烹调之术莫善于法国,而西国文明亦莫高于法国。是烹调之术本于文明而生,非深孕乎文明之种族,则辨味不精;辨味不精,则烹调之术不妙。中国烹调之妙,亦足表文明进化之深也。昔者中西未通市以前,西人只知烹调一道,法国为世界之冠;及一尝中国之味,莫不以中国为冠矣。
>
> ——孙中山《建国方略》

教学目标

◎知识目标

了解"烹"字和含义变化及"火候"一词的文化内涵,清楚食物加热技术的基本方法,理解饮食调和的基本原理和品味标准,掌握中国烹调文化的基本特点。

◎能力目标

具备一定的创新思维和审美能力,具有一定的烹调技艺。

◎ 思政目标

感悟中国烹调技艺蕴含的劳动精神、工匠精神、科学精神、家国情怀、节约意识、绿色理念、生态文明、安全意识，增强文化自信。

第一节　烹和食物加热技术

一、"烹"字概说

（一）"烹"字的含义变化

在中国最古老和权威性的字（辞）典中，对"烹"字的解释皆云："烹"是来源于古字"亯"，而与"亨""享"通。关于"烹"的本义，《集韵·庚韵》说："烹，煮也。"可见"烹"是指烧熟食物而言，这也可从古代文献中得到例证。如《左传·昭公二十年》："水、火、醯、醢、盐、梅，以烹鱼肉……"《史记·孝武本纪》："禹收九牧之金，铸九鼎，皆尝，烹上帝鬼神。"唐柳宗元《答周君巢饵乐久寿书》："掘草烹石，以私其筋骨而日以益愚。"《红楼梦》第二十三回："静夜不眠因酒渴，沉烟重拨索烹茶。"其中之"烹"皆烧、煮之意也。

烹字的词义是不断发展变化的，后来在本义的基础上又推演出"烹熟的菜肴""肴馔"之意。如宋苏轼《狄韵州煮蔓菁芦菔羹》："我昔在田间，寒庖有珍烹。"进而推演出"杀""削灭"之意，即古代用鼎镬煮人的酷刑，如《战国策·赵策三》："鲁仲连曰'然吾将使秦王烹醢梁王。'"《新唐书·窦建德传》："河间久拒守，多杀士，今力穷而下，请烹之。"后来又出现"冶炼"的意思，如唐李白《武昌宰韩君去思颂碑》："大冶鼓铸，如天降神，既烹且烁，数盈万亿。"宋欧阳修《相度铜利牒》："先且诱赚得民间私卖铜器一两件，然后询求出矿之家，及细问烹炼之法。"

至近代，"烹"字的意义又有了深刻的变化。一是词义的扩大，由原来的烧煮之意，扩大为"通过热处理的方法，把生的食物原料变成熟的食物原料，"即"对烹在原料加热，使之成熟。"值得一提的是，张起钧先生在《烹调原理》一书中，对烹的意义做了较为全面科学而切合实际的阐述："把可吃的东西用特定的方式做熟了，就叫作烹。"他还把烹分"正格的烹"（即用火来加热）和"变格的烹"（指一切非用火力方式制作食品的方式）[1]。这样，烹的意义就十分广泛了。二是词义的转移，由原来的意义转变成了众多烹调方法中的一种独立的烹调方法，即烹是"指将切配后的成形原料用调料腌制入味，挂糊或拍干淀粉，用旺火热油炸（或煎、炒）制成熟再加入调味清汁的一种特殊烹调方法"。主料多加工成小型段、块，烹前须按菜肴味型的需要预先兑制好调味清汁（即不加淀粉），成菜一般盘中无汁，味道醇厚。现代烹法主要分为炸烹、煎烹、炒烹三种，如"炸烹虾段""煎烹鱼片""醋烹青椒"等都是用"烹"这种烹调方法制作的菜例。

（二）烹饪和烹调

"烹饪"一词，最早出现在《易·鼎》："鼎，象也。以木巽火，亨（烹）饪也。""烹"即"煮"，"饪"即"熟"。"烹饪"的古义就是把食物煮熟。现在则一般定义为：烹饪指人类为满足生理需求和心理需求，把食物原料用适当的加工方法和加工程序制造成餐桌食品的生产和消费行为，是人类饮食活动的基础之一。烹饪，对于一个家庭来说，属于家务劳动；

---

[1] 张起钧，著.《烹调原理》[M]. 北京：中国商业出版社，1985：22.

对于饮食企业来说，是一个服务性的第三产业，即餐饮业。

"烹调"一词在历史上出现文字记载可能晚于"烹饪"。在宋代，我们可以找到"烹调"一词的使用记载，如北宋欧阳修等后撰的《新唐书·后妃传上·韦皇后》："光禄少卿杨均以善烹调……"韩驹《食煮菜简吕居仁》中有"空费烹调功"的诗句。陆游的《剑南诗稿·种菜》中写到"菜把青青间药苗，豉香盐白自烹调。"这里的"烹调"是指烹煮或烹炒调制，与现在的烹调概念不完全相同。如今，烹调作为一个专业术语，是指人们依据一定的目的，运用一定的物质技术设备和各种操作技能，将烹饪原料加工成菜肴的过程。

从词汇意义上来说，"烹调"与"烹饪"是同义词。但在餐饮行业里，往往把烹制菜肴称为烹调（即红案），把制作点心、饭食，称为面点制作（即白案）。即烹饪包括烹调，烹调只是烹饪的一部分。在烹饪理论界，已把"烹饪"定为一个专业学科的名称，而把烹调定义为其中的一个工种；将烹饪英译为cuisine，日译为料理；烹调则英译为cooking，日译为调理。

二、火候的含义

作为"烹"的发源地之一的中国，自古以来，人们烧饭做菜一直使用明火。对于厨师或家庭小厨而言，温度是按成色来判断的，例如九成油温热于七成油温。至于大火、中火、小火、文火、武火，则是他们根据火焰大小去判断热功率大小的标准和依据。但这是一种模糊概念，以至用这种语言写成的菜谱，实行起来时，增加了操作的难度，难到甚至可成为"绝活"的"绝"之所在。"烹"的这种神秘性，使"火候"一词不是厨师的专有名词，它同样成为炼丹家、气功师、医师等职业的通用术语，甚至是政治家和军事家审时度势的行话。

（一）"火候"一词的历史渊源

据考证，"火候"一词在隋唐时期就已出现。在先秦至汉代，表示火候的词是"火齐"。如《周礼·天官冢宰·亨人》有"亨人掌共鼎、镬，以给水火之齐"的记载。郑玄注曰："给水火之齐谓实水于镬，及爨之以火皆有多少之齐。"《礼记·月令》中则说："乃命大酋，秫稻必齐，曲蘗必时，湛炽必絜，水泉必香，陶器必良，火齐必得，兼用六物，大酋监之，毋有差贷。"这是指古代制酒的方法和注意点。关于其中的"火齐必得"，孔颖达作疏曰："火齐必得者，谓炊米和酒时，火齐生熟必得中也"。清人阮元在校勘记中说："火齐，腥孰（熟之通假）之调也"。可见，这里的"火齐"是指烹调原料进行热处理时成熟程度的标志。

鉴于"齐"与"剂"的通假，"火齐"实际上是一个量的概念，因为在古代的五行学说中，"火"是构成宇宙万物的基本要素之一，其他四行皆可量，对于火，人们当然也想去量度它（上述郑玄的注文明显含有这种原因）。但是在没有科学温标的情况下，要想给"火"或"热"作定量处理的企图，注定是要失败的。所以在秦汉以后，人们反而避开"火齐"这个术语，对"火"或"热"作直接的描述。例如用微火、温火、猛火、文火、武火、大火、中火、小火等说法来表示火力大小与加热的缓急，或用指定的燃料，诸如马通（粪）火、糠火、炭火、芦苇火、柳柴火等来控制火力的大小。

东汉时期，董仲舒的学说取得了统治地位，谶纬学说渗透到各个领域，于是炼丹家们把"火齐"和"纬候"结合在一起，发展成"消息""火候"的概念，但没有明确提出"火候"这个词。即使到两晋，大体也是如此。隋唐以后，炼丹家们正式把那些模糊的说法概括成"火候"这个专业术语，进而反馈到烹调领域，成为炼丹家和厨师们共用的专业术语，并成为汉语中的常用词汇。如段成式《酉阳杂俎》："贞元中，有一将军家出饭食，每说物无不堪吃，唯在火候，善均五味。"苏东坡诗句："谁能视火候，小灶当自养。"白居易诗句："亦曾烧大药，消息乖火候。"等。

到了清代，出现了专门论述烹调火候的著作，那就是袁枚的《随园食单》。在该书的"须知单"上，有一"火候须知"，把火候和烹调技法糅合在一起，至今仍为中国厨师所推崇。

（二）火候的实质

按照传统的观点，"火"是指火力的大小，"候"是表征时间的概念（古代有"五日为一候"的说法），即时间的长短。火候就是"火力的大小和时间的长短。"这种解释虽然简单，但对火候的实质还是模糊不清。

实际上，"火"根本不是一种物质，它只是某些物质进行氧化反应时所表现的一种现象，火的本质是燃烧时发出的光和热。而"热"是能量的一种形式，是一定量的物质微粒（分子、原子、离子）作无规则热运动时所携带的能量的宏观统计表现。中国烹调中通常所说的"火力大小"，实质上是炉口在单位时间内发热量的大小，更确切地说是热源单位时间内发热量的大小。所以，对传热介质而言，火候就是传热介质在一定时间里向烹调原料发出的总热量，它主要由传热介质所达到的温度及其在单位时间里向烹调原料所提供热量的多少和加热时间的长短来衡量。对烹调原料而言，火候就是原料在受热过程中吸收足够的热量，从而使其品质达到最佳状态的程度。这个程度可以用原料所获得的总热量来表示。在烹制过程中，烹调原料色、香、味、形、质的形成，取决于原料内部和外观所发生的化学变化与物理变化，而这些变化的速度和所达到的程度又取决于原料温度上升的速度和所达到的温度。因此在烹制烹调原料时，火候是否恰当的最终判断，取决于烹调原料所呈现的品质是否达到最佳状态，这就是火候的实质所在。俗话说："不到火候不揭锅。"就是上述原理最通俗的概括。

综上所述，火候就是根据烹调原料的性质、形态和烹调方法及食用的要求，通过一定的烹制方式，在一定时间内使烹调原料吸收足够的热量，从而发生适度变化后所达到的最佳程度。热源、烹调加热装置设备和烹调加热器具的是运用火候的条件，烹调原料在加热过程中的所用的温度（火力）、时间和加热方式是火候的表现形式。烹调原料在加热过程中的变化、质变程度与成品标准则是火候的本质。

三、食物加热技法

中国烹调技法的精髓就是加热技法，这是由中国人喜欢热食的习惯决定的，因此使得加热技法丰富多彩。在古今流传的中餐菜谱上，涉及加热技法的汉字可能有上百个，而我们常见的也有六七十个，其中有些是古汉语，今已不见使用，例如"石上燔谷"的"燔"字；有些源于方言，流传范围不广；有的技术内涵相同，但口语和行业习惯中常常有不同的名称。不过这些字多为形声字，主要以"火"字旁和"灬"字旁为多，从水的只是个别的，如氽、涮等。再就是为某项操作专创的专门名词如拔丝、挂霜等，而冷菜制作中的调味方法，也有人将它仍列为烹调方法的，如卤、拌等，并称为非热制熟处理。

名目繁多的加热技法，我们如从其科学本质上去认识，只有烤、煮、蒸、炸、煎、炒六种最基本的方法，我们称为单一加热技法，当然它们也可以变调或衍化。中餐烹调过程中，往往将这些单一加热技法重复交替使用，这些就出现了许多复合加热技法。

在烹饪制熟操作中，所用的传热介质主要是水、水蒸气和油。目前仍在流行的以水为传热介质的制熟处理技法有煮、烧、炖、煨、氽、灼、涮、焖、扒、熬、挂霜、蜜汁、焯、煲、烩等；以水蒸气为传热介质的制熟技法有蒸、焗等；以油为传热介质的制熟技法有炒、炸、爆、烹、熘、煎、贴等。还有以辐射传热为主兼有热空气对流传热的烤、熏等；以铁板、盐、石块等固体为传热介质的焗、焆、烙、炮、炙等。再就是近些年从国外引进设备的远红外辐射和微波加热法。上面所列的这些技法，它们的定义域并没有严格界定，以致有互相交叉的情况如烧、氽、爆等，既可用水传热，也可用油传热；再就是这些方法都有衍生为次级加热技法的可能，如炒就有滑炒、爆炒等多种次级加热技法；还有就是因历史和方言的原因，有些技法有多种不同的名称，但其实质是一样的。

第二节　"调和鼎鼐"的调和原理

如果说"烹"的祖师爷可以上溯到燧人氏，那么，"调"的祖师爷据迄今为止发现的史料，大家公认的是夏末商初的伊尹。当然烹与调两不可分，一般也以伊尹为烹调之祖。"调和鼎鼐"一词古已有之，如唐杜甫《上韦左相二十韵·见素》："沙汰江河浊，调和鼎鼐新。"宋黄公度《朝中措·尔黄发》："调和鼎鼐之功，终归妙手。"元郑光祖《杂剧·醉思乡王粲登楼》："调和鼎鼐，燮理阴阳。"鼎和鼐都是古代烹调用的锅，《说文解字》载："鼎，三足两耳，和五味之宝器也"。鼐，鼎之绝大者。鼐就是最大的鼎意思。所谓调和鼎鼐，本意为于鼎鼐中调味，让锅中的菜肴美味可口，后来引申义为治理国家大事。中国烹调文化中的"调"的意思是调和、调配，不仅仅指调味，也包括调香、调色、调质和调形等内容，但调味是中国饮食文化的核心[①]。

一、本味论

"本味"一词，首见于《吕氏春秋》的篇名，全书共160篇，"本味"乃其中一篇，它是春秋战国时代产生的第一本系统论述调味的言论与著作。本味，即真味、自然之味，以食物原料的自然之味为美。这种自然之味具有"淡""甘"（甜）的特征。宋代苏轼、陆游都十分尊崇烹调原料的"自然之味"。宋元之际朱丹溪在《茹淡论》中说："味有出于天赋者，有成于人为者。天之所赋者，若谷菽菜果，自然冲和之味，有食人补阴之功，此《内经》所谓味也。"元代许有壬在《白菜》诗中写道："清风牙颊响，真味士夫知。"明陆树声在《清暑笔谈》中认为："都下庖制食物，凡鹅鸭鸡豕类，用料物炮炙，气味辛浓，已失本然之味。夫五味主淡，淡则味真。昔人偶断殽羞食淡饭者曰：'今日方知真味，向来几为舌本所瞒'。"明陈继儒《养生肤语》："至味皆在淡中。今人务为浓厚者，殆失其味之正邪？"为了突出食物的"自然之味"，他们甚至否定一切调味品的作用。

二、适口论

适口论者突出烹饪的结果和消费者的主观感受。苏易简在回答宋太宗赵光义"食品称珍，何物为最"的问题时说："臣闻物无定味，适口者珍"。饮食滋味感觉存在明显的个性差异，包括个人性差异，如有的人吃菜必须放辣椒，而有的人吃菜始终离不开醋；和地域—群体性差异，晋代张华在《博物志》中说："东南之人食水产，西北之人食陆畜。"食物之习性，各地有殊。《履园丛话》称："饮食一道，如方言各处不同。只要对口味，口味不对，又如人之情性不合者，不可以一日居也。"菜系的形成和发展正是反映了地域—群体性口味的

[①] 刘朴兵."味"是中国饮食文化的核心[J].餐饮世界，2023，(11)：62-65.

要求。但是，正如孟子说的："口之于味，有同耆也"（《孟子·告子上》）。但是，人们对于饮食滋味的感觉既有个性差异，也有共性。而且，至味、美味的生产有共同遵循的规律。

三、时序论

调和饮食滋味，要合乎时序，注意时令。这个观点，具有朴素的辩证思想。时序论把人的饮食调和，与人体和天、地自然界连起来看待。《礼记·内则》按"礼"的要求，在写了饭、膳、饮、酒、食、酱等之后特别提出了对调和的讲究："凡和，春多酸，夏多苦，秋多辛，冬多咸。调以滑甘。"在这个总原则之下，四季怎么调和呢？《礼记·内则》曰，"脍，春用葱，秋用芥；豚，春用韭，秋用蓼；脂用葱，膏用薤；三牲用藙。"总之，对味道的烹调，是有严格要求的。《黄帝内经》按阴阳论的理论，说明气候的变异，能够影响人体的脏腑，同时，联系人体，四时，五行，五色，五味，五音，来论述天与人之间与各方面的关系。李时珍依据《黄帝内经》提出："春省酸增甘以养脾气，夏省苦增辛以养肺气，长夏省甘增咸以养肾气，秋省辛增酸以养肝气，冬省咸增苦以养心气"，与《礼记·内则》的"春多酸，夏多苦，秋多辛，冬多咸"似乎是矛盾的。但是如果从"本在无味"和"伤杂无味"之间的本质联系来看，则完全是一致的。《礼记·内则》从四时五味须和五脏之气的角度来说，《黄帝内经》则是从四时过时五味而使五脏之气受到损伤来说。恰好是一正一反，相辅相成。

《礼记》和《黄帝内经》提出的时序论很受后世重视。孔子《论语·乡党》所记的8个不食，就有不时不食。董仲舒在《春秋繁露》里也告诫人们："饮食臭味，每至一时，亦有所胜有所不胜之理，不可不察也。""凡择味之大体，各因其时之所美而违天不远矣。"忽思慧在《饮食正要》一书中，向元代文宗皇帝勃儿只斤·图帖睦尔进言，希望他在饮食上"调顺四时，节慎饮食"，"以五味调和五脏"。民间流传饮食谚语、俚语，诸如"冬不喜瘦，夏不喜肥""冬吃萝卜夏吃姜，不找医生开药方""上床萝卜下床姜""春天多吃蒜，神爽体质健""暴饮暴食易生病，定时定量保安宁""早吃好，午吃饱，晚吃少""人愿寿长安，要减夜来餐"等，也是对季节、日月、早晚的饮食调和食序的通书说明。

四、调和论

饮食之美要追求的最高目标，是要达到"本味"与"变味"之间的矛盾统一。而"变味"——即"五味调和"的理论，则可称之为中国饮食文化"求味"思想的核心。它至今仍然指导着我们的饮食审美实践，并将永远流传下去，是中国烹调艺术的根本要求和美食审鉴的最高原则。

首先，从"和"的思想来源上看。春秋战国时期在思想领域是无一可循的"百家争鸣"时期，诸子"各择其术以明其说"，至战国末年已有道家、儒家、法家、墨家等多种思想自由鸣放，不拘一格，不屈一尊。调味理论亦自然融进了诸子思想的成分，是"百家"归儒的趋同，因为儒家思想有其更大的包容性。它的"一张一弛"的文武之道具"法"的刑罚和"道"的无为，不偏不倚，无过无不及，"中庸之为德也。其至矣乎！"

其次，从"和"的内容上看。万物有各自之味，亦如"百家"各有其思想，如何实现其"和平共处"，争而不乱，唯一的就是"和"。烹调理论之道旨在于这个"和"字，"五味"剂量的和，"水火"用度上的和，只有衡得先后、多少之物性变化，用其性且又不失其理，方能去异求同，达到"和"的大道。

第三，从"和"的效果上看。先秦的人们已不满足于单一的调味品或味型了，而是在"甘、酸、苦、辛、咸"等众多的味型中追求"和"之境界。在这里，我们不能把"五味"机械地和绝对地理解成五种味型或五种调味品，它与"五色""五行""五音"等一样，是指多种调味品或多种味型。这种多样统一是形式美的高级形式，也叫"和谐"。"五味调和"的理论将"甘、酸、苦、辛、咸"五味加以调和，折其中而用之，使之真正达到至善至美的"和"之目的。

第四，从"和"的思想之辩证关系与深刻性上看。烹调过程中各种物料之间的对比关系，参加变化的先后时间顺序及适当时机，各种细致复杂的味性变化，都源自各种物料的自然属性。它们是有规律可循的，但因其精妙微纤，变幻万千，所以只能凭心领神会，匠心独运，很难用语言表达得精确透彻，也无法一人一时或众人毕生穷尽其理。这是个寓可知于不可知之中的永无止境的实践过程与认识过程。"五味调和"，"调"可以致"和"，"和"又没有穷尽。"五味调和"理论的形成，是先秦时代人们对长期饮食实践的经验总结，是先秦诸子思想尤其是儒家思想饮食审美意识的反映。而饮食对"和谐"至高境界的无尽追求，乃是调味理论至今仍指导我们饮食审美实践和认识的无限魅力之所在。

第三节　中国烹调文化的基本特点

作为烹饪王国，中国烹调技艺让世人叹为观止。中国烹调通过几千年的发展，在馔肴制作技艺上形成了极其鲜明的特点，进入了艺术的境界和审美范畴。

一、讲究选料、注重配伍的科学理念

中国烹调选择的原料都非常精细、讲究，力求鲜活，不同的菜品按不同的要求选用不同的原料，有些菜甚至只能选择原料的某一部位或某一地区所产的特定品种的原料。如"北京烤鸭"必须选用填鸭，"芙蓉鸡片"必须选用鸡脯肉；川菜中的"家常海参""麻辣肉片"，必须用四川的豆瓣辣酱等名特产品。

原料配伍的目的，一是为了养生健身，二是为了制作出更为可口的菜肴，以满足人的口腹之欲。中国烹调注重原料的质、色、形、味、营养的合理搭配。在形状相似、质地相同、色泽鲜艳、滋味调和、荤素相兼、营养搭配合理等方面，不仅注重主料的选择，而且也注重辅料的搭配。如福建名菜"佛跳墙"，使用海参、广肚、干贝、鲍鱼、火腿、香菇等多种原料，确有一种和合之妙。又如拼制的各种平面及立体"花色拼盘"，不仅使菜肴具有食用价值，而且还具有艺术欣赏价值。

二、强调分档用料、一料多用的节约意识

中国自古以来强调以节俭为美，这在烹调活动中表现得很突出。如用一只羊，通过分档取料的方法，切配加工，并采用多种烹调技法，就可以烹制出由十余款菜品组成的全羊席。又如长江出产的长江鲟，其肉可烹制多种菜肴；其皮可制成红烧鱼皮；其唇可制成白汁鱼唇；其骨可制成鱼脆果羹，也可通过雕刻美化而成工艺菜品。一料之躯，调动一切烹调手段，可食者尽食，可用者尽用，绝不随意丢弃。

三、精于刀工与火候的整体把握

刀工是指运用刀具按一定的方法对食料进行切割的技能，火候是指烹制菜肴、面点时控制用火时间和火力大小的技能。刀工和火候都是厨师烹调工艺中重要的基本功，也是整个烹调工艺流程中重要的技术环节。

自古以来，人们对刀工和火候就很重视。《论语·乡党》中的"脍不厌细"和"割不正，不食"之说，从客观上对厨师的刀工技艺提出了高要求。而《庄子》中提到的庖丁解牛、游刃有余的故事也从侧面反映了当时刀工高手的高超技术。历史发展至今，刀工刀法的名称已有二百种之多，这些刀法的产生适应了加热、造型、消化及文明饮食等需要。《论语·乡党》："失饪，不食。""饪"即熟的标准，是厨师把握火候的结果。《吕氏春秋·本味》中说："……火为之纪。时疾时徐，灭腥去臊除膻，必以其胜，无失其理。"意即烹调过程中要注意调节和把握火候，不能违背用火的道理。中国历史上曾以文火、武火、大火、小火、微火形容火力，烹调的菜肴不同，对火候的要求就不一样。在烹调过程中，刀工和火候往往形成了一种互为关照的整合关系。厨师根据原料的特点，运用刀工技能，切制出相应的料形，料形不同，控制火候的方法也不一样，菜品的个性特点也就出现了相应的差别。

四、表演性强的操作过程

中国烹调方法变化多端，难以计数的美味佳肴无不充分体现出中华民族饮食的精致美学风格，而各种烹调技术的表现形态更是丰富多彩，这就决定了中国烹饪工艺具有很强表演性的重要特征。如山西面食，不仅品种丰富，而且制作手法繁多，刀削面、大刀面、拨鱼面、押面等制作的过程具有很强的观赏性。福州一带可以看到很多肉燕坊，两个厨师制作"肉燕"的方法就是面对面地以木捶肉，势如击鼓，节奏感强，常有路人过客闻声而至，驻足围观。而在餐馆酒楼的厨房里经常可以看到的厨师切菜、翻勺、飞火等操作技艺，不仅体现出厨师高超的烹调技术，而且也展示了中国烹调工艺操作表演性强的重要特征。

五、以味为核心的烹调效果

就民族饮食审美个性而论，中华民族的美食标准就是菜点的色香味形之美。其中，味是菜点的美的核心，而调味则是创造和体现菜点美的关键性技艺。调味在烹调技术中的地位，历史上早有定论，甚至超出了烹调技术的范围，常被历史上政治家、哲学家们借用，以说明他们的治国主张或哲学立论。如《左传·昭公二十年》载，晏婴在阐述"和与同异"的观点时，先是论说一番烹调调味之道，然后借此道理再推论君臣之间应如调味一样不断地调整彼此关系，以达到和谐治国的效果。实际上，烹调所追求的一般效果就是美味，"鼎中之变，精妙微纤"，说的也就是味的变化。这种味的变化通过人的感受，便是味觉的变化。菜品烹调的成败，有各种条件和因素。水、火、炊具、原料都是不可缺少的条件，用水、用火、用器、用料、切配等因素，都有各自的技术要求，哪一环失误都可能导致菜品无法达到预期的效果。然而，就各种烹调技术的关系而论，调味则是决定菜品成败的根本。

六、追求造型与色彩俱美的视觉感受

菜肴的造型艺术极似建筑设计师，一个是给冰冷的石头赋予生命力，一个是让盘中的食物鲜活起来。菜肴的造型，从早期的平面造型，到后来的向立体空间发展，不仅是越来越精

美，而且还出现了很多让人惊喜的创意。菜肴造型的艺术形式是多种多样的，有自然朴实之美、绮丽华贵之美、整齐划一之美、节奏秩序之美和生动流畅之美等。

颜色对菜肴的作用主要有两个方面，一是增进食欲；二是视觉上的欣赏。如红色是成熟和味美的标志，能给人强烈、鲜明、浓厚的感觉，使人能产生一种快感、兴奋感。又如，菜点的色彩很强调鲜明与和谐。鲜明是指在菜肴的配色上运用对比的方法，形成色彩上的反差，也就是所谓的"逆色"。在嫩白的鱼丝中点缀上大红的辣椒丝或者黑色的木耳，在红色的樱桃肉四周围上碧绿的豆苗，都是为了使菜肴的色彩感更加鲜明生动。和谐是指菜肴的色彩和谐统一，也就是配菜时运用"顺色"，将相近颜色的原辅料配在一起，来达到菜肴整体色彩上的协调雅致。"顺色"的菜肴在色彩上不张扬、不浮华，给人含蓄、沉稳、和谐的感觉。

中国烹调对盛装的器皿也特别讲究，对于什么样的菜，装在什么样的器皿里都有严格的要求。盛器的品种多样、外形美观、质地精良、色彩鲜艳。精美的盛器，衬托着色、香、味、形、质俱佳的菜肴，犹如牡丹绿叶，相得益彰。这种食与器的完美统一，能充分体现出我国独特的饮食文化特色。①

思考题

1. "火候"一词是如何来的？有哪些含义？
2. 如何理解"物无定味，适口者珍"和"口之于味，有同嗜焉"？
3. 为什么说"和"是中国饮食文化的根本之道？
4. "调和鼎鼐"与政治有什么关系？如何理解"治大国若烹小鲜"这句话？
5. 中国传统调味理论主要有哪些？如何理解？

课外选读文献

1. 孙中山. 建国方略[M]. 北京：生活·读书·新知三联书店，2014.
2. 张起钧. 烹调原理[M]. 2版. 北京：中国商业出版社，1999.
3. 中国烹调大全编委会. 中国烹调大全[M]. 哈尔滨：黑龙江科学技术出版社，1990.
4. 冯玉珠. 烹调工艺学[M]. 5版. 北京：中国轻工业出版社，2024.
5. 中国烹饪协会，日本中国料理协会. 中国烹调技法集成[M]. 上海：上海辞书出版社，2004.

---

① 马健鹰，薛蕴. 烹饪学概论[M]. 北京：中国纺织出版社，2008：63-66.

03 酒水篇

- 中国饮食中的水文化
- 惊艳世界的中国茶饮
- 香飘万里的千年酒风
- 后来居上的咖啡文化

第九章
中国饮食中的水文化

课程导入

为什么中国人总爱喝热水?

世界上的饮品千千万。不同国家或地区的人,有不同的偏好。意大利人热衷意式浓缩咖啡,一小杯苦涩浓稠的液体,是他们提神、消食、享受生活的方式;荷兰人对啤酒非常执着,下午下班后,便呼朋唤友地跑到酒吧区,一家店接着一家店,喝个昏天黑地;而阿拉伯世界很喜欢齁甜的薄荷茶,饭后来一壶,赛过活神仙……放眼全世界,只有中国人特立独行,爱喝平淡无味的热水。

中国人喝热水,本来是自己的事儿。但近年来随着全球化进程和中国的崛起,国人手中的保温杯成功引起世界人民的关注。国外网友在互联网上发帖讨论这个神秘的中国现象。本来稀松平常的事,被问得多了,连中国人自己也开始纳闷:我们到底有多爱喝热水?

水是生存之本、文明之源。
——2021年5月14日,习近平总书记在推进南水北调后续工程高质量发展座谈会上的讲话

现在随着生活水平的提高,打开水龙头就是哗哗的水,在一些西部地区也是这样,人们的节水意识慢慢淡化了。水安全是生存的基础性问题,要高度重视水安全风险,不能觉得水危机还很遥远。如果用水思路不改变,不大力推动全社会节约用水,再多的水也不够用。
——2021年10月22日,习近平总书记在深入推动黄河流域生态保护和高质量发展座谈会上的讲话

教学目标

◎ **知识目标**
了解中国人喝热水的历史和原因,理解水和人体健康的关系,掌握科学喝水的方法,清楚水和中国饮食文化的关系。

◎ **能力目标**
能够运用科学饮水的知识,合理饮水。能够分析中西方饮水习惯的差异及其成因。

◎ **思政目标**
养成良好的饮水习惯和卫生习惯,节约用水;增强对中华水文化的认同感和自豪感,继承和弘扬中华传统文化。

第一节　中国人的"喝热水"文化

先明确一个概念：中文语境下的热水，通常指的是凉水煮到沸腾状态又自然降温到可以入口的水。

中国人爱喝热水的习惯是一个引人关注的文化现象。在中国，无论是在家庭、学校还是在其他公共场所，似乎都习惯喝热水，而在一些其他国家，人们则更倾向于喝凉水。

热水对于中国人来说非常重要，感冒多喝热水，头疼多喝热水，女性来月经，多喝热水。就连家里的老人也常说：喝热水养胃，喝凉水伤胃。似乎热水已经在我们心中"无所不能"。

一、中国人喝热水的历史

（一）中国人喝热水历史悠久

中国人有着悠久的喝热水习惯，考古学家在2万年前的陶瓷残片上就发现了残留的水垢和陶器底部的烟熏痕迹，这是发现的最早的古人喝热水的痕迹。

法国历史学家布罗代尔曾经推算过，中国人喝热水的历史可以追溯到4000年前。当古埃及、古希腊用各种陶器来盛装物品的时候，古中国先民在新石器时代就懂得直接把陶器架在火上烧水，有了最初的陶釜、陶钵。

和现代人一样，古人喝水同样重视水的纯净度和口感，认为好水应该有甜味，没有异味。在古代，人们通常根据水源的位置和环境，判断水的质量。深山里涌出的山泉水、从天而降的雨水、雪水等，常常被古人认为是高品质的水。而当能够获取到的水源水质较差时，把水烧开，是古代简单有效的水处理方法之一。《周礼》中记载，往水中投掷"热石"，可灭虫防疫。东晋张湛的《养生要集》则写道："凡煮水饮之，众病无缘生也"，因而民众把喝热水当作消除患病隐患的有效方法。

中国第一部医学典籍《黄帝内经》中说："中古之治病，至而治之，汤液十日……"《论语》曰："见不善如探汤。"《孟子》里讲："冬日则饮汤，夏日则饮水。"汉代枚乘《上书谏吴王》中有"扬汤止沸"。这里所谓的"汤"，在古代特指热水或开水。《说文》："湯，热水也。从水，昜（yáng）声。"本义为热水。热水作为祛病暖身的良药形象，深深刻在中国人的脑海中。

中国人喝热水的习惯与喝茶有关。有文献记载，到了汉朝时期已经有烧开水喝茶的习惯了。唐朝时期，饮茶品茗逐渐成为一种生活风尚，在贵族、文人和僧人中普遍流行。

但是在古代，没有保温杯和电热水壶，木炭和煤是奢侈品，普通人家想随时随地喝上一口热水并不是件容易的事，这是一项仅仅局限在上层社会的奢侈享受。唐武宗时期，日本僧人圆仁来华，见"山村风俗，不曾煮羹吃，长年惟吃冷菜"[①]。开水，是老人、病人和坐月子的妇女才能享用的"特殊待遇"。

到了宋代，人们饮开水就比较平常了。庄绰《鸡肋编》说："纵细民在道路，亦必饮煎水。"细民，意思是小民，普通百姓。但在西北地区还是多喝生水，庄绰《鸡肋编》卷上言：

[①] ［日］圆仁. 入唐求法巡礼行记［M］. 北京：崇文书局有限公司，2022：158.

"世谓西北水善而风毒，故人多伤于贼风，水虽冷饮无患。"[①]在宋朝时，出现了一种名为"熟水"的饮料，李清照还专门为它写词："豆蔻连梢煎熟水，莫分茶。"在豆蔻熟水面前，就连茶叶都失去了竞争力。

明代人已十分讲究饮水卫生，李时珍《本草纲目》专门有一个水部，其中说："凡井水有远从地脉来者为上，有从近处江湖渗来者次之，其城市近沟渠污水杂入者，成碱，用须煎滚。"这种对水质量的判断和分级是有一定科学道理的。

清代时有"戒饮凉水以防坏腹"的风俗。1883年，清朝著名美食家袁枚的孙子袁祖志游历欧洲各国，在总结东西方风俗习惯差异的时候专门强调："中土戒饮凉水，以防坏腹，泰西务饮冷水，以为除热。"

（二）民国时期"喝热水"的卫生意识

进入民国，西方细菌学说传入，人们知道了细菌的存在并将水煮沸来杀菌，"喝热水"获得科学支持，知识界呼吁民众喝热水的声音变大。政府也意识到自身在公共卫生方面负有责任，开始断断续续向民间推广喝热水。1918年前后，京师警察厅曾针对北京民众直接饮用生井水一事，多次利用媒体"婉言相劝"，宣传凉水应煮沸后再喝。1929年出版的《训练总监部军事讲话》，要求军人尽可能不要饮用生水。

1925年，上海曾暴发霍乱，殃及华北，但南方地区没怎么受影响。受现代卫生学影响的知识分子认为，这可能和南方人爱喝热水有关。

1932年，一场规模空前的霍乱疫情席卷我国23个省、306个市。影视剧《白鹿原》中那场毁灭性的瘟疫，就是对这场霍乱疫情的真实写照。在此等危急局面之下，曾在哈尔滨扑灭鼠疫疫情的伍连德博士临危受命，前往上海组织抗疫事宜。当时的上海还没有自来水，人们的生活用水通常取自周围的河流。往往上游人家在洗衣服、倒马桶，下游的人们却在洗菜做饭。伍连德博士敏锐地意识到，这种混乱的用水环境，已经成为霍乱病情滋生蔓延的温床。想要消灭霍乱，首要措施就是解决老百姓们的饮水卫生问题。因此，伍连德在上海大力推广开水房，以极为低廉的价格向周边居民售卖开水。在全民喝开水运动的大力推广之下，上海的霍乱疫情得到了极为有效地控制。

为了国民健康与安全，1934年2月，全国范围推广了"新生活运动"，其中一项就是改喝热水，要求国民"从此能真正做一个现代的国民，不再有一点野蛮的落伍的生活习惯"。当时的《衣食住行之卫生要则》中写道"水中所含细菌至伙，饮生水为致疾疫之重要原因，然水之不清洁者，即不甚沸之水，亦宜致疾。"

在此背景下，上海等地出现了"熟水店"，专做卖开水的生意。数量多的时候甚至每个弄堂口都能看到一处"老虎灶"售卖开水。相关资料显示，仅上海地区，"熟水店"的数量就从民国初年的159家飙升至2000多家。到熟水店喝热水成为时髦的社交活动。"熟水店"的出现，同时解决了底层民众喝热水和节省燃料的双重需求。上海市政府的一份《关于上海工人生活状况的调查报告》显示，因价格便宜，除饮用水外，工人们连煮饭用水，也直接购买"熟水店"的开水。

不过，新生活运动虽然倡导民众喝热水，但由于政局动荡等原因最终流于形式，而最关键的燃料问题并未得到解决，多数底层民众依然喝不上热水。

---

① （宋）庄绰，撰．《唐宋史料笔记丛刊：鸡肋编》[M]．萧鲁阳，点校．北京：中华书局，1983：10.

(三)中华人民共和国成立后"喝热水"普及

在中华人民共和国成立之后,国家竭尽全力塑造身心健康的"社会主义新人","喝热水"的举措被再次提出。于是,到处都能看到相关的标语。官方编纂的《农村卫生员课本》中也要求大力宣传,带动群众养成喝开水的好习惯。为了配合这一政策,各地建起了大大小小的开水房;还有些条件不足的地方,安排专门人员定时定点地上门配送。到了这时,热水才走进了寻常百姓家,成为全民性的饮品。

但喝热水真正成为全体中国人的记忆和习惯还要追溯到朝鲜战争时期。当时,美国在朝鲜与我国东北地区发动细菌战,投放感染鼠疫、霍乱的跳蚤、苍蝇等毒虫,造成这些地区的水源污染与疫情肆虐。1952年3月14日,政务院召开会议,成立了以政务院总理周恩来为主任的中央防疫委员会,号召全国人民紧急动员起来,开展爱国卫生运动,保护人民生命健康安全。其中很重要的一项,就是把水烧开了再喝。中央爱国卫生运动委员会一再号召"要反复教育群众喝开水和消毒过的水,不喝生水"。各种官方编纂的《农村卫生员课本》也一致要求卫生员应当积极宣传喝开水的好处,带动群众养成喝开水的好习惯。

那时城市居民的热开水实行集中供应,多由其所在厂矿和机关负责,凭票购买。不过在农村,类似的开水供应,只在"公共食堂"时期(1958—1960年)短暂出现。比如,据官方记载,贵州赫章妈姑人民公社的民众"长期以来都是喝生水",公共食堂成立后,"炊事员把开水送到工地,大家都养成了喝开水的好习惯。……疟疾大大减少,拉肚子的现象已基本消失了"。作为当年的一种宣传材料,喝开水防拉肚子、防传染病的观念,已借此深入农村百姓脑海。后来因燃料短缺,又恢复到了喝凉水、喝生水的状态。不过随着技术的发展,燃料问题逐渐得到了解决,热水也随之走进了普通大众的生活中。

生活在城市的人们对蜂窝煤一定不陌生,从早上点好蜂窝煤炉一直到晚上,中间不断火,烧开水甚至做饭都在那一枚小小的炉子上。蜂窝煤的大范围普及很大程度上缓解了"柴"的短缺问题,不但给千家万户送去了温暖,更让人们烧开水变得容易。

同时国家大力发展煤炭等能源工业,到了20世纪80、90年代,石油工业、水电等得到了大力发展,煤矿产量也翻倍增长,中国能源结构逐渐多样化,液化石油气、天然气等丰富了百姓的燃料选择,有的农村地区已经开始将沼气作为燃料。

而热水的普及也离不开保温工具的革新,1903年德国玻璃工人发明了保温瓶,便捷的保温瓶逐渐走进了千家万户,而带有"囍"字的保温瓶甚至成了20世纪70年代结婚的必需品之一。1997年,全国保温瓶产量达2.66亿之多。至此,思想理念与物质条件都已具备,喝热水这件事才真正成为老百姓日常生活的一部分。而发展到今天,各种电热水壶、饮水机等更是让喝热水成为再平常不过的事情。

二、全民喝热水的文化现象

水,见证了中华民族几千年的物质文明发展,喝热水则是中国人潜在的信仰。4000年前,热水帮助我们驱除病害;2000年前,热水成为驱寒保暖的工具;1000多年前,热水推动茶文化的兴起;100多年前,热水抵抗了肆虐的霍乱疫情;70多年前,热水抵御了生物侵略。热水在中国人血脉中逐渐繁衍,助推中华民族赓续绵延。热水不会离开中国人的视线。

国外"知乎"上总有人在好奇这样的问题:你认为中国人"最中国"的一件事是什么?一条高票点赞的回答是:喝白开水。中国人爱喝热水的习惯是一个引人关注的文化现象。

（一）养成了随身带杯子的习惯

几乎每个人都有自己的专属饮具，走到哪儿带到哪儿：小娃娃身上都背上一个，里面装着父母兑好的温水；中小学生喜爱带卡通杯套的水壶，它们既能保温又不烫手；打工人人手一个马克杯，方便随时取用饮水机的热水；大爷大妈则偏爱大容量的不锈钢保温杯……用一句话总结：水杯，是中国人的标配，带杯子，是我们对生命的尊重。这点执着，甚至成了我们最好辨识的符号——对世界人民而言，尽管黄种人外貌相似，但华人很好识别：当我们掏出杯子的一刻，一切不言而喻。

（二）开水房"遍地开花"

光有杯子还不够，水源也很重要。为了喝到开水，我国建了大量饮水设施。如此，从乡村到国际化大都市，从学校、办公室到店铺、商场，开水房、热水器"遍地开花"。可以说，它们是国人享受的一项最基本也最重要的福利。尤其是在机场和火车站，这项全球唯一的服务，不知拯救了多少漂泊的人——喝上一杯热水，接下来的旅程无论多奔波，都有力气走下去。

小小的一杯热水，平淡且无味，它却是国人凝聚的智慧和力量，简朴而有效，是我们对生活的炙热、尊重生命的态度。

三、喝热水的好处多多

中国人爱喝热水的习惯源远流长，与历史、文化和科学因素密切相关，喝热水被认为有助于保持身体的健康和舒适。

相关研究表明，喝热水可以加快身体的新陈代谢，促进血液循环，有助于消化和吸收食物中的营养物质。

（一）保持肠胃健康

热水通常指的是煮沸过的水，这也就意味着水中的病菌或微生物已经大部分被杀死，无形中就保持了肠胃的健康，减少了肠胃疾病的发生概率。此外，热水的温度可刺激胃肠道运动，带动食物在消化道中的推动和混合，从而有助于消化吸收。此外，热水还可以增加胃液和胆汁的分泌，提高消化酶的活性，有助于分解食物中的蛋白质、碳水化合物和脂肪，使其更容易被吸收。

（二）促进血液循环、排毒

喝热水可扩张血管，增加血流流动的速度以及流动量，有助于输送氧气和营养物质到全身各个组织和器官，良好的血液循环可以提高身体的代谢水平，不仅可加快废物排除，也有助于身体健康。对于运动量比较小的人群来说，多喝热水还能帮助多排汗、多排尿，这样有利于身体将毒素及时的排出去。

（三）一定的舒缓作用

研究发现，喝热水可以刺激神经系统，释放内啡肽等内源性物质，有助于缓解压力和焦虑，提高心理健康水平。此外热水还可以舒缓肌肉疼痛，缓解关节僵硬，有助于放松身心，提高睡眠质量。女性痛经有子宫敏感、肌肉收缩等原因，适当喝些热水不但有助于舒缓肌肉，起到缓解子宫痉挛的作用，还能帮助精神上的放松。

（四）防治感冒

人在感冒的时候，血液中的病毒或细菌的含量比健康时要高，多喝热水有助于促进代谢，帮助身体更快地将废物排出体外，有助于感冒病人的康复。

（五）减轻便秘

便秘很多是由于体内粪便过干，或者肠道器官缺乏动力。这时除了医生的建议以外，还需要通过多喝热水帮助促进肠道蠕动，让粪便更容易排出去。

四、喝热水的注意事项

日常说的"热水"，指的其实是"温水"。水的温度太高，反而会对人体造成危害。世界卫生组织将65℃以上的热水列为"2A类致癌物"（"2A类致癌物"是指在动物实验中发现充分的致癌性证据。对人体有理论上的致癌性，但目前实验证据有限）。如果长期喝"烫"水，容易引发食管癌。因此，我们喝的热水，是指经过高温杀菌的水，烧开的水一定要放置到温度适宜了再喝。

喝热水并不适用于所有人，在某些情况下，喝热水可能会对身体产生不良影响。例如，在高温环境下，喝热水可能会导致体温过高，增加中暑的风险。此外，对于某些特定的疾病或体质较弱的人群，过热的水可能会对胃肠道产生刺激，引起不适。因此，在选择饮水方式时，应根据个人的身体状况和环境条件进行合理选择。无论是喝热水，还是喝凉水，关键是保持适度，保持身体的水分平衡，才能更好地保持健康。

第二节　健康科学喝水

一、水是生命的基础

水是地球的乳汁，是生命的摇篮，也是人类生存的基础。在地球上，大约有14.6亿立方千米的水。有人以"六水三山一分田"来说明水在地球上的比例。水可能造就了地球上第一批生命，海水培育的原始单细胞不断从低级向高级发展，并有一部分由大海移向陆地。

人要生存，更一刻也离不开水，一般植物中含水为60%～80%，蔬菜水果中含水量为90%～95%，而人体内的水占65%～70%。也就是说，一个70千克重的人，他体内就含有45千克的水。血液中含水量最高，约占90%；脑中含水约占81%；肌肉里含水约占75%；在最干硬的骨头里，也含水28%。而人的眼泪中，98%都是水，尿、汗中也含有大量的水。人身就像一个"水库"，及时调节着全身的水量。

人可三日无餐，不可一日无水。一个人如果不进食、只饮水可维持生命7天左右，如果滴水不进，最多维持2～3天的生命。

早在公元前600年古希腊哲学家米列斯基就提出了水是"万物之始"的科学论断。中国古代的五行学说也把水作为构成万物的一大元素。到了20世纪70年代，美国著名生物物理学家圣乔治进而把水颂为"生命的中心，生命的母亲，生命的模板"。可见，水和生命的关系是何等的密切。

二、喝什么水

目前，人类已经进入多元化饮用水时代。从水质而言，天然水、纯净水、蒸馏水、碱性离子水、人工矿物质水、天然矿泉水、富氢水、富氧水、低氘（dāo）水、深层海洋水、山泉水、冰川水、磁化水、离子交换水等名称繁多。需要结合自身需要选择合适的水，走出饮水误区。

世界卫生组织在2011年发布的《饮用水水质准则》第四版中明确指出：安全饮用水指一个人终身饮用也不会对健康产生明显危害的饮用水，在生命不同阶段人体敏感程度发生变化时也是如此。安全的饮用水是一切日常家庭生活所必需的，包括饮用、制作食物和个人卫生等。

安全的饮用水是人类健康的基本保障，是关系国计民生的重要公共健康资源。为保证用户饮用安全，原卫生部和国家标准委员会于2006年12月联合发布了《生活饮用水卫生标准》（GB 5749—2006），自2007年7月1日开始实施。自标准颁布实施以来，逐渐反映出一些问题。经过修订，2023年4月1日起实施《生活饮用水卫生标准》（GB 5749—2022），归口中华人民共和国国家卫生健康委员会。该标准规定生活饮用水水中不得含有病原微生物，化学物质和放射性物质不得危害人体健康，感官性状良好，并在此基础上对生活饮用水水质相关指标及消毒剂余量等提出了具体的要求。

中国营养学会建议喝水首选白水。白水是指自来水、经过滤净化处理后的直饮水、经煮沸的白水、桶装水以及包装饮用纯净水、天然矿泉水、天然泉水等各种类型饮用水。白水廉价易得，安全卫生，不增加能量，不用担心"添加糖"带来的健康风险。除了白水，也可以选择喝淡茶水。建议不喝或少喝含糖饮料。含糖饮料的主要成分是水和添加糖，营养价值、营养素密度低。过多摄入含糖饮料可增加龋齿、超重肥胖、2型糖尿病、血脂异常的发病风险。应少选购或不选购含糖饮料，家里不储存含糖饮料；日常中不把饮料当作水分的主要来源，不用饮料代替白水。有些人尤其是儿童不喜欢喝没有味道的白水，可以在水中加入1~2片新鲜柠檬片、3~4片薄荷叶等增加水的色彩和味道，也可以自制一些传统饮品，如绿豆汤、酸梅汤等，注意不要添加糖。

三、什么时间喝水

健康喝水还需要注意时间。"不渴不喝""渴了再喝"是常见的饮水习惯。其实，口渴是一种生理信号，表示身体已经出现缺水现象了。有渴了才喝水习惯的人，往往会渴"过头"反而不渴了。当身体建立了这种适应机制后，就会经常处于缺水状态，就会长期慢性缺水而诱发多种疾病。有些时候不宜饮水。例如，饭后马上饮水会稀释胃液，使胃中的食物没有来得及消化就进入小肠，削弱了胃液的消化能力，容易引发胃肠道疾病。有人习惯吃完肉、鱼等高蛋白、高脂肪的荤食后，立即喝茶去油腻，这种做法是不健康的。因为茶叶中含有大量鞣酸，它能与蛋白质合成具有收敛性的鞣酸蛋白，使肠蠕动减慢，造成便秘，增加了有毒物质和致癌物质停留在身体内的时间，增加了有毒物质对肝脏的毒害作用，从而引起脂肪肝。[①]

《中国居民膳食指南（2022）》建议，应主动喝水，足量饮水，少量多次。喝水可以在一天的任意时间，每次1杯，每杯约200毫升。可早、晚各饮1杯水，其他时间里每1~2小时喝一杯水。建议饮水的适宜温度在10~40℃。推荐喝白水或茶水，少喝或不喝含糖饮料，不用饮料代替白水。

有学者给出了日常健康饮水的7个时间和量，可以参考（表9-1）。

---

① 王敏，于成宝，编著. 水文化与水科学［M］. 北京：地质出版社，2022：165-167.

表9-1　健康饮水的7个时间和量

时间	作用	说明
6：30	排毒又养颜	经过一整夜的睡眠，身体开始缺水，起床之际补充250毫升的水，可帮助肾脏及肝脏解毒。别马上吃早餐，等待半小时让水融入每个细胞，进行新陈代谢后再进食
8：30	体贴又健康	清晨从起床到办公室的过程，时间总是特别仓促，情绪也较紧张，身体无形中会出现脱水现象。所以，到了办公室后，别急着泡咖啡，先喝一杯至少250毫升的水
11：00	解乏又放松	在空调房里工作一段时间后，一定要在起身活动的时候再给自己一天里的第三杯水，以补充流失的水分，帮助放松紧张的工作情绪
12：50	减负又减肥	用完午餐半小时后，喝一些水，不仅可加强身体消化功能，促进营养吸收也能助维持好身材
15：00	提神又醒脑	以一杯健康矿泉水代替午茶、咖啡等饮料，不仅可以补充流失的水分，还能使头脑清醒，提高工作效率
17：30	消化又吸收	下班离开办公室前，再喝一杯水
22：00	解毒，排泄，消化增进血液循环	睡前半小时至一小时喝上一杯水。不过，别喝太多，以免晚上经常上洗手间而影响睡眠品质

四、喝多少水

水是生命之源，人体的每一个细胞都需要水分来维持。日常饮水量则需要根据年龄、气温、劳动或运动、出汗量等进行适量增减，不同年龄段饮水量也有所不同。根据《中国居民膳食营养素参考摄入量（2023版）》列举的水的适宜摄入量值，在温和气候条件、低强度身体活动水平下，成年男性每天适宜的水摄入量为1700毫升，女性每天适宜的水摄入量为1500毫升，孕妇比普通成年女性的饮水量更多。

第三节　水和中国饮食文化的关系

水，素有"宇宙血液"和"生命源泉"之称，不仅是人类的福祉，也融入了历史，淬炼成文化。中国水文化是中华民族的宝贵遗产，与中国饮食文化有密切的关系。

一、食以水为先

中国地域辽阔，自然环境有较大差异，而且民族众多，生活习惯不同，所以表现为各地的饮食习惯和风味也有很大的区别。人们公认的最有影响的鲁、川、苏、粤四大烹饪流派就是根据水域来表述的。我们研究中国饮食文化时，就会发现存在一种"遇水而兴，随水流动"的现象，即黄河流域孕育了鲁菜系，长江流域上游孕育了四川菜系，长江流域下游孕育了江苏菜系，珠江流域孕育了广东菜系，中国的三大水域和四大菜系结下了不解之缘。此外，湘江流域有湘菜系，江淮流域有徽菜系，钱塘江流域有浙菜系，闽江流域有闽菜系。由此可见，凡有江河水的地方，就有美味佳肴的存在。

中国菜肴在制作过程中讲究原料、刀法、火候、调味、汤汁等特点。几千年的烹饪实践表明，水不仅是烹调美味的首要条件，也是以其为传导体而形成风味菜品的物质基础。不但烹饪中的和面、蒸饭、煮粥、熬汤、做点心需要水做溶剂，烹饪加热需要水做传导，调味需要水做介质,在荤素烹饪原料的清洗、干货的涨发、挂糊、上浆、勾芡以及在进行蒸、煮、焖、氽、炸、烫、烧、烩、泡、涮等各种烹调技法时都离不开水,由此可见,中国烹饪在用水上有极为宝贵的知识财富。

水是一切美味之源。中国饮食丰富多彩,除菜品和主食之外,汤、粥、茶、酒也是饮食的重要内容,同样也离不开水。汤是历代中国人心目中非常重要的调味品和饮品。清代文人、戏曲家李渔说过"宁可食无馔,不可饭无汤",俗话也说"戏子的腔,厨师的汤",都说明汤的重要。水是制作汤品的最主要、最基本物质。在烹调中除一些无汤汁的凉菜和煎、炸的菜肴以外,没有哪样菜肴不用汤的。汤可分为毛汤、奶汤、清汤和高级清汤等。

水在烹饪中主要有以下几种作用:

一是构成菜肴的组成成分。菜肴由主料、配料、调料构成,水既不是主料、配料,也不是调料,长期以来,人们从没有考虑过水是菜肴的组成成分。可以这么讲,每一款菜肴,其成品中都有水,烧、烩等菜肴中,较多的水构成了菜肴的成品,汤、羹类菜肴,其成品中主要成分是水。水不仅是菜肴的组成成分,而且在菜肴的制作过程中,用水量的多少,同样会影响菜肴的质量。

二是具有传热作用。水的比热容大,导热性能好,是烹饪中最常用的传热介质之一,许多烹调方法如氽、炖、煮、扒等烹饪功效都是通过水来完成的。水一经加热,热量就会靠对流作用,迅速而均匀地传递到各处,便于形成均匀的温度场,使原料受热均匀。水的比热容大,决定了水被加热后贮存大量的热量,使原料能获得足够的热量,而不会使水的温度大幅度下降,符合工艺要求。

三是具有溶解分散作用。调味品就是溶解在水中,向原料组织中扩散或渗透,从而达到入味的目的。烹饪原料中有许多营养物质和呈味物质,如水溶性蛋白、氨基酸、糖类、维生素、矿物质等也能溶解于水。某些不溶于水的成分,多数也能分散在水中,形成胶体溶液或乳状液,如制作皮冻、上浆、勾芡。四是具有清洁防腐作用。食用淡水,无毒、无味、有很强的洗净力,通过洗涤可以除去原料表面的污物杂质,使原料清洁,符合卫生要求。沸水的温度能将大量病菌杀死,对微生物的生存极为不利,故而沸水有杀菌消毒作用,能使烹饪原料成为可供安全食用的菜品。

"凡味之本,水最为始。五味三材,九沸九变,火为之纪。时疾时徐,灭腥去臊除膻,必以其胜,无失其理。"水是第一天然食材,味道的根本,水是第一位的。《管子·水地》中有这样的记载:"淡也者,五味之中也。"唐人房玄龄对此话的注释为:"无味谓之淡水,虽无味,五味不得不平也,故为五味中也。"可以说,水是食物烹调的基础,也是"五味相平"的媒介。

二、茶以水为母

饮茶用水极为重要。名茶用好水泡方能显出名茶的优良品质及色、香、味俱佳的独特风格。名茶只有与好水相结合,才能相得益彰,如鱼得水,幽香醇厚,沁人心脾。

历代文人对泡茶用水都十分讲究,并把它当作专门的学问来研究,留下不少名篇佳作。陆羽所著《茶经》是我国历史上第一部茶的专著,书中有"山泉为上,江水为中,井水为下"的表述。张又新在《煎茶水记》中载有刘伯刍给名泉水排名次的文字:"扬子江南零水第一;无锡惠山寺石水第二;苏州虎丘石水第三;丹阳县观音寺水第四;扬州大明寺水第五;吴淞江水第六;淮水最下第七。"唐代有"扬子水沏蒙顶茶"之赞,明代有"虎跑泉泡龙井茶"之说,明代张大复曰"茶性必发于水,八分之茶,遇十分之水,茶亦十分矣;八分之水,试十分之茶，茶只八分耳"。张源在《茶录》中云："茶者水之神，水者茶之体。非真水莫显其神，非精茶曷窥其体。"许次纾在《茶疏》中也说"茶滋于水"，"精茗蕴香，借水而发，无水不可与论茶也"。这些都说明在茶与水的结合体中，水的作用往往会超过茶。清代乾隆对饮茶用水情有独钟，他曾下令制作一种称水的银斗，量过我国一些著名泉水的重量。因北京西山玉泉山的泉水最轻，被定为宫廷用水，誉为"天下第一泉"。

三、酒以水为血

俗话说"粮为酒之肉，曲为酒之骨，水为酒之血"，还说"美酒必有佳泉"，形象地说明了酿造粮食酒的三个关键，特别是酒与水的重要关系。

早在2000多年前的周代，人们就已经系统地总结出了酿酒的六条原则，即"秫稻必齐，曲蘖必时，湛炽必絜，水泉必香，陶器必良，火齐必得。兼用六物，大酋监之，毋有差贷"。释成白话文，就是原料要充足，酒曲供应、制作要适时，浸泡、蒸煮要清洁，水质要清冽，无杂质，酿酒器具要精良，蒸煮时的火力要适当。

水的质量直接关系到酒的品质、风格，因此人们酿酒时要特别注意识水性、知水味、选好水。古今众多名酒厂都选建在有良好水源的地方，如茅台酒厂选在赤水河畔，汾酒厂的杏花村有古井，五粮液酒厂紧靠岷江，泸州老窖酒厂在凤凰山下有山泉，古井贡酒厂有古井，洋河大曲酒厂有"美人泉"，全兴大曲酒厂有"薛涛井"，剑南春酒厂有"诸葛井"。绍兴黄酒因选鉴湖水而得名，有"鉴湖名酒甲天下，箪醪河水写春秋"之说。我国众多名酒大都流传着与泉水相伴的动人故事。①

思考题

1. 中国人为什么有喝热水习惯？试分析中西方饮水习惯的差异及其成因。
2. 饮水和健康有什么关系？如何合理饮水？
3. 水和中国饮食文化有什么关系？举例说明。
4. 举例说明在哪些传统菜肴或烹饪技法中，水的使用对最终风味产生了显著影响？
5. 在餐饮业如何节约用水？

课外选读文献

1. 谌旭彬. 为什么中国人喜欢喝热水[J]. 文史博览，2018，(01)：56.
2. 刘见齐. 饮水的政治[D]. 中央财经大学，2022.
3. 冯吉，等. 中国水文化概论[M]. 北京：中国农业出版社，2022.
4. 程得中，等. 中国传统水文化概论[M]. 郑州：黄河水利出版社，2019.
5. 李复兴. 水与文化[M]. 北京：中国市场出版社，2007.

---

① 李复兴. 水与文化[M]. 北京：中国市场出版社，2007.

第十章
惊艳世界的中国茶饮

课程导入

"中国传统制茶技艺及其相关习俗"列入人类非物质文化遗产代表作名录

北京时间2022年11月29日晚,我国申报的"中国传统制茶技艺及其相关习俗"在摩洛哥拉巴特召开的联合国教科文组织保护非物质文化遗产政府间委员会第17届常会上通过评审,列入联合国教科文组织人类非物质文化遗产代表作名录。成熟发达的传统制茶技艺及其广泛深入的社会实践,体现着中华民族的创造力和文化多样性,传达着"茶和天下、包容并蓄"的理念。这对中国和世界来说都是一件意义十分重大的喜事,标志着中国茶文化已成为中国与世界人民相知相交、中华文明与世界其他文明交融互鉴的重要载体,成为全人类文明共同的文化瑰宝。至此,我国共有43个项目列入联合国教科文组织非物质文化遗产名录、名册,居世界第一。

  茶起源于中国,盛行于世界。联合国设立"国际茶日",体现了国际社会对茶叶价值的认可与重视,对振兴茶产业、弘扬茶文化很有意义。作为茶叶生产和消费大国,中国愿同各方一道,推动全球茶产业持续健康发展,深化茶文化交融互鉴,让更多的人知茶、爱茶,共品茶香茶韵,共享美好生活。

——2020年5月21日,习近平主席向"国际茶日"系列活动致贺信

教学目标

◎**知识目标**

了解和掌握中国茶文化的概念,理解茶艺、茶道与茶文化的关系;了解中国茶文化的历史、发展和现状,掌握茶的种类、制作、冲泡等方面的知识;清楚中国茶文化遗产分类,掌握世界非遗"中国传统制茶技艺及其相关习俗"项目的内涵;明确茶在中国文化中的地位和价值。

◎**能力目标**

能够将所学知识应用于实际生活中,掌握茶艺的基本技能,包括泡茶、品茶、茶叶鉴别等,提高自身的生活品质和文化修养。

◎**思政目标**

对茶文化产生兴趣和热爱,在品茶的过程中,感受茶的韵味和美感,体验心灵的平静和放松。学生应增强对中华优秀传统文化的认同感和自豪感,自觉传承和弘扬中国茶文化。

第一节　中国茶文化及其相关概念

一、中国茶文化的概念

中国是茶的故乡，茶作为传承中华文化的重要载体，是中国文化的一个代表，茶是中国人引以为傲的"国饮"。自神农尝百草的传说开始，中国人茶叶的消费方式不断演变进步，自唐代陆羽《茶经》的问世后，中国茶文化经过1000多年的演变，逐渐成为一个独立完备的体系，成为中国传统文化极具代表性的文化，但把"茶文化"作为一个词语提出来，还是20世纪80年代的事，出现的时间并不长。

"茶文化"一词最早出现在1982年我国台湾娄子匡为许明华、许明显编著的《中国茶艺》一书的代序——"茶的新闻"里。庄晚芳在1984年的论文《中国茶文化的传播》里首提"中国茶文化"[①]。

一般认为，广义的茶文化是指人类社会历史实践过程中所创造的与茶有关的一切物质财富和精神财富的总和。茶文化在本质上是饮茶文化，是作为饮料的茶所形成的各种文化现象的集合。狭义的茶文化以茶的品饮活动为中心所形成人与人、人与自然之间的各种理念、情感、信仰等各种文化形态的总称。

茶文化从结构体系看，包括茶的物态文化、制度文化、行为文化、心态文化四个层次。

物态文化是指人们从事茶叶生产的活动方式和产品的总和，即有关茶叶的栽培、制造、加工、保存、化学成分及疗效研究等，也包括品茶时所使用的茶叶、水、茶具以及桌椅、茶室等看得见摸得着的物品和建筑物。

制度文化是指关于茶叶生产和流通过程中所形成的生产制度、经济制度等，如历史上的茶政、茶法、榷茶、纳贡、赋税、茶马交易等以及现代的茶业经济、贸易制度等。

行为文化是指人们在茶叶生产和消费过程中约定俗成的行为模式，通常是以茶礼、茶俗以及茶艺等形式表现出来。如客来敬茶的传统礼节、各地婚俗中出现的"茶礼"、祭祀，以及不同地域、不同民族的饮茶习俗等。

心态文化是指人们在应用茶叶的过程中所孕育出来的价值观念、审美情趣、思维方式等主观元素。如人们在品饮茶汤时所追求的以茶清心、以茶养廉、以茶养性、茶禅一味等，以及将饮茶与人生处世哲学相结合，上升至哲理高度，形成所谓的茶德思想、茶道精神等。[②]

自古以来，中国人就开始种茶、采茶、制茶和饮茶。中国茶文化是中国人制茶、饮茶活动过程中所形成的文化特征，是中华民族优秀传统文化的重要组成部分，其内容十分丰富，涉及科技教育、文化艺术、医学保健、历史考古、经济贸易、餐饮旅游和新闻出版等学科与行业，包含茶叶专著、茶叶期刊、茶与诗词、茶与歌舞、茶与小说、茶与美术、茶与婚俗、茶与祭祀、茶与禅教、茶与楹联、茶与谚语、茶与故事、饮茶习俗、茶艺表演、茶具、茶馆文化、冲泡技艺、茶食茶疗、茶文化博览和茶事旅游等方面。

二、茶道的概念

据考证，"茶道"一词最早是出现在唐代著名诗僧皎然《饮茶歌诮崔石使君》一诗："一

---

① 庄晚芳. 中国茶文化的传播[J]. 中国农史，1984，(02)：61-65.
② 张凌云. 中国茶文化[M]. 北京：中国轻工业出版社，2016：2-3.

饮涤昏寐，情来朗爽满天地。再饮清我神，忽如飞雨洒轻尘。三饮便得道，何须苦心破烦恼。……孰知茶道全尔真，唯有丹丘得如此。"该诗创作于785年，是皎然咏茶诗的代表作。最后两句就写到了茶道和茶仙"丹丘"——卢仝。卢仝（约795—835年），唐代诗人，初唐四杰卢照邻之孙，因写古今流传的"七碗茶诗"被世人尊称为"茶仙"。唐代刘贞亮在《饮茶十德》中也明确提出："以茶可行道，以茶可雅志。"唐朝封演《封氏闻见记》卷六"饮茶"中记载，"楚人陆鸿渐为《茶论》，说茶之功效并煎茶炙茶之法。造茶具二十四事，以都统笼贮之。远近倾慕，好事者家藏一副。有常伯熊者，又因鸿渐之论广润色之。于是茶道大行，王公朝士无不饮者"。封演的"茶道当属""饮茶之道"，也称"饮茶之艺"。

关于茶道，历代论述有很多，但都不如明代张源《茶录·茶道》所论简明，他说："茶道，造时精，藏时燥，泡时洁。精、燥、洁，茶道尽矣。"张源的"茶道"义即"茶之艺"，乃造茶、藏茶、泡茶之艺。但此语并非仅于技艺层面立论，而是有意让玄奥的精神回归到制茶、藏茶、泡茶的基本操作之中。在张源看来，自然而随性，做到采制精良、收藏得法、冲泡得宜，则"道"在其中矣。他隐于山谷间汲泉煮茗三十年，"疲精殚思，不究茶之指归不已"。

由此可见，中国人至少在唐或唐以前，就在世界上首先将茶饮作为一种修身养性之道。但是，关于茶道，长期以来都没有一个科学的、准确的定义，而要靠个人凭借自己的悟性去贴近它、理解它。直到20世纪末，在茶文化复兴的浪潮中，许多专家学者才对什么是茶道有了具体的解释。茶道就是在操作茶艺过程中所追求、体现的精神境界和道德风尚，它经常是和人生处世哲学结合起来，成为人们的行为准则。

茶道是一种源自中国的传统文化活动，具有千年历史，是一种艺术、哲学、礼仪与日常生活结合的综合体。茶道注重礼仪、雅致、和谐、敬畏、淡泊的原则，展现出深厚的文化内涵和美学精神。茶道通过沏茶、赏茶、闻茶、饮茶等增进友谊，美心修德，学习礼法，领略传统美德，是一种有益的和美仪式。喝茶能静心、静神，有助于陶冶情操、去除杂念。

茶道不仅是品尝茶的艺术和方法，更是一种以茶为媒的生活礼仪和修身养性的方式。茶道注重顺应自然，领略自然之美，珍惜自然资源，并在环保意识上发挥巨大的正能量。茶道的精神是茶文化的核心，通过茶道的实践，人们可以提升内在的修养，达到人与自然、人与人的和谐境界。

此外，中国的茶，能用来养性、联谊、示礼、传情、育德，直至陶冶情操、美化生活。茶之所以能适应各种阶层，众多场合，是因为茶德、茶的情操、茶的本性符合于中华民族的平凡实在、和诚相处、重情好客、勤俭育德、尊老敬老的民族精神。所以，继承与发扬茶文化的优良传统，弘扬中国茶德，对促进我国的精神文明建设无疑是十分有益的。

三、茶艺的概念

中国茶艺古已有之，但是在直到20世纪70年代的很长时间里，中国茶艺有实无名。中国古代虽无"茶艺"一词，但有一些与茶艺相近的名词或表述。

茶艺一词，何时何人提出，说法不一。梁实秋在散文《喝茶》中提到"喝茶的艺术"一词。胡浩川于1940年在为傅宏镇编撰的《中外茶业艺文志》写序时，最早提及茶艺一词："津梁茶艺，其大裨助乎吾人者。"他又写道："今之有志茶艺者，每苦阅读凭藉之太少。"胡浩川所述茶艺乃指茶树种植、茶叶加工、茶叶品评在内的各种茶之艺。但胡浩川创立"茶艺"一词后成空谷足音，直到20世纪70年代中国台湾茶人再倡"茶艺"，始受重视。但因为茶艺是新名词、新概念，后来就引发了关于茶艺如何界定的问题。

什么是茶艺呢？广义的茶艺是指研究茶叶的生产、制造、经营、饮用的方法和探讨茶业原理、原则，以达到物质和精神全面满足的学问。狭义的茶艺是研究如何泡好一壶茶的技艺和如何享受一杯茶的艺术。茶艺的范围包含很广，凡是有关茶叶的产、制、销、用等一系列的过程，包括备器、择水、取火、候汤、习茶的一系列程式和技艺。举凡茶山之旅、参观制茶过程、认识茶叶、如何选购茶叶、如何泡好一壶茶、茶与壶的关系、如何享用一杯茶、如何喝出茶的品位来、茶文化史、茶业经营、茶艺美学等，都是属于茶艺活动的范围。

四、茶艺、茶道与茶文化的关系

茶道是养生修心的饮茶艺术，包含茶艺、茶礼、茶境、茶修四大要素。茶艺是饮茶的艺术，是茶道的基础和必要条件，茶艺可以独立于茶道而存在。茶道以茶艺为载体，依存于茶艺，茶道不能离开茶艺而独立存在。茶艺重点在"艺"，讲究技艺，追求品饮情趣，以获得美感享受；茶道的重点在"道"，旨在通过茶艺修身养性、参悟大道。茶艺的内涵小于茶道，茶艺的外延大于茶道。茶艺、茶道的内涵、外延均不相同。

茶艺是茶文化的基础，茶道是茶文化的核心。茶艺、茶道都是茶文化的重要构成部分，无论内涵还是外延都小于茶文化（图10-1）。在中华茶文化中，茶道是核心、灵魂，是茶文化精神价值的集中体现。掌握了茶道，也就掌握了茶文化的精髓。[①]

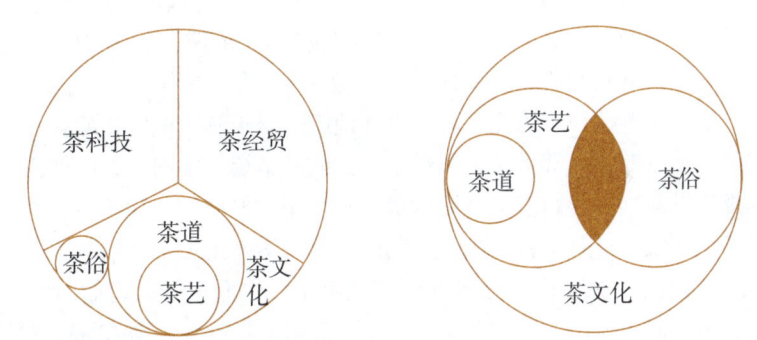

（1）茶艺、茶道、茶文化、茶学内涵关系图　（2）茶艺、茶道、茶俗、茶文化外延关系图

图10-1　茶艺、茶道与茶文化的关系[②]

第二节　中国茶文化的形成与发展

我国是茶树的原产地，是世界上最早发现和利用茶的国家，世界各地的种茶、制茶、饮茶都是从中国传入，我国也是世界茶文化的发源地，茶文化面广、量大，积淀深厚。

一、茶文化的起源

中国是茶的故乡，也是世界上最早发现茶叶功效、栽培茶树和制成茶叶的国家。茶，是

[①] 丁以寿. 茶艺与茶道 [M]. 北京：中国轻工业出版社，2019：5.
[②] 丁以寿. 茶艺与茶道 [M]. 北京：中国轻工业出版社，2019：7.

中华民族的举国之饮。据陆羽的《茶经》记载，"茶之为饮，发乎神农氏，闻于鲁周公。"神农氏是神农时代的象征，由此可见，茶的起源当然更早，而茶被人类发明和利用也至少有5000年的历史了。

茶的利用最初是在野生采集活动中形成的，关于神农氏发现茶之可饮，古代有这样两种传说，一种是"神农尝百草，一日遇七十二毒，得荼而解之"，是说神农在采集草药时，为了验证各种草木的药理功效，必亲自品尝，有一天他碰到好几种有毒草木，感觉口干舌麻，五内若焚，遂意识到这是中毒的征兆。正当他躺在大树下休息之际，树上飘落几片树叶，神农信手取来放入口中慢慢咀嚼，但觉其味苦涩，渐渐地感到麻木消除，舌底生津，且气味清香，食后能提神醒脑，他意识到这种树叶具有解毒的功效，于是采叶而归，定其名曰"荼"（即茶）。另一种是传说神农时代没有医生，人们生病了只得找些草药煎服。有一次，当神农在大树下生火煮水，准备给病人煎药时，有几片茶树叶子落入锅内，却见水色微黄，便取水饮之，发现此水味带苦涩，喝后回味香醇甘甜，并能解渴生津，振奋精神，因而捞叶剖析，肯定了茶的药用价值。

传说虽然不能尽信，但是至少有一点信息值得注意："茶"在长久的食用过程中，人们越来越注重它的某些药用之性。这些反映的是远古时代的传佚之事。从文字考证来看，我国最早利用茶叶的记载始于殷周。周成王时期，周公旦的《尔雅·释木篇》中记载："槚，苦荼也"；《周礼·地官司徒》记载："掌荼，掌以时聚荼，以共丧事"；《中国风俗史》记载："周初至周之中叶，饮物有酒、醴、浆、湆，……此外犹有种种饮料，而茶其最著者。"由此可见，殷周之时，我们的祖先对茶的利用，已经摆脱了最初的药用，不但作为祭品，而且还发掘出它的饮用功效，茶开始成为一种日常饮料。

茶在战国以前，其种植和使用还仅限于巴蜀地区，至于其他地区，除去一些达官贵人靠接受贡品和馈赠获得以外，寻常百姓是很难享受到的。秦统一中国，茶的使用、普及与种植得到了一定的推广。并且，开始将茶烹制成羹饮来食用，但这时的羹饮与后世将茶作为饮料不同，而是将其烹制成一种菜汤，作为食品用的，然而秦朝流传下来的有关茶的史料并不多见。到了西汉，已经有了关于饮茶之事的正式文献记载，而饮茶的起始时间应该比这更早一些。

两汉三国时期，文人、官宦之家已形成饮茶之风。西汉宣帝时，王褒所写《僮约》第一次明确提到了茶叶贸易。说王褒去成都应试，暂住在一位已经亡故的朋友家，亡友之妻杨惠热情招待，常让家中奴仆便了为其做事。便了不愿为王褒服务，就到杨惠丈夫的坟前哭诉。杨惠与王褒对此十分恼火，便商议将便了卖给王褒为仆，并写下一篇有关服务内容和作息时间的契约，即《僮约》。《僮约》中提到茶事的有两处。一处是"烹茶尽具"，是说便了的日常工作中，包括为主人煮茶，并且在主人用茶后，清洗干净茶具。可见，在汉代已经出现了专用的茶具。另一处是"武阳买茶"，这一句则清楚地道出了西汉时期已经把茶叶作为商品进行买卖了。武阳即如今的成都以南眉山市彭山区的双江镇，那里是著名的产茶区。

西汉时期，人们已经将茶烹制后当作一种饮料，而不再作为药材或是羹饮了。茶对人体的保健作用，在这时也得到了进一步的认识，著名医学家华佗在《食论》一书中，明确提出茶的保健功效："苦荼久食，益意思"，说明了茶的提神健脑作用。

而到了三国时期，孙吴盘踞下的东南部地区，已经代替了巴蜀，成为中国新的茶文化中心。这时的江苏、浙江、湖北、湖南及岭南等地，人工种植的茶园已经成为当地种植业中较具规模的行业，产品通过贸易的形式输往北方的魏国，甚至更北的匈奴地区。孙吴末年，吴王孙皓嗜酒如命，每当大宴群臣时，规定每位大臣至少要饮七升酒，而一位叫韦曜的大臣酒量较小，孙皓恐其不胜酒力，就"密赐茶荈以当酒"，以茶代酒的说法由此而来。

在魏晋以前，我国北方，特别是北方的少数民族地区很少有茶，即使偶尔得到一些，也仅为少数官宦所有，故这一地区的人们对茶的认识和使用较晚，而把茶作为一种日常饮料就更晚被人们接受。

魏晋南北朝时期，各种文化思想交融碰撞，玄学一时流行。而玄学家大都是所谓名士，爱好虚无的清谈。东晋、南朝时，江南的富庶使士人得到暂时的满足，清谈之风继续发展，出现许多清谈家。最初的清谈家多为酒徒，饮酒虽能使人兴奋，但喝多了易举止失措、有失雅观。而饮茶却能始终清醒，令人思路清晰，平和心态。于是许多玄学家和清谈家从传统的好酒转向喜好饮茶。

自汉代传入中国的佛教，随着与中土文化，特别是儒教与道教文化的融合，对茶的青睐也日趋强烈。南北朝时期，佛教在我国兴盛起来，僧人们坐禅，彻夜清修，茶就成为他们禅定入静不可或缺的提神之物。同时，在道家看来，饮茶是帮助炼"内丹"，升清降浊，修成长生不老之体的好方法。由此，茶事已经上升到饮食物态以上的形式，具有显著的社会、文化功能。

二、茶文化的形成

唐代是中国茶文化的形成时期，是中国茶文化史上划时代的时期。

唐代是我国历史上疆域辽阔、国泰民安、经济繁荣的封建王朝。国力的强盛、交通的发达、经济文化交流的活跃都为茶叶的流通和茶文化的传播创造了有利条件。唐代的帝王大多好茶，其中以唐玄宗最为著名，他不仅喜欢饮茶，还沉迷于"斗茶"，但是由于相关记载较少，我们无法了解当时的"斗茶"形式和内容。与此同时，民间也开始群起效仿宫廷贵族的饮茶习俗，饮茶蔚然成风，茶叶的贸易集市、各种茶馆遍及城乡。正是饮茶在中国大地的广泛普及和茶事的发展，再加上商业贸易的需要，使"茶"字从长久沿袭下来的"荼"字中最终脱离出来，由此，"茶"字应运而生。

唐代也是我国对外交往活动最频繁时期，在对外交往中，茶被传到我国的边远地区和世界上很多国家，这些地区和国家的饮茶习惯和茶树的种植就始于唐朝。唐初与吐蕃通婚，文成公主入藏时带去了茶叶，这是茶传入西藏的开始。唐时，日本数次派"遣唐使"来我国学习政治、经济、文化等知识，这些"留学生"回国时也将茶及饮茶习惯带回了日本，其中最著名的就是日本僧人空海。从此，茶和饮茶之风在日本开始盛行，今天流行的日本茶道，即源于唐代。另外，朝鲜、越南等国的饮茶习惯也是在这时从我国传入的。

茶文化之所以在唐代形成，除了与当时的经济、文化空前发展有关外，还与以下几个因素有关：

一是与佛教的发展有关。隋唐之际，佛教在我国迅速发展，佛教寺院常建在山清水秀的地方，气候适宜种植茶树，因此有很多大寺院都有种茶树的风尚。茶之清淡平和，正与佛之与世无争相合，故被僧侣们视为修养之必需。

二是与唐代诗风盛行有关。唐代是我国诗歌的鼎盛时期，饮茶习惯形成之后，文人雅士均以尚茶为荣，诗词歌赋中的茶事逐渐兴起和繁荣开来。白居易、李白、卢仝等人都是品茶行家。所谓酒壮英雄胆,茶引学士文。这时期的茶歌、茶诗、茶赋、茶画不胜枚举,客观上起到了宣传饮茶好处、推动饮茶风尚的作用。

三是贡茶的兴起,推动了宫廷茶文化的形成与发展。这些帝王将相、皇亲国戚对唐代茶文化的发展方向和速度都起到了决定性作用。中国茶文化正是在这种大气候和特定的环境下形成的。

此外,唐代留给后世的最重要的茶文化遗产就是"茶圣"陆羽和他的《茶经》。

陆羽(733—约804年),字鸿渐,唐代复州竟陵(今湖北天门市)人。陆羽一生清贫,不涉仕途,却对茶情有独钟。为钻研茶叶生产和科学技术,曾跋山涉水,深入各主要茶区进行调查研究,并亲自参加茶树栽培和采摘活动,研究茶水、茶器,以经验阅历所得,成就了我国和世界历史上第一部茶叶专著《茶经》。

《茶经》内容囊括了茶叶的科学技术、生产知识和饮茶逸事等各个方面,不仅系统总结了古代劳动人民关于茶叶生产的经验和科学技术,而且加以剖析阐述,称得上是茶业的百科全书。《茶经》对我国和世界许多国家茶文化的建立和发展都起到了奠基的作用。陆羽因而被后世尊为"茶圣"。

继陆羽之后唐代最著名的茶人要首推卢仝了。卢仝(约795—835年),自号玉川子,范阳人(今河北涿州)。卢仝出身寒微,终身不仕,但此人才高有节,他一生爱茶,以一首《走笔谢孟谏议寄新茶》(也被称为《卢仝茶歌》)被后人誉为"诗化的《茶经》",堪称茶诗中的经典之作,广为流传。在这首诗中,他抒发了茶人在品茶时的特殊心理感受,可以说是对中国茶文化的概括和总结。卢仝的这首诗被后人称为"七碗诗",在后世许多茶书和茶诗广为引用,卢仝也因此被后人尊为"茶仙"或"茶亚圣"。

三、茶文化的兴盛

茶兴于唐而盛于宋。到了宋代,茶事和茶文化又得到了极大发展,饮茶之风十分盛行。

一方面是宫廷茶文化的隆盛发展。宋代贡茶的精致绝伦达到了前所未有的境地,王公贵族经常举行茶宴,皇帝也经常在得到贡茶后以茶宴招待群臣。宋徽宗还御笔亲作《大观茶论》,虽然他在治国上并无建树,但却是一个很有造诣的茶学和茶艺专家。这本书反映了我国宋代茶业的发达程度和制茶技术的发展状况,也为我们认识宋代茶道留下了珍贵的文献资料。

皇家对高档茶叶的需求,极大地刺激了贡茶的发展。宋代的宫廷御茶品种很多,其中最著名的要数龙凤团茶了。北宋初期,宋太宗遣使至建安北苑,监督制造一种皇家专用的紧压型茶,因茶饼上印有龙凤形的纹饰,故称"龙凤团茶"。皇帝用的龙凤团茶,茶饼表面的花纹用纯金镂刻而成。龙凤团茶有大、小之分,其监制者分别为丁谓和蔡襄,这就是宋代茶事中著名的"前丁后蔡"。作为贡茶的龙凤团茶极为珍贵,是宫廷的象征和骄傲,一代文坛领袖欧阳修在朝为官二十多年也仅得赐茶一饼,他的《双井茶》一诗中的"长安富贵五侯家,一啜犹须三日夸"充分反映了龙凤团茶之昂贵。

另一方面是民间茶文化和斗茶之风的盛行。"斗茶"乃宋代茶之特色。宋代时的斗茶,又称"斗茗""茗战",是古人集体品评茶的质量优劣的一项茶事活动。衡量斗茶的效果,一是看茶面汤花的色泽和均匀程度,二是看茶盏内沿与茶汤相接处有没有痕迹。汤花面上要求色泽鲜白,民间称其为"冷粥面"。同时,汤花要均匀,保持时间较长、能紧贴盏沿而不退散为佳。汤花一散,盏的内沿就会露出"水痕"(茶色水线),先出现水痕的斗茶者,便是输家。因此，水痕出现的早晚，会成为汤花优劣的依据。斗茶虽然始创于民间，但由于其技巧性强，趣味性浓，所以迅速被文人士大夫所接受并加以发展，很快便风靡全国。关于斗茶的记载也有很多，北宋大文学家范仲淹曾做《和章岷从事斗茶歌》一诗，生动描绘了当时的斗茶情景，成为脍炙人口、影响深远的斗茶诗篇。

这一时期，饮茶之风在少数民族地区也流行起来，中原茶文化通过宋辽、宋金的交往，正式作为一种文化内容传播到北方游牧、狩猎民族之中，奠定了此后上千年间北方民族饮茶的习俗和文化风尚，茶成为连接南北经济、文化的纽带。

在茶的烹制方法上，唐代的烹茶法逐渐被淘汰，点茶法盛行。二者最大的区别就是，点茶法是将碾细的茶叶末直接放入到茶盏之中，注入少量沸水调成糊状，然后再注入沸水，同时用茶筅（即调茶竹具）搅动，茶末上浮，形成粥面。为保持茶叶的真味，茶中已不再加入姜、盐一类的调味品。点茶法从宋代开始传入日本流传至今，现在日本茶道中的抹茶道所采用的就是点茶法。

四、茶文化的发展与变革

元代虽然在中国历史上存在的时间相对较短，但在中国茶文化的发展过程中却是一个相当重要的承前启后的时期。一方面，元代统治者来自广袤的大漠，马背民族剽悍的性情使他们很难接受宋人繁缛、精细的饮茶方式；另一方面，蒙古人原本是游牧民族，食物中以肉为主，蔬菜较少，茶对于他们来讲，除了解除饥渴，很重要的一点就是帮助饮食消化和增加维生素，所以，他们饮茶更多的是出于生活、生理上的需要，而茶的文化因素则被忽视了。因此，当蒙古人入主中原之后，即便在宫廷生活较之前朝的奢靡程度有过之而无不及的时期，他们对茶艺的追求也远未达到前人那般考究。

元代，散茶的饮用已经开始流行。散茶应该是茶最原始的形态，散茶的饮用也是最原始的，但随着制茶技术和茶艺的发展，散茶的用量越来越少了。而到了元代，随着用茶形式的粗放化，散茶的使用又逐渐恢复和兴盛起来，而散茶的性状更适合泡饮，这与元人的用茶崇尚简约正好不谋而合。于是，"泡饮法"逐渐开始兴起。

明代初，进贡朝廷的茶叶仍是大小龙团，明太祖朱元璋体恤民情，认为这种制作方法太伤民力，加之自元以来散茶的饮用已为百姓所接受，遂下旨废进龙团，惟采茶芽以进，同时又废宫中绣茶（宋代用五色龙凤图形装饰的饼茶）之制。从此，团茶的生产开始衰落，极大推动了散茶的生产。

明朝中期以后，精细的茶风再次出现，尤以清雅文人为主，文人的个性茶艺充分张扬，茶风则更趋向纤弱。这种茶风的出现，是与文化界当时所提倡的"文必秦汉，诗必盛唐"相暗合的，而实际上，晚清的文人群体已无力再与秦汉的质朴和盛唐的宏大相比了。明末清初的文人茶文化过于远离大众和现实生活，缺乏应有的生命力。

明清两代废止团茶，广泛推广散茶，茶艺中"泡饮法"占据了主导地位。"泡饮法"的方式很简单，即把茶置于容器中，加入沸水冲泡后直接饮用。这与我们今天的饮茶方式已经没有什么区别了。"泡饮法"的出现对于饮茶习惯的推广，特别是向国外的传播和民间"俗饮"的发展，有着极为深远的意义。

明清时期在茶饮方面的最大成就是"工夫茶艺"的完善。工夫茶是适应叶茶撮泡的需要，经过文人雅士的加工提炼而成的品茶技艺，大约在明代形成于江浙一带，扩展到闽粤等地，在清代转移到闽南、潮汕一带为中心，至今以"潮汕工夫茶"享有盛誉。明清时期的茶文化在文化艺术方面的成就，除了茶诗茶画外，还产生了众多的茶歌、茶舞和采茶戏。采茶戏大约在明代中期以后在江西的赣南九龙山一带产生，至清代兴盛起来，传播到邻省各地，这算是明清茶文化史上的一个重大成就。

五、现代茶文化的发展

我国的茶叶生产从清朝后期开始由盛而衰，帝国主义列强的入侵加上当时政府的懦弱无能，国运日衰，百业不兴。到1949年，我国的茶叶产量竟只有5.12万吨。中华人民共和国成立后，政府的高度重视使茶叶生产有了飞速的发展。至1997年，全国茶园面积比中华人民共和国成立初期有了数倍的提高，茶叶产量从1950年的7.19万吨发展到1998年的60余万吨。我国茶叶的种植面积、从业人群、茶产量及产值均居世界前列。据有关资料显示：2020年，世界茶叶产量626.9万吨，中国茶叶产量298.6万吨，居世界第一；世界茶叶总面积7647万亩，中国茶叶总面积4747.5万亩，同样居世界第一。中国的茶叶对世界茶叶生产和消费影响巨大，产量占世界茶叶产量的47.63%，消费量占世界茶叶消费总量的41.68%，出口量占世界茶叶出口的19.14%。

随着中华民族传统文化的复兴与发展，茶与经济活动相结合，已渗透到相关领域。茶物质财富的大量增加为我国茶文化的发展提供了坚实的基础，在中华大地上出现了很多与茶相关的文化组织及茶文化研究会。1982年，在杭州成立了第一个以弘扬茶文化为宗旨的社会团体——"茶人之家"；在1983年"纪念陆羽诞生1250周年"之际，湖北天门市成立了"陆羽茶文化研究会"；1990年"中华人联谊会"在北京成立；1993年"中国国际茶文化研究会"在杭州成立，茶文化的研究也由开始的以茶论茶发展为以文化论茶，进而提升到跳出茶的局限来研究茶文化。1991年中国茶叶博物馆在杭州西湖区龙井乡正式开放；1998年中国国际和平文化交流馆建成；为适应茶文化的蓬勃发展，"中国茶叶流通协会"在这一年起，内设专门茶道专业委员会，积极开展相关方面的工作。这些茶文化组织为中华茶文化的发展起到了推波助澜的作用。

随着茶文化的兴起，各地茶艺馆越办越多。国际茶文化研讨会已开到第五届，吸引了日本、韩国、美国、斯里兰卡等国家及我国港台地区人士纷纷参加。从1990年4月杭州成功举办"第一届国际茶文化节"开始，各省市及主要产茶县纷纷举办"茶叶节"，如福建武夷山的"岩茶节"、云南的"普洱茶节"、浙江新昌、泰顺、湖北英山、河南信阳等地的茶叶节不胜枚举。值得一提的是上海市每年举办的茶文化节，成功地将茶文化与都市文明和社区文化建设相结合，探索出了发展茶文化的道路。

此外，还有以斗茶会、茶宴、品茶会与吟茶诗、茶树法、茶画及茶歌、茶舞等其他文化艺术形式结合开展的活动，这些都加强了茶与文化界的联系。

第三节　中国茶文化资源

一、茶文化资源分类

茶文化资源是在漫长的茶文化发展过程中所积累的、自然和人文兼有的、可以为旅游开发所利用的资源。我国茶文旅游资源丰富，按成因和性质大致可分为自然资源和人文资源两大类型（表10-1）。

表10-1 茶文化资源分类表

大类	亚类	基本类
自然资源	地文景观	茶山
	水域风光	茶泉湖河
	生物景观	古树名木、茶叶大观园、茶叶公园、大坪、生态茶园等
	其他	其他类型
人文资源	茶历史古迹	茶事遗址、茶具遗址、茶马古道、茶人遗迹、茶寺
	特色建筑	特色茶楼茶馆、茶文化酒店、茶博物馆、茶叶工厂、其他茶建筑
	茶技艺	采茶技巧、制茶工艺、饮茶技艺、茶艺表演等
	宗教茶文化	佛教茶文化、道教茶文化、其他
	社会风情	茶叶贸易、茶俗风情、茶叶节庆、茶旅游商品等
	茶文学艺术	茶诗词歌赋文，茶文化楹联、题刻，茶叶历史典故、神话传说、影视、戏曲、音乐、书法、绘画等
	其他	其他类型

（一）自然资源

1. 茶山

在我国历史上，名茶总是与名山相连。自古就有"高山出好茶"，"天下名山，必产灵草。江南地暖，故独宜茶"之说。这是因为高山重叠，岗峦起伏，溪水纵横，林木密布，形成了独特的生态环境；相对湿度大，日照时间短，漫射光多，气温调匀，土壤深厚肥沃，有利于茶树的生长发育。茶与名山大川的关系，其实反映了茶树生长对生态环境的要求。此外，这些山体的自然旅游资源具有各种自然美学特征，其优美的自然风光，清新的空气，繁盛的树木，泥土的气息，是重要的观赏对象。如出产"黄山毛峰"的安徽黄山、出产"庐山云雾茶"的江西庐山、出产"九华毛峰"的安徽九华山、出产"井冈翠绿"的江西井冈山、出产"大红袍"的福建武夷山、出产"雁荡毛峰"的浙江雁荡山、出产"天台云雾茶"的浙江天台山、出产"径山茶"的浙江余杭径山、出产"蒙顶茶"的四川蒙山、出产"峨眉毛峰"的四川峨眉山、出产"君山银针"的湖南君山、出产"天山绿茶"的福建仙峰山、出产"梵净翠峰"的贵州梵净山、出产"南糯白毫"的云南勐海南糯山、出产"苍山雪绿"的云南大理苍山、出产"碧螺春"的江苏太湖洞庭山、出产"秦巴雾毫"的陕西秦巴山、出产"桂平西山茶"的广西桂平西山、出产"仙人掌茶"的湖北玉泉山、出产"恩施玉露"的湖北五峰山等，都是我国天然的茶文化旅游胜地。

这些名山中有不少名寺，历史上都盛产名茶，如四川蒙山的千佛寺、峨眉山的万年寺，浙江余杭的径山寺、天台山的国清寺、普陀山的普济寺，广西桂平的西山寺，湖北当阳的玉泉寺等。

2. 茶泉湖河

茶与水，关系至深。"欲治好茶，先藏好水。"自古以来，得茶不易，得泉尤难。我国名泉佳水众多，历史上曾将镇江中泠泉、北京玉泉、济南趵突泉、江西庐山谷帘泉命名为"天下第一泉"。此外，杭州西湖的龙井泉、虎跑泉、浙江天台山西南峰千丈瀑布水、桐庐严子陵滩水、长兴金沙泉、无锡惠山泉等，也在名泉之列。这些泉水不仅水质优良，可以用来品赏、煮茶，而且还具有很高的观赏价值，可以作为人们的审美对象，是茶文化旅游中独特而重要的资源。

此外，中国的江河湖海之畔，不少也盛产名茶，如杭州西湖周围产"西湖龙井"、江苏苏州太湖畔产"碧螺春"、云南大理洱海周边产"苍山雪绿"、浙江淳安千岛湖畔产"千岛玉叶"等。

3. 茶树资源

茶树是多年生山茶科山茶属茶组常青木本植物。中国是茶树的原产地和起源中心。我国茶树有乔木型、小乔木型、灌木型，有大叶种、中叶种、小叶种，资源丰富，种类变异多，至2003年，全国共审定国家级茶树良种96个。我国近现代在云南、四川、贵州、广西、湖北、福建等省相继发现野生茶树。据统计，茶组植物目前世界上已发现的有4个系，37个种，3个变种，云南茶区就分布有31个种，2个变种，占世界已发现茶种总数的82.5%，占中国茶组植物的81.6%，其中云南独有的有23个种，1个变种。

茶树作为生物资源，具有繁衍、培植再生的特点，它本身所具有的天然性、典型性和地域性，尤其一些野生品种，特别是诸如具有上千年历史的古茶树，更是一种稀有资源。这些古茶树和古茶园是重要的自然遗产和文化遗产，具有重大的科学价值、文化价值和经济价值。从开发利用与保护的角度，茶树种质资源实质上是一种不可位移再生的有限资源，在地理分布上同样具有垄断性和不可替代性的特点，形成了一种宝贵的茶树生物风景旅游资源。茶树虽是一种经济作物，却也具有观赏价值。茶园满目苍翠、生机盎然、夹杂着泥土味及淡淡茶香的清新气息，令人赏心悦目，心旷神怡，构成了美丽的风景。因此，茶树资源是茶文化资源中不可或缺的组成部分。

4. 综合景观

如果茶叶产地（区）内的茶文化资源包括山体、水体等多种旅游资源，或者该地区本就位于著名的旅游景区内，则称之为综合景观。例如，我国名茶君山银针的产地洞庭湖君山，碧螺春的原产地苏州太湖洞庭山等，可谓山清水秀，佳茗天成，是我国著名的茶文化旅游地。

（二）人文资源

1. 茶历史古迹

历史古迹是先民遗留下来的遗迹、遗物和遗址，是往昔历史的见证。它们是前人留给后代的宝贵遗产，是不可再生的有限资源。从历史植根性和本质特征来说，也是一种不能替代和变异的地域垄断性旅游资源。我国茶文化有上千年的历史，在不同历史阶段、不同领域留下了数不清的历史文化瑰宝和历史古迹，是重要的茶文化资源。

我国的茶文化历史古迹按照内容分为四类：茶事遗址，茶具加工制作的遗址，茶马古道和历代茶人遗迹等。茶事遗址指的是在历史上进行茶叶生产、加工等茶事活动时遗留下来的场所，如四川名山皇茶园、浙江长兴的唐代顾渚紫笋贡茶遗址、福建的北宋北苑贡茶院遗址、世界红茶发源地、西坪铁观音发源地等。茶具遗址则指的是历史上茶具生产、加工的场所，如福建建阳宋代建窑遗址、江苏宜兴宋代紫砂茶具古龙窑遗址等。"茶马古道"是一条穿行于今滇、川、藏横断山脉地区和金沙江、澜沧江、怒江三江流域，以茶马互市为主要内容，以马帮为主要运输方式的古代商道。茶人在我国历史上有三种含义：一是专事茶业的人，包括专门从事茶叶栽培、采制、审评、检验、生产、流通、教育、科研人员；二是与茶业相关的人，包括茶叶器具的研制、茶叶医疗保健科研，以及从事茶文化宣传研究和艺术创作的人；三是爱茶的人，广泛包括饮茶人和热爱茶叶的人们。茶人遗迹，指的是这些茶人曾经活动的相关的场所，如陆羽在湖州的故居——青塘别业、清代乾隆皇帝所赐封的杭州十八棵御茶树等。

2. 特色建筑类

茶文化特色建筑指的是以喝茶休闲为目的的建筑、以展示茶文化为目的的场所，其装饰建筑室内设计、装饰、图案、功能等体现茶文化主题特色。建筑内部的空间隔断物或者由隔断物围合出的各个空间，不管是在平面还是立面都可以作为展现茶文化的支撑体。例如我国各地的特色茶楼、茶馆、茶文化主题酒店、茶叶博物馆以及茶叶工厂等。

（1）特色茶楼、茶馆　茶特有的幽雅品格和历史渊源，使茶馆建筑在建筑特色和气氛营造方面尽可能地反映传统的中国茶文化。建筑外观上，各地茶馆汲取地方传统建筑风格，建筑细部体现在屋脊、壁柱、梁枋、屏风以及在一些细小构件上运用雕刻、彩绘、装饰等手法；室内装饰也以木质、藤制等营造古朴清雅的气氛，摆设多为民俗物品、古玩、字画和玉器等。门庭或石柱上或厅堂墙壁上，常可见到悬挂有以茶事为内容的茶联，来增加品茗情趣，茶馆内的传统表演活动有茶道、茶礼、茶仪、茶歌、茶舞和茶艺等，有时还举办其他文化活动。还有些茶馆，建在湖山相映之处，其建筑别致，装饰典雅，更胜往昔，如上海湖心亭茶楼、北京老舍茶馆等。

（2）茶文化主题酒店　茶文化主题酒店，是以茶文化为主题，来体现酒店的建筑风格和装饰艺术，以及特定的文化氛围，让顾客获得富有个性的文化感受；同时将服务项目融入主题，以个性化的服务取代一般化的服务，让顾客获得欢乐、知识和刺激。茶文化主题酒店，无论从装修，还是酒店服务，都要体现中国传统茶文化精髓，具体表现为结构装饰手法、材料装饰手法、图案装饰手法、色彩装饰手法、与茶相关的历史人物、与茶相关的历史传说、与茶相关的诗词歌赋、与茶相关的书法绘画、茶与宗教的联系、茶艺茶道、茶文化中的饮茶习俗。目前，我国茶文化主题酒店有西康大酒店、杭州陆羽山庄度假酒店等。

（3）茶叶、茶具博物馆　茶叶、茶具博物馆（院）是茶文化建筑中十分重要的人文景观。博物馆是征集、典藏、陈列和研究代表自然和人类文化遗产的实物的场所，并对那些有科学性、历史性或者艺术价值的物品进行分类，为公众提供知识、教育和欣赏的文化教育的机构、建筑物、地点或者社会公共机构。博物馆是非营利的永久性机构，对公众开放，为社会发展提供服务，以学习、教育、娱乐为目的。茶叶博物馆集休闲、旅游、品茗于一体，如杭州中国茶叶博物馆、雅安的世界茶叶博物馆、云南普洱茶叶博物馆、天福茶博物院、谢裕大茶叶博物馆、南京雨花茶博物馆、宜兴阳羡茶文化博物馆、江南茶文化博物馆等，多年来海内外参观人数已超过百万，茶叶博物馆已成为展现丰富多彩的中国茶文化基地。

（4）茶厂　茶厂是专门用以生产茶叶产品、货物的大型工业建筑物，是通过展示茶叶生产加工的机械、工艺流程而成为了解茶叶科学技术及其文化的最佳场所。在茶厂参观，既可以参观技术装备和生产设施、动态的生产流程、科学的管理体系，又能欣赏优美的茶园生产生活环境。在茶厂旅游，可以参观现代茶产业设备、茶叶产品的生产和制造、管理、鉴评过程。

3. 社会风情

我国的茶文化民俗风情内容丰富、种类繁多，互相关联，可分为以下几个方面：

（1）茶俗风情　"百里不同风，千里不同俗"，茶俗是在人类长期的社会生活中，逐渐形成的以茶为主题的民间风俗、习惯、礼仪之总称。我国有着丰富的茶俗旅游资源，如客来敬茶、以茶为礼，喊山、开山祭茶仪式，民间斗茶赛，各种制茶工艺，各种茶艺、茶道，茶文化节事活动，茶歌、茶谣、茶舞等都是茶文化资源的重要组成。我国是一个多民族的大家庭，56个民族都与茶结缘，但南北各地因历史、地理、气候、环境关系形成不同特色的饮茶风俗。例如，广东人喜欢吃早茶、北京人喝大碗茶、四川人喜欢喝花茶、福建人爱喝工夫茶，蒙古族有奶茶、回族喜八宝茶、藏族喝酥油茶、维吾尔族有香茶，云南大理白族的三道茶、土家族的擂茶、傈僳族的雷响茶等，特色鲜明。不同民族的茶文化习俗有所差异，各民族茶文化风情亦存在不同的吸引力。

（2）茶文化节事活动　目前国内新兴的茶文化节庆的类型有名茶博览会、茶叶节庆、茶文化学术研讨会、茶艺表演比赛等。通过各种茶叶节庆旅游活动，开展交流，促进文化合作；加强异地联系，增进相互交流；以茶促商，推动经济发展。

（3）茶旅游商品　茶旅游商品主要是指旅游者在旅游活动中购买的、由旅游目的地向旅游者提供的茶叶、茶具以及其他茶产品。设计便于携带、具有地方个性化特色的茶商品，不仅能增进游人返回居住地之后朋友家人的感情，也能使游客游程结束后回味快乐的旅程、向周围朋友做良好口碑宣传，产生良好效用。

中国茶叶在长期的自然选择和人工选择下，经历了漫长的演化，形成了许多种类，仅就我国，已知的栽培种类就有500多个，目前常用的国家级优良品种有77个。据不完全统计，目前，我国各地生产的名优茶逾千种，仅《中国茶叶大辞典》[1]所载的就达970多种，其中绿茶689品，红茶60品，乌龙茶87品，白茶15品，普洱茶6品，花茶46品，包装茶3品，紧压茶55品。

茶叶商品的分类较为复杂。从商品学的角度看，不同的划分方法得出的结果不同。陈宗懋在主编的《中国茶经》中将中国茶做如下分类（表10-2）。

表10-2　中国茶分类

类别			品种
基本茶类	绿茶	蒸青绿茶（煎茶、玉露等）	
		晒青绿茶（滇青、川青、陕青等）	
		炒青绿茶	眉茶（炒青、特珍、珍眉、凤眉、秀眉、贡熙等）
			珠茶（珠茶、雨茶、秀眉等）
			细嫩炒青（龙井、大方、碧螺春、雨花茶、松针等）
		烘青茶类	普通烘青（闽烘青、浙烘青、徽烘青、苏烘青等）
			细嫩烘青（黄山毛峰、太平猴魁、华顶云雾等）
	白茶	白芽茶（白毫银针等）	
		白叶茶（白牡丹、贡眉等）	
	黄茶	黄小茶（北港毛尖、沩山毛尖、温州黄汤等）	
		黄芽茶（君山银针、蒙顶黄牙等）	
		黄大茶（霍山黄大茶、广东大叶青等）	
	乌龙茶（青茶）	闽北乌龙（武夷岩茶、水仙、大红袍、肉桂等）	
		闽南乌龙（铁观音、奇兰、黄金桂等）	
		广东乌龙（凤凰单枞、凤凰水仙、岭头单枞等）	
		台湾乌龙（冻顶乌龙、包种乌龙等）	

---

[1] 陈宗懋. 中国茶叶大辞典［M］. 北京：中国轻工业出版社，2000.

续表

类别		品种
基本茶类	红茶	工夫红茶（滇红、祁红、川红、闽红等）
		小种红茶（正山小种、烟小种等）
		红碎茶（叶茶、碎茶、片茶、末茶等）
	黑茶	湖南黑茶（安化黑茶等）
		湖北老青茶（蒲圻老青茶等）
		四川边茶（南路边茶、西路边茶等）
		滇桂黑茶（普洱茶、六堡茶等）
再加工茶类		花茶（茉莉花茶、珠兰花茶、玫瑰花茶、桂花茶等）
		紧压茶（黑砖、块砖、方茶、饼茶等）
		萃取茶（速溶茶、浓缩茶、罐装茶水等）
		果味茶（荔枝红茶、柠檬红茶、猕猴桃茶等）
		药用保健茶（减肥茶、杜仲茶、降脂茶等）
		含茶饮料（茶可乐、茶汽水等）

其他茶类商品还有茶具、茶菜、茶点、茶书籍等。茶食如茶菜、茶粥、茶面条、茶面包等茶主食，茶糖果、茶冰激凌、茶果脯、茶巧克力等零食，还有地方特色美食、特产等；茶书画、音像作品有茶书、茶字画、地方特色书籍、茶文化杂志、茶文化音像作品等；茶工艺品有茶道用品、茶雕工艺品、特色工艺茶摆件、紫砂工艺品、陶瓷工艺品、礼物篮等；茶衣物有茶帽子、茶T恤、汗衫、茶领带、围裙、地区特色服饰等；其他还有烹茶、品饮的二十四器、装茶的包、茶美容保健系列产品等。

4. 茶文学艺术

我国的茶文学艺术作品是以茶和茶事活动为题材，其内容丰富，不仅有吟咏茶香、茶趣、茶韵之作，还有在种茶、采茶、制茶、煎茶等过程中产生以及涉及名茶、名泉、茶具、斗茶、分茶等方面，形式多样，数量众多，大致可分为诗歌、楹联、题刻、神话传说、影视、戏曲、书法和绘画。与其他茶文化资源相比，文学艺术类是比较独特的一类：首先，其形态往往渗透在其他旅游资源之中，虽然不是独立存在，但是往往具有可视性、可感性，增添了所依附的旅游资源的文化内涵，提高了其欣赏和品位价值，而且能够激发游客的热情，使游客在精神上获得更高的美感享受；其次，它可以灵活运用在旅游中，因为文学艺术可以用语言和图片等一定的形式表现，所以具有可移动性，可以让更多地区的游客共享。

5. 宗教茶文化

我国茶文化在形成的过程中受到宗教文化特别是佛教和道教的影响和熏陶，也因此积淀了丰富的佛教茶文化、道教茶文化等特殊的茶旅游资源。

（1）佛教茶文化　西汉末年，佛教开始传入中国，由于僧侣们需要"养生""清思助谈"，佛与茶开始结缘。至唐代，由于统治阶层的提倡，佛教得到特殊发展。佛教在中国经过本土化的发展，形成了不同的宗派。茶文化的兴起与禅宗的发展有着极大的关系。因为坐禅中闭目静思，极易睡着，所以坐禅中"唯许饮茶"。在唐代，这一习惯得到推广，正如唐代封演在《封氏闻见记》中记载："开元中，太山灵岩寺有降魔师大兴禅教，学禅务于不寝，又不夕食，皆恃其饮茶……"由于寺院常建于名山名水之间，气候常宜植茶，所以唐时许多大寺院都有种茶的习惯。

随着饮茶成为寺院佛事活动中必不可少的组成部分，到唐宋时期，我国寺院中就逐渐形成了一整套庄严肃穆的茶礼和茶宴。在各大寺庙，不但设有专门招待上客的茶寮或茶室，甚至有些法器也用茶来命名。多数寺庙的佛殿和法堂都设有钟、鼓，一般都设在南面，左钟右鼓。若有两鼓，就将两鼓分设在北面的墙角；设在东北角的，叫"法鼓"，设在西北角的，就称"茶鼓"。"茶鼓"是召集众僧饮茶时用的，《宋诗钞》中有陈造的诗句"茶鼓适敲灵鹫院，夕阳欲压赭圻城"，描写了茶鼓声下寺院的幽雅意境。佛教茶文化资源以其特殊的、浓重的神秘感，对旅游者有较强的吸引力。在我国，佛教寺院的建筑、植茶、制茶，以及佛教的茶文化仪式、节庆活动等都有很高的旅游价值。如拥有唐代茶具和佛骨舍利的陕西法门寺、以"宋代茶宴"闻名中外的浙江径山寺、杭州西湖灵隐寺、普陀寺、安徽九华山诸寺、峨眉万年寺、蒙顶山天盖寺、永兴寺等，都是我国佛教茶文化旅游的宝贵资源。

（2）道教茶文化　道教产生于东汉，以"道"为最高信仰。作为我国的本土宗教，道教比其他宗教更能体现中华民族尤其是汉族的思想信仰、民众习性和生活习俗的特质。其创始之初尊老子《道德经》为经典，认同："人法地，地法天，天法道，道法自然"，即"道"是一切万物的根本精神所在。又曰："道之尊、德之贵、夫莫之命而常自然"。道家主张的养生、修身，可以通过饮茶实现。如西汉壶居士《食忌》中说道："苦茶，久食羽化。"南朝齐梁时道家人物，陶弘景在《杂录》中载："苦茶，轻身换骨，昔丹丘子、黄山君服之。"这些记载一则证明了茶叶具有提神醒脑的功效，二则将茶事与道教羽化成仙、长生不老的思想结合起来，对我国茶文化的形成的作用。道家不拘名教，纯任自然，茶产于山野之林，受天地之精华，承丰壤之雨露，茶之品格，蕴含着"自然""守朴""归真"的神韵；道家追求的"无己"，就是茶道中追求的"无我"，道家旷达逍遥的处世态度与中国茶道的处世之道一致，道家文化的精髓已经成为中国茶文化的重要思想理念。

古时植茶、制茶、饮茶在道观寺庙风行，于是有历代名山大川、道观寺庙出名茶的现象。历代真仙高道不仅以茶养生、乐生，而且他们还将其居住之地打造成为养生之仙境乐园，道家以茶养生，以栽茶品茶为生活之乐趣。道家称仙人、真人所居住的名山为洞天福地，道家有十大洞天，三十六小洞天，七十二福地。这些洞天福地，其实都是我国一些风景十分秀丽的名川大山。岂不知，高山云雾正是产茶的好处所，道家众多的洞天福地就在中国茶区，甚至一些大山本身就是中国的名茶产地。如齐云山瓜片就产自我国著名的道家名山安徽齐云山、盛产大红袍和武夷岩茶的道家名山武夷山、出产名茶的湖北武当山、早在唐代即享盛名的秘制"洞天贡茶"产地青城山、江西龙虎山、安徽齐云山等，秀丽的山川、宏伟的宫观相映成趣，是休闲旅游的胜地。道教茶文化资源有着其他不可比拟的开发潜力，值得进行挖掘。

二、我国主要茶区与茶文化资源的区域划分

（一）中国四大茶区分布

茶区，是根据茶树生物学特性，在适合于茶叶生产要求的地域空间范围内，综合地划分成若干自然和经济条件大致相似、茶叶生产技术大致相同的茶树栽培区域单元。中国历史上对茶区的划分，最早见于陆羽《茶经》。陆羽在该书"八之出"中将当时栽培茶树的

四十二州一个郡，划分成八大茶区。在20世纪30年代，吴觉农和胡浩川将全国划分为13个茶叶产区。

现如今，中国茶区分布在北纬18°～37°，东经94°～122°的广阔范围内，有浙江、湖南、湖北、安徽、四川、福建、云南、广东、广西、贵州、江苏、江西、陕西、河南、台湾、山东、西藏、甘肃、海南等19个省、自治区的上千个县市，地跨边缘热带、南亚热带、中亚热带、北亚热带和暖温带。在垂直分布上，茶树最高种植在海拔2600米高地上，而最低仅距海平面几十米或百米。

我国茶区辽阔，茶区划分采取3个级别，即一级茶区，是全国性划分，用以宏观指导；二级茶区，是由各产茶省（区）划分，进行省区内生产指导；三级茶区，是由各地县划分，具体指挥茶叶生产。1982年，中国农业科学院茶叶研究所根据生态条件、生产历史、茶树类型、品种分布、茶类结构，将国家一级茶区分为4个，即华南茶区、西南茶区、江南茶区、江北茶区（图10-3）。

表10-3 中国四大茶区特征

茶区	茶区特色	区域范围	地理气候	茶树资源	茶叶资源
华南茶区（也称岭南茶区）	中国最南的茶区，最适宜茶树生长的地区	包括福建和广东中南部、广西和云南南部、海南和台湾省	该茶区南部为热带季风气候，北部为南亚热带季风气候，整个茶区高温多雨，水热资源丰富。年平均气温为19～22℃，年降水量在1200～2000毫米	茶树资源丰富，多栽培乔木或半乔木大叶种和灌木中叶种	以生产红茶、乌龙茶为主，也是生产乌龙茶、白茶、六堡茶、花茶等特种茶的重要生产基地
西南茶区（也称高原茶区）	本区为茶树原产地，中国最古老的茶区，中国地形地势最为复杂的茶区	包括贵州、四川、重庆、云南中部和西藏南部	由于该茶区地势高，地形复杂，有些同纬度地区海拔高低悬殊，气候差别很大，大部分地区属亚热带季风气候，冬不寒冷，夏不炎热。本区具有立体气候的特征，年平均气温为15～19℃，年降水量为1000～1700毫米	茶树品种以乔木型大叶种品种为多，灌木型中叶种品种次之	生产的茶类有红茶、绿茶、边茶、普洱茶及花茶等
江南茶区（也称中南茶区）	中国茶叶生产的最集中产区，年产量大约占全国总产量的2/3	包括广东和广西北部、福建中北部、安徽、江苏和湖北省南部、湖南、江西、浙江	茶区大多为低丘、低山，只有少数在千米以上的高山，如安徽的黄山，江西的庐山，浙江的天目山、雁荡山、天台山、普陀山等名山胜地。茶园分布于丘陵地带。基本上属于中亚热带季风气候，南部为南亚热带季风气候，四季分明，年平均气温为15～18℃，冬季气温一般在-8℃，年降水量1400～1800毫米	茶树品种以灌木中小叶种为主，小乔木中叶种和大叶种也有分布	生产茶类有绿茶、红茶、乌龙茶、白茶、黄茶和黑茶。该区名优茶较多，如西湖龙井、洞庭碧螺春、庐山云雾、天目青顶、雁荡毛峰、黄山毛峰、武夷岩茶、君山银针、白毫银针、普陀佛茶等
江北茶区（也称华中北区茶区）	中国最北的茶区，具有南北过渡性特色	位于长江中、下游北岸，包括甘肃、陕西和河南南部、湖北、安徽和江苏北部、山东东南部	该茶区地处亚热带北缘，本区不少地方昼夜温差大，有利于茶树有机质的积累。最北的茶区年平均气温为15～16℃，冬季绝对最低气温一般为-10℃左右。年降水量较少，为800～1100毫米	茶树品种多为灌木中小叶种	生产茶类以绿茶为主。所产绿茶具有香气高、滋味浓、耐冲泡的特点，如信阳毛尖等

（二）茶文化资源的区域划分

茶文化资源是茶叶生产的自然分布和社会、历史因素等多方面作用的结果。我国茶区辽阔，茶文化资源类型数量丰富，类型多样，地区特征明显。根据目前我国茶文化的地域特点、茶叶生产的分区和我国的综合旅游区划，考虑发生学原则、相对一致性原则、地域完整性原则等旅游资源区划原则，将茶文化资源分为以下几个大的区域，各区茶文化资源的特征见表10-4[①]。

表10-4 我国茶文化资源区域划分

地区	范围	茶叶生产	资源特征
黄河中下游地区	陕西、河南、山东	山东日照绿茶、河南信阳毛尖、陕西午子仙毫、陕南绿茶等	以各地名优绿茶产区为主；资源相对较少；开发程度低，一般以茶园观光活动为主，结合历史遗迹资源的较少
吴、越文化，江南水乡风光带	上海、浙江、江苏、安徽	西湖龙井、顾渚紫笋、安吉白茶、阳羡雪芽、洞庭碧螺春、太湖翠竹、黄山毛峰、祁门红茶等	以天目山脉、太湖地区、黄山茶区等茶产区为主，可适制茶种类多；境内有黄山、径山、天台山、太湖、西湖、惠泉、紫砂茶具、顾渚贡茶遗址、九华山佛教茶文化等丰富的旅游资源，种类齐全，旅游业整体水平较高，资源开发较早
水乡泽国、荆楚文化、湖山景观带	湖北、湖南、江西	恩施玉露、君山银针、庐山云雾、安化黑茶、狗牯脑茶、宁红、婺绿等	我国重要茶产区，适制绿茶、黑茶、红茶、花茶等多个品种；有庐山、君山、洞庭湖、桃源生态风光，武当道教茶文化资源；茶歌、茶戏、擂茶等地方茶俗特色明显；各地区茶文化旅游开发层次不一
西南奇山秀水、民族风情带	四川、重庆、贵州、云南、广西	蒙顶茶、滇红、广西茉莉花茶、边茶、普洱等	世界茶树的起源中心和茶文化的摇篮，茶树种植资源丰富；茶马古道遗迹风景壮观；巴蜀文化、藏族文化、壮族文化等茶文化资源丰富多彩；茶文化旅游开发以茶马古道文化为主，其他为辅
热带、亚热带风光带	福建、广东、海南、台湾地区	铁观音、大红袍、英德红茶、台湾高山乌龙茶、普洱茶等	福建地区乌龙茶以及非物质文化遗产资源，武夷山水、大红袍、安溪铁观音，广东英德红茶产地，台湾地区高山茶自然旅游资源；潮汕工夫茶艺、广东茶楼、茶点等地方茶俗；沿海地区经济发达，茶文化资源开发较早，总体水平高，也存在地区间发展不平衡

三、我国茶文化资源的特征

（一）种类多样

我国茶文化资源种类齐全，既有山、泉、茶树等自然资源，也有各种人文历史旅游资源，如茶园遗址、茶具遗址、茶马古道、茶人遗迹、特色茶楼、茶馆、茶文化酒店、茶博物馆、茶叶工厂、茶与佛教文化、茶与道教文化、茶文化城市、茶文化村、茶俗风情、茶叶节庆、茶叶商品、茶饮食、茶诗词歌赋、茶文化楹联、题刻、茶叶历史典故、神话传说、影视、戏曲、书法、绘画等。其中人文旅游资源的数量突出，是开发茶文化旅游的重要条件。

[①] 冯卫英. 茶文化旅游资源研究[D]. 南京农业大学，2011：44-45.

（二）内涵丰富

茶文化资源包括自然资源和人文资源，从古老的野生大茶树到茶马古道，从风景秀美的名山大川到文化深厚的贡茶遗址，从甘、甜、清、纯的泡茶名泉到已经成为非物质文化遗产的各种制茶工艺等。这些旅游资源单体或历史、文化底蕴深厚，或科学价值和观赏价值高，都深具吸引力，可谓历史与现代交融，自然与人文皆具，物质与精神兼有，是优良的旅游资源。

（三）分布不均

茶文化资源的分布与我国茶叶生产的分布密切相关，主要集中在长江以南的广大地区，北方仅有山东、河南、陕西、甘肃的部分地区产茶，因此茶文化资源相对较少，资源分布呈现南多北少、南强北弱的局面。此外，由于旅游区一般具有一定的经济机构和形态、旅游资源比较集中，具有一定的规模、范围和条件吸引游客。因此，我国的茶文化资源主要分布在杭州、苏州、上海、成都、北京、黄山、庐山、武夷山、张家界、五指山、西双版纳、太湖、洞庭湖等旅游城市和地区。

第四节　世界非遗"中国传统制茶技艺及其相关习俗"项目解读

一、选择该项目申报人类非遗的原因

首先是由茶产业的重要地位决定的，我国是世界第一大茶叶生产国，茶产业过去是我国脱贫攻坚的重要支柱产业，现在是被寄予厚望的乡村振兴支柱产业。

其次是制茶技艺和茶习俗在中国世代相传，并在各社区和群体适应周围环境以及与自然和历史的互动中，被不断地再创造。但随着城市化进程和工业化快速发展，人们从事茶叶生产的积极性不高，尤其是年轻人从事手工炒茶意愿下降，传统制茶技艺面临后继缺人，传统茶文化面临消失的严重威胁。

第三是茶文化的重要性决定的，茶文化是中华优秀文化的重要组成部分，饮茶和品茶是人们普遍的日常生活方式和生活习惯，在饮用茶与分享茶的过程中，形成了中国人谦、和、礼、敬的价值观，能促进人际和谐和包容性社会发展。

二、项目的内涵

中国传统制茶技艺及其相关习俗是有关茶园管理、茶叶采摘、茶的手工制作，以及茶的饮用和分享的知识、技艺和实践。

制茶师根据当地的风土，使用炒锅、竹匾、烘笼等工具，运用杀青、闷黄、渥堆、萎凋、做青、发酵、窨制等核心技艺，发展出绿茶、黄茶、黑茶、白茶、青茶（乌龙茶）、红茶六大茶类及花茶等再加工茶，2000多种茶品，以不同的色、香、味、形满足着民众的多种需求。

饮茶和品茶贯穿于中国人的日常生活。人们采取泡、煮等方式，在家庭、工作场所、茶馆、餐厅、寺院等场所饮用茶与分享茶。在交友、婚礼、拜师、祭祀等活动中，饮茶都是重要的沟通媒介。以茶敬客、以茶敦亲、以茶睦邻、以茶结友，为多民族共享，为相关社区、群体和个人提供认同感和持续感。

该遗产项目世代传承，形成了系统完整的知识体系、广泛深入的社会实践、成熟发达的

传统技艺、种类丰富的手工制品，体现了中国人所秉持的谦、和、礼、敬的价值观，对道德修养和人格塑造产生了深远影响，并通过丝绸之路促进了世界文明交流互鉴，在人类社会可持续发展中发挥着重要作用。

三、项目涉及地理位置和分布范围

传统制茶技艺与地理位置、自然环境密切相关，分布在北纬18°～37°、东经94°～122°范围内，主要集中于中国秦岭淮河以南、青藏高原以东的江南、江北、西南和华南四大茶区，包括浙江、江苏、江西、湖南、安徽、湖北、河南、陕西、云南、贵州、四川、福建、广东、广西等地；相关习俗在全国各地广泛流布，为多民族所共享。

可见，传统制茶技艺基本覆盖了我国茶叶生产区域，相关习俗遍及全国各地。北纬18°在海南省三亚市境内，为我国最南边茶园，出产具有"琥珀汤、奶蜜香"品质特征的五指山红茶；北纬37°在山东省威海市和烟台市一带，为我国最北边茶园，出产有"小米汤、蛋黄香"品质特征的荣成绿茶和"墨玉绿、小米汤、豆子香"品质特征的海阳绿茶；东经122°处于浙江省舟山市普陀山和台湾省花莲县瑞穗乡的位置，为我国最东边茶园，出产有"似螺似眉、香清味鲜"品质特征的普陀佛茶和"果香蜜韵"品质特征的蜜香红茶；东经94°位于西藏自治区林芝市境内，为我国最西边茶园，出产有"香高味甘醇"品质特征的林芝绿茶和林芝红茶。

四、实践者和传承人

"中国传统制茶技艺及其相关习俗"的实践者和传承人包括制茶师、茶农、采茶工、茶艺师、茶点师、长者、茶友。

制茶师掌握着专门知识和核心技艺，带徒授艺，对该遗产项目传承和发展负有特殊责任；茶农依照自然规律、生态法则和世代相传的经验种茶和管理茶园，德高望重的长者担任祭祀茶神仪式的主持；采茶工以女性为主，负责茶叶采摘、拣选；茶艺师展示传承茶艺、茶道；茶点师负责制作佐茶食品；家族中的长辈和社区中的长者在日常生活、仪式和节庆活动中将饮茶、敬茶等习俗言传身教给家庭、社区成员，特别是年轻一代；茶友间开展品茶、斗茶、评茶等活动。

中国多民族长期保持着该遗产项目的实践，饮茶与分享活动已深度融入人们的日常生活。可见，该遗产项目有着广泛深入的社会实践，大家团结协作，世代传承。

五、项目相关知识和技能的传承方式

当前，与该遗产项目相关的知识和技艺主要通过家族传承、师徒传承和社区传承等传统方式进行，并与正规教育有所融合。

家族传承：相关知识、技艺，特别是有些特殊的技艺和诀窍在家族成员之间代代传承。

师徒传承：徒弟在师傅的指导下，通过观察、实践获得相关知识、技艺和诀窍。

社区传承：在家庭中，饮茶、敬茶等相关礼俗由长辈传授给下一代；在社区，相关仪式活动的组织经验，通过长者口传身授实现代际传承。

正规教育：通过中高职、高等院校等开设茶学和茶文化专业，培养制茶、茶艺等专门人才。

六、参与该项目申报的国家级非遗项目名录和有关单位

根据联合国教科文组织《保护非物质文化遗产公约》要求，列入人类非物质文化遗产代表作名录的遗产项目，必须是已列入申报缔约国境内非物质文化遗产的某一清单。我国分别于2006年、2008年、2011年、2014年及2021年，共公布了5批国家级非物质文化遗产代表性项目名录，其中，涉茶项目共54个，包括传统技艺39项、民俗6项、传统戏剧7项、传统舞蹈1项和传统音乐1项，涉及全国15个省份。

这次申报选择了传统技艺和民俗作为该遗产项目内容。传统戏剧、传统舞蹈和传统音乐属于表演艺术类，未列入项目内容申报。

有44个国家级非物质文化遗产代表性项目（表10-5）和中国茶叶博物馆、中国茶叶学会、浙江大学茶叶研究所共同参与了该遗产项目申报。上述单位于2020年12月29日联合成立"中国传统制茶技艺及其相关习俗"保护工作组，由中国茶叶博物馆牵头，采取共同保护行动。

表10-5　"中国传统制茶技艺及其相关习俗"相关的国家级非物质文化遗产代表性项目名录

序号	编号	名称	类别	公布时间	保护单位
1	Ⅷ-148	绿茶制作技艺（西湖龙井）	传统技艺	2008（第二批）	杭州市西湖区龙井茶产业协会
2	Ⅷ-148	绿茶制作技艺（婺州举岩）	传统技艺	2008（第二批）	浙江采云间茶业有限公司
3	Ⅷ-148	绿茶制作技艺（黄山毛峰）	传统技艺	2008（第二批）	谢裕大茶业股份有限公司
4	Ⅷ-148	绿茶制作技艺（太平猴魁）	传统技艺	2008（第二批）	黄山区茶业协会
5	Ⅷ-148	绿茶制作技艺（六安瓜片）	传统技艺	2008（第二批）	六安市裕安区茶叶产业协会
6	Ⅷ-148	绿茶制作技艺（碧螺春制作工艺）	传统技艺	2011（第三批）	苏州市吴中区洞庭山碧螺春茶业协会
7	Ⅷ-148	绿茶制作技艺（紫笋茶制作技艺）	传统技艺	2011（第三批）	长兴县紫笋茶文化研究会
8	Ⅷ-148	绿茶制作技艺（安吉白茶制作技艺）	传统技艺	2011（第三批）	安吉中盛农业发展有限公司
9	Ⅷ-148	绿茶制作技艺（赣南客家擂茶制作技艺）	传统技艺	2014（第四批）	江西省全南县文化馆
10	Ⅷ-148	绿茶制作技艺（婺源绿茶制作技艺）	传统技艺	2014（第四批）	婺源县非物质文化遗产保护中心
11	Ⅷ-148	绿茶制作技艺（信阳毛尖茶制作技艺）	传统技艺	2014（第四批）	信阳市茶叶商会
12	Ⅷ-148	绿茶制作技艺（恩施玉露制作技艺）	传统技艺	2014（第四批）	恩施玉露茶产业协会
13	Ⅷ-148	绿茶制作技艺（都匀毛尖茶制作技艺）	传统技艺	2014（第四批）	都匀市非物质文化遗产中心
14	Ⅷ-148	绿茶制作技艺（雨花茶制作技艺）	传统技艺	2021（第五批）	南京盛峰茶业有限公司
15	Ⅷ-148	绿茶制作技艺（蒙山茶传统制作技艺）	传统技艺	2021（第五批）	雅安市名山区非物质文化遗产保护中心

续表

序号	编号	名称	类别	公布时间	保护单位
16	Ⅷ-149	红茶制作技艺（祁门红茶制作技艺）	传统技艺	2008（第二批）	祁门县祁门红茶协会
17	Ⅷ-149	红茶制作技艺（滇红茶制作技艺）	传统技艺	2014（第四批）	云南滇红集团股份有限公司
18	Ⅷ-149	红茶制作技艺（坦洋工夫茶制作技艺）	传统技艺	2021（第五批）	福安市茶业协会
19	Ⅷ-149	红茶制作技艺（宁红茶制作技艺）	传统技艺	2021（第五批）	江西省宁红有限责任公司
20	Ⅷ-150	乌龙茶制作技艺（铁观音制作技艺）	传统技艺	2008（第二批）	安溪县茶文化研究中心
21	Ⅷ-150	乌龙茶制作技艺（漳平水仙茶制作技艺）	传统技艺	2021（第五批）	漳平市文化馆
22	Ⅷ-151	普洱茶制作技艺（贡茶制作技艺）	传统技艺	2008（第二批）	宁洱哈尼族彝族自治县文化馆
23	Ⅷ-151	普洱茶制作技艺（大益茶制作技艺）	传统技艺	2008（第二批）	勐海茶厂（普通合伙）
24	Ⅷ-152	黑茶制作技艺（千两茶制作技艺）	传统技艺	2008（第二批）	安化县文化馆
25	Ⅷ-152	黑茶制作技艺（茯砖茶制作技艺）	传统技艺	2008（第二批）	益阳茶厂有限公司
26	Ⅷ-152	黑茶制作技艺（南路边茶制作技艺）	传统技艺	2008（第二批）	雅安市非物质文化遗产保护中心（雅安市茶马古道研究中心）
27	Ⅷ-152	黑茶制作技艺（下关沱茶制作技艺）	传统技艺	2011（第三批）	云南下关沱茶（集团）股份有限公司
28	Ⅷ-152	黑茶制作技艺（赵李桥砖茶制作技艺）	传统技艺	2014（第四批）	湖北省赵李桥茶厂有限责任公司
29	Ⅷ-152	黑茶制作技艺（六堡茶制作技艺）	传统技艺	2014（第四批）	苍梧县文化馆
30	Ⅷ-152	黑茶制作技艺（长盛川青砖茶制作技艺）	传统技艺	2021（第五批）	伍家岗区鑫鼎生物科技有限公司
31	Ⅷ-152	黑茶制作技艺（咸阳茯茶制作技艺）	传统技艺	2021（第五批）	咸阳市群众艺术馆
32	Ⅷ-203	白茶制作技艺（福鼎白茶制作技艺）	传统技艺	2011（第三批）	福鼎市茶业协会
33	Ⅷ-148	黄茶制作技艺（君山银针茶制作技艺）	传统技艺	2021（第五批）	岳阳市君山区文化馆
34	Ⅷ-63	武夷岩茶（大红袍）制作技艺	传统技艺	2006（第一批）	武夷山市文化馆
35	Ⅷ-147	花茶制作技艺（张一元茉莉花茶制作技艺）	传统技艺	2008（第二批）	北京张一元茶叶有限责任公司

续表

序号	编号	名称	类别	公布时间	保护单位
36	Ⅷ-147	花茶制作技艺（吴裕泰茉莉花茶制作技艺）	传统技艺	2011（第三批）	北京吴裕泰茶业股份有限公司
37	Ⅷ-147	花茶制作技艺（福州茉莉花茶窨制工艺）	传统技艺	2014（第四批）	福州海峡茶业交流协会
38	Ⅷ-268	德昂族酸茶制作技艺	传统技艺	2021（第五批）	芒市文化馆（芒市非物质文化遗产保护中心）
39	Ⅷ-161	茶点制作技艺（富春茶点制作技艺）	传统技艺	2008（第二批）	扬州富春饮服集团有限公司富春茶社
40	Ⅹ-84	庙会（赶茶场）	民俗	2008（第二批）	磐安县文化馆
41	Ⅹ-107	茶艺（潮州工夫茶艺）	民俗	2008（第二批）	潮州市文化馆（潮州市非物质文化遗产保护中心）
42	Ⅹ-107	茶俗（白族三道茶）	民俗	2014（第四批）	大理市非物质文化遗产保护管理所
43	Ⅹ-107	茶俗（瑶族油茶习俗）	民俗	2021（第五批）	恭城瑶族自治县油茶协会
44	Ⅹ-140	径山茶宴	民俗	2011（第三批）	杭州市余杭区径山万寿禅寺

七、社会功能和文化意义

唐代陆羽《茶经》中有多处关于茶有益于身心健康的记述。饮茶具有止渴、提神、解腻等功效，也有舒缓压力、调理身心的作用，已经成为相关社区、群体和个人的生活方式和生活习惯。传承人和实践者在制茶、泡茶、品茶的过程中，增加了生活情趣，培养了平和包容的心态、形成了含蓄内敛的品格，提升了精神境界和道德修养。茶的饮用与分享是人们交流、沟通的重要方式。

该遗产项目涉及面广，参与度高，可以为相关社区民众，包括妇女、残疾人提供可持续生计，有助于增收减贫，促进了包容性经济和包容性社会发展。如福建安溪全县人口102万，涉茶人口80万，其中包括35.4万妇女和0.72万残疾人。

"中国传统制茶技艺及其相关习俗"列入联合国教科文组织人类非物质文化遗产代表作名录后，对相关社区、群体、个人以及茶产业将产生巨大影响。

（一）提升文化自豪感和文化自信

申遗成功，体现了国际社会对中国几千年来世世代代茶人们付出辛劳汗水，以及他们对人类所做出的杰出奉献的肯定，令人深感自豪。茶是传承中华文化的重要载体，茶文化是中华优秀文化的重要组成部分。该遗产项目体现着中华民族的创造力和文化多样性，传达着茶和天下、包容并蓄的理念，申遗成功，是对中华民族创造力和文化的尊重。

（二）增强文化认同感、幸福感和社会凝聚力

人们在制茶、泡茶、品茶的过程中，增加了生活情趣，培养了平和包容的心态，形成含蓄内敛的品格，提升了精神境界和道德修养；以茶待客、长者为先等与茶相关的礼俗，彰显了谦、和、礼、敬的人文精神；茶的饮用与分享是人们交流、沟通的重要方式，是密切人与人之间关系的纽带，增进了家庭和睦、人际和谐。

（三）增强保护的使命感和责任感

申遗成功，提升广大民众，特别是年轻人对于有关自然界和宇宙的知识、传统技艺和健康实践的认知，提高了人们对保护中国人世世代代珍视的非物质文化遗产重要性的认识，积极参与保护行动，有利于在非物质文化遗产的保护、延续和再创造等方面发挥重要作用，从而为丰富文化多样性和人类创造性做出新的贡献。

（四）有利于中国茶文化更好地走向世界，促进茶产业可持续发展

该遗产项目列入人类非遗后，在全世界范围内提高了中国茶文化的可见度，传达了茶和天下、包容并蓄的理念，深化文明交流互鉴，提升了中华文化的影响力；有助于在世界范围内增进饮茶促进身心健康的认知，有利于扩大茶叶消费；认识到该遗产项目保护在提供可持续生计、增进性别平等，以及促进农村发展等方面的重要作用。未来，社会公众会更加关注中国茶文化，相关部门也会在传统技艺、文化保护和传承方面有更多投入，将激励更多年轻人传承和弘扬茶文化。①

思考题

1. 茶艺、茶道与茶文化有什么关系？
2. 中国茶文化是如何形成与发展的？
3. 我国有哪些茶文化遗产资源？举例说明。
4. "中国传统制茶技艺及其相关习俗"项目列入人类非物质文化遗产代表作名录有什么意义？
5. 论述中国茶文化对现代社会的影响与未来发展。

课外选读文献

1. 吴雨. 中国古代茶文化［M］. 北京：中国商业出版社，2022.
2. 勉卫忠. 中国茶事通论［M］. 北京：中国农业出版社，2022.
3. 周东平. 中国茶文化史［M］. 福州：福建海峡文艺出版社，2021.
4. 丁以寿. 中国茶文化概论［M］. 北京：科学出版社，2018.
5. 李金. 茶食［M］. 北京：中国旅游出版社，2023.

---

① 鲁成银. "中国传统制茶技艺及其相关习俗"非遗申报解读［J］. 中国茶叶，2023，（2）：49-53.

第十一章
香飘万里的千年酒风

课程导入

酒不重要，酒文化才重要！

中国是世界文明古国，也是酒的故乡。酒是中华文化这一肌体中的血液，它的流动，处处散发着中华文化的芳香。所谓无酒不成宴，无酒不成礼，无酒不成欢，无酒不成敬。在中国人的生活中，酒占有着绝对重要的位置。但是，光有酒就行了吗？不是的，因为，酒不重要，酒文化才重要！

酒作为一种特殊的食品，既属于物质，又融入了人们的精神生活。在几千年的文化历程中，酒文化作为一种独特的文化形式，承载着丰富的历史和文化底蕴，在传统的中国文化中扮演着特殊的角色。酒文化有助于社交、表达情感、增进友谊，能让我们从中找到乐趣，找到活跃气氛的理由，同时也带来了经济和文化价值，推动了酒产业的发展。但必须承认，酒也会带来负面影响。如果过度的饮酒或饮酒的方式不当，不仅会对自己的身体健康造成影响，也可能带来酒后滋事、酒驾等社会问题。

因此，在继承和传扬中国酒文化的过程中，我们应该保持清醒的头脑，珍视其积极价值，同时也警惕其潜在问题。让我们怀着豪迈之情，共同探索中国酒文化的深厚内涵，传承这份千年的文化遗产。

> 宁夏要把发展葡萄酒产业同加强黄河滩区治理、加强生态恢复结合起来，提高技术水平，增加文化内涵，加强宣传推介，打造自己的知名品牌，提高附加值和综合效益。
>
> ——2020年6月9日，习近平在宁夏考察时的讲话

教学目标

◎**知识目标**

了解中国酒文化的发展历史和资源种类，理解中国酒文化的内涵与表现形式，掌握中国酒文化的特点，牢记酒文化的两面性及其与安全健康的关系。

◎**能力目标**

增强自我管理能力和约束能力，自觉抵制诱惑，不喝酒、不酗酒。积极参与宣传喝酒酗酒的危害，让更多的同学了解酗酒危害，并除掉酗酒陋习。

◎**思政目标**

宣传理性饮酒、认同理性饮酒、践行理性饮酒，形成文化认同、价值观认同，进而影响消费行为。

第一节　中国酒文化的内涵和表现形式

一、中国酒文化的内涵

从物质属性角度看，酒是用粮食、水果等含淀粉或糖的物质经发酵制成的含乙醇的饮料。然而，酒并不是一种必需的饮料，人们在享用酒的时候，已经摆脱了对解渴的单纯追求，不是为了维持身体对水分的需求，而是追求酒对生活的美化、雅化，将饮酒行为升华为一种精神享受和寄托，人在它身上附加了许多人性的、精神的、道德的和社会化的东西。人们通过酒来寄托自己的感情，表达自己的思想，维系人们之间的关系……酒成为人类的智慧和技艺的凝聚物。比如，不同阶层的人，饮不同的酒；不同阶层的人，饮酒的场面、讲究不同。"借酒浇愁愁更愁"，说的就是饮用酒的目的性。"酒逢知己千杯少"，说的是和不同的人喝酒会有不同的结果等。在这样的情况下，酒已经外化，有了某种标签的含义。酒就再也不是一种简单的物质存在，而成为一种文化的象征，成为人们感情的承载物。

许慎《说文解字》曰："酒，就也，所以就人性之善恶。从水，从酉，酉亦声。一曰造也，吉凶所造也。古者仪狄作酒醪，禹尝之而美，遂疏仪狄。杜康作秫酒。"

白话版《说文解字》：酒，迁就满足。用来迁就满足人性中的善恶激情的刺激性饮料。字形采用"水、酉"会义，"酉"也作声旁。另一种说法认为，"酒"是成就的意思，是导致或吉或凶之事的原因。相传，远古时代仪狄发明了酒，大禹尝酒后大加赞美，并因仪狄的天才而疏远了他。还有说法认为，是杜康最早发明了高粱酒。

"酒文化"一词是由我国著名经济学家于光远教授在1987年首次提出来的，后来萧家成等学者界定了酒文化概念的内涵与外延。从概念上讲，酒文化有广义和狭义之分。

广义的酒文化蕴涵丰富、自成体系，包括几千年来不断改进和提高的酿酒技术、工艺水平、法律制度、酒俗酒礼、形形色色的饮酒器皿，以及文人墨客所创作的与酒相关的诗文词曲等。

狭义的酒文化则是一般消费者心目中的酒文化，多指饮酒的礼节、风俗、逸闻、逸事等。

后来，许多酒文化研究者对其内容不断完善，其中最为典型和最有代表性的便是萧家成先生给酒文化所下的定义，即所谓"酒文化"是指围绕着酒这个中心所产生的一系列物质的、技艺的、精神的、习俗的、心理的、行为的现象的总和。围绕着酒的起源、生产、流通和消费，特别是它的社会文化功能以及它所带来的社会问题等方面所形成的一切现象，都属于酒文化及其相关的范围。[①]

中国作为世界酒类产品的起源国之一，其酒文化历史悠久，内涵丰富，博大精深，是中华文明的有机组成部分，具有重要的精神文化价值。中国是酒的王国，具有久远的酿酒历史和深厚的文化基础。酒文化作为一种特殊的文化形式，在传统的中国文化中有其独特的地位。在几千年的文明史中，酒几乎渗透到政治、经济、军事、宗教、艺术、科学技术、社会心理、民风民俗等各个领域。

---

① 黄永光. 中国酒文化概论[M]. 北京：中国轻工业出版社，2023：2-5.

二、中国酒文化的表现形式

（一）物质形态

酒文化的物质形态包括与酒相关的原料、工具、产品、器具、环境等要素，是酒文化的技术体系成果，是人工创作的与酒相关的技术的、器物的东西。

（二）精神形态

酒文化的精神形态主要体现在人们对酒的信仰崇拜、伦理道德、文化心理、思维方式、审美情趣、民俗语言文化、社会理想、哲学宗教、文学艺术、科学技术等方面。

（三）行为形态

酒文化的行为形态主要以礼仪行为、信仰行为、社群行为、娱乐行为表现出来。礼仪行为如酒的典章制度，民族民间自然形成的有关座次、席位、择吉、邀约、敬罚等行为、语言规范，贯穿于政治秩序、社交礼仪、生活标准、风俗习惯诸方面。信仰行为如酒祭、曲祭、神供、酒占、禁忌等，是中国巫术文化、道教文化、佛教文化与酒文化信仰观念结合的产物。社群行为体现在各种宴会、"评酒"活动、"酒节""酒文化节"活动中。民间盛行的各种通令、藏钩、斗酒等酒令、酒戏活动，知识阶层盛行的诗词歌赋、琴棋书画等文艺佐酒活动和雅令、筹令、通令等酒令活动，以及各种品评佳酿、酒器、赏花、醉月等赏玩活动，集文学艺术、娱乐消遣、游戏智慧、审美鉴赏于一体，体现出品种多样性、社会参与性及文化兼容性。

（四）制度形态

酒文化的制度形态以酒礼、酒政为突出。酒礼主要是"因人之情而为之节文"，偏重从礼法、道德上规范社会关系和社会行为，而不具有法律规章的作用；酒政则是强加给人的行政干预、经济调节以及与之相应的惩罚规定[①]，是国家对酒的生产、流通、销售和使用制定的政策之和，包含禁酒、税酒和榷酒。

第二节 中国酒文化资源

一、酿酒原料及产地

各种名酒之所以具有高品质的特征，是由于当地独特的地理环境和酿酒资源。如酿茅台酒所需的高粱、小麦，主要产于酒都仁怀当地，且茅台酒厂等大型酿酒企业，也建有专门的有机原料种植基地。又如神秘的赤水河流域，有着植物活化石之称的赤水桫椤，赤水河直接为酒都仁怀的酱香酒提供酿造用水。步入赤水河边的茅台小镇，酒香、曲香扑鼻而来，清澈的河水缓缓流动，两岸青山环绕，绿树满坡，无不构成了一幅宁静的画面，让久处喧嚣之地的人们得到心灵的涤荡，从而流连忘返。[②]

---

① 吴慧颖，张秀军，张晓. 对中国酒文化的内涵、形态与特点的探讨[J]. 学理论, 2010, (05): 54-55.
② 郭旭，周山荣，黄永光. 基于酒文化的中国酒都仁怀旅游发展策略[J]. 酿酒科技, 2016, (04): 106-110.

二、名酒及名酒产地

（一）地方名酒

品种繁多，酒名丰富多彩，地方特色浓郁，是自古至今中国酒文化的特色。中国酒品类齐全，今有六大类型：黄酒、白酒、葡萄酒、果酒、露酒（包括药酒）、啤酒。其中每一大类又可以根据产地、原料、工艺特点、酒色、酒味、酒曲等分为更多的种类。以白酒为例，白酒可以根据香型区分出十二大类型，其中，酱香型（茅型）、清香型（汾型）、浓香型（泸型）、米香型为四大基本香型。而同一香型的酒，由于产地自然条件的差异、工艺操作细节的不同，其香气和风味也各有特色，可以形成不同的流派。如浓香型白酒，根据地域及香味特征，可以再划分为四川派、江淮派、北方派等。

地方名酒都有其突出的独特风格，一地之所以生产出名酒，一般都有着悠久的酿酒历史，同时还要有优质的原料、水质和环境。表11-1是历届全国评酒会评出的国家名酒。

表11-1 历届全国评酒会评出的国家名酒

届次	评酒年度	地点	白酒	黄酒	葡萄酒	啤酒	露酒
第一届	1952	北京	贵州茅台酒、山西汾酒、泸州大曲、西凤酒，4种	鉴湖长春酒（加饭酒）	葵花牌红葡萄酒（甜）、葵花牌金奖白兰地、葵花牌味美思		
第二届	1963	北京	茅台酒、五粮液、古井贡酒、泸州老窖特曲、全兴大曲、西凤酒、汾酒、董酒，8种	鉴湖长春酒（加饭酒）、龙岩沉缸酒	葵花牌红葡萄酒（甜）、葵花牌金奖白兰地、葵花牌味美思、葵花牌白葡萄酒（甜）、夜光杯牌中国红葡萄酒、夜光杯牌特制白兰地	青岛啤酒	竹叶青
第三届	1979	大连	茅台酒、汾酒、五粮液、泸州老窖特曲、古井贡酒、董酒、剑南春、洋河大曲，8种	鉴湖长春酒（加饭酒）、龙岩沉缸酒	葵花牌红葡萄酒（甜）、葵花牌金奖白兰地、葵花牌味美思、夜光杯牌中国红葡萄酒、长城牌沙城白葡萄酒（干）、长城牌民权白葡萄酒（甜）	青岛啤酒	竹叶青
第四届	1984	太原	茅台酒、西凤酒、汾酒、泸州老窖特曲、五粮液、全兴大曲、洋河大曲、双沟大曲、剑南春、特制黄鹤楼酒、古井贡酒、郎酒、董酒，13种	鉴湖长春酒（加饭酒）、龙岩沉缸酒	葵花牌红葡萄酒（甜）、葵花牌味美思、夜光杯牌中国红葡萄酒、长城牌沙城白葡萄酒（干）、王朝牌半干白葡萄酒	青岛啤酒、丰收牌北京特制啤酒、天鹅牌上海特制啤酒	竹叶青、园林青酒
第五届	1989	合肥	茅台酒、泸州老窖特曲、汾酒、全兴大曲、五粮液、双沟大曲、洋河大曲、特制黄鹤楼酒、剑南春、郎酒、古井贡酒、武陵酒、董酒、宝丰酒、西凤酒、宋河粮液、沱牌曲酒，17种				

(二)名酒水源地

好酒需水优,名酒产地往往有优质的水源地。酒文化资源中,酿酒水源地是一种兼具人文与自然两种属性的资源。如安徽滁州的酿泉,便是欧阳修在《醉翁亭记》中礼赞的"酿泉为酒,泉香而酒洌"之酿泉。山东济南是著名的泉城,城外有泉名杜康泉。相传杜康曾取该泉酿酒于此,故得名。四川的郎酒及贵州的茅台皆依托于美酒河——赤水河水源而酿造。

(三)产酒名村名镇、名市

因酒而出名的,不只有历史建筑,名酒产地所形成的名村、名镇、名市自可以形成旅游资源。杜牧一曲"借问酒家何处有,牧童遥指杏花村"不仅让汾酒名声大噪,更使得诸多地方都自称为杏花村,除了山西的汾阳、安徽的池州贵池大打杏花村的品牌外,湖北麻城、江苏、山东等地也纷纷说杏花村在此。可见,因此形成的品牌,更多的抢注者是考虑其旅游功能。

名镇乃现代意义上的概念。以"名酒名镇"为代表的具中国特色酒文化名镇(街区)往往是名酒品牌文化的集中展示区。如五粮液历史文化街区,以典型的中国农耕文化为特色;贵州茅台之茅台镇以国酒文化为特色;泸州老窖的黄舣镇,以老窖文化为特色;郎酒之二郎镇,以川南民居建筑风格和赤水河红军文化为特色;剑南春之剑南镇,以盛唐建筑和宫廷酒文化为特色;水井坊之水井坊街区,以川西民居风格的老街老巷、酒馆酒亭为特色;沱牌之沱牌镇,以舍得文化为特色;江口醇之江口镇,以挖掘大巴山文化、红色文化为特色;中国"白酒金三角"世界名酒博览城,世界顶级名酒博览城,是中国"白酒金三角"的区域文化特色的集中展现。

(四)名酒企业

名酒企业是发展现代工业旅游的重要资源载体。工业旅游是指对现代工业场所的参观,包括参观产品的生产和制造过程。工业旅游是伴随着人们对旅游资源理解的拓展而产生的一种旅游新概念和产品新形式。工业旅游在发达国家由来已久,特别是一些大企业,利用自己的品牌效益吸引游客,同时也使自己的产品家喻户晓。在我国,有越来越多的现代化企业开始注重工业旅游。泸州老窖的国窖1573广场,以及中国酒谷是旅游业界开展工业旅游相当成功的案例,到此的游客,不仅可以体会老窖千年的酒文化及酿造技艺,对现代酒业的生产制作工艺也可了然于胸。张裕打造了中国第一家葡萄酒专业博物馆张裕酒文化博物馆、同时它也是国家AAA级旅游景区、全国工业旅游示范点、爱国主义教育基地。

(五)与名酒相关的名人、名作

我国历代的文人墨客与酒都有着不解之缘。如诗仙李白与朋友开怀畅饮时,"两人对酌山花开,一杯一杯复一杯。"杜甫因此评价"李白斗酒诗百篇,长安市上酒家眠。天子呼来不上船,自称臣是酒中仙。"苏东坡是著名的文学家,也是著名的好酒之人。"明月几时有,把酒问青天。"从诗中看出他风度潇洒的神态。酒因人而出名的比比皆是,晋朝"竹林七贤"之一的刘伶饮酒后完全沉醉于美酒之中,竟大醉三载,刘伶醉酒成为历史佳话。所以酒文化也因有了名人的参与而更加丰富。这些与酒有关的文学作品和趣闻逸事都可以成为酒文化旅游很好的资源,可以满足游客知识需求,尤其是各地方将古代名人的文学作品和当地名酒联系起来,更具有吸引力。

三、酒文化特色建筑

现代酒文化特色建筑是指以饮酒休闲、展示酒文化为目的的建筑，通常包含酒文化博物馆（馆藏）、酒文化陈列馆、酒庄等，是展示、收藏、陈列和研究代表酒文化遗产的实物的场所，通过多元艺术表现的形式，对有价值的酒文物进行分类陈列和鉴赏，为人们提供知识、欣赏和体验的文化建筑物或者商业机构。

中国的酒文化源远流长，与悠久的历史和文化相辉映。为了传承、弘扬文化，各地兴建了各式各样的酒文化博物馆，成为人们亲身体验、了解中国酒文化历史的绝佳场所。酒博物馆整体紧密围绕名酒的物质、精神、制度、行为层面进行文化展示。在物质层面展示酒的历史、酿造、技艺、包装、设计、功能等；精神层面展示酒与文化创作（诗歌、书法、绘画、对联、音乐等）、酒戏酒事、酒俗酒礼、酒的名人等；制度层面体现中华民族对酒的良好认识，提倡科学地控酒和适度地饮酒，发挥以酒养身、助兴文化等作用；行为层面主要是侧重游客酒文化体验，加入酒的娱乐项目，如猜拳、酒令等，并通过多媒体技术体验酒礼酒俗。如茅台镇酒博物馆、五粮液酒文化博物馆、泸州老窖博物馆、北京二锅头酒博物馆、山西汾酒博物馆、张裕葡萄酒博物馆、剑南春酒史博物馆、成都水井坊博物馆等。

"酒庄"一词来源于法国波尔多，原意是城堡，是一个将从葡萄的栽培到葡萄酒的酿造、灌装、储存、品鉴、销售、观光、度假等过程集中在一处完成的场所，如北京张裕爱斐堡国际酒庄、新疆天塞酒庄等。

四、酒器酒具

我国少数民族众多，生活习惯、生活方式、生活环境千差万别，在长期的历史发展过程中形成了具有自己民族特色的饮酒文化和酒器酒具。少数民族酒具的存在和发展，对中华民族酒具的演变和发展具有显著影响。

广义的酒器具是指与酒相关的所有器具，包括制酒的工具、盛酒的容器和饮酒的器具，其中盛酒的容器包括供生产用的贮酒器、供运输周转用的盛酒器、卖酒器及饮酒器具；狭义的酒器一般专指饮酒器具。

在不同的历史时期，由于社会经济的不断发展，酒器的制作技术、材料、酒器的外形自然而然会产生相应的变化，产生了种类繁多，令人目不暇接的酒器。随着生产力的不断发展和制作技术的提高，酒器也在不断发展变化，种类越来越多，造型越来越繁杂，实用功能及装饰效果以及科学、收藏价值等都位居世界前列。

除远古实物遗存外，古代、近代、当代仿造或创新者，它们不仅仅是工艺品、纪念品、馈赠礼品，也即狭义的旅游商品。同时，有的工艺品也具文物身份，还具欣赏价值。少数民族的酒具异彩纷呈。角杯中有牛角杯、羊角杯、犀角杯，或饰漆或绘彩或镶嵌，还有畜蹄制成的畜足杯等。做旅游商品的酒具，以材料计，有瓷、玉石、水晶、玛瑙、象牙、景泰蓝、竹、木、皮革、海螺、椰壳、葫芦等，百花齐放，各显其长。[1]

---

[1] 胡北明，曾绍伦，雷蓉. 川酒文化旅游资源开发研究基于文化遗产保护视角［M］. 成都：西南财经大学出版社，2015：35.

五、酒文化历史遗迹

（一）酿酒遗址遗存

中国古代酿酒遗址及出土古酒的文化遗存非常丰富，这些历史遗迹和遗物，是前人留给后代的珍贵遗产，属于不可再生的稀有资源。从历史植根性和本质特征来说，是一种不能替代和变异的地域垄断性旅游资源。[①] 如河北藁城台西商代酿酒遗址、河北满城西汉中山靖王刘胜夫妇墓出土的大酒缸、江苏徐州市狮子山楚王陵出土的兰陵美酒、河北平山县三汲乡战国中山王墓出土古酒、河北青龙县西山嘴村金代遗址中出土青铜烧锅、江西进贤县李渡元代白酒酿造作坊遗址、四川明代泸州老窖池群、四川成都水井街酒坊遗址、四川宜宾五粮液老窖池遗址、辽宁锦州道光廿五酒及木制酒海、茅台酒酿酒工业遗产群、古井贡酒酿酒遗址、徐水刘伶醉烧锅遗址、杜康造酒遗址公园等。这一类旅游资源具有很高的科学价值和历史文化价值，也属于重点保护对象。

（二）饮酒场所

历史上有许多著名的饮酒场所，有酒楼、酒肆、酒坊、酒舍、酒店等之称。这些饮酒场所虽然现今已失去其原有的功能，但往往与之相关的故事、诗词、歌舞、绘画、雕塑等仍具有魅力。如三国时代的黄鹤楼，酒客欲睹画中鹤起舞的奇观；远在南北朝时的新亭楼，是南朝宋明帝刘彧大宴将士的酒楼；明代的醉仙楼，是朱元璋赐宴百官的酒楼；《水浒传》故事里宋江醉吟反诗的江州浔阳楼；岳阳楼中有三醉堂（堂内有酒仙吕洞宾像）；以及诸多历史名酒楼皆为旅游资源，不少历史上的名酒楼在今日旅游热点城市，如唐代长安长乐坊安国寺的红楼，宝鸡陈仓城内的卖酒楼，宋代洛阳集贤楼、莲花楼、礼乐楼、宣德楼等，相州（今河南安阳市）秦楼、翠楼、月白风清楼等，咸阳宝钗楼，成都合江园内的芳华楼，明代南京来宾楼、乐民楼、鹤鸣楼、梅妍楼、讴歌楼等。

我国古代不仅酒店林立，建造考究，装饰华丽，而且还划分不同的种类，有明确的等级区别。北宋汴梁的酒肆就是如此，大酒店为"正店"，小酒店为"脚店"，余皆称为"拍户"。拍户又可据其服务项目不同，分为茶饭店、宅子酒店、花园酒店、直卖店、散酒店、庵酒店、罗酒店等，可见北宋酒肆业之繁盛。

（三）饮酒高台

古代还有一些与酒楼性质相似的饮酒高台，如吴王夫差携西施游宴的姑苏台，汉武帝刘彻建的柏梁台，"帝尝置酒其上，诏群臣和诗，能七言诗者乃得上。"（《三辅黄图·台榭》）由于所处的位置往往是一个区域的制高点（高台），在此饮酒时，此处更具览胜的功能。从这个角度而言，这首先是一个观景台，其次在此观景的文人，往往由酒助兴，触景生情，大笔挥毫，才留下了千古绝唱的酒文学。饮酒建筑的名称尚有"亭""观""堂"等。

（四）酒市酒街

所谓"酒市"，就是酒舍集中排列之处，可以有供喝酒的场所酒馆，也可以有只卖酒而不提供喝酒场所的真正意义上的酒铺。据史籍记载，秦汉时长安和洛阳就设有"酒市"（见《汉书·游侠传》《后汉书·五行志》注引《古今注》）。河平年间（前28～前25年），京兆尹王尊捕击在长安酒市中居住的豪侠赵君都、贾子光。《关中秦汉陶录题要》载一陶瓶有"槐里久市"字样，古代"久""酒"两字通用，由此可见，西汉都城长安确在槐里（今陕西省

[①] 傅文伟. 旅游资源评估与开发 [M]. 杭州：杭州大学出版社，1994：4.

兴平市东南）设有出售、批发的酒市。这充分反映了汉代长安酿酒业的繁荣。[1]

（五）酒祠酒庙

酒祠酒庙是为了纪念酿酒之先师而建，其中最为著名当数杜康祠（又名杜康庙）。相传杜康是最早发明酿酒术的人。杜康祠建于明代，在江阴（今属江苏）城南。据载籍（《明诗综》卷八十五周淑禧《杜康庙》诗注），因为江阴有杜康遗家，所以城南士人在桥下建杜康祠，并以酒仙刘伶配祀。

据《刘固堤西街村志》记载，嵇康死后，刘伶携妻从山阳来到修武县东南的黄河古堤上的赵岗村落足，并开店糊口。在其死后，葬于村东北二里许，其后人在刘伶店旧址建起刘伶祠奉祀先人。今祠寺无存，但当日的刘伶井仍然封存，并有雕于明代成化元年（1465年）的刘伶像碑保存于刘伶后人刘好法家。

（六）与酒相关的民间传说及其发生地

民间传说是指民众口头创作和传播的描述特定历史人物或历史事件、解释某种地方风物或习俗的传奇兼散文体叙事。丰富的民间传说中有大量关于酒文化的传说和故事，这些故事本身作为一种非物质文化遗产就可构成旅游资源，如前文所述的八仙饮酒成仙的故事，民间传说的离奇凄美往往在旅游开发中成为导游的口中神曲，有的甚至被搬上了舞台或者银幕，成为旅游节目中的重头戏。

另外，民间传说的发生地对当今的旅游者而言有一定的吸引力，也可构成旅游资源。李密饮酒台遗址便是之一，该遗址位于山东孟津县，现存面积约200平方米，海拔215米，高出周边群岗约5米，东西两侧与东汉和曹魏两个皇陵区为邻。在两军对垒中，李密常常来到孟津县会盟镇东的饮酒台，宴请部众，议论天下形势，讲述兵法韬略，研究胜敌之策，共商建业之事。此外，李密出身贵族，自幼谙熟兵法，他还把这里当成他的军事据点，利用居高临下的优越地势，多次击败隋军。从此，这处高台被称为李密饮酒台。李密饮酒台后来被村民视为风水宝地，同时为了纪念隋末瓦岗军起义，村民将李密饮酒台以北的村庄称为"李家台村""台阴村"，后统称为"台荫村"。像这样的民间传说发生地有足够的潜力开发为旅游产品。

（七）因酒而发生的重大或特殊的历史事件发生地

如著名的"鲁酒薄而邯郸围"故事；"酒池肉林"的历史典故；"文君当垆、相如作赋"；汉高祖刘邦"鸿门宴"以及"霸王饮酒别虞姬"；曹操的"煮酒论英雄"；宋太祖的"杯酒释兵权"的故事等，这些历史事件莫不与酒相关，这些故事的发生地完全可以在融入历史文化的基础上作为旅游资源进行开发。

六、酿酒工艺

源远流长的酿酒历史本身也是酿造工艺不断进步的历史。酿造工艺在决定酒的质量好坏上起着关键的作用，因此往往一些名酒的酿造工艺在进入工业化生产之前都是对外保密的。可见其在整个酿酒过程中的重要性，所以对于那些已被现代科技所取代的酿造工艺来说，虽然其在酿酒业中已被淘汰，但是可以为旅游业所用，用于满足人们好奇的心理。同时它也是我们中华民族传统文化重要构成部分，应当加以保护。除了古代一些不为一般人所知的酿造工艺之外，现代化的酿造工艺也可以成为旅游资源，在一些知名大型酒厂，一条条现代化的

---

[1] 徐海荣. 中国酒事大典[M]. 北京：华夏出版社，2002：198.

生产流水线也能够成为吸引游客眼球的旅游资源，毕竟那些离一般百姓的日常生活太远。例如在山西杏花村汾酒集团酒文化博物馆参观，游人在参观中了解到酿酒的整个工艺流程和汾酒文化的发展历史的同时，也可以亲自过把酿酒瘾。

七、饮酒社会风情

我国酒文化的民俗风情内容丰富、种类繁多，相互渗透，主要可以分为酒俗酒礼酒德、酒文化节庆等。

（一）酒俗酒礼酒德

酒俗是在人类长期的社会生活中，逐渐形成的以酒为主题的民间风俗、习惯、礼仪的总称。大体可以分为以下几类：

节日饮酒习俗。"无酒不成礼、无酒不成席"，中国人每逢节日，都有相应的饮酒活动，如春节"岁酒先拈辞不得，被君摧作少年人。"元宵节"街头灯影逐花影，村中梅香伴酒香。"清明节"酒香留客在，莺语和人诗。"端午节"樽俎泛菖蒲，年年五月初。"重阳节"何当载酒来，共醉重阳节。"除夕"欢多情未极，赏至莫停杯。"酒文化浸润于人们的日常生活中，融通在人们的精神世界里。这些重大的节日活动，成为外来旅游者乐此不疲的旅游活动，节日期间的饮酒习俗也深得旅游者的喜爱。

婚姻饮酒习俗。在中华民族几千年的文明史中，婚庆嫁娶都离不开酒，可谓"无酒不成婚"。如满族人结婚时的"交杯酒""谢亲席""谢媒席"，达斡尔族的"接风酒""出门酒""会亲酒""回门酒"等，民族地区的婚庆活动，已成为近年来民族地区旅游活动的新宠。

其他饮酒习俗。生了孩子有"满月酒"或"百日酒"，给老人祝寿喝"寿酒"，农村修房盖屋有"上梁酒"和"进屋酒"，店铺作坊有"开业酒"和"分红酒"，有朋友远行，为其举办"壮行酒"，也叫"送行酒"等。

饮酒作为一种饮食文化，在远古时代就形成了一种大家必须遵守的礼节。这种礼节在现在看来略显烦琐。但假如在当时一些重要场合下不遵守礼仪，就会有犯上作乱的嫌疑，因此不可不遵，不能不从。又因为人一旦饮酒过量，往往无法自制，容易徒生是非，因此，制定饮酒礼节也就更显重要。

（二）酒文化节庆

酒文化节庆是一种现代节庆形式，是民族民间节庆活动的衍生发展，目的是宣传各地酒产品特色，弘扬酒文化。目前比较盛行的酒文化节庆类型有：名酒博览会、酒文化学术研讨会、鸡尾酒大赛、啤酒节等活动。

八、酒文学艺术

酒自发明之始，就与文学艺术有解不开的因缘，以酒和酒事活动为题材的文学艺术作品内容丰富，形式多样，数量众多，大体可分为与酒相关的诗词歌赋、楹联、题刻、历史典故、神话传说、影视、戏曲音乐、书法绘画等。

中国酒文学的早期形式是酒诗歌，起源于周朝。《诗经》中有大量对饮酒欢乐场面的铺陈和丰收后设酒庆贺的描写，《楚辞》里有对楚地名酒的记载。酒词源于隋唐，盛于宋，其中有对宴饮之乐的描写，也有对人生世事的感慨，有报国无门的不平抒发，也有壮志未酬的哀叹。元、明、清代是酒文学继承遗产缓慢发展时期。这一时期酒戏曲形式的崛起，丰富了酒文学创作的内容。

酒书法的代表作家有东汉的蔡邕、东晋的王羲之、唐朝的张旭、宋代的苏轼和苏舜钦、明朝的朱耷、清朝的梁同书和傅山。

酒绘画有汉代画像砖，对当时酿酒饮宴情景的刻画，五代时顾闳中《韩熙载夜宴图》，宋代张择端《清明上河图》，明代仇英《春夜宴桃李园图》。

酒舞蹈最早见于文献者，有《诗经》对酒舞的描写。后世以舞侑酒，也是酒舞的一种形式。

第三节　中国酒文化的特点

中国是卓立世界的文明古国，被公认为世界酒的故乡。酒文化作为一种特殊的文化形式，是中国传统文化的重要组成部分，几千年来一直在丰富、深化和完善着我们整个中华民族的文明进程，在传统的中国文化中有其独特的地位。

一、历史悠久，源远流长

在原始社会，我国的酿酒就已经盛行，远古时期的酒，是没有经过过滤的酒醪，呈糊状和半流质，这样的酒，不适合直接饮用，而是食用，故使用的酒具一般就是食具，如碗、钵等大口器皿。

夏人善饮酒，夏朝有一种叫作爵的酒器，是我国已知最早的青铜器之一，在中华历史上有着重要地位。古云："杜康造秫酒"，乡人于十月在地方学堂行饮酒礼。《诗经·国风·豳风·七月》中的"九月肃霜，十月涤场。朋酒斯飨，曰杀羔羊，跻彼公堂，称彼兕觥，万寿无疆。"充分展现了夏朝的酒文化。

秦朝经济繁荣，酿酒业也随之兴旺。秦汉年间出现"酒政文化"，统治者站在"讲政治"的高度屡次禁酒，提倡戒酒，以减少五谷的消耗。汉代时期对酒的认识进一步提高，酒的用途广为扩大，东汉名医张仲景用酒疗病，医疗水平很高。

三国时期的酒风极盛，酒风剽悍，嗜酒如命。同时，劝酒之风颇盛，喝酒手段也比较激烈。

魏晋时期，酒禁大开，允许民间自由酿酒，私人自酿自饮的现象十分普遍，酒业市场也相当兴盛，出现了酒税，并成为国家的财源之一，因此就有了"酒财文化"。当时名士饮酒风气极盛，借助于酒，人们抒发着对国家社会的忧思以及个人的感悟。从而使酒的文化内涵也随之扩展了。

唐朝是中国酒文化的高度发达时期，酒肆日益增多，酒文化融入人们的日常生活中。当时的饮酒之道，是在吃完饭后进行的，吃饱后慢慢地、欢快地饮酒，这样既不容易醉，又能够借酒获得更多欢聚尽兴的乐趣。唐朝诗词的繁荣，对酒文化有着促进作用，出现了辉煌的"酒章文化"，酒与诗词、酒与音乐、酒与书法、酒与美术、酒与绘画等，相融相兴，酒文化多姿多彩，辉煌璀璨。

宋朝酒文化是唐朝酒文化的延续和发展，比唐朝的酒文化更丰富。酒业繁盛、酒店遍布，宋代酒店强调名牌的文化个性。金代北方民族素有豪饮之风，有着浓厚的酒文化底蕴，金代有着烧锅酒文化。

元代出现了烧酒（阿剌吉酒），从此白酒成为中国人饮用的主要酒类。

明末清初战乱不断，百姓四处迁徙，地域文化的形成促进了"酒域文化"的产生。明清时，酒已成为人们生活中不可缺少的饮品，每逢佳节时令，"专用酒"就十分流行，如元旦饮椒柏酒、正月十五饮填仓酒、端午饮菖蒲酒、中秋饮桂花酒、重阳饮菊花酒。

当今，酒文化的核心便是"酒民文化"。酒广泛地融入了人们的生活，贴近生活的酒文化得到了空前的丰富和发展。如交杯酒、满月酒、寿酒、开业酒等酒俗，已然成为人们生活的一项重要内容。随着时代的变迁，如今中国的酒文化已渐渐演变成中国特有的政治文化、人情文化。

二、内涵丰富，影响深远

中国酒文化是一种社会文化、政治文化、艺术文化的集合体。它不仅体现了中国人民的智慧和创造力，也蕴含了丰富的哲学思想和道德规范，对中国人的伦理道德、文化性格、文化心理、思维方式、审美情趣、语言文字、社会理想等方面有着深远的影响。

（一）伦理道德

以酒礼规定调整社会关系，维护君臣、父子、少长、贵贱等关于忠诚孝道、尊长崇贵等伦理关系，构成了中国传统酒文化的伦理道德。早在《尚书·酒诰》中，"德"字主要指与政教联系紧密的酒德，是酒礼的内在道德规范。在古代饮酒君子的人格身上，就体现了令德（品德涵养）、令仪（容止风度）之统一，体现了内（德）与外（仪）的统一。这些观念对中华民族伦理观念产生了长期的影响。

（二）文化性格

酒文化对中华民族的文化性格产生影响：一方面由于酒礼的苛繁、规范、约束，严于律己律人，失之呆滞，在一定程度上强化了中华民族性格上的内向、克制、封闭、保守等特征；另一方面，由于对礼教的冲破，酒文化又在内向、封闭的民族性格机体上注入了开放、豪放、狂放的一剂强针，特别是文士阶层饮酒，导致他们在特有的生活模式——清狂之外复开醉狂一途。前者偏于日神精神，后者偏于酒神精神；前者是主体精神，后者为补充精神。与之相应，产生了中华酒文化的日神酒文化模式和酒神酒文化模式。从某种意义上说，人类发明了酒，酒也塑造了人。

（三）文化心理

与文化性格相适应，酒文化对民族文化心理上也产生了两种演变轨迹：一是因为政治失意、生活坎坷等诸种人生因素而壮志难酬、襟怀难舒，以及对时光短暂、世态炎凉的敏感反应和深刻反思，导致人们对现世利禄、来世功名的厌倦，强烈要求秉烛夜游、及时行乐、现时解脱，以酒韬晦解愁，形成了文人士大夫的酒文化心理趋向。二是伴随着对改造自然的无可奈何和改变现实的无能为力，代之而起的是在酒祭、酒卜、星占、神供、禁忌等酒事信仰活动中形成的趋吉避凶的心理倾向，构成了中国大众酒文化心理。

（四）思维方式

从广义来说，上述酒文化心理结构、价值评判以及对于世界和人生的认知方式，都体现了酒文化思维方式的发展趋向。从狭义上说，酒文化在形象思维方式上的渗透已经为人注目，特别是文学艺术家饮酒，有利于创作思维进入一种下意识状态，排除"事障""理障"，突破语言、概念、逻辑、推理、物象的束缚，促进创作灵感的来临，开拓艺术思维的路子，从而信手拈来，脱口而出，自由挥洒，创作出诗、书、画的妙品来，谓之醉吟、醉墨、醉画。艺术创作正是在这种无理性思维形式下获取营养的。

（五）审美情趣

中华酒文化是一种审美文化。酒的色、香、味、格，酒具酒器的色、形、纹、饰，酒令的雅俗共赏，酒艺文的疑义相析，既是一种定格、评酒、鉴赏、游戏活动，又是一种审美活动。"酒中趣"以及由此产生的一系列饮酒审美范畴，诸如真、味、道、形、神、适等，都深深渗透进中华民族审美情趣中：一方面从维护酒礼角度来说，饮酒要求适中、平和、有节，"酒以成礼""宴以合好"，以及由此在酒礼场合下呈现出来的酌献酬酢的礼仪之美，强化了饮食文化美感中的中和之趣；另一方面，文人名士对世俗社会的伪、范、利、俗表现出鲜明的叛逆立场，追求以真、怪、达、雅为核心内容的酒中之趣，凝结成为文士特有的生活方式、行为模式、性格特征乃全醉态艺术审美情趣。

三、与中国文学水乳交融

我国历史上就有"酒文一家""酒文天地缘"之说。从我国3000年前的第一部诗歌总集《诗经》到现代诗人郭沫若的《女神》诗作的字里行间，无不散发出扑鼻的酒香。诗酒兼优的大家名流更是灿若繁星。李白流传下来的1000首诗中，提到酒的就有170首。杜甫现存1400首诗中，"含酒味儿"的约占300首之多。苏东坡的诗、书、画被称为"三绝"，他嗜酒也堪称"一绝"，他不仅爱饮酒善品酒，还亲自动手酿酒，并写了一篇论述酿酒技术的重要专著《东坡酒经》。爱国大诗人陆游的酒诗，数量之多，居宋人之首。明代冯时化所编《酒史》中，有专门选录和描述当时名酒的"酒品"一篇，其中有诗词歌赋可征引者占56%。真可谓，自古诗人喜欢饮酒，从来酒壮诗意浓。小说中的饮酒描写同样非常多，例如，《三国演义》中有桃园三结义、单刀赴会、大宴铜雀台、煮酒论英雄；《水浒传》中有吴用智取生辰纲，武松醉打蒋门神、醉杀白额虎，鲁智深醉杀镇关西、醉闹五台山，宋江醉酒题反诗；《西游记》中有孙悟空痛饮蟠桃宴；《红楼梦》中更是处处充溢着酒的芬芳，发酵酒、蒸酒和配制酒全写到了。在中国，酒与文化已经水乳交融地连成一体，使中国酒文化更显得文采飞扬，绚丽多彩，仪态万千。

四、与美食完美融合

在中国，饮酒常常与美食相伴。各种美酒佳肴的搭配使得人们在享受美味的同时也能品尝到美酒的魅力。不但如此，美酒亦可入馔。《尚书·商书·说命下》中记载："若作酒醴，尔惟曲糵；若作和羹，尔惟盐梅。"以酒入菜，不但可以去腥增香、借酒引发出食物特有的香气，还可以帮助消化，健脾开胃。中国佳肴之中，尤以醉鸡、醉虾、醉蟹、醉螺、醉鱼干等彰显酒的香醇。此外，还有米酒汤圆、啤酒鸭、红酒烩牛肉、黄酒焖鸡、白酒蒸鱼、啤酒炖羊肉、米酒鸡翅、老酒炖猪蹄等均以酒为主要调料或原料，不仅使食材的味道更加丰富和独特，而且也具有一定的营养价值和保健功能。

第四节 饮酒与健康

悠悠民生，健康最大。习近平总书记指出"没有全民健康，就没有全面小康"。"经济要发展，健康要上去，人民群众的获得感、幸福感、安全感都离不开健康。"健康中国行动推进委员会发布的《健康中国行动（2019—2030年）》指出，每个人是自己健康的第一责任人，对家庭和社会都负有健康责任。普及健康知识，提高全民健康素养水平，是提高全民健康水平最根本最经济最有效的措施之一。

一、适量饮酒也有风险

自古以来在诗词中，酒便是常客，诗词中的酒，充满醉意。饭桌上的酒，充满礼仪。然而《柳叶刀·肿瘤学》发表的一项来自国际癌症研究机构（IARC）领衔的全球大型研究，对饮酒导致全球癌症负担的最新评估表明：2020年，全球大约有74万例新发癌症因饮酒所致，中国约有28万例。从癌症类型来看，酒精相关新发癌症中，绝对病例数最多的是食管癌（18.97万例）、肝癌（15.47万例），其次是乳腺癌（9.83万例）、结肠癌（9.15万例）、唇和口腔癌（7.49万例）、直肠癌（6.51万例）、咽癌（3.94万例）、喉癌（2.76万例）。在所有酒精相关癌症患者中，男性占76.7%，女性占23.3%。

从饮酒程度来说，分别有46.7%、39.4%、13.9%的酒精相关癌症是由于重度饮酒（每天摄入＞60克酒精）、危险饮酒（每天摄入20~60克酒精）、中度饮酒（每天摄入＜20克酒精）所致；少量饮酒（每天摄入最多10克酒精）也导致了4.13万例癌症，也就是说，任何水平的饮酒都可能存在健康风险。

二、特定人群应控制饮酒

《中国居民膳食指南（2022）》建议：儿童青少年、孕妇、乳母以及慢性病患者不应饮酒。

（一）妊娠期妇女和儿童

酒精可穿过胎盘屏障通过脐带进入胎儿体内，影响胎儿的发育，易引起畸形和流产等现象。而儿童的肝功能等各器官的正常功能仍未发育成熟，缺乏对于酒精的解毒能力，饮酒会妨碍其正常生长发育过程。

（二）哺乳期的妇女

哺乳期的妇女如饮酒，酒精会顺着乳汁进入婴儿的体内，造成婴儿醉奶，不利于婴儿的健康成长。

（三）高血压、心脏病患者

酒精可兴奋大脑，使人激动兴奋；使血压升高，易导致血管损伤，或者发生心律不齐、心跳加速等不良症状。而这部分人因为自身疾病的关系，如果喝酒，严重的可能会引血管痉挛或休克。

（四）肝炎患者

酒精的解毒作用发生于肝脏，酒精对肝功能有抑制和毒害作用，会直接损伤肝细胞。患有肝炎病的人，不节制地饮酒等于慢性自杀。

（五）胃肠疾病患者

酒精会造成胃黏膜的损伤，引起上腹饱胀、反酸、嗳气等症状，使原有胃肠疾病加重，如胃溃疡、胃炎、肠炎等都不宜饮酒，有痔疮的人也不宜饮酒。

如果非得喝酒，尽量先吃点菜，然后再喝酒。空腹喝酒，既容易醉，又容易直接损伤胃肠道黏膜。

（六）睡觉打鼾的人

酒精会让呼吸道的肌肉处于麻痹状态，酒后入睡更容易造成呼吸道堵塞，出现窒息现象。

总之，饮酒也要分人、分情况，否则美酒也会变"毒酒"。让我们健康饮酒，健康生活，让生命长长久久。

三、理性饮酒

（一）不管哪类酒，最好都不喝

不管什么酒，归根到底都含酒精，进入人体就会危害健康。很多人对低度酒或含少量酒精的饮品不以为然，觉得危害小，反而容易喝得更多，当酒精在体内累积到一定量时，伤害也很大。建议尽量限制酒精的摄入，最好做到不饮酒。

（二）不给饮酒找借口

生活中，很多人趁着喜事"豪饮"一通，认为偶尔喝多也无妨。实际上，一次性大量饮酒可能导致急性酒精中毒，对身体造成难以恢复的伤害。任何事情都不应该成为损伤身体的理由，庆贺喜事还有很多健康的方式。

（三）选择科学、合理的饮酒方式

不要空腹饮酒，空腹时酒精吸收快，人容易喝醉。食物可以缓解酒精的吸收，减少不良反应。不要和可乐、汽水等碳酸饮料一起喝，这类饮料中的成分能加快身体吸收酒精。宜慢不宜快，饮酒后5分钟乙醇就可进入血液，30～120分钟时血中乙醇浓度可达到顶峰。饮酒快则血中乙醇浓度升高得也快，很快就会出现醉酒状态。若慢慢饮入，体内可有充分的时间把乙醇分解掉，乙醇的累积量少就不易喝醉。

（四）适量为主

不同的人对酒精的耐受度不同，每个人都可以根据自己的情况做好规划。应选择低度酒，如葡萄酒或啤酒、果酒，避免烈酒。《中国居民膳食指南（2022）》的建议：成年人如饮酒，一天饮用的酒精量不超过15克。

（五）不要盲目劝酒

每个人的体质不同，代谢酒精的能力存在差异，比如有的人觉得喝一两白酒（50克）"小意思"，但对一些酒量小的人来说，一两酒就能让身体承受不住。因此，不要以自己的标准来衡量他人。

（六）避免酒后驾车

酒精会影响判断和反应速度，增加交通事故的风险，酒后驾驶已成为引发交通事故特别是恶性交通事故的罪魁祸首。自2011年醉驾入刑以来，各地坚持严格执法、公正司法，依法惩治酒驾、醉驾违法犯罪行为，有力维护了人民群众生命财产安全和道路交通安全，酒驾醉驾导致的恶性交通死亡事故大幅减少，"喝酒不开车，开车不喝酒"逐步成为社会共识，酒驾、醉驾治理取得明显成效。为适应新形势新变化，系统总结醉驾入刑以来的执法司法经验，进一步统一执法司法标准，严格规范、依法办理醉驾案件，2023年12月18日，最高人民法院、最高人民检察院、公安部、司法部联合发布《关于办理醉酒危险驾驶刑事案件的意见》，并于2023年12月28日起施行。

> **思考题**

1. 中国茶文化与酒文化有何异同？
2. 举例说明酒文化在社会生活中的地位和作用。
3. 举例说明饮酒与健康的关系。
4. 美酒和美食有什么关系？
5. 论述中国酒文化在国际上的传播路径及其对外国文化的影响。

> **课外选读文献**

1. 郭月琴，杨洁，孙继平，著. 品味酒文化［M］. 北京：新华出版社，2024.
2. 黄永光. 中国酒文化概论［M］. 北京：中国轻工业出版社，2023.
3. 师俊玲. 葡萄酒文化与鉴赏［M］. 西安：西北工业大学出版社，2022.
4. 刘孟达，潘兴祥，余卫华，著. 琥珀国酿的递演与蝶变——绍兴黄酒产业发展简史［M］. 杭州：浙江工商大学出版社，2023.
5. 徐新建，著. 醉与醒——中国酒文化研究［M］. 西安：陕西师范大学出版总社，2019.

第十二章
后来居上的咖啡文化

课程导入

中国咖啡,也能天下第一

近年来,随着城市高速发展、生活节奏加快、第三产业蓬勃,都市人对于工作提神的需求越来越高,走平价、快捷路线的咖啡品牌不断融资、扩张,中国咖啡市场每年约有20%的增长(远超世界2%的增长率)。

2021年,世界咖啡师大赛中国区选拔赛上,选手潘玮用一支云南咖啡豆拿下冠军。2022年,又有一支云南咖啡豆被送往意大利参与国际咖啡大赛,在超40个国家和地区严格评审盲测下,从13个参赛国家和地区选送的近400支样品中脱颖而出,斩获2022国际咖啡品鉴大赛金奖,跻身国际金奖豆行列。

根据《2023中国城市咖啡发展报告》显示,2022年,中国咖啡产业规模2007亿元,预计2025年达到3693亿元。上海更是凭借着8530家咖啡馆登顶全球咖啡馆数量最多的城市。

2023年12月13日,研究机构"世界咖啡门户"(World Coffee Portal)发布的最新报告显示,"过去12个月,中国咖啡品牌在全球的门店总量首次超越美国,以4.97万家的数量跃居全球第一。"而同期,美国品牌咖啡店仅增长了4%,目前为40062家。

"中国——一个喝茶的国家,如今拥有比美国更多的品牌咖啡店。"美国有线电视新闻网(CNN)称。咖啡来到中国商业市场四十余年,开启了大众化的商业叙事阶段。在当下,中国品牌和企业正赋予咖啡新的灵魂,使其逐渐同茶一样,成为中国人"得闲可饮"的消费必需品。

> 文明因交流而多彩,文明因互鉴而丰富。文明交流互鉴,是推动人类文明进步和世界和平发展的重要动力。
> ——2014年3月27日,习近平主席在联合国教科文组织总部发表演讲

教学目标

◎ **知识目标**

了解和掌握咖啡的基本知识,了解中国咖啡文化产生的背景及发展历程,理解中国咖啡文化的内涵,了解和掌握中西方咖啡文化的异同。

◎ **能力目标**

具备一定的创新思维和审美能力,并能够欣赏不同类型的咖啡的独特风味和美感;提高跨文化交流的能力。

◎ **思政目标**

树立正确的价值观,增强文化自信、社会责任感和使命感。拓宽国际视野,培养创新思维和实践精神。

第一节　中国咖啡文化的产生与发展

一、中国人推动了世界咖啡饮用方式的变革

据史料记载，咖啡起源于非洲东部的埃塞俄比亚，当地的部落早在6世纪就开始食用咖啡。公元575年到890年间，埃塞俄比亚的穆斯林将嚼食咖啡果的习惯带入了也门，使得咖啡种子在也门落地生根。后来，随着欧洲殖民主义的扩张，咖啡也开始传入美洲、西非和亚洲地区。

公元9世纪，波斯名医拉齐的著作《医学全集》中，出现了"咖啡入药"的记载，这是迄今为止，我们所知道的最早的关于咖啡的文献。但对当时的平民百姓而言，没有人知道咖啡为何物。

从13世纪到15世纪，咖啡伴随着阿拉伯人的军事扩张和贸易路线，又从阿拉伯半岛传播到了欧洲。与此同时，明成祖派遣的郑和船队也经由海路向西挺进，抵达阿拉伯世界的腹地"天方国"，也就是现在的沙特。郑和船上的瓷器、铁锅与茶壶在那里受到热烈欢迎。

中国人最早接触咖啡，可能是从明朝的郑和下西洋开始。那时候，咖啡并没有进入中国的消费市场，但郑和下西洋这一事件，却无意间推动了咖啡饮用方式的变革，推动了咖啡普及化进程。

15世纪的阿拉伯人，饮用咖啡的方法一直都是简单粗暴将晒干的豆子捣碎，煮开后饮用汤水。而此时郑和向西航行的船队上，船员们不喝咖啡，但是喝茶。他们喝茶的方式是将茶饼研磨成粉冲泡，同时使用精美的茶壶茶杯等器具。

阿拉伯人在惊叹之余，将中国人烹茶和饮用的方式悉数学去，形成了延续至今的现代咖啡饮用方式，并于公元16世纪开始，以"阿拉伯酒"的名号逐渐传播到欧洲、美洲和亚洲，最终成为日常饮品。直到今天，阿拉伯世界的咖啡杯，乃至全世界的咖啡杯，基本形制都跟中国的传统茶杯相似，底下有盏托，侧边有盏柄，完全不像西方世界固有的深杯与高脚杯。这也从侧面说明，奠基于15世纪的咖啡文化是在古代中国茶文化的影响下形成的，但当时中国却没有受到咖啡文化的冲击。

二、中国咖啡简史

（一）晚清：咖啡流入中国

中国的第一家咖啡馆可能最早开设于晚清时期，据清代戏曲家李斗的《扬州画舫录》记载，道光十六年（1836年）丹麦人在广州十三行附近开了中国第一家咖啡馆，当时人们将之称为"黑馆"。那时的咖啡还不叫咖啡，而是被称为"黑酒"。昂贵的价格、古怪的味道，是国人对它的第一印象。嘉庆年间编纂的《广东通志》记载："有黑酒，番鬼饭后饮之，云此酒可消食也。"这里的"黑酒"正是咖啡，那时候绝大多数华人都不认识咖啡，以为是黑色的酒。由于官府禁止国民沾染洋人习气，这家咖啡馆没有任何中国客人。在这之后的很长一段时间内，咖啡一直服务于涉外码头城市里的外国人、特权阶层和达官显贵，普通老百姓很少有机会接触到。

中国最早记载咖啡的文献是普鲁士新教传教士郭实猎（Karl Friedrich August Gützlaff，1803—1851年）编译的《万国地理全集》。这部1844年由香港刊行、"世所鲜见"（魏源语）的世界地理书中述及咖啡的信息，称咖啡为"加非"。其后，1841年林则徐主持编译的《四洲志》（近代中国最早的"世界百科全书"），1843年魏源所撰的《海国图志》，都有关于咖

啡知识的介绍。但当时"咖啡"并无统一译法，咖啡的译名，音译的有磕肥、噶啡、噶菲、加非、考非、茄菲、枷榧、高馡、珈琲、架啡、咖啡、佳妃、加灰等，意译的有黑酒、黑水、苦酒、苦水等，形形色色，不一而足。

同治年间（1862—1874年），中国市场上已有咖啡熟豆或咖啡粉的商业买卖。中国台湾出版的中英文对照《美国油匠在台湾》记载了作者美国钻油技师络1877—1878年间在台湾府（今台南市）和台北大稻埕买饼干、牛奶和咖啡充饥的情景。美国博物学家史蒂瑞在他的书中提及1874年冬季搭船从中国台湾到澎湖马公，下船看到一名久咳不止的老妇，于是拿出传教士送的咖啡粉给老妇，并教她加糖煮热来喝，果然帮她治好了咳嗽。

中国最早记录"咖啡"字眼的官方文献出现于晚清1877年福建巡抚丁日昌颁定的《抚番开山善后章程》，其中列举台湾少数民族栽种"茶叶、棉花、桐树、檀木以及麻、豆、咖啡之属……"。到清末严复任学部审定名词馆总纂时，才统一译名"咖啡"。1915年，中华书局出版的《中华大字典》将coffee译为"咖啡"。

1889年，蒙自国门开启，西南云贵地区从无人问津的边陲之地，变成了对外开放的前哨站。大量客商、传教士由此进入这片处女地。中国现存最早的，位于大理宾川的咖啡树，就是当时一位法国传教士带来的树苗。但客商、传教士们引种的咖啡树，往往带着玩票的态度，没有严格的选种和选育，由此带来的咖啡植株退化、种群良莠不齐。

（二）民国：去咖啡馆，却不是为了喝咖啡

进入民国，西风进一步东渐，留洋读书成为时髦，接触咖啡的中国人越来越多。在外国人、买办和归国留学生的影响下，咖啡生意在广州、上海、天津、汉口、北京等大城市日渐兴盛起来。如北京有三大咖啡馆：西单的英林咖啡馆主要做学生的生意，以刚牵手的小情侣居多；东安市场的国强咖啡馆主要做成年人的生意，以夫妇、未婚夫妇和外国士兵居多；葆荣斋咖啡馆不知道具体位置在哪儿，顾客以女学生为主。而上海的咖啡厅则分为两派，一派是法租界霞飞路上的跟风法国巴黎的露天咖啡厅，一派是以小型低调的"革命咖啡厅"，后者以犹太人开在日租界的"公啡咖啡馆"为代表，是左派文人经常聚集的地方。在当时一度成为文人墨客和爱国青年的最佳娱乐场所。包括鲁迅先生也常常在文章中描述去公啡咖啡馆饮用咖啡的趣事。1935年，上海德胜咖啡行在上海创立，成为中国的第一家咖啡厂。

20世纪20年代至40年代，是中国咖啡文化初现芬芳期。当时，喝咖啡在文人、政界等上层精英圈层十分流行，鲁迅、郁达夫、孟超等作家都喜欢聚在咖啡馆里。当年位于上海四川北路998号的公啡咖啡馆，鲁迅就十分爱去。只是鲁迅喜欢的并不是咖啡，而是咖啡馆的氛围，所以他每次过去都会带壶茶自己冲泡。

那时候许多影视作品中，都有咖啡的身影。1922—1927年拍摄的58部国产电影中，有13部都出现了在咖啡馆喝咖啡或在家以咖啡招待朋友的场景。当时已经成名的著名演员胡萍成名之前，也曾在长沙最早的咖啡馆"远东咖啡店"充当女招待。所以，咖啡店的女招待，自然是文人们最喜欢的题材。在田汉的《咖啡店之一夜》里，女主角白秋英跑到上海寻找青梅竹马的恋人，为维持生计而当起女侍。到了最后，她久候的情人终于现身咖啡店，但却同时带来了他的未婚妻。白秋英痛骂对方薄情寡义，将他给的钞票付之一炬。

中山大学农学院1937年出版的《海南岛热带作物调查报告》记录了海南岛的咖啡种植情况。

(三)中华人民共和国成立初期,咖啡文化的低迷期

1949年以后,政治与社会风气改变,朴实简约取代奢靡挥霍,咖啡馆生意一落千丈,咖啡文化陷入低迷期,中国大部分地区在20世纪七八十年代都还很少有人接触到咖啡。上海老牌的德胜咖啡行于1959年收归国营,更名为上海咖啡厂,铁罐装的上海牌咖啡,成为1960～1980年中国唯一的咖啡名牌。

但是,在海南,喝咖啡是一种世代沿袭的生活习惯,不论是男女老少,人们从早上到晚上都在喝咖啡。在20世纪七八十年代中国大部分地区还很少有人接触到咖啡,而在海南岛,尤其是文昌、海口、琼海一带,田间地头、农户家中,人们自种、自采、自炒、自磨、自饮更是蔚然成风,那时候咖啡消费在海南已经是一个大众市场,"呷姑必"(喝咖啡)已是海南人由来已久的生活方式。海南成为中国本土咖啡文化的缩影。

20世纪50年代初,云南省农科院在滇西保山市怒江河谷里一个名叫"潞江坝"的地方,设立了热带经济作物研究所,第一次系统化进行咖啡的选育培植。这一时期,爱国侨领梁金山对推动咖啡的本土化,作出了巨大贡献。他热衷于在德宏、保山发展亚热带经济作物,为当地咖啡种植提出合理化建议。1957年,他给时任全国人大常委会副委员长何香凝女士发出一封信,随信件一起从边陲飞向北京的,还有一小包咖啡豆。何香凝在回信中高度赞扬他热爱社会主义祖国的精神,勉励他进一步发展亚热带经济作物作贡献,给保山小粒咖啡极高评价,并鼓励当地种植。

1952年,中华人民共和国成立以来中国第一家咖啡专营厂商——太阳河咖啡厂在海南兴隆华侨农场成立。东南亚的归侨们不但把喝咖啡的传统和制作、冲泡咖啡的手艺带到兴隆,还在兴隆成功引种了咖啡。1960年2月7日,周恩来总理到兴隆农场视察,喝过兴隆咖啡后大为赞赏:"兴隆咖啡是世界一流的,我喝过许多外国咖啡,还是我们自己种的咖啡好喝。"从而使兴隆咖啡声名远扬。1976年,福山农民徐秀义成立集体企业,在福山建立了第一个咖啡种植、加工、贸易的企业,使海南咖啡闻名全国。

(四)改革开放以后,中国咖啡文化紧跟世界时尚的脚步

"咖啡"作为一种饮品,彻底走向民间,要从20世纪80年代说起。这一时期,麦斯威尔和雀巢咖啡进入中国,掀起了速溶咖啡的浪潮。

1984年,麦氏咖啡进入中国,打响了中国速溶咖啡的第一枪。1988年,雀巢在东莞成立了东莞雀巢公司,正式进入中国市场,并且投资建设了速溶咖啡厂。当时,为了给中国的消费者普及咖啡,财大气粗的雀巢买下了大量电视广告、车厢广告、平面广告等,通过广告手把手地教消费者冲泡咖啡,一句"雀巢,味道好极了"的广告语几乎家喻户晓。在雀巢咖啡的大肆宣传下,速溶咖啡迅速占领了国内饮料市场的半壁江山。在之后的近二十年里,速溶咖啡成为主导我国咖啡市场的存在。

1986年,海口力神速溶咖啡厂于海口成立,同时从国外引进了中国第一条速溶咖啡生产线,是中国咖啡率先实现引进、消化、吸收国外先进设备的成功案例。

1997年,以上岛咖啡为代表的台式现磨咖啡馆出现在中国。此时刚巧赶上改革开放的浪潮,西式文化进入中国,而中国经济也步入高速发展期,居民购买力大幅提高,不少人开始有能力并尝试消费深度烘焙、现磨现泡的精品咖啡。

1999年,星巴克就已经进入了中国,将意大利咖啡中半自动咖啡机引入到了咖啡店中,深度烘焙、现磨现泡。现磨现泡的新奇咖啡饮料,使得国人对咖啡的印象大为改观,人们开始乐于接受星巴克提供的咖啡社交文化,使得风靡一时的雀巢速溶咖啡市场开始收缩。

近年来，中国咖啡市场进入了新阶段，新模式新业态层出不穷。零售速溶咖啡和即饮咖啡、专业咖啡馆现磨咖啡、便利店咖啡、互联网咖啡、快餐咖啡、茶饮店咖啡等群雄并起，相互交融。瑞幸咖啡、连咖啡等新生代本土咖啡品牌强势崛起，大大小小的精品咖啡店如同雨后春笋一般林立，中国本土咖啡也逐渐在世界级比赛上崭露头角，使得全世界对中国咖啡刮目相看！

伴随着消费升级以及中国本土咖啡品牌的崛起，饮用咖啡在中青年主流消费群体中逐渐日常化，中国人逐渐丰满起来的文化自信也一定程度上提升了对咖啡的包容度和接受性，咖啡或已成为当下部分都市人生活中不可或缺的存在。加之，近年平民化的价格定位以及不同价位的咖啡可选择性增多，使得咖啡越来越能够精确满足不同人群的需求，越来越多现代中国人能够毫不费力地找到一杯愿意为之买单的咖啡。

现在，无论在家里，还是在办公室，或是各种社交场合，人们都在品着咖啡：它逐渐与时尚、现代生活联系在一起，成为时尚和潮流的代名词。

忙着拓店，忙着应对价格战，忙着做联名，2023年的咖啡品牌，忙得不可开交。不只在国内，咖啡品牌还"忙"到了国外。

2023年3月31日，瑞幸在新加坡的两家新店进入试营业阶段，打响了中国现制咖啡品牌的出海"第一枪"。四个月后，8月8日，库迪咖啡在韩国首尔江南区开设了首家海外门店，宣布正式启动国际化战略。

第一站着陆后，瑞幸和库迪的路径却截然不同。前者仅仅锚定新加坡市场，门店数量稳步扩张。瑞幸董事长兼首席执行官郭谨一曾表示，希望新加坡门店能跑通瑞幸在海外的商业模式。12月25日，瑞幸咖啡宣布其在新加坡的第30家门店正式开业。

库迪则陆续开拓了印尼、日本、加拿大、中国香港等地区首店。2023年12月，库迪又开出了越南、泰国、马来西亚、菲律宾和新加坡首店，已进军东南亚、日韩和北美市场。许多为库迪海外业务宣传、招商的小红书账号的最新信息显示，库迪仍在持续"火热"招募海外联营商，还就美国门店选址、南美、欧洲地区的发展意向与用户互动。

第二节　中国咖啡地理

一、中国最早的咖啡产地

截至目前史料，中国最早栽种咖啡的地方是台湾。1916年编写的《恒春热带植物殖育场事业报告》中写道："1884年德记洋行的英国人布鲁斯（R.H.Bruce）从马尼拉引进100株咖啡苗，由杨绍明种植于台北三角涌（今新北市三峡）。"可惜的是，三年之后一场火灾，意外将咖啡树燃烧殆尽。再加上移植而来的咖啡树无法适应台湾当地的气候与环境，德记洋行最后放弃了咖啡的种植。咖啡在台湾真正的大规模种植是在1930年左右。粗略估计，当时咖啡种植面积略有数百公顷。

中法战争结束后，1887年10月清廷被迫开放云南的蒙自为通商商埠，法国势力进入云南。法国田德能神父到现今大理宾川县平川镇朱苦拉村传教并盖一座天主教教堂，田德能神父有喝咖啡习惯，于是引进一株阿拉比卡咖啡树，来源不详，有说从越南引进但实已不可考，田德能神父的咖啡树就栽种在教堂旁边，它后来成为云南咖啡的始祖，其中有24株存活至今，成为中国最古老的咖啡树。然而，田德能神父在教堂旁种下咖啡树究竟是何年？目前有1892年、1902年或1904年的三种说法。

朱苦拉村最早以大量生产高品质茶叶而闻名，所以在接下来将近百年的时间内，咖啡的种植都并没有引起当地人的重视，直到1988年，联合国发展计划与世界银行的合资公司及雀巢公司对云南产生了兴趣，云南的咖啡产业才开始蓬勃发展。1995年云南省政府把云南咖啡种植正式入"18"工程，咖啡种植得到迅速发展，2003年开始云南已成为中国唯一的优质咖啡原料基地，面积产量均占全国的95%。

二、中国咖啡主要产区

目前，中国咖啡产区主要在云南、海南、广东、台湾。其中，在海南岛北部、云南省南部，位于北纬15°至北回归线之间，其咖啡浓而不苦，香而不烈，非常独特，且带一点果味，是咖啡上上品，国际上赞誉有加。

云南是中国主要的咖啡豆产区，全国98%的咖啡种植面积和99%的咖啡产量都在云南。云南位于北回归线以南属亚热带山地气候区，特有的高原红土土质肥沃疏松，气候温和，特别适合种植小粒种咖啡。云南省目前咖啡主产区有普洱市、保山市、德宏州、临沧市和西双版纳州。"普洱有好茶，还有好咖啡"。被称为"千年茶乡"的普洱市，其实也是我国重要的咖啡产区之一。20世纪80年代末，速溶咖啡巨头把目光瞄准了云南普洱，到后来普洱成为中国进出口咖啡的主要集散地，咖啡产量达到云南省总产量的60%，是妥妥的"中国咖啡之都"。

海南的兴隆、福山也盛产咖啡，不过由于低海拔、温度高，这里产的主要是罗布斯塔。这里广泛使用"糖炒"的方法烘焙咖啡豆，与南亚、东南亚的咖啡种植和加工技术渊源深厚。

广东咖啡豆的品种主要有阿拉比卡、罗布斯塔等。目前，广东咖啡产区主要分布在肇庆、茂名、潮州、湛江、阳江等地。肇庆的咖啡豆以传统的"牛奶咖啡"、花生酥、马卡龙等独特口味闻名。茂名的咖啡因其浓郁的香气、口感醇厚而深受消费者喜爱。潮州的咖啡豆含有丰富的咖啡因、抗氧化成分。

台湾的东部山区，如嘉义、南投、花莲、台东等地，也是咖啡的优质产地。台湾整体的咖啡产量不是很大，咖啡风味接近中南美洲咖啡豆，有柔和的酸味和不错的质感，口味平和。

第三节　中国咖啡文化的特点

一、历史性

中国咖啡文化的历史性可以追溯到19世纪中叶，当时咖啡首次传入中国。自那时以来，咖啡在中国经历了曲折的发展历程，逐渐融入了中国人的生活方式。清朝时期，咖啡由外国人引入，主要在上海、广州等通商口岸流行。民国时期，随着西方文化的传入和都市化的加速，咖啡在中国的地位逐渐提升。上海等大城市的咖啡馆如雨后春笋般涌现，成为文人墨客、商人政客等各阶层人士社交的场所。中华人民共和国成立后至今，咖啡在中国经历了低迷期后逐渐复兴。改革开放后，随着人们生活水平的提高和外来文化的涌入，咖啡在中国内地逐渐普及，成为大众化的饮品和社交文化的代表之一。

二、多样性

中国的咖啡文化是多种多样的。从咖啡的品种、口感、烘焙方式到饮用方式，都有很大的变化和差异。此外，中国的咖啡馆也风格各异，从传统的茶馆到现代的咖啡厅，都有各自独特的风格和魅力。

中国地域辽阔，各地的咖啡文化也各具特色。从南方的热带气候到北方的寒冷气候，各地的咖啡种植和加工方式都有所不同，这也影响了咖啡的口味和文化内涵。比如，云南的咖啡有丰富多样的口味，既有浓烈的品种也有柔和的口感，这与当地的自然条件和传统种植方式有关。海南咖啡以其浓郁的香气、醇厚的口感和独特的烘焙工艺而闻名，具有浓郁的热带风情。福建咖啡具有浓郁的坚果香气和柔和的口感，注重品质和口感。广东咖啡市场以高品质、个性化、时尚感为主要特点，吸引了众多国内外咖啡品牌进驻。在南方地区，由于气候温暖湿润，人们更倾向于饮用冰咖啡；而在北方地区，由于气候寒冷干燥，人们更偏爱热咖啡。此外，由于地域差异和消费习惯不同，"北方口味""南方口味"的概念也逐渐形成。例如，在广东地区，许多本土品牌通过将鲜奶与浓缩咖啡混合制成新型饮品来满足当地人对于甜度和口感柔顺度较高需求；而在北京等北方城市，则更注重黑咖啡本身香气浓郁、苦涩清爽等原汁原味体验。上海的咖啡文化则更加国际化和时尚化。

在品牌和业态上，从国际连锁咖啡品牌到本土独立咖啡馆，从高端精品咖啡到平价速溶咖啡，各种类型的咖啡品牌和业态在中国都有一定的市场空间。这些品牌和业态的多样化为消费者提供了更多的选择，也丰富了中国的咖啡文化。

三、创新性

随着中国经济的快速发展和人们生活水平的提高，消费者对咖啡的品质和口味要求越来越高。因此，中国的咖啡文化也在不断创新和发展。

在产品创新方面，中国咖啡师和咖啡品牌不断探索新的烘焙方法、制作工艺和口味配方，以创造出具有独特风味的咖啡饮品。例如，冷压咖啡、泡沫咖啡、手冲咖啡等新品种不断涌现，满足了消费者对新鲜感和口感的追求。

在商业模式创新方面，中国咖啡馆业者不断尝试新的经营模式，如线上线下结合、会员制、外卖配送等，以提高运营效率和消费者体验。此外，一些咖啡品牌还通过跨界合作、IP联名等方式拓展市场份额，提升品牌影响力。

在技术创新方面，随着科技的发展，中国咖啡产业在生产、加工和销售等环节也引入了数字化、智能化技术，以提高生产效率、降低成本并提升品质监控能力。例如，智能咖啡机、自动化咖啡生产线等技术的应用，使得咖啡的制作过程更加高效、标准化。

在文化创新方面，中国咖啡文化与本土文化和艺术形式的融合也为全球咖啡文化带来了新的元素。虽然咖啡在中国的历史并不算长，但中国的咖啡文化已颇具鲜明的时代特色和文化印记。随着本土品牌的一路高歌猛进，"本土咖啡文化"的强势崛起也变得水到渠成。如今，咖啡行业内的"中国元素"早已无处不在，包括本土的咖啡豆（以云南豆为代表的拼豆已经成为主流）、本土化工艺（中式炖煮咖啡）、本土化食材（以枸杞咖啡、罗汉果咖啡等为代表的"养生咖啡"）、本土化场景（茶馆风、药房风、寺庙风、书法风等）、本土创意配搭（咖啡配煎饼、咖啡配河粉、咖啡配锅盔等）等。中国传统的茶文化、诗词文化、陶瓷艺术等与咖啡的结合，形成了具有中国特色的咖啡文化风格。其中，咖啡与茶文化的融合，形成了具有中国特色的"茶咖文化"。

在市场创新方面，中国咖啡品牌和从业者不断挖掘新的消费群体和市场需求，如针对年轻人、白领阶层、健康意识较强的人群等推出不同产品和服务。同时，通过拓展海外市场、参与国际展览等方式，提高中国咖啡的国际知名度和影响力。

四、健康性

随着健康意识的提高，越来越多的中国人开始关注饮品的健康价值。咖啡因具有提神醒脑、促进新陈代谢、改善心情等功效，因此在一定程度上满足了人们对健康的需求。同时，一些特殊成分的咖啡产品也受到了消费者的青睐，如低糖、低脂、无添加剂等健康饮品。但需要注意的是，虽然适量饮用咖啡对健康有益，但并不是所有人都适合饮用咖啡。有些人可能会对咖啡因过敏或出现其他不良反应，如失眠、心悸等。此外，过量饮用咖啡也可能会对身体造成负面影响。因此，在饮用咖啡时应该根据自身情况适量饮用，并注意观察身体反应。

此外，随着中国经济的发展和人们生活水平的提高，越来越多的中国人开始接受并喜欢饮用咖啡。咖啡在中国也逐渐成为一种时尚和文化符号。对于现在的年轻人来说，咖啡已不再只是提神饮料，去咖啡馆也不仅仅是为了喝那一杯咖啡而已，而是逐步成为日常生活的一部分。另外，中国咖啡文化中还有一种特殊的"办公室咖啡文化"。由于现代城市生活节奏快、工作压力大，许多上班族在公司或者写字楼内都会配备一台自动咖啡机。这种机器制作出来的咖啡通常口感较浓、苦涩，并且价格相对便宜。

思考题

1. 咖啡在中国经历了怎样的发展历程？
2. 中国咖啡主要产在哪里？各有什么特点
3. 中国咖啡文化和外国咖啡文化相比有哪些特点？
4. 咖啡文化对提升中国人生活品质有哪些作用？
5. 谈谈中国咖啡产业的现状、挑战与未来发展趋势。

课外选读文献

1. 陈德新. 中国咖啡史[M]. 北京：科学出版社，2017.
2. 陈荣，庄军平. 咖啡学概论[M]. 广州：华南理工大学出版社，2020.
3. 区丽媛. 用"一杯咖啡"讲好中国故事[J]. 传媒，2021，(22)：83-84.
4. 童铃. 咖啡你想知道的那些事儿[M]. 北京：中国纺织出版社，2023.
5. 临风君. 世界的尽头是一杯好咖啡[M]. 北京：人民邮电出版社，2024.

04 综合篇

- 华美丰盛的筵席宴会
- 绚丽多彩的食俗食礼
- 深藏智慧的饮食养生
- 走向世界的饮食文化

第十三章
华美丰盛的筵席宴会

课程导入

人生时间长廊中郑重的记号——宴

2018年2月21日,《舌尖上的中国》第三季第三集《宴》在中央电视台火热播出。播出前,总导演刘鸿彦偕《宴》导演沙洛、作曲张逸马、摄影师安同庆一同做客央视新闻客户端,与网友分享各具特色的宴席以及舌尖上的礼仪。

中国饮食,聚的是情,讲的是礼,宴席便是情和礼的完美展现。节目中呈现出的,宝应全藕宴、彰武全鱼宴、芜湖张修林老人的寿宴、平江十碗席以及文会宴,则是一道道精致的"硬菜",让大家大饱眼福。

宴席是烹饪的极致,不是说它铺张,而是宴席具有仪式感。仪式感让食物变得更有意义,而这也是宴的本质。沙洛说:"宴首先要完成它的美食功能,它是美食的极致。中国人好客,朋友来了,就要用最好的招待,所以它是烹饪的极致和食材的极致。"除此之外,宴席,还是一种情感的极致。沙洛介绍到"因为好客,宴从美食上升到情感寄托。"家宴是每个在外漂泊的游子归回又出发的地方,主创团队选择为观众呈现武术家张修林的耄耋之庆,讲的不仅只是团聚的亲情,还有他对于传承中华武术传统的期望。

中国人讲究吃,习惯把人生喜怒哀乐、婚丧嫁娶、应酬交际导向饮食活动。正所谓"礼尚往来",增进人与人的关系,宴饮聚会的风貌因此极大发展。宴席,是文人的雅聚,是家人的团聚,也是宗族的荣耀。人们将饮食与社交紧密相连,饮食之事倾注了齐家、治国、平天下的期许。人们通过宴会,不仅获得饮食艺术的享受,而且可增进亲和,达成和谐。

宴,是世界上共通的一个东西,只是我们中国人更爱用吃这个方式来呈现。宴,对某些人来说,它只是一个普通的日子;但是对一些办宴的和参宴的人来说,是一个见证,也是一个记号。宴,赋予特定时间以特定意义,将普通变得特殊。

宴,可以是礼仪之邦的中国,最高的诚意。宴,也可以是生生不息的传承,最深的心意。宴,可以知书达理,也可以知书不拘礼。宴,是由口入心的相逢和相识。

资料来源:央视网,2018年02月21日。

"传统文化在其形成和发展过程中,不可避免会受到当时人们的认识水平、时代条件、社会制度的局限性的制约和影响,因而也不可避免会存在陈旧过时或已成为糟粕性的东西。这就要求人们在学习、研究、应用传统文化时坚持古为今用、推陈出新,结合新的实践和时代要求进行正确取舍,而不能一股脑儿都拿到今天来照套照用。要坚持古为今用、以古鉴今,坚持有鉴别的对待、有扬弃的继承,而不能搞厚古薄今、以古非今,努力实现传统文化的创造性转化、创新性发展,使之与现实文化相融相通,共同服务以文化人的时代任务。"

——2014年9月24日,习近平在纪念孔子诞辰2565周年国际学术研讨会暨国际儒学联合会第五届会员大会开幕会上的讲话

教学目标

◎ **知识目标**

了解筵宴的起源和发展、种类与名品,理解中国筵宴文化的内涵,掌握筵宴的特点、作用和基本格局。

◎ **能力目标**

能够分析筵宴的食品结构,具有赏析中国筵宴的基本能力。

◎ **思政目标**

感悟中国筵宴文化的博大精深,弘扬爱国主义精神,传承家国情怀,增强文化自信。

第一节　中国筵宴的特点和作用

一、筵宴的概念

筵宴是指人们为了某种社交目的,以一定规格的酒菜食品和礼仪来款待客人的聚餐方式。筵宴通常又被人们称为"筵席"或"宴会",除此之外,还有"宴席""酒席""酒宴""燕饮""会饮"等不同的称谓,这些称谓的含义大体相同,但严格说来,"筵席"与"宴会"还是有一定的区别。

在我国,"筵席"的本意最早是古代铺地的坐具。古人生活习惯是席地而坐,为了卫生,就铺着席子坐,包括饮食时也是坐在地上的。《周礼·春官宗伯》记载:"司几筵掌五几、五席之名物,辨其用,与其位。"唐代学者贾公彦疏证云:"凡敷席之法,初在地者一重即谓之筵,重在上者即谓之席。"狭义的"席"一般用蒲草编制,呈长方形,置于筵(竹席)上,是为了防潮而垫在身下的,故可铺几重。《礼记·礼器第十》说,"天子之席五重,诸侯之席三重,大夫再重。"贫苦人家可以无席铺垫,但对于贵族来说,居必有席,否则就是违礼。

从晋开始,跪坐的礼节观念逐渐淡薄,坐姿随心。到南北朝,高型坐具出现。入唐后,席地起居的习惯逐步有所改变。不仅椅凳多见,高型桌案也开始出现,但跪坐仍存在。唐代处于交替时段。宋代,桌椅开始真正进入人们的生活。

古书上所说的"几"是一种矮小的案子,古人用来搁置物品和倚凭身体之用。"五几"则是指玉、雕、彤、漆、素等五种不同质地的几物。"五席"则是指莞席、藻席、次席、蒲席、熊席等五种席子。筵,一般用蒲苇等粗料编成;席一般用细料编成。筵与席的摆设方式是筵下席上、筵长席短、筵粗席细。在奴隶社会、封建社会有一套严格的等级制度,筵、席、几必须按照地位与官阶的高低来摆设,如天子之席五重,设玉几;诸侯之席三重,设雕几。人们将食品菜肴放在席前的几上,席地而食,这就形成了古代的筵席,后来筵席逐渐演变成了"具有一定规格质量的一整套酒水菜品"。

宴会是因习俗或社交礼仪需要而举行的宴饮聚会,又称燕会、酒会,是社交与饮食结合的一种形式。人们通过宴会,不仅获得饮食艺术的享受,而且可增进人际间的交往。宴会上的一整套菜肴席面称为筵席,因为筵席是宴会的核心,所以人们习惯上常将这两个词视为同义词。

"宴会"从字义上看,"宴"同"燕",和乐貌。"宴会"也称作"燕会""热会""酿会",是指宴饮的聚会。由此看来,"筵席"与"宴会"的区别在于前者强调内容,更具体,而后者更注重形式和聚会的氛围，其含义也比较广。尽管有这些细微区别，人们通常还是将这两个词等同起来使用，为了便于理解，今天人们也把"筵席"与"宴会"合称为宴席或筵宴。

二、筵宴的特点

（一）聚餐式

从形式上讲，筵宴是多人聚集在一起，边吃边交流的进餐方式。人数根据需要可多可少，有十来人的，也有几百人、几千人，甚至上万人的。进餐有围在桌子周围的，也有站立的，可以在餐厅内自由走动的；有在室内的，也有在室外的。正规的筵宴，赴宴者有主要宾客、随行人员、陪客和主人，主人是筵宴的东道主，主要宾客是筵宴的中心人物，随行人员是伴随主宾而来的客人，陪客是主人请来陪伴客人的人。中国传统筵宴习惯于8人、10人，或者12人一桌，其中以10人一桌的形式为主，象征着"十全十美"的吉祥寓意。至于桌面，通常以大圆桌居多，这又意味着"团团圆圆""和和美美"。

（二）规格化

从内容上讲，筵宴是按照一定规格质量和程序组配起来的一整套食品。它要求全桌食品配套，应时当令，制作精美，调配均衡，食具雅丽，仪程井然，服务周到热情。冷碟、热炒、大菜、甜品、汤品、饭菜、主食、点心、水果、酒水等，均按一定质量和比例，分类组合，前后衔接，依次推进整桌席面上的菜点，在色泽、味型、质地、形状、营养以及盛装餐具方面，力求丰富多彩，并因人、因事、因筵宴档次科学设定。与此同时，在筵宴场景的装饰上，在筵宴节奏的掌握上，在接待人员的选用上，在服务程序的配合上都有严格的规格。

（三）社交性

从作用上讲，筵宴是交际、庆祝、纪念等社交活动的一种方式。筵宴既可以怡神甘口，强身健体，满足口腹之欲，又能够启迪思维，陶冶情操，给人以精神上的欢愉。尤其在社会交际方面，筵宴可以聚会宾朋，敦亲睦谊；可以纪念节日，欢庆盛典；可以洽谈事务，开展公关；可以活跃市场，繁荣经济。所以《礼记》有云："故酒食者，所以合欢也。"实际上，人们也常在品尝佳肴饮琼浆、促膝谈心交朋友的过程中，疏通关系，增进了解，加深情谊，解决一些场合不容易解决的问题，从而实现社交的目的。

（四）礼仪性

中国筵宴又是礼席、仪席。古代许多大宴，都有钟鼓奏乐、诗歌答奉、仕女献舞和艺人助兴。现代筵宴在继承过程中仍保留了许多健康、合理的礼节与仪式，崇尚"尊重、谦恭、礼让"的核心主旨并没有变。如发送请柬，车马迎宾，门前恭候，问安致意，献烟敬茶，专人陪伴；入席彼此让座，斟酒杯盏高举，布菜"请"字当先，退席"谢"字出口；还有仪容的修饰，衣冠的整洁，表情的谦恭，谈吐的文雅，气氛的融洽，相处的真诚；以及餐室的布置，台面点缀，上菜程序，菜品命名；还有嘘寒问暖，尊老爱幼，女士优先，照顾伤残等都是礼仪的表现。此外，对于一些重大的筵宴还要注意尊重主宾所在国家或民族的风俗习惯及宗教感情。从某种意义上来说，一次宴请聚餐活动，实际上也是一次礼仪会演活动。

（五）艺术性

筵宴的艺术性体现在多个方面，其中有席单的设计艺术、菜点食品的组配艺术、原料的加工艺术、盛器与食品的配合艺术、冷拼雕刻的造型与装饰艺术、餐室美化和台面点缀艺术、服务的语言艺术技巧、着装艺术方面等多个方面的内容。古往今来，我国筵宴场面典雅而隆重，菜品丰富而精美，充分体现了中华饮食的博大精深。

三、筵宴的作用

随着改革开发的发展，人民生活水平的不断提高，筵宴在经济、文化、社交及国际关系中部起着重要的至要。

（一）改善生活，促进交流

筵宴是一种吃喝的艺术，它不仅有助于丰富人民生活，不断提高人民的饮食生活水平，还能够增添人们的欢乐、消除工作疲劳。筵宴又是一种特殊的交际工具。人们在日常交际活动中，除了用电话、书信等常用工具进行交流之外，筵宴便是最重要的交际工具之一。人们在这种特殊的氛围里，边品尝美味佳肴、香茗美酒，边畅叙友谊、洽谈事务。有时运用其他方式难以解决的问题，通过筵宴却可迎刃而解。

（二）发展烹调艺术，提高技术水平

很多食品生产由于受成本、菜单等限制，平时厨师没有机会锻炼，而筵宴由于档次高、花色品种多提供了这种机会，可以创制新产品，发展烹调艺术，提高厨师技术水平。

（三）提高饭店声誉，增强企业竞争力

筵宴管理复杂，要求较高，涉及面较广。特别是大中型高档筵宴，需要一系列专业能力，管理人员平时缺少这种机会，通过筵宴组织就可以提高他们的组织指挥能力，训练服务员队伍，提供优质服务，从而提高企业的形象和声誉，增强企业竞争力。

（四）活跃市场，繁荣经济

筵宴是所有进餐方式中人均消费最高的一种，也是餐饮经营项目中利润最高的一项。据有关统计表明：大型饭店、宾馆、餐馆的营业收入中，筵宴占总收入的50%以上。筵宴的高利润性，使许多商家不惜代价大搞筵宴促销，争取更多的筵宴，促进经济效益的提高。此外，随着我国改革开放的深入，经济加速发展，国外入境旅游者，华侨、港澳台同胞回大陆探亲、访友、观光者人数大幅度上升。这些旅游者无不以品尝中国筵宴美馔佳肴为乐，把中国筵宴美馔佳肴献给国内外旅游者，充分满足他们的不同层次的需要，对促进经济繁荣，及时回笼货币，增加外汇收入，并以交税金和利润的形式为社会主义现代化建设积累建设资金。

第二节　中国筵宴的起源和发展

中国筵宴起源于原始聚餐和祭祀等活动，其发展历程大致经历了新石器时代的孕育萌芽时期、夏商周的初步形成时期、秦汉到唐宋的蓬勃发展时期，在明清成熟、持续兴盛，然后进入近现代繁荣创新时期。

一、筵宴的起源

筵宴是社会生产发展的产物。探讨宴会的起源，不能不了解社会生产的发展。只有这样，才能描摹出更接近历史真实的筵宴起源的图景。

（一）原始聚餐

筵宴作为一种饮食聚会，采用的是同餐共食制，这种食制的原始形态植根于人类原始社会的集体生活之中。在漫长的史前时期，人们依靠集体的力量和智慧，共同劳动，获取食物，妇女、老人和孩子主要从事采集，男子主要从事狩猎、捕鱼。共同劳动所获得的收获物都是公有的，是集体财产，每一个成员都对这种财产享有平等的权利，实行共同分配和共同

消费，即实行同餐共食制，也就是每一个成员拿到一份食物之后，并不能占有它，只能当时吃掉它，一切不消费的东西，都仍是集体财产。这种社会生产组织和生活单位，一方面为同餐共食制提供了基本的物质保证，另一方面又在某种意义上使得同餐共食制成为加强群体成员之间的联系、认同和凝聚的特殊手段。当然，同餐共食的生活方式，显然不能据此简单草率地认定这就是筵宴，但是却可以追溯筵宴饮食方式的由来。

（二）原始宗教及其祭祀活动

在旧石器时代晚期的母系氏族社会，每个氏族的名称，就是这个氏族的图腾，图腾信仰是这个氏族的共同宗教。

在人类社会，宗教、祭祖活动一直被看作是神圣的事，所谓人与神的沟通，通过祭祀与宴飨借以实现，这种现象在我国及世界各国自古以来就普遍存在。例如，在殷商时代，"殷人尊神，率民以事神，先鬼而后礼"，在每次祭典完毕后，那些丰富的祭物（酒食），就成了殷王与陪祭臣子的一次宴飨了。在我国封建社会，各姓宗祠支祠以及乡社神庙，在祭祖时也盛行各种聚会共食制度。

二、筵宴的发展过程

中国宴会的滥觞不迟于虞舜时期；经过夏商周三代的孕育，到春秋战国已具雏形。汉魏六朝，它在席位、陈设、礼仪以及茶点的质与量上不断演化，进入隋唐宋元已更为规范。明清两代，筵宴有了较大的发展，更加强调席面编排、肴馔制作、接待礼仪和宴饮情趣，充分显示出中华民族饮馔文明的种种特色。

（一）孕育萌芽时期

中国筵宴是在新石器时代生产初步发展的基础上，因习俗、礼仪和祭祀等活动的产生而由原始聚餐演变出现的。根据《周礼》《礼记》等书的追记，虞舜时代已出现"燕礼"。这是一种敬老宴，每年举行多次，慰问本族耆老和外姓长者，其形式是先祭祖，后围坐，吃些狗肉，饮几杯米酒，较为简朴。《礼记·王制》言："凡养老，有虞氏以燕礼。"孔颖达解释说："燕礼则折俎有酒而无饭也，其牲用狗。谓为燕者，《诗》毛传云：燕，安也，其礼最轻，行一献礼毕而脱履升堂，坐以至醉也。"燕，即宴，这种养老宴是先祭祖，后围坐在一起，吃狗肉、饮米酒，较为简朴、随意。

（二）筵宴的初步形成时期

到夏商周三代，筵宴的规模有所扩大，名目逐渐增多，并且在礼仪、内容上有了详细的规定，筵宴进入初步形成时期。

夏朝，敬老之风尚存，并且还增添了"飨礼"。它的菜品稍多，但酒仍限制，依然体现尊贤的传统。夏启袭位后，还在钧台（今河南禹州市北门外）举行过盛宴，招待众部落酋长，扩大了筵宴规模。夏桀当政，追逐四方珍异，筵宴渐开奢靡之风。

殷商时期，筵宴在祭神活动中得到发展。殷人嗜酒，喜好群饮，菜品已较前丰盛。那时的餐具多按1～3人一席设计，除了碗、勺、杯外，其余都是共用，并且盘、豆、盆、钵的圈足与器座高度，正与席地而坐者的位置相适应。纣王当政时，荒淫无道，举办酒池肉林大宴，开了冶游夜宴的先河。

周代，筵宴变化甚大。由于周人"事鬼敬神而远之"，酒席名正言顺为活人而设，出现"大射礼""乡饮酒礼""公食大夫礼"等诸多名目，祭祀色彩逐步淡化。特别是接受夏、商亡国的教训，对饮酒加以节制；同时周公制礼作乐、严格按等级制确定筵宴的规格，酒宴较前正规多了。不过，周天子的饮宴也相当奢侈，他一餐饭须准备6种粮食、6种牲畜、6种饮料、8种珍馐、120道菜和120种酱。诸侯请士大夫赴宴，也有正菜33道、加菜12道，这即是以菜品数量衡定筵宴等级的起源。

进入春秋，礼崩乐坏，士大夫也敢"味列九鼎"，席面的限制不那么严格了。这时候诸侯有筑台宴乐的风气，宴会常是通宵达旦。时及战国，宴乐更甚。《招魂》《大招》中招祭亡灵用的菜单客观上反映出楚地筵宴的盛况。《招魂》中的席单列出楚地主食4种、菜品8种、点心4种和饮料3种；《大招》中的席单列出楚地主食7种、菜品18种和饮料4种。它们组合适宜，衔接自然，在席面设计上跃上了新台阶。

春秋战国时期，筵宴的规模已发展较大，形式较多，并具有较高的水平，这从《诗经》中可见一斑。"大雅"多是用于国家大典的筵宴歌词；"小雅"则多是用于一般贵族和宫廷的筵宴歌词。国家的礼节仪式，贵族的冠、婚、丧、祭、燕、飨，都是筵宴的重要内容。当时的筵宴非常讲究：宴飨祭祀都有严格的等级制度相接待规格；讲究筵宴的陈设和食序，注意排菜和上菜的程序。

（三）筵宴的蓬勃发展时期

从秦汉到唐宋时期，在经济飞速发展、筵宴之风日益盛行等因素的影响下，中国筵宴在许多方面发生了新的变化。

秦朝时间虽不长，筵宴也有发展，特别是咸阳和巴蜀，饮食市场繁荣，民间的婚寿喜庆酒宴都操办得较为隆重。

汉初，宴饮较为简单，后来国力殷实，宴乐又蓬勃兴起，并且注重规范。此时习惯在高堂上敷设帷帐，酒筵摆在锦幕之中。从出土的文物可看到，餐饮器物由厚重趋向轻薄，多以漆器为主体。那时仍是两三人席坐对饮，有侍者斟酒布菜，有乐伎表演歌舞。至于民间，礼乐宴请之风也盛。

魏晋时代，以晋武帝为首的西晋士族集团生活奢华，甚至有"食必尽四方珍美，一日之供，以钱二万"的人。此时"文酒之风"勃兴，曹操在铜雀台上设宴，曹植在平乐观的宴会，张华的"园林会"，竹林七贤的林中宴饮，以及文人的"曲水流觞"等，虽然举行宴会的目的不同，但都追求典雅的环境、情趣，其影响极为深远。

到了南北朝，有了类似矮桌的条案，改善了就餐环境与卫生条件；同时朱墨相间的漆器餐具大放光华。筵宴的名目繁多，像帝王登基宴、封赏功臣宴、省亲敬祖宴、游猎登高宴、汤饼宴、团年宴等，都呈现出各自不同的特色。同时，随着佛教的流行，信徒茹斋成风，京畿地区和江南孕育出早期的素宴。

隋朝历史虽然不长，但"云中宴""湖上宴""龙舟宴"等少数席单，也反映出隋炀帝骄奢淫逸的生活。唐及五代，出现高足桌和靠背椅，铺桌帷，垫椅单，开始使用细瓷餐具。从《韩熙载夜宴图》看，贵族聚饮仍是1~3人一席，有丝竹佐饮，肴馔济楚，陈设雅丽，礼食的情韵较前浓厚。唐中宗时出现大臣拜官后向皇帝进献烧尾宴的惯例，这种贡宴菜品多达五六十道，为宋、清两代超级大宴的调排奠定了基石。唐诗中对筵宴多有反映，如杜甫就对一次酒宴作了这样的赞美："长安冬菹酸且绿，金城土酥静如练。兼求畜豪且割鲜，密沽斗酒谐终宴"。此外，还有孟浩然写的襄阳村宴，李白写的安陆乡宴，后蜀主孟昶之妃花蕊夫人写的成都船宴，都是以特异的情调和浓郁的乡味取胜。唐方德远《金陵记》载："富人贾三折，夜以方囊盛金钱于腰间，微行市中，买酒、呼秦声女置宴"。夜市也可办酒宴。筵宴上不仅热菜丰盛，还有"冷饮"和"凉面"。

宋代的筵宴在我国筵宴发展史上占有极重要的地位。当时名筵更多，举其要者，便有宋仁宗大享明堂礼、宋太宗玉津园盛宴、宋度宗寿筵等。据《武林旧事》记载：清河郡王张俊在家中宴请宋高宗赵构所供奉的御宴共计有250件馔肴。这时在饮食市场上，出现了专管民间吉庆宴会的"四司六局"，他们分工合作，任凭呼唤，把备宴的一切事务都承揽下来，有利于筵宴的商品化。

（四）筵宴的成熟兴盛时期

元明清时期，随着社会经济的繁荣以及各民族的大融合等，中国筵宴日趋成熟，并且逐渐走向鼎盛。

元朝的筵宴，具有浓郁的游牧射猎色彩和北方山林草原气息，其特色有三：一是菜品多为羊馔、奶食，适当辅以其他荤素原料，烹制技法以烧烤为主，崇尚鲜咸，如元代大型烤肉席、全羊席都是如此。南方的酒筵尽管重视鱼鲜，但是羊、奶菜品仍占有较大的比重。二是烈酒用量甚大，多用特制的"酒海"盛装，其容量可达数石。三是在宋时看盘的启迪下，筵上增设小果盒、大香炉、花瓶等饰物，供酒客玩赏，使摆台艺术又进了一步。元人还特别重视祭筵。宫廷所用的祭品常由得力大臣亲率猎队，专门捕获纯马、红牛、白羊、黑猪和黄鹿上供，敬献六酿六蒸的马奶酒，庄严肃穆。此外，元代的诈马宴甚为特别，它由宫廷或亲王在盛大节庆时举行，摆全羊大菜，用象舞助兴，欢聚数日。与宴者必须穿皇帝赏赐、由织衣匠特制的同色"质孙服"，一日一换。

明代红木家具问世之后，八仙桌、大圆桌、太师椅、鼓形凳，都被用到酒筵中，而且桌披椅套缝制讲究，不少都是丝绸锦缎绣品。为了便于调排菜点、攀谈和祝酒布菜，此时餐桌多为6人席、8人席和10人席的格局，主宾、随从、陪客和主人的座位有种种讲究。例如，随着八仙桌在明代的问世，座位的尊卑排列次序规定。为了不致混淆，还专门有对号入座的"席图"，供人使用。设席地点大多是春在花树，夏在乔林，秋在高阁，冬在温室，追求"开琼筵以坐花，飞羽觞而醉月"的情趣。明代皇宫每逢除夕、元旦、立春、端午、重阳、腊八日、皇太后圣诞、东宫千秋节等节日时，都要举行各种不同规格、规模的筵宴活动。凡遇祭祀圜丘、方泽、祈谷、朝日夕月、耕猎、经筵日讲、东宫讲读、亲蚕、纂修校勘书籍、开馆暨书成、阁臣九年考满、新录取进士等时，都要赐官大臣进士及内外命妇筵宴。按照明代礼仪规定，宫中筵宴规格为大宴、中宴、常实和小宴四种。例如，明代万历年间北方的乡试大典，席面分上马宴、下马宴两种，每种又有上、中、下之别，84桌各成格局。

清人入关之后，仍然保持了自己的饮食习惯，同时吸收了汉族的饮食文明，表现在筵宴方面，则出现了满桌与汉桌并行的局面，显示出前朝未有的时代特征。据《大清会典·光禄寺》记载，清朝初年的官方宴会都使用满桌，满桌摆设的有生烧鹿肉、烤野猪肉和家猪肉，还有鹿舌、鹿尾、熊掌、野鸭等野味。到了康熙二十三年（1684年），康熙下令每年的元旦大宴会一律取消满桌，改为汉桌，理由是"满洲筵宴甚为繁荣，每以一时宴会，多杀牲畜"，并且耗费太大。然而，为了保留满桌的遗俗，康熙皇帝规定，每年万寿节宴俱设满桌，其他官方宴会则多设汉桌。乾嘉以来，社会呈现繁荣景象，所有的达官显宦和豪绅巨贾都已经腰缠万贯，他们在筵宴方面取精用宏，夸豪斗胜，追求巨奢奇侈。满桌和汉桌便被人们结合在一起，再度升华，这就出现了名噪食界的"满汉全席"。

（五）筵宴的繁荣创新时期

20世纪以来，特别是改革开放以后，随着社会经济的高速发展、时代浪潮的冲击和中西交流日益频繁，中国人的生活条件和消费观念发生了很大变化，在饮食上更加追求新、奇、特和营养、卫生，促进了筵宴向更高境界发展，从而进入繁荣创新时期。

在这一时期，中国筵宴至少具有三方面的特点。一是传统筵宴不断改良。由于时代的变革和人们消费观念等的变化，中国传统的筵宴越来越显示出它的不足，如过分讲究排场、浪费严重，营养比例失调及卫生问题等。因此，从20世纪80年代以来就开始了针对传统筵宴不足的改革，全国许多城市的饭店、酒楼等都做了大量的尝试，力求在保持其独有饮食文化特色的同时更加营养、卫生、科学、合理，提倡宴饮文明，改进宴饮方式，破除宴饮陋习。二是创新筵宴大量涌现。为了满足人们新的饮食需求，饮食制作者在继承传统的基础上不断创新，设计制作出大量别具风味的特色筵宴，如白洋淀全鱼宴、敦煌宴、西安饺子宴等，或以原料开发、食疗养生见长，或以人文典故、地方风情见长，不一而足。三是引进西方宴会形式，中西结合。随着西方饮食文化的大量进入，受其影响，中国出现了冷餐酒会、鸡尾酒会等的宴会形式。[①]

三、筵宴发展的主要特点

（一）席位不断递增

先秦时期的筵宴是一人一席，罗列几样菜品，蹲着或围坐就餐。当时的餐具除个人专用的碗筷、勺、杯以外，多为共用。其大小与组合，也是按1～3人进餐要求来设计，并且盘、盆的圈足与器座高度，与席地而坐，或蹲着就餐的位置相适应。以后，座席变成座椅，低案改为高台，方桌扩成圆桌，碗碟替代鼎罐，每桌坐客相应增加到3～6人。我们从《清明上河图》《水浒传》《金瓶梅》《儒林外史》等古书画中都不难看出从汉唐到明清的席位变化。清末民初宴客多用八仙桌，常坐4～8人。新中国成立后，圆桌用得较多，一般都坐10人，取"十全十美""满堂红"之意。后来，有些地方出现12人的筵宴，至于国宴的主宾席，则可坐16～20人。但在这种情况下，要配特制的大转台或组合式长台，而且台面中央常有花卉果品装饰，填充部分空间。

（二）陈设不断变化

春秋时期是"司几筵：掌五几、五席之名物，辨其用与其位"，等级界限分明。唐宋时期，又从餐室装潢、餐桌布局、台面装饰和餐具组合上予以变化，形成新的格局。如北宋的皇帝寿宴在集英殿举行，皇帝、权臣和外国使节坐殿上，其他官员坐两廊；红木桌面围着青色桌布，配上黑漆坐凳；皇帝用形似菜盌（wǎn，同"碗"）、带有弯柄的玉杯，高级官员用金杯，其他人等用银杯；餐桌的陈放是以御座为中心，由高而低呈扇面展开，很有气势。到了清代，乾隆的除夕家宴陈设就更讲究了。它共分八路，头路是迎春牙牌松棚果罩四座，花瓶一对，青白玉盘点心五品；二路是青白玉碗一字高头点心九品；三路是青白玉碗圆肩高头点心九品，四路是红色雕漆看果盒二副，小青白玉碗装苏糕鲍螺四座；五、六、七、八路则用青白玉碗摆设膳食四十品。此外，有些大筵还附设专供观赏的"看席"或"香盘"，配置花碟彩拼、造型点心和工艺大菜，流光溢彩，富丽堂皇。

（三）规模不断扩大

最早的祭筵，高级的只有牛羊豕三牲；有名的"周代八珍"，也不过六菜二饭而已。春秋时期"礼崩乐坏"，士大夫也"味列九鼎"；发展到动荡的战国，楚王大宴就增加到二十多种佳肴了。秦汉时期，规模渐大，东汉班固《东都赋》写道："于是庭实千品，旨酒万钟，

[①] 杜莉，姚辉. 中国饮食文化 [M]. 北京：旅游教育出版社，2005：132.

列金罍（léi），班玉觞，嘉珍御，太牢飨……抗五声，极六律，歌九功，舞八佾。"降及隋唐，继续升级。唐中宗时期，韦巨源"烧尾宴"的主要菜品就有58道；南宋佞臣张俊为了接驾，居然创造出一天摆宴250种菜点的记录。唐宋御筵，不仅菜多，桌次也多，赴宴者常是数百，还有多种大型歌舞杂技助兴，服务人员往往数千。元朝时期，相对来说，筵宴要简单些，但这只是暂时现象。明朝朱元璋一统天下，歌舞升平，筵宴再度膨胀。清代，"计酒席之丰俭"，"更以碗碟之多寡别之"，所以全龙席、全凤席、全虎席、全麟席多为三五十道；而号称"屠龙之技"的全牛席、全羊席，则有七八十道。在各种名贵筵宴之中，"大烧烤"跃居首位，这便是名贯中西的满汉燕翅烧烤全席。

（四）食序基本相同

从古到今，筵宴的食序基本上都是一酒、二菜、三汤、四饭、五水果。不过，荤素菜式的组合，走菜程序的编排以及进餐节奏的掌握，可谓变化万千，既有官场上的十六碟八簋四点心，也有民间的三蒸九扣十大件，有依据主要菜品而称的"烧烤席""燕菜席""鱼唇席""海参席""三丝席""广肚席"等，也有以盘碗数量多少而为名的如"十六碟、八大八小；十二碟、六大六小"，"八碟、四小四大"，"十大件、八大吃、十六菜、八大碗"等。还有令人眼花缭乱的各式全席，各地名席，各种酒宴和四时菜单，其类别之多，拼配之巧，变化之奇完全可与乐曲、绘画、建筑媲美。但不论如何变，都是突出酒的地位，形成无酒不成席的传统，即先上冷碟是劝酒，次上热菜是佐酒，辅以甜食是解酒，酒备菜是醒酒，席间饮酒多，吃菜也多，调味一般偏淡，而且松脆香酥的菜肴与清淡的素食、汤品均占一定的比例。至于饭点，更是少而精，仅仅起压酒的作用而已。

（五）礼仪贯穿筵宴的发展全过程

筵宴礼仪包括席礼、茶规、酒礼、宴乐及整个筵宴进程中的各项礼仪规定，在古代筵宴的各种礼制中，座次礼节是食礼的重要内容之一，也是明确尊卑等级的一种重要手段，最能表现宴饮者的高下尊卑，席置、坐法、席层等无不受到严格的礼制限定。早在三代时，人们即于宴饮活动中明确了席位的尊卑问题。隋唐后，桌椅出现并迅速普及，人们改席地而坐为垂足而坐，但宴饮座制的朝向未变。时至今天，座制礼仪的等级色彩已消失，繁杂的座制细节也有不少被简化。但必要的礼节、礼貌在今天的宴会上仍被人们重视。此外，今天的宴会座次安排也有些变化，一般筵宴用的是圆桌，重要客人往往都安排于面朝门的席位，主人面对客人落座，如此安排是从古时演化而来。

（六）筵宴的发展受制于政治、经济、文化

政治、经济、文化发展的不平衡使不同朝代的筵宴都有一个兴衰的过程，如汉初宴饮较为简单，后来国力殷实，宴乐又蓬勃兴起，并且注重规范礼仪。再如清朝，努尔哈赤、皇太极时期经济乏馈，宴无定制，顺治、康熙时国家初建、处于草创；到乾隆时期，国家聚集了大量的财富，宫廷礼仪制度日益完备，使得皇帝在经济文化方面投入更多的精力，而清代宫廷筵宴也在此达到顶峰。嘉庆以后，内忧外患，军费开支增加、国力削弱。皇帝无暇顾及筵宴礼仪制度，清代宫廷筵宴走向衰落。[①]

---

① 朱良银，主编. 筵席指南［M］. 北京：人民军医出版社，1991：8-10.

第三节　筵宴食品的基本格局

一、筵宴食品的基本构成

筵宴食品格局，是指构成筵宴食品的基本结构模式。现代中式筵宴食品的构成模式有多种，但通常都包括冷菜、热炒菜、大菜、甜菜、汤品、饭菜、茶酒、点心和水果等。这些食品又大体上分为3个批次，有计划按比例地依次入席。

（一）冷菜和酒水

1. 冷菜

习惯上称冷盘（又称冷碟、冷菜、冷荤、冷盆、冷拼），形式有单盘、双拼、三拼、什锦拼盘或花拼带围碟等。它一般配置4道，也有5~12道乃至24道的。其荤素用料为2∶1，烹制常用卤、冻、熏、拌、炝、腌、醉、酿、白煮、挂霜等法，讲究刀面和装盘，要求质精形美，小巧玲珑，能起到诱发食欲，渐入佳境的作用。

2. 酒水

"无酒不成席"。酒在筵宴中左右着菜品的组配，应当依据筵宴规格与宾主嗜好灵活择用，该高则高，该低则低。筵宴中的酒又称"酒水"，一般要配2~5种，白酒、黄酒、果酒、啤酒、清凉饮料、果汁和矿泉水兼而有之，可视节令和客人情况酌定，原则是保证重点，兼顾其他，力求达到人人满意。而用酒的关键又是协调，如本地菜配本地酒，风味菜配本地酒，名菜配名酒等，不必舍近求远，一概要求用名酒。如湖北上"白云边"，安徽上"古井贡酒"，山西上"汾酒"，同样可使席面生色。

（二）热炒菜和大菜

1. 热炒菜

炒热菜又叫"行件"，通常为4~6道，在冷菜和大菜之间起承上启下的作用。它主要采用煎、炒、爆、熘、炸、烹、贴的方法制作，现烹现吃，一热三鲜。热炒多为"抢火菜"，要在手艺上显功夫，以色艳味美，鲜香爽口者为佳。其量不宜太多，以防喧宾夺主。

2. 大菜

大菜也称"行菜""正菜""主菜"，是筵宴的台柱，多为5~8道，有时也有10道、12道乃至16道的。大菜中包括头菜、荤素大菜、甜食和汤品四项。

（1）头菜　头菜即是首菜——筵宴中最好的菜品，常用山珍海味和名蔬佳果配制，或扒，或酿，整只整块、整条置于大盆、大碗、大盘之中率先上席。对头菜要求香酥、爽脆、鲜嫩、肥美，在质与量上必须超过所有菜品，使其发挥领衔压阵，统帅全局的作用。

（2）荤素大菜　一般包括肉菜、禽蛋菜、鱼鲜菜和瓜蔬菜，大都选用本地应时当令的名特物料，用烧、焖、蒸、焗、炸、熏、氽等技法制成。它们紧随头菜，映衬头菜，既要与头菜相配，又不得盖压头菜。

（3）甜食　甜食通常1~2道，个别大宴也有4~8道的，品种可干可稀，冷热随季节变化，原料多为果蔬，也可用菌耳或肉蛋，制法有拔丝、蜜汁、挂霜、糖水、煨炖、蒸酿等，其作用是调换口味，解腻醒酒。

（4）汤品　汤品按浓淡程度，有纯汤、清汤、浓汤、汤菜和乡土汤之别；按入席顺序，则分为首汤、二汤、配汤和座汤。首汤又叫开席汤，这是岭南的风俗；二汤紧随头菜；配汤跟着荤素大菜；座汤置于大菜的末座，要求质数最好。筵宴的汤可制成羹、粥、乳、汁，或清澈如水，或浓酽似奶，或肥润，或香鲜，工艺要求甚高，故有"唱戏行腔，做席靠汤"

之说。筵宴的汤需要提前用鸡、鸭、鱼、肉精料反复调制，冬季的座汤常用火锅或边炉替代。

总之，上述四种大菜在通席中的地位举足轻重，一桌筵宴办得好坏，关键就在于几种大菜是否能发挥"台柱子"的作用。

（三）饭菜、点心、果品

1. 饭菜

饭菜是筵宴中最后上的便菜，也叫"香食"，是供下饭用的，或2或4，或6或8，以素为主，兼及荤鲜，也可精选名特酱菜和泡菜替代，用小碟盛装，刻意求精，可以给赴宴者留下口角噙香，回味无穷的余韵。

2. 点心

点心随大菜、汤品或饭菜入席，咸带咸，甜带甜，可分上，也可齐上。品种包括有糕、饼、酥、卷、皮、片、包、饺、面、点、饭、粥、奶、羹，少则1~2道，多为4~8道，最多可达几十个品种。筵宴点心要求精致、小巧，并且要求造型，每件不超过100克为宜，越小越好，其数量每人平均100克就可以了。如果准备多了既影响质量，又要造成不必要的浪费。

3. 果品

果品主要用鲜果，也可用干果、果干、果脯或蜜饯，多为双色或4样，常见的名称有四鲜果、四酥仁、四脯干、四蜜饯、四茶点、四香碗、四甜品、四手碟等，应该选用时令佳果和优质品种，一般要求削皮、去核、切片、插签，摆作图案，置入细瓷小碟，其功用是解腻、消食。在我国蜜饯有南北路之分，南方筵宴配福建或广东蜜饯为好，北方筵宴配北京果脯为好。

此外，通常应备有1~2种茶叶，任客选用。茶须名茶，茶具力求古雅。上茶应在开席前和撤席后，在休息间品尝。

筵宴是一个统一的整体，它的三大部分应当干枝分明，匀称协调，在配菜时应注意冷盘、热炒菜、大菜、点心、甜菜等的成本在整个筵宴成本中的比重，以保持整个筵宴中各类菜肴质量的均衡，以防止冷盘过分好，热菜过分差或相反的现象出现。

二、筵宴食品的上席程序

中餐筵宴的款式虽多，但在从食序来看，几乎都是一酒二菜三汤四点五果六茶；从菜品的地位来看，又是全桌菜中突出热菜，热菜中突出大菜，大菜中突出头菜；从排列顺序来看，多是以酒为引导，遵循着"因酒布菜"的原则。中餐筵宴的结构基本上都是由冷碟酒水、热炒大菜、饭点茶果三大部分组成。但上菜的顺序常是"因地而异"，陈光新教授曾将其分类归并为如下四种类型：

（一）北方型

包括华北、东北、西北等地。其上菜程序大体上是冷荤（有时也带果碟等）→热菜（以大件带熘炒的形式编排）→汤点（以面食为主体）的形式；如沈阳鹿鸣春饭店的外事筵宴、张作霖的五十大寿席、北京全聚德的便宴、西安八景宴均是如此。北方型的酒宴格局大都比较朴实，菜名一目了然，数量上也因需而定，注重实效，不一定都要追求"吉数"和讲究单双，反映了中原大地饮食文化特色：古朴、自然、大方、庄重。

（二）西南型

主要是云、贵、川三省。其上菜程序多为冷菜（彩盘带单碟）→热菜（一般没有热炒与大菜之分）→小吃（一至四道）→饭菜（以小炒或泡菜为主）→水果（多用当地名品）；像重庆颐之时饭店的展销筵宴、香港锦江春川菜馆的高级筵宴、成都天府酒家的高级筵宴、云南的鸡㑊席都循此例。西南型的酒筵格局往往带有浓厚的民间生活气息，菜品简易醒目，注重乡土风味。突出当地的名特原料，装盘也较丰满，大多数席面物美价廉，颇耐品尝。

（三）华东型

如上海、江苏、浙江、安徽，还有湖北、湖南等地。上菜程序一般是冷碟（大都成双数）→热炒（也是双数）→大菜（包括头菜、二汤、荤素大菜、甜品和座汤）→饭点（米食、面食兼备）→茶果（数目视席面规格而定）；南京玄武湖白苑餐厅全鱼席、上海扬州饭店酒筵、武汉老会宾楼迎宾席、长沙风味筵宴都是这样编排的。华东筵宴格局比较注重情韵和文采，菜品秀丽，讲究层次，突出鱼米之乡的特点，烹调精细，并时常融注诗情画意与典故传说。

（四）华南型

主要是广东与广西，福建和台湾也受其影响。上菜程序是：开席汤→冷盘→大菜→热荤→饭点（米食为主，面食为辅）→茶果。如广州排溪酒家筵宴、香港的潮州风味席菜、桂林的外事筵宴、福州的民味全席等，大体上都属这种款式。华南型的酒筵格局与热带气候相适应，菜名艳美，用料珍奇，席面精巧，档次一般偏高，讲究"吉利"与时序，服务更是上乘，商品经济的特征最为明显。

以上四种筵宴格局，分别反映出黄河、辽河、长江、珠江流域的食风与食礼；它们和我国四大菜系的辐射区域基本上是一致的，从中也可看出酒筵与菜系之间的密切的依附关系。

第四节 中国筵宴的分类及古典名宴赏析

一、中国筵宴的分类

（一）以筵宴的性质及举办者为依据进行分类

1. 国宴

国宴是指国家元首、政府首脑以国家和政府的名义为国家庆典或款待国宾及其他贵宾而举行的筵宴。它是所有筵宴中规格和档次最高、礼仪最隆重的。唐朝的闻喜宴、宋朝的春秋大宴以及清朝的定鼎宴、千叟宴等都是国宴，都有隆重的礼仪。当今的国宴也非常注重礼仪的隆重、陈设的庄严、菜点和服务的高水平。筵宴场所通常要悬挂国旗、国徽，设主宾席，按宾主身份排列席次和座次，请柬、菜单、座席卡都标有国徽；开宴前，主宾要致辞、祝酒，奏国歌等；筵宴菜单则根据宴请对象的具体情况精心制定，并且用精湛的烹饪技艺制作成菜，处处体现高规格与高档次。

2. 家宴

家宴是指人们在家中以个人的名义款待亲友及其他宾客而举行的筵宴。它追求轻松愉快、自在随意的气氛，不太拘于严格的礼仪，馔肴的烹制主要根据进餐者的意愿、口味爱好等进行，品种和数量没有统一的模式，丰俭由人。清朝李渔曾谈到他对家宴的感受："若夫家庭小饮与燕闲独酌，其为乐也，全在天机逗露之中，形迹消忘之内。有饮宴之实事，无酬酢之虚文。睹儿女啼笑，认作斑斓之舞；听妻孥劝诫，若闻金缕之歌。"

3. 公宴

公宴则介于国宴与家宴二者之间。它是地方政府及社会各机构、团体等以相应的名义为各种各样的公事款待相关宾客而举行的筵宴。其规格、礼仪等基本上都低于国宴，但仍然十分注重规格、仪式，非常讲究肴馔的丰盛。

（二）按筵宴的举办目的划分

1. 商务宴

商务宴主要是各类企事业单位之间，为了增进相互了解，加强沟通与合作，交流商业信息，从而达成共识和协议而举行的筵宴，这种筵宴特点是价格比较高，在菜单设计、餐厅环境布置、上菜程序等方面均根据宾主共同偏好和特点进行精心设计，由于宾主之间往往边吃边谈，饮宴的时间相对较长，要控制好上菜的速度和节奏。

2. 婚宴

婚宴是人们在举行婚礼时为宴请前来祝贺的亲朋好友而举办的筵宴。设计婚宴时应在环境布置、台面设计、菜品制作等方面突出喜庆吉祥的气氛，还要考虑各民族不同的生活和风俗习惯。

3. 寿宴

寿宴也称生日宴，是人们为纪念出生日和祝愿健康长寿举办的筵宴。寿宴在餐厅环境布置、菜品命名及选择方面应以生日者的需要为主，要突出健康长寿之意。要按当地的风俗习惯来设计筵宴的程序及各种仪式，满足生日者和参宴者的精神需求和生理需求。

4. 迎送宴

迎送宴指主人为了欢迎或欢送亲朋好友而举办的筵宴，筵宴菜肴设计一般根据宾主饮食爱好而设定，筵宴环境布置要突出热情喜庆的气氛，体现主人对宾客的尊敬与重视，围绕宾主之间友谊、祝愿和思念等主题来设计。

5. 纪念宴

纪念宴主要指人们为纪念重大事件或自己密切相关的人、事而举办的筵宴，这类筵宴在餐厅环境布置上要突出纪念对象的标志，如照片、实物、音乐等，以烘托思念、缅怀的气氛，在菜单设计及餐具运用上要表现出怀旧及纪念的主题。

（三）按筵宴的历史渊源划分

按筵宴的渊源划分，可分仿唐宴、孔府宴、红楼宴、随园宴、满汉宴等，这类筵宴又称仿古筵宴，就是将古代较具特色的一些筵宴注入现代文化而产生的筵宴。这类筵宴继承了我国历代筵宴的形式、筵宴的礼仪、筵宴菜品制作的优点及精华，进行改进、提高和创新，这样不仅继承和弘扬中华的饮食文化，丰富我国筵宴的花色品种，而且进一步满足餐饮市场需求，创造良好的社会效益和经济效益，深受海内外人们的欢迎与青睐。[①]

自古至今，中国出现了难以计数的筵宴，种类和名品十分繁多，并且始终处于变化之中，几乎没有统一、固定的划分方式与标准。表13-1对筵宴的主要种类做一粗略的划分。

---

① 周妙林. 宴会设计与动作管理 [M]. 南京：东南大学出版社，2009：139-143.

表13-1 中国筵宴的一般分类

划分依据		宴席举例
以所使用的原料划分	以头菜或主菜的原料划分	燕窝席、海参席、鲍鱼席、鱼肚席等
	以烹制的原料类型（一大类原料为主）划分	素菜席、菌笋席、花果席、山珍席、海味席、水鲜席等
	以主要用料（一种原料为主）划分	全羊席、全猪席、全牛席、全鸭席、全鸡席、豆腐席、刀鱼席、全鱼席、蟹宴、饺子宴等
	以名特原料划分	长江三鲜宴、长白山珍宴、三头宴、黄河金鲤宴、昆明鸡𣎴宴等
	以八珍划分	草八珍席、禽八珍席、山八珍席、水八珍席等
	以原料等级、档次划分	特级宴席、高级宴席、中级宴席、普通宴席等
以风味特色划分	以地方风味划分	川菜席、鲁菜席、粤菜席、淮扬席、京菜席、湘菜席等
	以民族风味划分	汉席、满席、满汉席、维吾尔族风味宴席、朝鲜族风味宴席、蒙古族全羊席、朝鲜族狗肉宴、白族乳扇宴等
	以补体养生内容划分	彭祖养生宴、延年益寿宴、如皋长寿宴等
	以时令季节划分	春令宴席、夏季宴席、秋令宴席、冬令宴席、端午宴、中秋宴、除夕宴等
以历史文化划分	以风景名胜划分	春江花月筵、长安八景宴、洞庭君山宴、羊城八景宴、西湖十景宴等
	以文化名城划分	洛阳水席、荆州楚菜席、开封宋菜席、成都田席等
	以文化人名划分	明代洪武宴、乾隆御宴、东坡宴、宫保席、谭家席、大千席等
	以仿古宴席划分	西安的"仿唐宴"、杭州的"仿宋宴"、北京的"仿膳菜"、曲阜的"孔府宴"、南京的"随园菜"、扬州的"红楼宴"、徐州的"金瓶梅宴"、山东的"齐民大宴"等
	以成语、历史典故划分	八仙过海席、项羽鸿门宴、醉翁亭宴等
	以良好的愿望划分	万寿无疆宴、龙凤呈祥席等
	以席面布置划分	孔雀开屏席、万紫千红席、百鸟朝凤席、返璞归真席等
	借用数字划分	双六席（六碟六盘）、三八席（八碟八盘八大碗）、三蒸九扣席、四喜四全席、四六席、五子登科席（五种山珍组成）、五福捧寿席、六六大顺席、七星席、八八席、八仙过海席（八种海味组成）、九九上寿席、十大碗席等，三扣九蒸席、川菜十字席、吴中第一席、江淮第一宴等
	以设宴的目的划分	盛世庆功宴、花甲大宴、百岁盛宴等

二、中国古典筵宴赏析

（一）登峰造极的满汉全席

在中国宴会发展史上，把不同民族的美食大宴融合在一起的，首推清代的满汉全席。这也是清代多民族共融共处，最通俗而又最有效的表达形式。

关于满汉全席的起因，目前说法不一。有人说，乾隆下诏允许汉菜进入御膳，然后圈定宫廷的108道名菜编成；有人说御膳房将各地进贡的佳肴和满蒙回藏的美馔加以筛选，由食官汇集而成;有的说它是《调鼎集》中满汉菜式的进一步扩充;有人说它受《随园食单》中"满汉席"三字的启发而演绎出来,但都论据不足。有一点研究者们承认,中国古典式宴席发展到清代,已登峰造极。

现今能见到最早的满汉席菜单载入李斗的《扬州画舫录》中。后来各地在扬州满汉席基础上创造出川式、粤式、晋式、豫式、鄂式、苏式、大连、港式等满汉席,使它更为多彩多姿。

由于满汉全席产生与发展的特殊性,它只有通行的基本格局,却没有全国统一的席单。满汉全席的基本格局是由红白烧烤菜构成的四红四白,但其具体品种和其他菜点、小吃、茶酒饮料等在不同时期、不同地区、不同场合都有所不同,数量最多的可达200余种,最少的仅有30多种。尽管如此,大多数的满汉全席仍然具有相同的以下几个主要特点:

1. 规格高,菜式多,宴聚时间相当长

满汉全席被视为"宴席中之无上之品",故而不仅赴宴者身份显贵,并且厅堂装饰、器物配用、菜品质量、服务接待也都是超一流的。其菜式少则50余道,多则200来品,通常情况下是取108这个吉数,由高装、四大件、八大件、十六碗、四红、四白、点心、随饭碗、随饭碟、面饭、茶果等部分构成。还由于菜式多,宴饮中的间歇也多,吃上几组菜就撤台休息玩乐一番,然后再上席去。因此,有的席面需分三餐,有的要持续两天,还有的整整需要三天九餐方能吃完。

2. 原料广,工艺精,南北名肴汇一席

从用料看,满汉全席集山珍海味于一席。有驼峰、燕窝、鲍鱼、海参,还有虫草、竹荪、猴头、鸡㙡、金龟、玉鳖、飞龙、雪蛤以及名蔬佳果、珍谷良豆,可谓飞潜动植,应有尽有。从工艺看,煎、炒、爆、熘、烧、煮、炖、焖、蒸、烩、炸、烤、腌、卤、醉、熏,厨界的十八般武艺,无所不陈;并且刀工、组配、火候、调味、装盘、造型,均是一菜一格,百肴百味。从菜式看,汉、满、蒙古、回、藏、东、西、南、北、中,均有最知名的美味被选收进来,频频亮相,好似中华美食汇展的橱窗,可使客人足不出户便吃遍天下。

3. 礼仪重,程式严,强调气势和文采

它大多用于"新亲上门,上司入境","非特大庆典不设"。开宴时,列队迎宾,大张鼓乐,"配上椅披、桌裙、插屏、香案",餐具皆为金银玉牙珍宝精瓷所制,争奇斗艳。正因如此,官绅人家迎待贵客无不倾其所有,以大开满汉全席为荣;豪商大贾也以此席亮富斗富,求得尊荣心理的满足。

4. 席套席,菜带菜,燕、猪、鸭扛大旗

满汉全席的席谱一般都是按照大席套小席的格式来设计,即先将所有菜品分门别类,有机地组成若干个小、精、全的"袖珍席",再将这些"袖珍席"按一定的顺序串联起来,分层划段,依次推出。从整体看,它像一支连续推进的行军方阵,全体菜式井然有序;从局部看,各个方阵结构严密,彼此可以相对独立。所谓"菜带菜",是指每一小席中常以一道名贵大菜领衔,跟上相应的辅佐菜点,主行宾从,烘云托月。同时主菜与辅菜的搭配,讲究协调、自然、均衡、精妙。同时由满蒙王公的口味嗜好和当时的饮食审美观念所制约,燕窝、乳猪、肥鸭等珍馐,通常居于全席的"帅位",统领着各小席的主菜及全部菜品。[①]

---

① 陈光新. 满汉全席的魅力[J]. 烹调知识,1994(7).

(二) 气势恢宏的千叟宴

千叟宴也是我国很有名的宴席,自清朝始,宴请的宾客主要是致仕(退休)的文武官员和各省的有关官员和一些皇亲国戚。这些人的年龄都在60岁以上,每次人数在2000~5000人之间。

据学者统计,清代千叟宴一共举行过5次,其中康熙朝代两次,即康熙五十二年(1713年)三月,康熙六十年(1721年)正月;乾隆朝代两次,即乾隆五十年(1785年)正月,乾隆六十年(1795年)归政后,于次年正月再度开千叟宴,也是最后一次千叟宴。

千叟宴十分隆重,宴前数月,皇帝就要下旨,令宫廷各衙门的官员和工匠进行种种准备:老叟们出入的宫门要重新装修,御膳房要增添新的炊具、餐具、饮具及膳桌、坐垫等,宴席中的各种主副食品、酒等更要四处采办。开宴当日,各位老叟按品位高低,顺序入席,餐桌、餐具和菜肴根据官阶的不同,有明显的区别。例如乾隆五十年正月初六第三次千叟宴,一等桌(王公、一二品大臣、外国使节等)的膳品是火锅两个(银、锡火锅各一个),猪肉片一盘,羊肉片一盘,鹿尾烧鹿肉一盘,煺羊肉乌义一盘,荤菜4碗,蒸食寿意一盘,炉食寿意一盘,螺蛳合小菜二盘。次等桌(三品以下官员)每桌火锅两个(铜制),猪肉片一盘,羊肉片一盘,烧狗肉一盘,蒸食寿意一盘,炉食寿意一盘,螺蛳合小菜二盘。宴会的程序是进茶、赐酒、赐馔、戏班献歌舞……宴毕,管宴的大臣还要代皇帝向众叟赐诗刻、如意、寿杖、朝柱、缯绮、貂皮、文玩、银牌等。嘉庆元年(1796年)乾隆做了太上皇,宫中举行了盛况空前的"千叟宴",据说,当时动用火锅竟达1550只,成为古今最盛大的"火锅宴"。

(三) 菜名风雅的全羊席

全羊席是以羊的全部身体为主要原料烹制而成的宴席,最早出现在东北、西北地区的回族、满族、蒙古族之中。宋朝洪皓《松漠纪闻续》载:"凡宰羊但食其肉,贵人享重客,间兼皮以进,必指而夸曰,此潜羊也。"全羊席盛行于清代康熙年间。民国时的《奉天通志》也载,当时东北的一些少数民族"富人享客,或食全羊,即宴席间不设杂肴,惟羊是需,除精肉外,如头、蹄、腑以及尾、舌兼篹并进,尽量而止"。汉族在继承唐朝"浑羊殁忽"的基础上吸收少数民族烹饪羊肉的技法,也制作出全羊席。至今,全羊席的烹饪技术越来越高,入席菜点也非常多。

全羊席有多种格局,最特别的是当今东北地区的全羊席,常用菜品有108个,分成三组,每组36个分别由6个冷菜、6个大菜、24个熘炒菜组成,用料从羊头到羊尾,风味各不相同。"全羊席"菜名都非常别致,菜名均不露"羊"字,如以羊眼做的菜名为"玉珠顶",以羊脑做的菜名为"烩白云",以羊百叶做的菜名为"素菊花"等,同时以不同部位的羊肉做的菜都有不同的名称,如"樱桃红腐""清炖百合""酥烧枇杷""五香兰肘",还有"吉祥如意""满堂五福"等祝福吉祥的菜名。

"全羊席"不仅菜名高雅、菜品丰盛,形、色、香、味具备,煎、烹、炸、爆、煮、蒸、炖俱全,而且上菜的程序也非常独特,必须是以羊头菜为首,菜品上桌按四四盘碗编组,辅以诸色点心及各道主食,使"全羊席"不但色香味美、营养丰富,也极显高贵与丰盛,极具民族风味。袁枚在《随园食单》中说"全羊法有七十二种",并且认为:"此屠龙之技,家厨难学。"如今,全羊席的入席品种已超过三百,如以羊头为主料,可以制作二十余种菜肴;以羊尾为主料,可以制作十余种菜肴;以羊肉为主料,可以制作上百种菜肴,其中仿制的燕窝、鱼肚等菜肴制作难度非常大。

(四) 金榜题名的科举宴

科举考试是中国封建社会选拔官吏的一种考试制度,或始于隋炀帝大业三年(607年),

一直沿袭到清光绪三十一年（1905年），历时近1300年。为了笼络天下士人通过科举考试，踏上仕途为统治者效劳，古代科举制度还组织顺利通过科举考试的士子参加由官方、朝廷主办的盛大庆祝宴会，以示恩典，这就是我国古代著名的科举四宴。

由于科举制度自唐代以来，分设文武两科，故四宴中鹿鸣宴、琼林宴为文科宴，鹰扬宴、会武宴为武科宴。

1. 鹿鸣宴

"鹿鸣宴"是为乡试后新科举人而设的宴会。起于唐代，明清沿用，因为宴会上要唱《诗经·小雅》中的"鹿鸣"之诗："悠悠鹿鸣"。而取名为"鹿鸣宴"，有祝贺之意。此宴设于乡试放榜次日，宴有地方官吏主持，宴请之人除新科举子外，还有内外帘官（考场工作人员）等。据《新唐书·选举志》载："每岁仲冬，州、县、馆、监举其成者送之尚书省……试已，长吏以乡饮酒礼，会属僚，设宾主，陈俎豆，备管弦，牲用少牢，歌《鹿鸣》之诗，因与耆艾叙长少焉。"

2. 琼林宴

"琼林宴"是为殿试后新科进士举行的宴会，始于宋代。宋太祖规定，在殿试后由皇帝宣布登科进士的名次，并赐宴庆贺。由于赐宴都是在著名的琼林苑举行，"琼林苑"是设在宋京汴京（今开封）城西的皇家花园。宋徽宗政和二年（1112年）以前，在琼林苑宴请新及第的进士，故该宴有"琼林宴"之称。《宋史·乐志四》又载："政和二年，赐贡士闻喜于辟雍，仍用雅乐，罢琼林苑宴。"所以政和二年以后，又改称"闻喜宴"。元、明、清三代，又称"恩荣宴"。虽名称不同，其仪式内容大致不变，仍可统称"琼林宴"。据载，辽也曾设宴招待新科进士，地点在内果园或礼部，但也沿袭宋人，称之为"琼林宴"。

3. 鹰扬宴

"鹰扬宴"是武科考乡试放榜后而设的宴会。清制，武乡试放榜后，考官和考中武举者要共同参宴庆贺，其宴就叫"鹰扬宴"。清吴荣光《吾学录贡举》载："武乡试揭晓翼日，燕（宴）监射主考执事各官及武举于顺天府，曰鹰扬燕（宴），仪与鹿鸣燕（宴）同。"所谓"鹰扬"，乃是威武如鹰之飞扬之意，取自《诗经》"维师尚父，时维鹰扬（大意是颂扬太公望的威德如鹰之飞扬）"之句。鹰扬既是对新科武举人的勉励，又是考官们的自诩。

4. 会武宴

"会武宴"是武科考殿试放榜后举行的宴会。古代科举，自唐开始，武科殿试放榜后都要在兵部为武科新进士举行宴会，以示庆贺，名曰"会武宴"。这在清吴荣光的《吾学录贡举》中也有记载："《通礼》武殿试传胪后，燕（宴）有事各官暨诸进士于兵部，曰会武燕（宴）。"清梁章钜《浪迹丛谈武生武举》也云："文称鹿鸣宴，武称鹰扬宴，人皆知之；文进士称恩荣宴，而武进士称会武宴，则罕有知者。"武科殿试不同于武科乡试，故会武宴的规模比鹰扬宴要气派得多，排场浩大，群英聚会，盛况空前。

（五）独具风味的洛阳水席

洛阳水席，来自民间，是洛阳一带特有的传统名吃，酸辣味殊，清爽利口。唐代武则天时，将洛阳水席传进皇宫，加上山珍海味，制成宫廷宴席，又从宫廷传回民间。遂形成特有的风味。因仿制官府宴席的制作方法，故又称官场席。

所谓"水席"有两个含义：一是全部热菜皆有汤——汤汤水水；二是热菜吃完一道，撤后再上一道，像流水一样不断地更新。全席共设24道菜，包括8个冷盘、4个大件、8个中件、4个压桌菜，冷热、荤素、甜咸、酸辣兼而有之。上菜顺序极为考究，先上8个冷盘作为下酒菜，每碟是荤素三拼，一共16样；待客人酒过三巡再上热菜：首先上4大件热菜，每上一道跟上两道中件（也叫陪衬菜或调味菜），美其名曰"带子上朝"；最后上4道压桌菜，其中有一道鸡蛋汤，又称送客汤，以示全席已经上满。热菜上桌必以汤水佐味，鸡鸭鱼肉、鲜货、菌类、时蔬无不入馔，丝、片、条、块、丁，煎炒烹炸烧，变化无穷。

关于洛阳水席的真实史料，始于民国。

大约在20世纪30年代，一对名叫于庭选、于保和的兄弟，在洛阳北大街一隅，开设了一家"于氏饭铺"，主营洛阳百姓喜爱的"三汤一面"（豆腐汤、丸子汤、白汤、大碗面）。

饭菜做得好，价格也公道，大约在1938年前后，于氏兄弟又开设了一家主营小炒菜的分店"新盛长"饭铺，面向的顾客，也是平民阶层。

到了1945年前后，"于氏饭铺"和"新盛长"成了洛阳城里首屈一指的大饭店。菜肴宴席也越做越高档，成为达官显贵的出入之所。

1947年，时任洛阳县长为于家亲书店名——"真不同"，替代了"于氏饭铺""新盛长"，成为享誉洛阳的餐饮界翘楚。

中华人民共和国成立后，真不同饭店收归公有，但其菜品传承并没有中断，时任真不同饭店主厨的崔学礼、范春芳等人，研发了宫廷水席、武皇水席等宴席。这是"洛阳水席"之名第一次见诸文献。

就中华人民共和国成立之初的社会经济背景、厨师从业者的文化水平而言，要复刻出真正的唐朝宴席当然很难。但基于历史发展的菜品传承，却很容易。随着饭店营销者们越传越神，一堆素菜荤做的平民"流水席"，终于成为中华饮食文化代表的皇家宴席。

思考题

1. 筵宴有哪些独特的社会作用？
2. 当地筵宴有哪些独特的风俗习惯？
3. 为什么说筵宴是饮食文化的综合体现？
4. 比较古代与现代筵宴在形式、内容、目的上的异同，并分析其背后的文化变迁。
5. 全球化背景下，筵宴成为跨文化交流的重要窗口。在不同文化背景的宾客共同参与的筵宴中，如何尊重并展示各自的饮食文化和习俗，促进相互理解和尊重？

课外选读文献

1. 李登年. 中国宴席史略［M］. 北京：中国书籍出版社，2020.
2. 张建伟. 古代名宴的那些事儿解密《夜宴》历史原本［M］. 南宁：广西人民出版社，2010.
3. 周宇，钟华. 宴席设计实务［M］. 4版. 北京：高等教育出版社，2022.
4. 陈光新，王智元.中国筵席八百例［M］. 武汉：湖北科学技术出版社，1987.
5. 王珩. 家宴［M］. 杭州：浙江文艺出版社，2023.

第十四章
绚丽多彩的食俗食礼

课程导入

清华大学彭林：如何认识中国古代文明中的"俗"和"礼"？

人们常把"礼"与"俗"合起来称"礼俗"，可见礼与俗的关系是极为密切的。

"俗"包含三个特点。第一点是地区性。所谓"十里不同风，百里不同俗"，"俗"即"风俗"，不同地区有着各异的风俗，比如过年有的地方吃饺子，有的地方吃汤圆。第二点是大众性。古语"流俗众"就可以看出"俗"面向的群体是普罗大众。第三点是滞后性。与社会进步相比，这些风俗往往更滞后些。

"礼"在风俗的基础上又向前发展，包含教化意义，在层次上比俗更高。

"俗"属于地方层面，而"礼"属于国家层面。尽管全国各地风俗不同，但是礼却是一致的，是政府的典章制度。"中国，有服章之美，谓之华；有礼仪之大，故称夏。"中华文化可以归结为一个字，就是"礼"。孔子认为走向终极的理想社会的渠道就是学习礼仪。中国有许许多多的礼仪形式，比如成人礼、婚礼等，具体到每一个人就是要修身，学会做人。通过学礼，我们才从动物学意义上的人进化为文化学意义上的人，在这个基础上再经过一代又一代人的努力，我们才能够最终走向天下为公的大同社会。

西方文化和中华文化是不同的体系，西方国家通过"俗"来划分国家，而中国则是通过"礼"凝聚成一个整体，是"礼"让我们成为中华民族，这是我们几千年源远流长的文化。"礼"是中华文化中最有特色的一部分，各地的风俗要不断地进行提升，才能慢慢地向"礼"靠拢，正所谓"移风易俗"。有人可能觉得，"礼"不全是好的。比如有人就认为祭祀之礼是封建迷信，但是中国实际上早在《尚书》中就已经对于时令节气等有了十分科学的认识，所以，我们国家先民的"祭天"之类的行为与其他国家不太一样。我们的祭礼中没有"彼岸"的说法，中国的祭祀活动基本是一种对于天地、祖先的报答。

中国的"礼"还包含了尊重他人的方面，人作为群居动物，必须靠着和别人的依存关系才能更好地活下去。同时，礼让、爱戴他人也可以收获对方的尊重，这就是我们常说的"礼尚往来"，"来而不往非礼也"，每一个人都应该相互尊重。改变社会要从改变人开始，改变人要从改变意识开始，改变意识要从学礼、知礼、用礼开始。学习了解中国古代文明的发展理路，能够让我们学礼、知礼、用礼，重振中国礼仪之邦的辉煌。

资料来源：学堂在线，2022-11-14.

一种价值观要真正发挥作用，必须融入社会生活，让人们在实践中感知它、领悟它。要注意把我们所提倡的与人们日常生活紧密联系起来，在落细、落小、落实上下功夫。要按照社会主义核心价值观的基本要求，健全各行各业规章制度，完善市民公约、乡规民约、学生守则等行为准则，使社会主义核心价值观成为人们日常工作生活的基本遵循。

——习近平《把培育和弘扬社会主义核心价值观作为凝魂聚气、强基固本的基础工程》

教学目标

◎**知识目标**

了解饮食风俗与礼仪的含义、特点与主要类别；了解食俗的基本内容和少数民族饮食风俗的主要特征；理解饮食礼仪的原则和功能，知道中国古代饮食礼仪的表现形式、作用、属性和种类，掌握必要的现代饮食礼仪知识。

◎**能力目标**

能够将所学知识应用于实际生活中，如家庭聚餐、社交场合等，能进行基本的餐桌安排和宴请活动，养成文明、健康的饮食习惯和餐桌礼仪。推进移风易俗，弘扬时代新风。

◎**思政目标**

提高对中国传统文化的热爱和认同，增强文化自信和民族自豪感。树立正确的世界观、人生观和价值观，培养良好的道德品质和社会责任感。

第一节　饮食风俗的内涵

一、饮食风俗的定义和成因

（一）饮食风俗的定义

风俗是特定社会文化区域内历代人们共同遵守的行为模式或规范。它起源于人类社会群体生活的需要，在特定的民族、时代和地域中不断形成、扩大和演变，为民众的日常生活服务。《毛诗序》："美教化，移风俗。"唐代孔颖达疏："《汉书·地理志》云：凡民禀五常之性，而有刚柔缓急音声不同，系水土之风气，故谓之风；好恶取舍动静无常，随君上之情欲，故谓之俗。是解风俗之事也。风与俗对则小别，散则义通。"也就是说，风是指由自然条件不同形成的习尚，俗是指由社会环境不同形成的习尚；如果二者分开使用则意义相通。

风俗存在于古今中外社会生活的各个方面，包括生产消费风俗、社会风情风俗、精神信仰风俗和文化游乐风俗四种类型。风俗是在一定自然条件和社会条件下形成的，有着经济、政治、地域、宗教、民族、语言等诸多方面的因素。它不仅在人类社会的发展中起着承前启后的作用，而且在今天的社会主义物质文明和精神文明建设中，大多具有积极作用。

饮食风俗，也称饮食民俗或食俗、食风，是人类饮食文化中的社会性规定和约定俗成的社会行为。饮食风俗，是诸多风俗中最活跃、最持久、最有特色、最具群众性和生命力的一个重要分支。饮食风俗为惯常行为，且与社会关系上的种种结构分不开。

中国饮食风俗出现很早，原始社会中已有它的许多痕迹。后来，历代的风物志、风俗志、风土志、风俗画、地方志、行业志，以及正史、野史、笔记小说与文学艺术作品中，对此均有生动的反映。它是构成中国饮食文化的基本要素，对中华民族心理和性格的形成有着潜移默化的巨大影响。

(二)饮食风俗的成因

1. 经济原因

食俗虽然是文化现象,但其孕育和演变无疑会受到社会生产力发展水平的制约。也就是说,有什么样的物质生产基础,便会产生相应的膳食结构、肴馔风格和饮食习俗。如元谋猿人茹毛饮血,北京猿人火炙石像,山顶洞人捕捞鱼鲜,河姆渡人食用五谷,周代天子钟鸣鼎食,汉朝侯王珍爱漆器,明清时期火锅大盛,现今风行电器炊具,便是如此。

2. 政治原因

食俗经常受政治形势的支配,尤其是当权者的好恶与施政方针,往往会左右民间食俗风尚的兴衰。如唐代禁食鲤鱼,元代羊馔遍及全国,明代时兴八仙桌宴客之风,清代王公以吃到御赐的"福肉"和烤鸭为荣,上行下效,一时蔚然成风。再如古代崇奉用稀异的山珍海错进补,现今流行绿色食品、黑色食品、花卉食品和昆虫食品,也都与政策的引导不无关联。

3. 地缘和气候原因

食俗对自然环境有很强的依附性,地理条件、气候差异和农业生产布局的不同,常常造成食性上的区别。如北人重麦、南人重稻;西北迎宾用牛羊、东南待客用鱼虾;还有东淡、西浓、南甜、北咸的地域口味嗜好,以及春酸、夏苦、秋辛、冬咸的季节调味规律,均与就地取食、因时制菜的生存习性相一致。

4. 宗教和民族原因

"民俗是退化的宗教",不少食俗正是从原始信仰膜拜或现代宗教的某些教义、仪式演化而来。同时,民族起源和英雄传说的影响、民族生活和生产方式的制约、民族礼仪和文化艺术的积淀、民族性格和心理感情的表露,又使许多食俗带有鲜明的"个性特征",显得多姿多彩。如大乘佛教徒茹斋,穆斯林严守饮食"五禁";蒙古族以白马奶为贵,壮族新年喝泉水,傣寨中的缅寺"过午不食",满族祀神举办"大祭食肉会",土家族"过赶年",汉族团年饭重"全鱼"等,皆源于此。

5. 语言文字原因

语言文字既是人们交流思想的工具,又是食俗世代传承的媒介,还是风俗事象的表现形式之一。如饮食业行话、店名、菜名与席名,饮馔歌谣和名师雅号,不少菜点的掌故传闻,还有涉馔的文学艺术作品以及活跃在社会上的各种饮馔语汇,无不具有这一属性。随着这类语言文字的广泛传播,它所体现的食俗自然也就深入人心。[①]

二、饮食风俗的特征和功能

(一)饮食风俗的特征

1. 鲜明的地域性、民族性

中华民族有几千年的文明史,其独特的地理环境、历史传统、文化氛围和心理素质,造就了中国饮食风俗鲜明的地域特色和民族特色。

2. 一定的阶层性

几千年的封建社会,给传统饮食风俗打上了鲜明的烙印。就多数饮食风俗来说,都是劳动人民创造的,含有勤劳勇敢、淳厚朴素等因素,同时也有一些饮食风俗事项为上层社会所特有,如贵族、官僚的宴饮、游猎等场合所流行的或闲逸、或癫狂、或颓废的习俗等。

---

① 陈光新. 中国饮食民俗初探[J]. 民俗研究,1995,(02):8-16.

3. 浓厚的封建性

由于我国曾长期处于封建社会，封建的思想意识、礼乐制度影响到各类饮食风俗。例如我国几千年来禁止男女同席吃饭，否则就是犯了"男女授受不亲"之忌。这项"规矩"现如今随着社会的发展和思想的进步被逐渐取缔。

（二）饮食风俗的功能

1. 凝聚功能

文化具有凝聚力，这种凝聚力存在于同一种文化的人之中。饮食风俗作为文化的一部分，也具有凝聚力。信仰或崇拜同一神灵的人们之间，具有很强的凝聚力。如祭祀灶神，将祭同一灶神的若干家庭凝聚起来；祭祀祖先，加强了该祖各支子孙之间的凝聚力。

2. 纪念功能

饮食风俗首先表现为纪念功能。如端午节吃粽子是为了纪念屈原，寒食节吃凉食是为了纪念介子推等。

3. 教育功能

丰富多彩的食俗事象，不仅可以传授生产技能与生活知识（如采集食料、制作炊具、学习烹调、料理家务），而且可以帮助后代了解社会、了解世界，学会生存的本领，能够在社会上自立、自强。通过食俗活动的潜移默化进行传统教育，还能增强民族自豪感和民族自信心，形成良好的民族心理和民族性格。我国许多少数民族团结互助、豪爽待客的民风，在很大程度上都与食俗的长久熏陶有关。

4. 实用功能

饮食风俗的实用功能，指它在日常生活中对社会生产、生活所能起到的较直接的作用。如婚礼中的聘礼需要食物；结婚宴席；生子报喜送红蛋等。

5. 娱乐功能

许多食俗都与社交、欢聚、游乐、竞技相结合，带有浓厚的娱乐性。特别是年节文化食俗、人生仪礼食俗、公关礼仪食俗和少数民族食俗，多以社群形式出现，表现了健康向上的审美观念，洋溢着活泼欢快的情调，从中可以获取乐趣，调节个人的物质生活与精神生活。[1]

第二节　饮食风俗的主要内容

饮食风俗的内容繁杂广泛，归纳起来，大致包括三个方面：一是属于物质系统的，如食物的种类、食法及其来历，不同地区和民族的饮食结构，日常饮食、节令饮食、仪礼饮食的特殊讲究等以及食物生产交易方面的习俗；二是属于行为系统的，如岁时节令方面的饮食风俗、家族和亲族方面的饮食习俗、人生礼仪方面的饮食习俗等。三是属于观念系统的，如信仰方面的饮食风俗等。为了便于学习，我们将中国饮食风俗分为居家日常饮食习俗、年节饮食习俗、人生仪礼食俗、宗教信仰食俗、饮食市场食俗、地方风情食俗、少数民族食俗等既有联系又各成体系的类型。

---

[1] 陈忠明. 饮食风俗［M］. 北京：中国纺织出版社，2008：3.

一、居家日常饮食习俗

居家日常饮食习俗即家庭的饮食习惯。每个家庭的三餐调配、四季食谱、祖传名菜、养生方法、口味偏好等,均与各自不同的经济来源、文化素质、家风家教和生活习惯相关。

(一)居家日常饮食习俗的基本特征

我国每个家庭的生活方式虽然林林总总、千差万别,家庭日常食俗存在着地区、阶层、民族等等方面的差异,但也有一些共同的特征。

1. 日定三餐,素食为主

从餐制看,由于多数家庭秉承"日出而作,日入而息"的古训,还不习惯夜生活,故而一日三餐为全国通制,当然也有例外。从膳食结构看,从古至今我国家庭基本上沿袭"三多三少"的传统。即主副食组合中,谷食多,菜食少;菜食用料中,蔬菜多,肉品少;肉品选用上,猪肉多,其他少。这与我国的农业生产模式和中医"得谷吉昌"理论有关。以植物性食料为主体,是中国居家饮膳的突出特征之一。

2. 主妇操持,全家协同

我国自古便有妇女主持家中饮食的传统,这一状况现今并无多大改变,只是由于绝大多数主妇参加了工作和协助务农,将"专厨"变成"兼厨"而已。主妇值厨一般只抓三件事:采购、定食谱、掌勺,扮演的是"厨师长"的角色。而家庭其他成员,则在主妇指挥下,干着力所能及的辅助活。这种协同,能充分利用各成员的空闲时间,相应减轻主妇的负担,还可互相照应,嘘寒问暖,增强情感的交流。

3. 洁净精细,统筹兼顾

家庭饮食,历来注重洁净。厨房常扫,灶台勤抹,盘碗多洗,饭菜卫生,并且大都养成良好的饮食习惯,极少出现食物中毒的情况。家庭饮膳,还很注意应时当令,主辅调配,粗料细作,综合利用;三盘两碟,分量尽管不多,却很精细。不少能干的主妇,还擅长调制方便小菜,随食随取,经济实惠。有些经济宽裕的大家庭,更不乏祖传的风味名食,这都是上几辈人的杰作,百年相传,以其浓郁的亲情加深着成员对家庭的眷恋。

4. 天伦之乐,情浓意浓

家庭聚餐有一种宽松自由的气氛。大家辛苦做,快活吃,爱坐哪里坐哪里,想吃什么吃什么,丝毫不受繁文缛节的束缚。家庭聚餐彼此有谦让的心态,成员到齐才开饭,不挑不拣不抱怨。你推我让,好一点的食品多数分给老人和孩子,洋溢着暖烘烘、热融融的骨肉之情。①

(二)居家日常食俗的魅力

家庭膳食主要是供家庭成员日常食用,故而它既是家族摄生、人丁兴旺的保证,又是家庭和睦、亲情浓郁的象征;不仅具有宽松自由的气氛,谦让爱护的心态,而且似田园诗,如风俗画,有人情味,有向心力。每到家庭吃饭的时刻,男女老少团团围坐,欢声笑语此起彼伏,一股人间的至爱真情回荡在房舍之中,天伦之乐,温暖襟怀。这种浓郁的亲情是任何高档宴会上都难见到的;哪怕是吃的是萝卜白菜,啃的是杂面窝头,喝的是野菜稀饭,也使人感到比龙肝凤髓、狮乳豹胎还香。这就是家庭日常食俗的魅力所在。

---

① 任百尊. 中国食经[M]. 上海:上海文化出版社,1999:739.

二、年节饮食习俗

年节是有固定庆贺时间，有特定主题与活动方式，有较多人群参加、世代传承的社会活动日。年节饮食习俗，即年节期间饮食方面具有传统文化色彩的风俗事象，主要包括节庆食品和饮宴风尚。

（一）年节饮食习俗的主要类型

年节饮食习俗的涵盖面大，类型众多。如以时代划分的有传统节庆食俗和现代节庆食俗；以民族划分的有汉族节庆食俗和少数民族节庆食俗；以季节划分的有春令、夏令、秋令、冬令节庆食俗；以性质划分的有历法推定食俗、农事调适食俗、宗教起源食俗、祖灵祭祀食俗、历史纪念食俗、民族传说食俗、社交娱乐食俗等。

（二）年节食俗的文化特征

1. 多元复合

首先，参加者不仅人数众多，而且涉及社会各层面。每逢年节，无论城乡，官民、贫富、老少都要进行各色各式的饮食文化活动。其次，它往往融合了农事、娱乐、饮食、交际、信仰等多种功能。再次，各种文化相互交融，年节饮食文化中融入了农耕文化、原始宗教文化、佛教文化和道教文化等，令节日食品、节日文化变得丰富多彩。最后，节日食品百种千名、传说多种多样、食礼五彩缤纷。如腊八节的起源有十多种说法，腊八粥的配方多达百余种。如端午节的二十多种传说均与相应的节食（粽子、雄黄酒、咸蛋、龟肉汤等）有关。

2. 崇祖好祀

由于中国传统农耕社会的孤立闭塞性，在科技不发达的古代，人们对大自然极易产生敬畏；再加上宗教信仰的桎梏，统治者装神造神的愚弄，古人更是虔信万物有灵；加之中国人有崇祖好祀的传统，因此民间常把美好的愿望寄托在年节的祭祖和铺张上面，以乞上苍保佑与神灵的庇护。每逢年节，人们特意烹制专门的美味佳肴，以示对祖先神灵的虔诚祭祀，同时对现存长者毕恭毕敬，以示敬诚。

3. 讲求功利

人们在节日中的饮食活动无不透着趋利避害的功利性。如过年要吃年糕，寓年年高，吃鱼，寓年年有余；正月十五吃元宵，象征团圆美满；端午节吃粽子、咸蛋以强身；中秋节吃月饼寓示团圆；灶王节供灶糖为的是灶王爷"上天言好事，下界保平安（回宫降吉祥）"，以求来年风调雨顺；除夕吃年夜饭以示一家人团圆、幸福美满。一些祭祖活动也是为了神灵的庇护，以求一家老少平安。

4. 不同平常

古代中国普通居民的饮食水平是相当低下的，平日很少吃荤。节日饮食相对充裕得多，是各家饮食生活水平所能达到的高或最高水准。另外，人们在过节时的心态和举动与平时不同，如过年允许小孩喝酒、老人簪花，年夜饭可以大吃大喝，而且提倡剩饭，这些在平时是不正常的，但在年节却视为合理。

5. 区域差异

不同地区、不同民族，都有自己独特的节日。如北方有填仓节、龙头节等饮食文化活动而为南方少见，南方盛行的春社饮食文化活动在北方却不流行。同一节日的饮食文化活动在不同地区也有不小的差异。

6. 功能显著

传统节日有显著的社会功能。人们通过宴饮以及一系列节日活动，可以加强亲族间的联系，调节人际关系；整合社群及社会集团的意识，使部族团结一致，提高生存竞争能力；调节和改善饮食生活；提供择偶机会；促进商品经济发展；不断改进菜品制作质量等[1]。

（三）年节食俗的成因

1. 农事活动的调适

古时年节的划定，多以一个完整的农事活动为周期，春种、夏作、秋收、冬藏，显示出很强的节奏感。一些大的农事活动之间常有长短不等的休整，人们便因时制宜，安排某些节日和节食，用以调剂生活。

2. 祭祀典礼的传承

祭祀系指供奉神鬼、精灵、图腾、先祖的仪式（如壮族三月三祭神农），目的是缅怀英烈，乞求庇护，维系家族繁衍，使良好的祖风长传。祭品常以"纳福"的形式由与祭者分享，久之则转化为食俗。

3. 宗教活动的熏染

举凡宗教，都有特定的教团、法器、仪仗、教服、执事人员和节日（如浴佛节、开斋节），有时还备有食品，按教规享用。随着时间的推移，约定俗成，这也形成某种食风。

4. 神话传说的积淀

神话传说是先民对世界起源、大自然、社会生活的原始认识。它多借助丰富的想象将自然力拟人化，表现人们对理念的执着追求。许多神话及其派生的年节中，都涉及饮食，如冬至吃馄饨等。

5. 对英雄人物的追念

各朝各代都有一批保国忠良、抗暴豪杰、文艺大师和能工巧匠，深受后人崇拜。如云南通海地区蒙古族工匠四月二日纪念祖师鲁班，届时相聚，焚香礼拜，通宵宴乐，世代相袭，形成特异的食俗。

6. 社交游乐的需要

社交游乐包括访亲会友、歌舞择偶、走街逛会、游山玩水、竞技搏击、娱乐杂兴等，多在农闲进行。为了使之名正言顺，古人也将其衍化成节日，并推出相应的食品。如傣族泼水节吃"毫头"之类。

三、人生仪礼食俗

人生仪礼又称个人生活仪礼，它是指人的一生中，在不同生活与年龄的重要阶段，所举行的不同仪式和礼节。在人生仪礼活动中逐渐形成了一系列饮食习俗。我国的人生仪礼主要有诞生礼、成年礼、婚嫁礼、寿庆礼、丧葬礼等。

（一）人生仪礼食俗的基本特点

1. 遍邀至亲好友参加

至亲包括父系血亲和母系姻亲中的主要人物，好友包括平素交往密切者，以及有某种特殊关系的人员，如产婆、启蒙老师、媒人。

---

[1] 赵荣光，谢定源. 饮食文化概论［M］. 北京：中国轻工业出版社，2000：144-146.

2. 宾客必备盛礼祝贺（或悼念）

礼品包括钱财与物品两种，视关系的亲密程度而定厚薄，视不同的仪礼而定品种。有时主人家还有回赠，如礼馍、红蛋、喜糖、寿糕之类。

3. 主家循例大张宴席

或在院内搭棚设席，或包租餐馆宴客。席单编排很有讲究，如喜事成双，丧事选单，庆婚重八，贺寿须九；菜名也要应时应景，注重口彩和忌讳，习用"全家福""喜相逢""龙凤呈祥""寿比南山"之类；餐具强调色泽，婚席多用红，丧席多用白，洗儿宴用明黄，敬老宴用金边粉彩；按长幼尊卑、亲疏内外排定座次；饮酒有酒规，上菜有程序。

总之，人生仪礼食俗是寓礼于仪，寓教于食，以欢腾、热闹为前提，以红火、风光为满足。①

（二）人生仪礼食俗的主要内容

1. 诞生食俗

三朝酒：在中国古代，婴儿诞生的第三天要举行仪式及庆贺宴会（有些地方是十天），孩子的外婆与亲友常带着鸡、鸡蛋、红糖、醪糟等食品前来参加，北方人还要拿用麦草火烤好的"锅盔"。洗儿时，常在浴盆中放喜蛋、银钱等物，并用蛋在婴儿头上摩擦，以求不长疮疖。然后举行宴会，主食是吃长面，共享欢乐。在汉族地区，孩子的父母面对前来祝贺的亲友，总是会请他们品尝醪糟蛋或红蛋。而在少数民族地区则有所不同，如侗族讲究"三朝喜庆送酸宴"，即孩子出生后的三天，也可以是五天或七天，外婆或祖母邀请亲友一起聚会吃酸宴。宴会上所有的食品都是腌制的，有酸猪肉、酸鱼、酸鸡、酸鸭等荤酸菜，也有酸青菜、酸豆角、酸辣椒、酸黄瓜等素酸菜。

满月酒：婴儿满月时也要举行宴会，称为"满月酒"。宴会的宾客是孩子的外婆及其他亲友，其规格和档次视经济条件而定。在汉族地区，有的富贵人家还于此日设"堂会"表演歌舞，花费极大。而在一些少数民族地区，也有做"满月酒"的习俗。如白族人在婴儿满月时，孩子的外婆及其他亲友总要带上一篮子鸡蛋作为礼物去探望，而孩子的父母或祖母则会用红糖鸡蛋和八大碗招待宾客。做"满月酒"的一个重要目的都是希望孩子能健康成长。在西北敦煌地区到了婴儿满100天时还要举行宴会，称为"百日酒"，象征和祝愿孩子能长命百岁。

周岁宴：当孩子满一周岁时，许多地方则要举行"抓周"礼，以孩子抓取之物来预测其性情、志向、职业、前途等。这种习俗至今仍然存在。孩子周岁庆宴又叫"过岁岁"，看重的是亲友们的欢乐与亲情，也成了联系亲朋好友的一项重要活动。

亲家宴：许多地方还有给孩子认干亲、拜保保以保健康、免灾难的习俗。在汉族地区，认干亲即给孩子选定一位或三位干爹、干妈，选三位的分别代表"铁匠""石匠""木匠"，希望在他们的呵护下使孩子能健康成长。干爹们要为干儿子准备银镯、银链、刻有孩子生辰与"长命百岁"的银锁。然后父母摆出准备好的酒菜宴请干亲，大家热热闹闹地吃上一顿，从此干亲关系得以确立。在一些少数民族地区，也有类似的习俗：如壮族就讲究认"踏生父母"。当孩子出生后，第一个走进孩子家的成年人被认作孩子的"踏生父"或"踏生母"，成为孩子的保护人。以后，如果孩子生病，就把孩子抱到踏生父母家喂饭，并取回一只鸡蛋、一把米，目的是为孩子消除灾病。

---

① 任百尊. 中国食经 [M]. 上海：上海文化出版社，1999：741.

2. 成年礼食俗

成年礼又称丁礼或冠礼（男性）、笄礼（女性）。成年礼食俗是指从入学启蒙开始到成年定亲为止的整个阶段内的饮食风俗习惯。成年礼的仪式许多，如启蒙礼、割礼、十岁礼、生肖一巡礼、冠礼、笄礼、穿裤礼、换裙礼、染齿礼、文身礼、盘髻礼、上头礼，还有开锁、度戒、过劫狩猎、赛跑等，都是使孩童逐步脱离"奶腥味"而向"大人"靠拢，并为谈婚论嫁作准备，因此其食俗大多带有喜庆色彩，并有不同的寓意。但由于社会变革等原因，这些带有封建色彩的成年礼在清末已基本取消。

3. 婚嫁礼的食俗

从时间看，婚嫁礼食俗持续很长，从择偶开始到回门为止，一般都需两三年，如果能举行"花烛重圆宴"，那就有六十多年。其间的各个阶段，都有名目众多的饮食礼俗。如相亲有"相亲宴""换盅酒"，定亲有"下彩礼宴""传红酒"，定亲有"追节礼""花园酒"和嫁女前夕的"姑娘宴""花枝会""女儿酒""花棚酒""倒箱会""花夜宴"，迎娶当天有"催妆宴""改辫宴""求骨宴""发轿酒""告祖席""千年饭""木雁礼"和"宴全村"，洞房坐褔有"暖房宴""馆饭""贺郎席""洞房十二碗""吃结房圆"和"吃子孙饽饽"，新婚次日有"新亲宴"和"新妇宴"，回门有"会郎宴"和"回门酒"，新婚10天有"十朝饭"，新婚一月有"满月会亲席"，等等。民间早就有"无宴不成婚""无酒不嫁女"之说。

从形式看，各民族的婚嫁礼食俗也百花齐放，各有自己的特色。如哈尼族是一个鸡蛋一瓶酒提亲；东乡族则由厨师陪伴新郎上门；侗族娶媳妇是吃腌制十多年的酸草鱼；蒙古族却是让新姑爷去啃难啃的羊喉结等。这些食俗反映出各民族的婚姻观与生活审美观，有着积极向上的意义。婚嫁礼食俗大多幽默、诙谐、欢腾、火爆，有"不闹不发""大闹大发"之说。

从内容看，婚席菜品数量应为双数，最好是扣八、扣十，如四喜四全席、六六大顺席、八八大发席、十全十美席之类。菜名宜用吉语，如"鸳鸯戏水"（双鲫鱼氽汤）、"鹊渡银桥"（鹌鹑蛋炒绿豆芽）、"凤入罗帏"（网油烤母鸡）、"早生贵子"（红枣莲子桂圆花生羹），以烘托喜庆的气氛，寄寓美好的祝愿。餐具应选用红色、金色的圆盘、圆碗，用红桌布和红漆筷，配红色果酒；忌讳摔破餐具、茶具、酒具或锅具。水果宜上干果，如核桃、花生、桂圆、红枣，或者是鲜果中的石榴、西瓜、杨梅、蜜桃，这都是庆婚的吉庆食品。忌上梨（与"离"同音）与橘子（要一瓣瓣分开）。

4. 寿庆食俗

出生之日是人生旅途的起点，生日的周年纪念可以记录一个人在生活道路上所经历过的大事与收获。因此人们习惯于在这一天邀约亲友举行庆贺活动，是为"过生日""做寿"。民间习俗中对婴儿和老年两个阶段的诞辰，尤为重视；并且年龄身份不同，"做寿"的次数和规模也各异。一般而言，三十岁以上，逢十的大寿比较重要；但实际做寿时不是30岁、40岁、50岁、60岁，而是29岁、39岁、49岁、59岁，这便是"做九不做十"之说，避讳"十全为满，满则招损"。中国古代将福、禄、寿、喜、财列为"五福"，其中"寿"最为重要，人们一直在寻求、实践长寿之道，探索长寿之术。还创造出寿桃、寿面、寿龟、寿果、寿幢、寿烛、寿伞、寿杖等贺礼；制作出"而立席""不惑席""天命席""花甲席""古稀席""耄耋（mào dié）席""期颐席"等酒宴，供祝寿用。寿宴菜品多扣"九""八"，如"九九寿席""八仙菜"。菜名讲究，如"八仙过海""三星聚会""福如东海""白云青松"。在寿宴上一般不宜多上鱼菜，因为容易使老人产生"多余"的联想；而西瓜盅、冬瓜盅之类也是犯忌的，因为"盅"与"终"谐音。

5. 丧葬礼食俗

丧葬礼食俗是指丧礼、葬礼、服孝礼期间祭奠死者、约制亲属和招待宾客的饮食风俗习惯。丧葬仪礼，是人生最后一项"通过仪礼"，也是最后一项"脱离仪式"。居丧之家，家人的饮食多有一些礼制加以约束，还有一些斋戒要求。到清代，早期的一些严格的斋戒礼仪虽渐至简约，但许多遇丧之家的饮食生活仍有一些特殊要求，茹斋蔬食的大有人在。而吊丧的宾客往往较少受限制。吃丧饭一般不喝酒，即使主人备酒，客人也不能闹酒，不能谈笑风生，否则与丧事悲哀的气氛不合，而被视为对主家不尊重。当然，居丧期间丧家的饮食，不同时期不同地区也有所差异。

四、少数民族食俗

少数民族食俗是指各有师承、缘由与情致，分别流传在55个少数民族内部的特殊饮食习惯。我国的少数民族众多，他们的族源与名称、历史与演变、居住区的特点与居住情况、生产方式与生活习性、语言与文字都不一样，各有膳食结构、烹调工艺体系、饮食好恶及食礼食风，"个性"异常分明。但它又常同年节文化食俗、居家饮膳食俗、人生仪礼食俗、饮食市场食俗、宗教信仰食俗，以及某些海外食俗交叉、相通，或相互影响，或相互交融。同时，有些民族（如满族、回族、壮族、土家族）长期与汉族同处，在食俗上互相影响；有些民族（如朝鲜族、蒙古族、俄罗斯族、哈萨克族）的活动区域和邻国接壤，在食俗上也有与邻近国家一致之处。还因为少数民族有大杂居、小聚居、交错居的特点，故而相近的几个民族食俗比较接近（如白族和傣族），居住较分散的民族其内部的膳食差异也很大（如内蒙古的蒙古族和云南的蒙古族）。再加上有的民族食俗历史的烙印较深，有的民族食俗现代的成分居多，有的民族食俗较为稳固，有的民族食俗经常变异，所以很难用一个统一的模式对其进行分析与归纳。而且由于教材篇幅所限，这里不再逐一叙述。

第三节 饮食礼仪的概念和功能

一、饮食礼仪的概念

饮食礼仪，简称食礼，是人们在饮食活动中应当遵循的道德规范与行为准则。其内涵极为丰富。不仅包括人们在饮食活动中的礼貌、礼节、仪表，有时还表现为一定的仪式。

礼貌是指人们在相互交往过程中以庄严和顺之仪容表示敬重和友善的行为方式，它是一种使自己和别人都感到愉悦的行为举止和内在修养。在餐饮活动中，待人处事要文雅有礼，言谈举止要恭谨谦虚。礼貌是文明行为的起码要求，是餐饮礼仪的基础。礼节是指待人接物的行为规矩，是礼貌的具体表现方式，包括待人接物、应对进退的方式，招呼和致意的形式，宴请场合的仪表、举止、风度等。礼节是人与人之间不成文的"法"，是人们在社会交往中必须遵循的表示礼仪的一种惯用形式。仪表是指人的外表，包括仪容、举止、表情、谈吐、服饰和个人卫生等，是餐饮礼仪的重要组成部分。仪式则是礼的秩序形式，即为表示敬意或隆重，而在一定场合举行的、具有专门程序的规范化的活动，如婚宴、国宴、招待会等。

总之，作为"礼"的组成部分，食礼是筵宴方面的社会规范与典章制度，是餐饮活动中的文明教养与交际准则，是一个人在饮食活动中仪表、风度、神态、气质的生动体现。

二、饮食礼仪的功能

饮食，既催生人类文明，又展现人类文明。饮食礼仪之所以被提倡，之所以受到社会各界的普遍重视，主要是因为它具有多重重要的功能，既有助于个人，又有助于社会。

（一）塑造良好形象，提高自身修养

"形象"一词的本意，是指能引起人的思想或感情活动的具体形状或姿态，在社交中则是指参与交往的主客双方在对方心目中的总的评价和基本印象。在餐桌上，有时我们是以个人身份去赴宴，此时表现的纯粹是个人形象；有时则是以个人形式代表组织或单位去赴宴，此时表现的则是组织或单位的形象；而有时一个人的言谈举止则被外界视为一个民族、一个国家的形象。所以欧洲旅游总会制定的旅游者应遵循的九条基本准则中第一条就这样写道："你不要忘记，你在自己的国度里不过是成千上万同胞中一名普通公民，而在国外你就是'西班牙人'或'法国人'。你的言谈举止决定着他国人士对你的国家的评价。"不管以什么身份，只要具有良好的饮食礼仪，应对进退，表现不俗，自然会塑造出良好的个人或组织形象。

在饮食活动中，礼仪往往是衡量一个人文明程度的准绳。它不仅反映着一个人的交际技巧与应变能力，而且还反映着一个人的气质风度、阅历见识、道德情操、精神风貌。因此，在这个意义上，完全可以说饮食礼仪即教养的表现。有道德才能高尚，有教养才能文明。这也就是说，通过一个人对饮食礼仪运用的程度，可以察知其教养的高低、文明的程度和道德的水准。由此可见，学习饮食礼仪，运用饮食礼仪，有助于提高个人的修养，有助于"用高尚的精神塑造人"，真正提高个人的文明程度。

（二）协调人际关系，净化社会风气

饮食活动是人际关系的润滑剂和调节器。由于饮食礼仪的基本原则是敬人律己，真诚友善，因而它能联络人们相互间的感情，架设友谊的桥梁，协调各种人际关系，营造一个和谐友善的社交氛围；也有助于建立和发展人与人之间相互尊重和友好合作的新型关系。即使在人与人之间发生了某种不快、误会和碰撞时，通过一句礼貌用语，一个礼仪形式，便会化干戈为玉帛。重新获得彼此的理解和尊重；在饮食活动中初次相遇的陌生人，只要礼节周全，也会成为一见如故的知心朋友。

荀子说："人无礼则不生，事无礼则不成，国家无礼则不宁。"遵守饮食礼仪，应用饮食礼仪，有助于净化社会的空气，提升个人乃至全社会的精神品位，有助于促进社会文明。

（三）沟通有益信息，扩大视野和圈子

在当今社会，由于大众传播媒体的发达，各种信息的传播频率空前迅速，日益广泛。尽管如此，餐桌上的信息沟通仍具有大众媒体所不能替代的作用。而且餐桌上沟通的信息往往更生动、给人的印象更深刻、更富有启发性。饮食礼仪是一种行之有效的沟通技巧，要从餐桌上获得更多的有益信息，就得熟悉饮食礼仪，用饮食礼仪的相关行为规范指导自己的交际活动，更好地向交往对象表达自己尊重、友善之意，以增进彼此之间的了解与信任。

（四）适应全球一体化的需要，加强对外交往

随着全球一体化的步伐及我国综合国力的提高，阔步走向世界的时候，饮食礼仪已成为我国人民走向世界、与世界交往的名片。作为我国公民，一方面要了解和掌握我国优秀的饮

食礼仪文化传统，在涉外宴请中，展示中国人民的精神风貌。加深与世界各国人民的友谊与交流。同时，也要广泛吸收各国的饮食礼仪文化的优秀成果，逐步形成一套与世界各国礼仪接轨的现代餐饮礼仪，以适应与世界扩大交往的需要。

（五）展示素质才华，有助事业成功

餐桌可以展示一个人的素质的才华，人们常常根据对方的外貌、举止、友情、谈吐、服饰和应对进退等表面特征，给对方做出初步的评价和形成某种印象。这种印象往往使人产生某种心理定势，对人际交往的成败绝续和人际关系融洽与否起着重要作用。

第四节　中国古代饮食礼仪

一、古代饮食礼仪的表现形式和作用

古代饮食礼仪，则是指古代社会各阶层人士在餐饮、筵宴活动中，因儒家文化熏陶和风俗习惯影响而形成、被朝廷礼法和社会道德所承认、为大众共同遵守的礼仪制度；它主要反映在祭神祀祖、重教养老、宫廷宴享、官场酬酢、行帮聚会和民间交际等方面。①

（一）古代饮食礼仪的表现形式

古代食礼的表现形式有四：一为祭祀，即用酒食声乐礼拜鬼神，以求庇护和降福。二为筵宴，这是因为礼仪和习俗的需要而举行的聚餐，其核心是餐室装潢、美馔陈设和热情接待。三为食品馈赠，即以食品作为礼品，表示敬重与友情。四为个人食礼修养，主要是在饮宴场所立身处世的基本素质和谈吐应对的交际能力，包括仪容服饰、待人接物、谈话艺术、文明就餐等。

简而言之，食礼要围绕着"吃喝"二字来展开，食中藏教，食中藏礼，食中藏情，食中藏乐。这涉及礼宴的筹划、宾客的邀请、场景的布置、器物的准备、菜点的制作、席间的接待、做客的修养、待客的礼仪诸项内容，均有约定俗成的要求以及丰富的物质产品与精神产品，并构成中国饮食文化的深刻内涵。

（二）古代饮食礼仪的地位和作用

首先，它是"治乱之本"，既是区分君臣、树立君的绝对权威的政治制度，又是区分父子、树立父的绝对权威的宗族制度可以维护封建宗法统治。

其次，它是一种道德修养，旨在使人"居处恭""执事敬""与人忠""贵者敬""贱者惠""老者孝""幼者慈""隆师而亲友"，完善德行。

第三，它可以形成许多重大的仪典，如敬鬼神的"吉礼"、哀邦国的"凶礼"、亲诸侯的"宾礼"、诛不虔的"军礼"、合婚好的"嘉礼"，使国家政事规范化。

第四，部分食礼演变成饮食习俗后，成为不成文的法律和无形的道义力量，一方面左右老百姓的日常生活，一方面又为他们的社会交际提供方便，并且在调节人际关系、规范个人行为、培养个人品德、净化社会风气中，都有一定的积极意义。

二、古代饮食礼仪的种类

古代食礼的种类很多，基本上可以归并为六大类，即祭神祀祖食礼、重教养老食礼、宫

---

① 陈光新. 古代食礼的属性 [J]. 中国烹饪，1997（1）.

廷宴享食礼、官场酬酢食礼、行帮聚会食礼、民间交际食礼等。

（一）重教食礼

重教食礼曾被立为国策，它包括祭孔与尊师两个方面。祭孔食礼是封建时代统治者和读书人定期用酒肉、野蔬祭祀伟大思想家、教育家、儒家学派创始人——孔子的仪典。它多在宫廷、官府和各类学校中举行，有"先师诞""丁祭""释奠礼""释菜礼"等形式，绵延两千余年，还影响到东亚、东南亚、南亚的一些国家和地区，是中国饮食文化和教育礼俗的重要内容之一。至于尊师食礼，兴于西周，流传百代而不衰。其名目有"束脩""释菜""延师礼""侍师礼""敬师宴""谢师宴""上学酒""下学酒""三节两寿""文昌宫会酒""校友会"等。

（二）敬贤食礼

敬贤食礼是古代朝廷荐举人才、选拔官吏的一种饮食礼制。它主要通过飨燕养老、招贤养士、颁赐酒食、簪花传胪等形式，储备人才或褒奖贤俊，造成"学而优则仕"的荣誉感，在社会上起到"唯才是举"的舆论导向作用，鼓励士子读书报国。这是重教食礼的补充和深化，目的是维护封建统治机器的正常运转，保证国家的长治久安。

古代的敬贤食礼依循时代的变化而变化，常有新意。像虞舜时代的"燕礼"，便是部落联盟为年老退职的卿士举办的敬老会。汉魏的敬贤食礼，可以以刘邦的"大风宴"和曹操的"横槊赋诗宴"为代表。前者是汉高祖的省亲敬祖大席，因其筵间有120名小童高唱《大风歌》而得名。它表现出"威加海内兮归故乡"的刘邦对人才的渴念——"安得猛士兮守四方"。后者是赤壁之战前夕曹操在江北水寨上举行的誓师宴。唐宋两朝，则有宴请岁贡、举人的"鹿鸣宴"和在玉津御国比武后赏赐武魁的"射弓宴"，文武相映生辉。入明，朱元璋又出新花样，下令在秦淮河畔修起"鹤鸣""醉仙"等15座名楼，"令民设酒肆其间，以接四方宾旅"，同时在楼中举办御赐文会，笼络人才。这便是"诏出金钱送酒垆，绮楼胜会集文儒，江头鱼藻新开宴，苑外莺花又赐脯"的求贤食礼。清季则重视殿试后的"簪花传胪"。敬贤食礼中最为著称的，当数起自西周、迄于清末、流行全国各地、为耆老贤能和秀才举人举办的"乡饮酒礼"。

（三）养老食礼

敬老、养老是人类讴歌的永恒主题。但在中国古代，它却展示出两种不同的情趣。帝王将相和墨客骚人往往多是"雅庆"，或是朝廷操办盛大的敬老嘉会（如清廷"千叟宴"），或是文士私人邀约的敬老文会（如白居易举办的"九老会"）。它们都以尊老敬贤为宗旨，注意良好的社会效应；重视人选的代表性和权威性，严格按礼仪程序组织；温文尔雅，精致华美，诗酒唱和，弦乐飞扬。至于士农工商和市井小民则偏重于"戏闹"，或是为结婚60周年的老夫妻再举行一次幽默别致的婚礼（如台州的"重圆花烛宴"），或是请老人穿上寿衣、坐在寿棺前接受子孙亲友的祝福，操办风趣的红白喜宴（如陕北的"合木庆寿宴"）。这是寓庄于谐，变"死"为生，通过博闹宴乐而表达健康长寿的企盼。它们均带有"冲喜"的性质，反映出平民百姓的礼乐观和生死观，更具有人情味和孝顺心。[①]

三、中国古代饮食礼仪制度的文化气质

在早期儒家思想和政权设计中，礼仪制度使社会各阶级、各集团"贵贱有等，长幼有

---

① 陈光新. 中国古代的重教、敬贤、养老食礼[J]. 中国烹饪研究，1996（4）.

差,贫富轻重皆有称者也",进而成为统治者治理天下的方法与手段。在各种礼仪制度中,饮食礼仪制度于周初在政治、伦理、礼乐精神、宗教诸方面定型成比较突出、稳定的文化气质,深深影响着中国人的饮食活动达几千年。

(一)敬德贵民的政治文化

中国早期文化中的"德",具体内容大都体现于政治领域。在君主制下,政治道德当然首先是君主个人的道德品行与规范。周初,人们对前代君主在饮食活动中的种种不德表现有着深刻理解和认识。周人把殷商亡国原因直接归结于殷人嗜酒的不德之风,认识到君主个人德行对维持政治稳定的重要意义。因此,必须使君主制下的规范约束诉诸道德的力量,对前代遗留的嗜酒之风首先加以控制。

如果说自周以降,饮食礼制加大了对酒的控制,重在敬德;那么食礼所倡导的俭食非奢则是立足于贵民。周初人们节制饮食的要求出于对放纵饮食的普遍反感,由一种自发行为而约定俗成;春秋以后的饮食礼制真正形成的一种道德力量,则是经过春秋战国时思想家们所倡导的。在以后历代天子王侯中,这种食制的影响力很强,反映在政治方面的文化气质就显得相当突出。

(二)孝亲尊老的伦理文化

在古人饮食礼制中,"恭""让"的具体德行,更显示出"亲睦九族,协和万邦"的价值取向,它构成了古代饮食礼制的又一个重要文化气质。

中国古代最早也最突出的伦理规范就是"孝亲"。"善父母为孝",父母为"亲",所以善待父母的孝包含着事亲和爱亲。而日常饮食行为是体现孝亲的最佳形式,孝亲行为方式也就成为饮食礼制的重要内容之一。

在宗法制度下,孝亲与尊老养老之间有着内在联系,因此,人们将孝亲推及尊老养老。和孝亲一样,尊老养老在日常饮食活动中也形成了一系列的礼仪制度。饮食活动的孝亲尊老制度促成了睦族合邦的文化气质,《墨子·明鬼》记载:"内者宗族,外者乡里,皆得而俱饮食之;虽使鬼神请亡,此犹可以合欢聚众,取亲于乡里。"族人聚饮合欢,本是宗法制度下的产物,溯古甚远。至春秋以降,这种"和亲"内容已变得不简单了,其中除宗教意识,还有就是政治目的,即稳定民心,强化社会秩序,形成一个长幼有序、孝亲尊老、层层隶属、等级森严的社会体系。

(三)文质彬彬的礼乐文化

在古代,"乐"本是"礼"的组成部分,分而言之,有礼有乐,合而言之,礼中有乐。《周礼》载大司徒用十二种方式教育人民时就有"以乐礼教和,则民不乖"之说,这里的"和"是说音乐能求得人与人之间的妥协中和,使社会各阶级亲睦和爱,这样就能使在宗法封建制度下用"礼"所昭示的尊卑亲疏贵贱长幼男女之序的差异和对立,通过"乐"的作用调和起来。这种制约疏导作用,在饮食礼仪制度中展示得最充分完美,食礼因之增添了一种文质彬彬的礼乐文化气质。

周人所谓的"乐",往往指音乐、舞蹈、诗歌结合的艺术形式。后人在饮食中常举乐而歌之,一方面是"侑食"之需,另方面旨在体现"为政之美"。"乐"可移风易俗,起到教化人民作用。大量史实表明:宴饮作乐兴舞吟诗游戏者,都是"君子",即贵族,也只有他们才有此条件。在这种环境中,饮者不仅要遵循饮食过程的繁文缛节,其语言交流也必须温文尔雅。周、汉两朝,人们以引用《诗经》句表达思想情感为自得。至晋以后,人们饮酒作诗,猜谜行令,"乐"的成分大大超过了"礼",而文质彬彬的饮食风度一直是人们所提倡和追求的,这也是后来产生文人饮食之特殊文化现象的重要原因。

(四)尊天事祖的神秘文化

在先民的宗教意识中,"神嗜饮食"(《诗经·小雅·楚茨》),先民"投其所好",备以丰盛的美馔佳肴敬献天神。所献食品是否丰盛,所列礼器(考古发掘表明,绝大多数礼器为饪食器、食器和酒器)是否考究,是否合乎礼的规范,是先民始终慎重对待的问题。周代以降,在人们祭祀活动中,饮食仪节成为一个重要环节。每年祭祀中,为农业而举行的祭祀仪式就占去相当的部分。

在日常饮食活动中,人们尊天事祖的心态也时有体现。古人进餐前有个重要礼节,就是向先祖尽祭食之礼,"主人延客祭:祭食,祭所先进,肴之序,遍祭之。"食前祭祖仪节是报祖念本,它与治世之道和教人好礼从善密不可分,其内容是现实的,其心态是朴实的。

先民重视祭礼有益于稳固统治者的政治地位。统治者自命"天子",故他们很需要通过各种环境、渠道和手段渲染出一种"君权神授"的气氛,以达到春风化雨、深入民心的效果。祭礼是最有效的方法,通过向天神或祖先敬献美食美饮,沟通神人之间的感情,使臣吏庶民对天子帝王受命于天和神圣不可冒犯深信不疑。而饮食礼仪的神秘气质又无不蕴藏着先民的礼乐精神。作为礼仪制度的一个重要内容——尊卑贵贱长幼之序,又无不在宴饮过程中的祭食仪节得以充分完善的体现。食礼中的祭祀仪节除了人神沟通之目的,还有就是由神及人,使人具有内在的道德风范和好礼从善的欲求,进而形成一个上自天子下至庶人层层隶属的统治形态。

中国古代饮食礼仪制度较集中地反映出先民的饮食风貌,体现出其特有的文化气质,在世界文化遗产中独树一帜,推动了人类文明的历史进程。在中国周边一些国家和地区中,至今还保留着中国部分古代食制的遗风,足见中国古代食制对世界文明的积极影响。[①]

第五节 现代饮食礼仪

现代饮食礼仪在文明程度不断提高的过程中,随着历史的发展,千百年的演变,有些礼仪被淘汰,有些被融合、更新,逐步形成大家普遍认同的一套礼仪文化习俗,这些习俗是古代饮食礼仪的继承和发展。现代饮食礼仪因宴席的性质、目的而不同,但是总体来看,逐渐简化为主人与客人的礼仪文化。

一、坐有坐相

在中华民族礼仪要求中,"站有站相,坐有坐相"是对一个人行为举止最基本的要求。在公众场合吃饭时的坐姿、座次也体现一个人社交礼仪的修养。正确、端庄、优美的坐姿不仅给人以文雅、稳重、大方的感觉,而且也是展现一个人气质和修养的重要形式。

(一)宾主落座的位置

正式宴会,一般都事先安排座次,以便参加宴会者入席时井然有序,同时也是对客人的一种礼貌。这时,桌子上要摆桌次牌和姓名标志牌。非正式的宴会,只安排部分人的桌次和席位,其他客人仅安排桌次,甚至完全不预先指定,但通常就座也要有上下之分。

---

① 马健鹰. 中国古代饮食礼仪制度的文化气质[J]. 扬州大学学报(人文社会科学版),1997,(04):51-54.

1. 单桌宴席的席位安排

（1）主人席位的确定 第一主人（正主人）的席位一般面对宴会厅的入口处，以便环视整个宴席的进展情况。第二主人（副主人）位设于正主人位的对面，正副主人位与桌中心呈一条直线相对。

（2）宾客席位的安排 第一客人（主宾）位应设于主人位的右侧，第二客人（副主宾）位应设于副主人位的右侧，使主宾位与副主宾位呈相对式；第三客人位与第四客人位分别在主人位与副主人位的左侧，也呈相对式。如主宾、副主宾均携夫人出席时，此席位则分别为夫人席位；主宾与副主宾位的右侧分别为翻译席位；第三客人位与第四客人位的左侧分别为陪同席位。

在国际交往中，安排席位遇到特殊情况也可以灵活，如主宾身份高于主人，为表示对宾客的尊敬，可把主宾安排在主人席位上，而主人则坐在主宾的席位上。主宾有夫人参加宴会，而主人的夫人未能出席时，可以请身份相当的女士坐在副主人位或者把主人夫妇安排在主宾一侧。

2. 多桌宴席的席位安排

当某一个餐厅由一家单位举办多桌宴会时，首先要确定主桌，然后再确定主位。主桌位置的确定十分重要。确定主桌的位置要视餐厅结构、门的朝向、主体墙面（或背景墙面）等因素而定。

一般情况下，主桌台面设在面对大门、背靠主体墙面（指装有壁画或加以特殊装饰布置、较为醒目的墙面）的位置，但不背靠主体墙面（指装有壁画或加以特殊装饰布置、较为醒目的墙面）的位置，但不是所有的主体墙面都是面对大门的，有的餐厅大门开在侧边，这时，主桌应以主体墙面为上，放在背靠主体墙面的位置。

确定了主桌席面以后，主人席位也是根据主桌的确认方法来设定的。一般情况下，主人席就是一席中正对大门、背靠有特殊装饰的主体墙面的一个席位。但有些餐厅的门不是正开，此时，主人席要以背靠主体墙面的位置为准。即使有的餐厅门是正门，但装饰特殊的主体墙面不与正门相对，此时应根据实际情况以主体墙面为主要参照物，确定主人席位。其他桌的主人席位应与主桌主人呈对面式或侧对式。根据习惯，桌次高低以离桌远近而定，右高左低。

（二）入座礼仪

入座又称就座、落座，即人们坐到座位上的具体行动。在参加宴请时，入座要讲究顺序，礼让尊长，注意方位，从左入座，背对座椅，落座轻稳。就是说，在社交和公务场合，若与他人一起入座时，应礼貌地邀请对方首先就座或与对方同时就座，不可抢先坐下。入座时，要注意方位，分清座次的尊卑，主动把上座，如面门的座位、居中的座位、右侧的座位、舒适的座位让给尊长。就座时要留意从座椅自身的左侧入座，这是就座的一种礼貌。同别人对面就座时，要以自己的背部接近座椅，右脚向后撤，使腿肚贴到座椅边，再轻稳坐下，勿使出声。如女士穿裙子入座时，应将裙子臀端拢一下，以免裙底"走光"。

1. 坐到正确的位置上

在参加宴请时，除了要知道自己当天所扮演的角色外，也要了解男、女主人在餐桌上的位置，男、女主宾的位置，以及其他男女陪客的位置。然后按照自己扮演的角色入座，才不致失礼。

2. 私人物品不要放在餐桌上

手提包、手套、钥匙等私人的物品，不要放在桌上，因为餐桌只是用餐的地方，放上私人东西,妨碍他人用餐,十分不礼貌。在较高级的餐厅用餐,餐厅都会备有衣帽间,像大衣、外套、伞具、包裹等物,皆可交给服务人员放置衣帽间,避免弄脏衣物,也可让自己身手利落。可将手套等零碎物品放进手提包里,手提包则靠在椅背上,随身重要物品可放在椅脚前下方。可能有很多人不习惯把手提包放在地板上,这时,你可以把手提包放在背后和椅子之间或大腿上(餐巾下)。若是邻座没有人,也可以放置在椅子上,或挂在皮包架上。

(三)在餐桌上应保持良好的坐姿

坐在餐桌上的时候,身体应保持挺直,两脚齐放在地板上。当然,这并不是要求在餐桌上必须像军校的学生一般,坐得像枪杆一样笔直,不过也不可能像布娃娃一样,弯腰驼背地瘫在座位上。

用餐时,上臂和背部要靠到椅背,腹部和桌子保持约一个拳头的距离。两脚交叉的坐姿最好避免。在上菜空档,把一只手或两只手的手肘撑在桌面上,并无伤大雅,因为这是正在热烈与人交谈的人自然而然会摆出来的姿势。不过,吃东西时,手肘最好还是要离开桌面。如果两个胳膊不顾一切地往外张开,使得左右两边的同席者感到不便,这样是很不礼貌的。

暂停用餐时,双手如何摆放可以有多种选择。可以把双手放在桌面上,以手腕底部抵住桌子边缘;也可以把手放在桌面下的膝盖上。

在餐宴进行当中,当有客人晚到时,若是女性,则在场的所有男士应该起立欢迎,而女士不须起立。若迟到者为男性,则男士也不必起立相迎,但来人若为长辈或德高望重的男士,在场男士仍须起立相迎,以示对对方的尊重。

二、吃有吃相

吃相是餐饮礼仪中的重要一环。所谓吃相,是指一个人在进食时的神态、语言和动作。按说吃相基本上算得上一件私密的事情,一个人高兴怎么吃,完全是个人的自由,容不得别人说三道四,只要自己觉着这样吃更有滋味,就没什么不妥。但是聚众而吃,又是在餐馆酒肆,稍稍做出一点文雅的吃相来,似乎就大有必要了。吃相是一门学问,处处皆有讲究,时时均有礼数,它能够体现出一个人的教养和素质,影响到一个人的形象。

(一)吃相的重要性

1. 吃相反映一个人的教养程度

吃相是在饮食过程中,能够反映人的思想道德、文化素养、生存状态、社会需求等精神和物质活动的表象。从某种意义上讲,懂不懂吃的礼仪能反映出一个人的教养程度。通常说一个人的吃相怎样怎样,不外乎褒义和贬义,比如褒义的有温文尔雅、谦虚礼让、尊老爱幼、先人后己等;贬义的有狼吞虎咽、囫囵吞枣、饥不择食、先下手为强等。这说明通过吃相来褒贬、观察、评价一个人,都是利用了人性的自然表露。

2. 吃相还会造成重大社会影响

在历史上,有一种情况是以吃相来实现某种目的的,把吃相作为表现工具,造成重大社会影响,从而使社会重新认识一个人。比如战国时期,赵国和秦国打仗,赵国输得找不到人才,只好招廉颇老将,可特使郭开被秦国收买了,回禀赵王是说廉颇倒是挺能吃的,一斗米,十斤肉,可就是一饭三遗矢。以此说明廉颇的身体已经大不如前。

(二)餐具与吃相

1. 餐巾礼仪

餐巾又名口布、茶巾、席巾、花巾等。它是酒席上专用的保洁方巾。将餐巾折成各种花型，插在酒杯里供人欣赏，已成为一种通行的台面摆设。

(1) 餐巾的作用　餐巾不仅具有保洁作用、美化作用，还能区分主客关系、传播与融洽主客关系。

(2) 使用餐巾的礼仪　餐巾要放在腿上。从餐桌上拿起餐巾，先对折，再将褶线朝向自己，摊在腿上。绝不能把餐巾抖开，如围兜般围在脖子上，或塞在领口。而把餐巾的一角塞进扣眼或腰带里，也是错误的方法。假如衣服的质地较滑，餐巾容易滑落，那应该以较不醒目的方法，将餐巾的一角塞进腰带里，或左右两端塞在大腿下。

在正式宴会上，客人需待主人先拿起餐巾时，自己方可拿起餐巾。反客为主的做法是失礼的。如果一打开餐巾或拿起餐巾纸，就揩擦自己的杯盏刀叉，实际上是对餐厅（在家里则对主人）卫生工作的不信任，这是很不礼貌的行为。

餐巾当然是为了预防调味汁滴落，弄脏衣物。但是，最主要的还是用来擦拭嘴巴。吃了油腻的食物后满嘴油渍，若以这副尊容与人说话，委实不雅。况且喝酒时还会把油渍留在玻璃杯上，更是难看。至于口红也是同样要用餐巾略擦一擦，避免唇印沾在酒杯上。

2. 筷子礼仪

筷子是中国人的终身好伙伴，在中国几千年的饮食文化中，用筷子形成了基本的规则和礼仪。

(1) 席间摆筷子的礼仪　筷子是成双成对出现的，同一餐桌上应使用等长、同色、同质的筷子，摆放时应将它们摆整齐，不要一根长一根短，一头大一头小，更不可一根横放一根竖放或交叉摆放。筷子摆放时应小头向里，搁在筷架上或放在自己的菜盘上，大头与桌沿并齐。席间要暂时放下筷子时，应按开始摆放的样式摆放好。

(2) 规范的执筷姿势　握筷子时，一般用右手握筷子。若左右手不分，在就餐或取菜时会出现筷子"打架"现象。握筷子的位置要适中，不可握得过高或过低。规范的执筷姿势的取位处，以成人为例，一般应是拇指捏按点在上距筷头（顶）约占筷长1/3（或略少于1/3）处为宜。这样既看起来雅观大方，又便于筷子的适当张合使用。正确的执筷姿势应是五指协调并用。工作时，由拇指做对掌运动压向另三指而使筷巧妙地对食物实施夹、拨、挑、分、搅、拌、刺、剥、剃、切、拆、折、撕、捞、卷、托、放、压、穿、运等灵活精确的动作。

(3) 席间使用筷子的礼仪　客人拿筷子要轻拿轻放，切不可随便扔掷，更不能在菜上来前用筷子敲击桌碗。因为中国人认为用筷子敲碗、碟是乞丐要饭的方式。我国有"杆不出栏，筷不出缘"说法，席间不用筷子时，应将其对一般齐，放在自己的味碟上面，或放在自己的杯子右侧，不可架在公用菜盘上或搁在邻座宾客面前。

(4) 用筷子夹菜的礼仪　吃饭时，须等坐正主人位置的人动第一筷后，众人才能跟着各动其筷。注意夹菜时要一次成功，即入即出，进退有序，筷不宜与食物接触时间过长。不要从碗里挑菜拣食，不要用筷子来撕口中的鱼肉，更不能用筷子戳食菜肴。中国人喜欢多人自一大盘菜中取食，在夹菜时，要注意避开其他客人的筷子，免得伸到盘内时与别人的筷子相交叉。不要伸胳膊去夹取对面较远的菜肴，这是失礼的表现。在餐桌上谈话时要放下筷子，决不可用筷子做手势，举筷在别人面前指来划去，使筷子在餐桌上乱舞，这是粗鲁和缺乏教养的表现。

3. 使用调羹的礼仪

(1) 手持调羹的方式　调羹也是常用的餐具，它同使用筷子一样，也有一定的讲究。使用调羹时，右手持调羹的柄端，食指在上，按住调羹的柄，拇指和中指在下支撑。

（2）使用调羹的注意事项　使用调羹，主要是喝汤，有时也可以用调羹盛装滑溜的食物。尤其是在喝汤时，要注意不要将调羹碰碗、盘发出声响。从外向里舀（吃西餐则应从内往外舀），调羹就口的程度，要以不离碗、盘正面为限，切不可使汤滴在碗、盘的外面。不要以口对着热汤吹气。有时端上桌的汤很烫，这时，应先少舀些汤尝一尝。如果太烫，可将汤倒入碗里用调羹慢慢地舀一舀，等汤稍微降温时，再一口一口地喝。不要将汤碗直接就口。当汤碗里的汤将喝尽时，应用左手端碗，将汤碗稍微侧转，再以右手持调羹舀汤。不要将汤碗端起来，一饮而尽，这样做不符合餐桌礼仪的要求。

三、品饮之道

俗话说，酒有酒礼，茶有茶道。中国人所以把喝酒、饮茶看成艺术，就在于在礼节、环境等各处无不讲究协调，喝酒、饮茶和环境、地点都要有和谐的美学意境。

（一）用餐饮酒礼仪

中国酒文化历经数千载而不衰。早就有以酒代"久""有""寿"之内涵，不论是喜庆筵席、亲朋往来，还是逢年过节、日常家宴人们都要举杯畅饮，以增添一些喜庆气氛。同时由于酒有一种微妙的"神奇"作用，运用得好，酒能在许多场合使朋友间更融洽、陌生人之间不拘束。

1. 上酒的礼节

不论宴会是在家里还是餐厅举行，如果你提供的是珍品佳酿，务必把酒瓶拿出来给客人瞧瞧。许多人偏好整晚只喝自己喜爱的某种酒，所以一个用心的主人会同时准备红酒和白酒。

宴会前请先把白酒摆在冰箱至少两小时，或放入装着冰块和冰水的冰酒器20分钟。白酒品质越好，降温所需时间也越短。

待客的红酒温度应相当于室温。如果红酒太冰，可建议客人用手暖酒。

2. 斟酒的礼仪

（1）斟酒的顺序　酒席、宴会斟酒的顺序，从总体讲，应从主宾位开始，再斟主人位，并顺时针方向依次为客人斟酒。但是，由于宴会的规格、对象、民族风俗习惯不同，斟酒顺序也应灵活多样。有时候，男主人为了表示对来宾的尊重、友好，会亲自为所有客人斟酒。即男主人坐在自己的椅子上，先为右侧客人（第一主宾）斟酒，然后为左侧客人（第二主宾）斟酒，再按顺时针方向绕桌斟酒，主人的酒最后斟。也可男主人先为右侧客人斟酒，然后自己斟一杯，再把酒瓶按顺时针方向递给左侧客人各自斟酒。斟酒时要一视同仁，切勿有挑有拣，只为个别人斟酒。

按国际惯例，服务员顺序应从男主人右侧的女宾或男主宾开始，接着是男主人，由此自右向左按顺时针方向进行。如宴会规格较高，须由两人担任服务，其中一人按上述顺序开始，至女主人或第二主人右侧的宾客为止；另一侍应人员从女主人或第二主人开始，依次向右，至前一侍者开始的邻座为止。在国际礼仪中，客人绝不会亲自倒酒，而由主人和侍者来负责斟酒。

（2）接受斟酒的礼仪　宴席上斟酒时，接受斟酒者一般应起身或俯身，以手扶杯或作欲扶杯状，以示感谢或恭敬。接受斟酒时，酒杯置于桌上原处即可，你只要对斟酒者微笑致意，便符合礼仪了。对于拒绝斟酒的人，斟酒者（尤其是斟酒的主人）应该持理解和宽容的态度，而不应该强人所难。

（3）拒绝饮酒的礼仪　在宴席上，如果确实不会喝酒或由于种种原因不打算喝酒的人，通常可以采取以下办法：主动地要一些非酒类饮料，如汽水、果汁、矿泉水或白开水等，并说明不饮酒的原因；让斟酒者在自己杯子里少许斟上一点，但尽可以不喝。因为一般情形下，杯中酒是可以不喝的；当斟酒者向自己杯子里斟酒时，用手轻轻敲击酒杯的边缘，意思是：我不喝酒，谢谢；当斟酒工作是由侍者来服务时，你可轻声告诉他："我已经够了。""不用了，谢谢。"而不是动手把杯子挪开，或捂住杯口，这样会引人侧目。

3．敬酒的礼仪

（1）敬酒的顺序　在正式宴席上，一般先由主人向列席的来宾或客人敬酒，会饮酒的人则回敬一杯。如果宴席规模较大，主人则应依次到各桌敬酒，而各桌可由一位代表到主人所在的餐桌上回敬。向外宾敬酒时，应按礼宾顺序由主人首先向主宾敬酒。而在国外正式宴席上，通常由男主人首先举杯敬酒，并请客人们共同举杯。一般情形下，客人、长辈、女士不宜首先向主人、晚辈、男士敬酒。

（2）敬酒的姿势　敬酒时，上身挺直，双腿站稳。需干杯时，应按礼宾顺序由主人与主宾先干杯。正式宴会上，女士一般不宜首先提出为主人、上级、长辈、男士的健康干杯。劝酒要适可而止，尤其在国际交际场合，不宜劝酒。切忌饮酒过量，以控制在本人酒量的1/3为宜。

（3）敬酒的态度　敬酒时态度要热情、大方，应起立举杯并且目视对方，而且整个敬酒过程中都不应将目光移开。敬酒要适可而止，见好就收。

（4）祝酒的技巧　并非所有宴会均有祝酒程序。需要祝酒则应了解宴请性质，为何人、何事祝酒，以及对方祝酒习惯，使祝酒的片言只语不失高雅并有针对性。碰杯时，主人和主宾先碰，人多时可同时举杯示意，以不交叉碰为宜。碰杯时要双目平视对方致意，一般视对方的眼鼻组成的三角区为佳。宴会上的相互敬酒，可以活跃气氛，但要适度，不要勉强他人，本人应控制酒量，如不会饮酒，可事先言明喝饮料，切不可因饮酒过多而失言、失态。

4．饮酒的礼仪

（1）适量饮酒　了解自己的酒量是一件很必要的事，否则很可能在不觉间做出失态的事。每个人的酒量是不同的，即使同一个人在一天的早晚，心情或饱饿不同之下也会改变。食物是最好的酒底子，所以赴宴之前，最好先吃点点心，免得空肚子灌酒，容易酒醉失态。

（2）随和宽容　随和是饮酒第一要紧的礼貌。如果主人有各种牌子的酒，你可以选自己喜欢的酒喝。一定不要向主人要求喝某种牌子的酒。

（3）喝酒的速度　喝酒的速度尽可能地不要超过主人。仰起脖子，一口气把一杯酒倒进喉管去是很难看的姿势。鸡尾酒也不适合干杯，慢慢喝总比快喝要安全，尤其加了冰块的酒，喝得越慢酒越淡，慢喝也是很聪明的防醉办法。

（二）以茶待客的礼仪

我国历来就有"客来敬茶"的民俗。早在3000多年前的周朝，茶已被奉为礼品与贡品。到两晋、南北朝时，客来敬茶已经成为人际交往的社交礼仪。《春夜啜茶联句》中有"泛花邀坐客，代饮引清言"。唐代刘贞亮赞美"茶有十德"，认为饮茶除了可健身外，还能"以茶表敬意""以茶可雅心""以茶可行道"。当今社会，客来敬茶更成为人们日常社交和家庭生活中普遍的往来礼仪。

1．选茶的礼仪

按习惯，茶一般可以分为六大类，即红茶、绿茶、青茶、黑茶、白茶、黄茶。各类茶都具有与众不同的特色，而不同的人往往对茶又有着各不相同的爱好。以茶待客，当然应该投客人所好。所以沏茶之前，最好先征求客人的意见，根据客人的爱好或要求来选茶。

2. 装茶的礼仪

这里所谓装茶，指的是向客人的杯（碗）中放入茶叶。装茶礼仪主要涉及两个问题：一是茶具必须完好、清洁。一套完整的茶具，一般包括茶杯（碗）、茶托和茶盘等物。当然，由于具体条件的限制，有些时候往往没有茶托或茶盘。完好指的是每一样茶具都不能有破损，清洁指的是每一样茶具都要洗净，茶杯或茶碗中的茶垢一定要擦掉洗净。二是装茶之前要先洗手。因为装茶是需要用手来操作的，将手洗干净，不但是卫生的需要，而且是对客人的尊重。装茶时应用茶匙，即便洗过手了也不应该用手去抓茶叶。

3. 上茶的礼仪

上茶时可由主人向客人献茶，也可由工作人员或服务人员直接向客人上茶。主人向客人献茶时，应起身，用双手将茶杯（碗）递给客人，同时道一声"请"。客人也应起身，用双手接过茶杯（碗），同时道一声"谢谢"。

工作人员或服务人员上茶时，一定要注意上茶的先后顺序。在客人男主人之间，要先给客人上茶；在客人与客人之间，要先给主宾上茶。

有两位以上客人时，用茶盘端出的茶色要均匀，并要左手捧着茶盘底部，右手扶着茶盘的边缘，如有茶点心，应放在客人的右前方，茶杯应摆在点心右边。上茶时应以右手端茶，从客人的右方奉上，并面带微笑，眼睛注视对方。

4. 斟茶的礼仪

这里所说的斟茶，指的是往茶杯（碗）中加入沸水。它可以是开始沏茶时加入沸水，也可以是初次沏茶之后间隔一段时间再往茶杯（碗）中添上或续上沸水。而无论是哪种情况，都一定不能将水斟满。因为中国人待客的常礼是"浅茶满酒""酒满茶半"。奉茶时应注意，茶不要太满，以八分满为宜。如果斟满杯（碗），则有厌客或逐客之嫌。

在斟茶过程中，作为客人应该有所示意，或起身或欠欠身，或用弯曲的食指或中指轻轻敲打桌面，轻轻敲击三下，以示谢意，这叫"金鸡三点头"。要是细究的话，食指和中指应该是弯曲起来在桌面叩击。斟茶时客人视若无睹或无动于衷，都是不合礼仪的。

5. 劝茶的礼仪

以茶待客时，通常是一边饮茶一边叙谈。这中间，主人可以而且也应当适时地向客人劝茶。劝茶时态度要热情，而且要注意免生误解。中国过去曾有以再三请茶暗示客人应该告辞的做法。因此以茶招待老年人或海外华人时，不要一而再、再而三地劝对方饮茶。

6. 饮茶的礼仪

俗话说，吃有吃相，睡有睡相，饮茶也是一样。无论客人、主人，饮茶时都应慢慢地一小口一小口地细心品尝，切忌大口大口地吞咽茶水，或者喝得咕嘟咕嘟直响。《红楼梦》里女尼妙玉说："一杯为品，二杯即是解渴的蠢物，三杯便是饮牛饮骡了。"明人许次料说："一壶之茶只堪再巡，初巡鲜美，再则甘醇，三巡意欲尽矣。"

此外，饮茶时如遇水面有漂浮的茶叶，可用茶杯（腕）盖将其轻轻拂去，或用嘴将其轻轻吹开。切不可用手将其捞出，又随手扔在地上。

（三）品饮咖啡的礼仪

1. 上咖啡的方式

晚宴咖啡应该用小咖啡杯装，底下垫咖啡碟，并附一个小咖啡匙。主人应事先通知服务员在用餐处或另一个房间上咖啡。

若在用餐处喝咖啡，主人或服务员应倒好咖啡再把咖啡杯连碟子放在客人席位桌面的右侧，小匙摆在碟上右端。倒咖啡或送咖啡应像倒酒和其他饮料一样，站在客人右手边进行，然后从客人左手边端上装奶精和糖的托盘。

另一种上咖啡的方式是，把放咖啡杯、咖啡碟、一组咖啡匙、咖啡壶、糖和奶精罐的托盘摆在主人面前，由主人为客人服务。

若在另一房间用咖啡，服务员可以先把咖啡倒好放在一个大托盘里，让客人自己加奶精或糖。另一种做法是把包括咖啡壶、杯子、碟、咖啡匙、糖和奶精罐的托盘放在沙发前的咖啡桌上，主人坐在沙发上为客人服务。客人来拿咖啡时，主人应该问他加多少糖或奶精，然后依正确方式把咖啡杯递给客人。

2. 杯碟的使用有讲究

盛放咖啡的杯碟一般都是特制的，这种杯子的杯耳较小，手指无法穿过去。但即使用杯耳较大的杯子，也不要将手指穿过杯耳端杯子。咖啡杯应放在自己的面前或右侧，杯耳指向右方。

咖啡杯的正确拿法，应是拇指和食指捏住杯耳将杯子端起。喝咖啡时，用右手拿着咖啡杯耳，左手轻轻托着咖啡碟，慢慢地移向嘴边轻啜，不可发出响声。不要满把握杯、大口吞咽，或俯首去吸咖啡。若遇到一些不方便的情况，例如，坐在远离桌子的沙发上，不便双手端着咖啡饮用，此时可用左手将咖啡碟置于齐胸的位置，用右手端着咖啡杯饮用。饮毕，应立即将咖啡杯置于咖啡碟中，不可将二者分别放置。添加咖啡时，不要把咖啡杯从咖啡碟中拿起来。

3. 咖啡匙的使用

咖啡匙是专门用来搅拌咖啡的，搅过咖啡的匙，上面都会沾有咖啡，应轻轻顺着杯子的内缘将汁液擦掉，绝不能拿起匙甩动，或用舌头舔咖啡匙。用过的匙最好放在托盘的内侧，以免端起咖啡杯时碰落。不要用咖啡匙舀着咖啡一匙一匙地喝，也不要用咖啡匙来捣碎杯中的方糖。

标准的搅拌手法是将咖啡匙立于咖啡杯中央，先顺时针由内向外画圈，到杯壁再由外向内逆时针划圈至中央，然后重复同样的手法。这种方法令咖啡浓淡均匀。

4. 闻香品咖啡

一般来说，趁热品尝主人为你端上来的咖啡，是喝咖啡的基本礼节。但应注意，喝咖啡不能像喝白开水一样，一口气把一杯都喝完，而且喝咖啡也不像喝茶或果汁，可以连续喝几杯，这是失礼的。

一杯咖啡端到面前，先不要急于喝，应该像品茶或品酒那样，有个循序渐进的过程，以达到放松、提神和享受的目的。一个品尝咖啡的行家里手，一定会在咖啡端上来的那一刻，首先体会一下那扑鼻而来的浓香。对着咖啡杯深深地吸一口气，所有的妙处都在这里了。先闻其香，然后吹开咖啡油再轻啜一小口，这便是咖啡的原味，之后再随个人喜好加入糖、奶。

加糖要轻。给咖啡加糖时，有两种情况：一种是加砂糖，可用咖啡匙舀取，直接加入杯内，同时，为避免咖啡溅出，添加时位置应尽量低。另一种是加方糖，可先用糖夹子把方糖夹在咖啡碟的近身一侧，再用咖啡匙把方糖加在杯子里。如果用糖夹子或手把方糖放入杯中，可能会使咖啡溅出，弄脏衣服或台布，是极不礼貌的行为。

喝咖啡时，有时可以吃一些点心，但不要一手端着咖啡杯，一手拿着点心，吃一口喝一口地交替进行。喝咖啡时应当放下点心，吃点心时则应放下咖啡杯，否则易给人一种贪婪的印象，而且吃相也不文雅。

另外，与他人一起喝咖啡时，切记不要为他人加糖，不知道别人的口味而随便为人加糖是不礼貌的。

四、离席和结账

（一）离席的礼节

1. 中途离席的技巧

参加宴会或与人约好一起吃饭，迟到和早退都是十分不恰当的事，迟到既浪费了别人的时间，又得让人饿着肚子等待，早退则影响别人的兴致。但如果必须提早，要懂得掌握适当的时机并说些告辞的话。

当有人离席时，整个气氛势必会受影响，谈话也会被迫中止转而将视线集中在要离席的人身上。所以告辞时机的选择一定要注意，不要在大家谈天正热烈时或重要的事情还未宣布前就离开，最好的时机是在大家都用餐完毕的时候。而接下来则有一些动作一定要记得做。

席间不要不辞而别，非要离开不可时，则要对旁边的人说一声。如果有急事，需要马上离开餐桌时，就要告知主人，并向同桌人表示歉意，最好等到绝大多数人用餐完毕后再离开。散席时要伴随主人的寒暄退席，临别时要向主人道谢和称赞一番，以示满意。在离开时，还应主动地同送客人的主人握手，再次表示感谢。

客人不得中途退席，如确有急事，要向主人说明原因，表示歉意，同时要向其他客人示意，方可离席。客人餐毕，一般不要离席，应等其他客人吃完。

2. 宴请结束时离席

（1）结束的时间

一般宴会，女主人（或男主人）把餐巾放在桌子上或者从餐桌旁站起身来就表明，宴会结束了。只有看到这种信号以后，宾客才可以把自己的餐巾放下，站起身来。

出席鸡尾酒会的客人应按请帖上写明的时间起身告辞。如果接到的是口头邀请没有说明时间，则应该认为酒会将进行两个小时。

正餐之后的酒会的告辞时间按常识而定，如果酒会不是在周末举行，那就意味着告辞时间应在晚间十一时至午夜之间。若是周末，则可更晚一些。除非客人是主人的亲密朋友，一般都不应在酒会的最后阶段还心安理得地坐在那里。

进行工作餐，必须注意适可而止。依照常规，拟议的问题一旦谈妥，工作餐即可告终。在一般情况下，宾主双方均可首先提议终止用餐。主人将餐巾放回餐桌之上，或是吩咐侍者来为自己结账；客人长时间地默默无语，或是反复地看表，都是在向对方发出"用餐可以到此结束"的信号。只是在此问题上，主人往往需要负起更大的责任。尤其是在客人需要"赶点"去忙别的事情，或者宾主双方接下来还有其他事要办时，主人更是应当掌握好时间，使工作餐适时地宣告结束。

（2）离席礼节

注意先后。离席时让身份高者、年长者和女士先走，贵宾一般是第一位告辞的人。身份同等可同时离座。

起身轻稳。离开餐桌时，不应把座椅拉开就走，而应把椅子再挪回原处。男士应该帮助身边的女士移开座椅，然后再把座椅放回餐桌边。要注意，有些餐厅比较拥挤，椅背紧靠，牵一发动全身，贸然起身，或使手提包、衣服等掉得满地，或是碰到人，打翻茶水、菜肴，失礼又尴尬！所以动作要缓慢轻稳，不能猛起猛出，最好不发出声响。

自左离开。同入座一样，坚持"左人左出"，礼貌如一。

站好再走。离座要自然稳当，右脚向后收半步，然后起立，起立后右脚与左脚并齐，再从容移步。站好再走是动作稳健的体现，而匆忙离去或跌跌撞撞，则是举止轻浮的表现。

（3）热情话别

当宾客酒足饭饱时，应及时向主人表示感谢与道别，使宴会得以及时结束，个别宾客因贪杯而拖延不散，或余兴未尽而迟迟不起是失礼的。

在宴会结束时，应热情与主人话别，感谢主人的热情款待，也要与其他认识的客人道别。

在所有各种（除了最大型的）酒会上，离开之前都应向女主人当面致谢，这是礼貌。倘若你因故而不得不早一些告辞，则致谢不能引人注目，以免使其他客人认为他们也该走了。

除了宴会结束时应向主人致谢之外，如果主人收到一封以夫妇俩人名义合写的致谢信，很可能会把这看作一种特别礼貌的表示而铭记在心。根据传统，这封致谢信要写给女主人，但若男女主人都是你的挚友则致谢信应写给他们两人。如果女主人是你的一位亲密朋友，也可以在第二天打电话向她致谢，而不用写信。通常致谢信由妻子代表夫妇俩写出。散席时，客人要向主人等致谢意，然后握手告别，并与其他客人告别。

（二）结账的礼仪

付账也可以显示一个人的礼仪和风度。

1. 结账的方法

通常说来，用餐完毕准备离去时，要利用服务人员经过你身边的机会，轻声唤住他，很有礼貌地告诉他："请帮我们结账。"如果一时没有服务人员走近，不妨耐心地多等一两分钟。

结账时，主人千万不要高声呼唤服务员，或吹口哨，敲打餐具，这会使你显得没有教养，甚至会让餐厅的管理人员误会，以为招待不周。另外，坐在你餐桌四周其他桌的客人，他们也是消费者，如果你大声吼叫，就会影响其他人用餐的情趣与安宁。

一般来说，买单应该坐在自己位子上买。因为跑到柜台前面掏出钱来结账，既不雅观，也不合乎餐厅礼节的规定。特殊情况下，做东者应当先与侍者通通气，独自前往收款台结账，或是在自己送别客人之后，再回过头来结账。尽量不要让服务员当着客人们的面口头报账，更不能让侍者将账单不明主次地递到了客人的手里，以免造成客人的尴尬。

账单算好交来时，主人要迅速拿起来看数目，不要让客人知道数目。你有权用足够的时间复核一下账单数目。但不要一项项地念出来，并加加减减一番，使客人觉得你有些吝啬、不爽快。最好的办法是：预先估计一下吃了多少东西，心中有了一个大概的数目，当账单交来时，看看差不多就迅速付款好了。这样一则可避免账单有误时吃亏，二则看起来很大方。如果账单上的数目果然开多了，主人有权请服务员重新核算一下。

当服务员送来账单，经你查对无误，而准备付账时，你要把钱放在结账的夹子或盘子中，再用账单将钱盖住。这样做的目的，主要在于不使客人看到你所付的金额，以免引起对方的尴尬。

总而言之，我们在餐厅用餐完毕之后，服务员送来账单，如表示"哪一位结账"，即意味着除了主人之外，不愿让其他人过目账单。因此客人不看账单，不问付账的金额，乃是餐桌上最基本的礼貌。

付完账，不必急着离开，可以逗留一会儿，再聊聊天，或喝杯茶。但如果当时餐厅很忙，或者时间已经很晚，而你们又是最后一批客人时，那还是早走为妙。

2. 结账的注意事项

（1）对侍者的态度　我们总是强调"顾客是上帝"，但"上帝"要有"上帝"的风度，不要以"上帝"的身份对侍者大呼小叫。当然餐厅一定要培训出机灵、周到的侍者，否则不再会有回头客。

（2）核对账单在付款　餐罢结账，是一定要看账单的。看账单的目的，先找自己所点的菜是不是都上齐了，然后再检查每道菜的单价和菜单所列是否相符，以及总金额是否有误。等一切确认无误，才掏钱或信用卡、手机付账。别人既不会认为这样做是小气，服务人员也把客人此一举动视为理所当然。因此，为了避免吃亏，买单付账时，最好应先检查账单。倘使发现其中计算有误，可先招呼附近的服务人员前来，轻声地告诉他哪些地方算得可能有误差，请他帮你到柜台再查核一下。直到所有疑点都弄清楚了，再付账不迟。

在某些状况下，账单和你的消费有时会有很大的出入，这时候你不应口气不好地一味指责服务人员，因为账算错，不一定是他们的责任。你可以委婉地请服务人员帮你向柜台更正。倘使心中实在不痛快，顶多以后不来这家餐厅用餐就是了。

（3）谨防买单陷阱　消费者在酒店用餐时，点菜前一定要详细咨询折扣，特别是特价菜及河海鲜更要注意；买单时，别忘看价格；买单后别忘索取发票，一旦发生纠纷，方便维权。

💡 思考题

1. 为什么说"夫礼之初，始诸饮食"？
2. 中国饮食风俗有哪些特征和功能？
3. 饮食礼仪和饮食风俗有什么关系？
4. 随着全球化的加深，许多传统饮食风俗正在发生变化。你认为这种变化是好事还是坏事？为什么？请举例说明一个具体的饮食风俗变化，并探讨其背后的文化和社会因素。
5. 不同文化背景下，餐桌礼仪存在显著差异。请比较两种不同文化的餐桌礼仪（如中式与西式），分析它们在座位安排、餐具使用、交谈方式等方面的异同，并探讨这些差异背后的文化价值观和社会规范。

📖 课外选读文献

1. 姚伟钧. 中国饮食礼俗与文化史论 [M]. 武汉：华中师范大学出版社，2008.
2. 贾振明. 饮食文化与社交礼仪饭局里的关系学 [M]. 呼和浩特：内蒙古人民出版社，2013.
3. 王作楫，王臻，姜波. 中华传统饮食民俗 [M]. 北京：气象出版社，2018.
4. 赵荣光. 中华食礼 [M]. 北京：中国轻工业出版社，2021.
5. 武宁. "礼"与"俗"的历史演变及其当代境遇反思 [J]. 国际儒学论丛，2018，（01）：177-185+245.

第十五章 深藏智慧的饮食养生

课程导入

《食养中国》：开启食养之旅构筑健康中国

从主粮吃饱到副食吃好，从吃得安全到吃得健康，食物的意义已从果腹的生存需求转变为带有文化色彩的精神享受。美味的食物是人类对美好生活的一种更高向往，树立大食物观，是新时代全体人民生活水平实现质的飞跃之必然。在北京广播电视局的指导下，北京广播电视台卫视频道策划推出首档大食物观康养美食文化节目《食养中国》。节目遵循"北京大视听"文艺精品创作思路，深度围绕"大食物观"，利用紧凑的内容设计和精美的画面质感，将美食之外的城市故事、康养理念、人文情怀进行延展，把顶层政策设计与基层生动实践以可感的方式转化为一种文化的力量，邀请观者共赴一趟健康中国的食养之旅。

"中医药学包含着中华民族几千年的健康养生理念及其实践经验，是中华文明的一个瑰宝，凝聚着中国人民和中华民族的博大智慧。新中国成立以来，我国中医药事业取得显著成就，为增进人民健康作出了重要贡献。"

——2019年10月，习近平总书记对中医药工作作出的重要指示

教学目标

◎ **知识目标**

了解饮食养生文化的主要概念以及饮食养生文化的起源和发展，理解中国传统饮食养生文化的观念和法则，知道饮食中的营养素及其作用，掌握合理营养与平衡膳食的方法和意义，了解食物的性能及应用，清楚《中国居民膳食指南（2022）》的内容。

◎ **能力目标**

具备对偏颇体质、亚健康状态、常见慢性病开展饮食养生等初步能力。

◎ **思政目标**

强化个人健康责任，倡导形成自主自律的健康理念。提升学生的爱国热情，增强民族自豪感和文化自信。

第一节 中国饮食养生文化的主要概念

饮食养生就是通过饮食来保养身体，增进健康，防治疾病。饮食养生文化的内容十分丰富，主要概念有食养、食疗、食补、食忌和药膳等。

一、食养和食疗

（一）食养

"食养"一词，最早出现在《黄帝内经·素问》的《五常致大论》中，其云："病有久新，方有大小，有毒无毒，固宜常制矣。大毒治病，十去其六；常毒治病，十去其七；小毒治病，十去其八；无毒治病，十去其九。谷肉果菜，食养尽之，无使过之，伤其正也。"食养即饮食养生，它以正常人体为研究对象，包括不同体质、不同年龄、不同性别的饮食养生，不同季节、不同区域的饮食养生，不同职业人群的饮食养生，提高人体适应外部特殊环境能力的饮食养生等，进而达到预防疾病、强身健体。延年益寿的目的。食养的内容不仅十分丰富，而且应用性也很强，如聪耳、明目、固齿、乌发、养颜、益智、安神、壮阳、益寿等，这对提高人体的健康素质和生存质量都具有十分重要的意义。

（二）食疗

食疗，又称食治，即饮食治疗，它是以疾病为研究对象，包括不同疾病的饮食治疗，具有安全无毒、副作用小、简便易行、行之有效、易为人们认识和接受的特点。特别是在一些慢性疾病、孕期疾病、小儿疾病及老年性疾病等方面，更是具有不可替代的治疗作用。即使是那些以药物治疗为主的疾病，也需要食疗的配合和支持。食疗的内容也同样十分丰富，在历史上它更多是融合在本草学、方剂学和临证学各科之中，成为中医学治疗疾病的重要手段和特色之一。

"食疗"一词，源于《备急千金要方·食治》"知其所犯，以食治之，食疗不愈，然后命药"，可见当时的"食治"与"食疗"还含有早期治疗的概念，只有在"食疗不愈"的前提下，才能考虑药物治疗，体现了先人谨慎用药的觉悟。

食养与食疗虽然研究对象不同，但对食物性能的基本认识在很多方面是相同的，如食物的性味、归经及作用等，再加上在实际生活中人体的病与不病在很多情况下又是难以截然区别的，因此，食养与食疗在实际应用过程中，在很多情况下又是紧密结合在一起的。所以，我们从食养与食疗的目的都是保持与增进人体健康这一立场出发，把传统的食养与食疗的内容结合在一起，统称为中医饮食养生学。

二、食补与食忌

（一）食补

所谓食补，是指利用饮食补益人体的气血阴阳以及津液和肾精，扶助正气，主要用于正常人的日常饮食养生和虚弱病症的饮食治疗，是食养和食疗的重要内容之一。在食养上，主要是通过食补来扶助正气，进而达到增强体质、延年益寿的目的。但在具体应用时还应考虑到个体体质存在着的气、血、阴、阳以及津液和肾精偏虚的不同情况，采用相应的食补方法。如气虚体质的人在平衡膳食的基础上，主要选用补气的方法等，应避免食补在日常养生上的盲目和滥用。此外，食补的方法还有峻补、缓补、平补、清补、温补等的不同，应根据个体的具体情况加以确定。在食疗上，食补还应区别正虚与邪实的不同情况进行选用。

（二）食忌

食忌，亦称饮食禁忌，俗称忌口、禁口、食禁，是指根据养生或食疗的需要，避免或禁止食用某些对养生或食疗不利的饮食物，是食养和食疗的一个重要内容。食忌具有十分丰富的内容，是历代养生与食疗保健实践经验的总结。它强调了对饮食物认识的两点论，即既重视各种饮食物对人体的养生保健作用，又注意到各种饮食物对人体养生或食疗不利的一面，也即饮食物的宜与忌。正如《金匮要略》所指出的那样："所食之味，有与病相宜，有与身为害。若得宜则益体，害则成疾。"《备急千金要方》更进一步指出："安生之本，必资于食……不知食宜者，不足以存生也。"由此，在选择适宜的饮食物进行食养或食疗的同时，还重视避免或禁止食用某些对养生或食疗不利的饮食物。应该强调的是，食忌是有条件的。就一般而言，即是饮食物就具有可食性，它只是在一定的条件下才构成了食忌。如只有在阴虚内热体质或阳盛体质的条件下，羊肉等属于热性的食物才构成了阴虚内热体质或阳盛体质人的食忌；再如疮疡病人与发物禁忌等，也是在一定的条件下才成立的。食忌概括起来主要有发物禁忌、体质禁忌、疾病禁忌、服药食忌、妊娠禁忌、时令禁忌等。

此外，关于食物的外用，如牛乳外用能美容，醋洗能治疗烫火伤、含漱能治疗牙齿疼痛，鳝鱼血外敷能祛风活血、治疗口眼喎斜（颜面神经麻痹），蛋黄油外敷能治疗烧伤、皮肤湿疹、麻风溃疡等，属于食物疗法的范畴。

三、药膳

"药膳"一词很早就出现，如《后汉书·列女传》有"母恻隐自然，亲调药膳，恩情笃密"的记载；《宋史·张观传》有"蚤起奉药膳"等，但这些"药膳"概念并不是专有名词，而是并列的两个词，意思是侍奉生病的人吃药及膳食。

现代药膳是在中医药"辨证施治"的理论指导下，将中药与食物搭配起来，用传统的饮食烹调技术和现代加工方法，制成的色、香、味、形俱佳的食品。

药膳，不能简单地理解为用药做成的膳食。很多食物有药物的作用，很多中药有营养的作用。药膳一般来说既具保健效用，又具营养效用。药膳具备一般食品的色、香、味、形，和面点、粥饭、菜肴一样，便于人们食用。药膳同时还具有保健和治疗作用，它与一般膳食不同，药膳特别强调中药和食物的调配。这里所指的调配，并不是简单地将中药和食物相加，更不是随意凑合在一起，而是应用中医学、中药学、烹饪学、营养学、治疗学、养生学等多学科的学识，只有既懂中医药性，又懂饮食原理，才能调配出高水平的药膳食品。

药膳与普通食品有很多共同的作用，药膳迎合人们"喜于食，厌于药"的天性，是充分发挥了中药性能的美味佳肴。民谚有"是药三分毒"的说法，所以药膳中的中草药作为药物，应针对人们的个体病情不同、体能不同而有选择地使用。药膳做到了药借食味、食助药性，相辅相成，变"良药苦口"为"良药可口"，是充分发挥了中药性能的美味佳肴。

药膳的应用一定要讲究针对性，不能泛滥使用。药膳的应用范围是有限制的，即一种配方的药膳制品只适用于相应的特定人群（如人参酒主要以体弱的中老年男性人群饮用较适合），应辨病配膳。由于施用药膳所需的医学知识多，故一般宜在医生或专业药膳师的指导下进行。药膳的优点在于其主要原料是日常食物，适合人体自然状态，即便是药效暂时不明显，也不会有大害，最适用于大众保健。

第二节　中国饮食养生文化的起源和发展

一、饮食养生文化的起源

（一）自从有了人类，就有了饮食养生活动

饮食是人类赖以生存的物质基础，也是人类保健的第一需要。从历史上来看，饮食养生

活动是随着人类的诞生而产生的。尽管最初的人类饮食养生活动主要表现为"茹毛饮血"和"生吞活剥",但从其根本意义上来看,仍然属于养生保健活动,在于维持生存的需要,在于"疗饥",由此产生了最初的食疗,并在"疗饥"的基础上发展到"疗病"。从某种意义上来说,这与近代利用饮食物来治疗营养不良性疾病是相一致的。只不过最初的饮食养生活动是最原始的状态而已。

(二) 用火熟食是人类饮食养生史上的一大飞跃

在上古时代,火的发明和在烹饪上的利用,是人类进化和发展史上的一个里程碑。在饮食养生上,用火熟食增进了人们的食欲,缩短了食物的消化过程,提高了食物的利用率,加速了脑髓的发达,增强了体质,促进了人类的进化。同时,由于燔生为熟,还起到了消毒灭虫、防止胃肠道疾病和寄生虫病的作用。不仅如此,火的使用,还产生了烹饪,扩大了食物的来源,促进了饮食养生的发展,对中药炮制及剂型发展产生重要意义。

(三) 酒的发明是对饮食养生的一大贡献

早在公元前21世纪的夏代,我国就已能人工造酒。酒既是一种饮料,又对人体具有多种医疗保健作用,也可作为一种食疗药物,是食药兼用之品。它能通血脉、行药势、御寒气。同时,以酒作为一种溶剂,还产生了以酒为剂型的药酒或保健用酒。将各种中药放入酒中浸制,可借助酒的通行血脉之性以增强药势,使药力能迅速通达全身,故又有"酒为百药之长"之称。药酒的出现,进一步丰富了饮食养生的内容和手段,是中国古代的一大发明创造。

二、饮食养生文化的发展

中国饮食养生文化在漫长的历史发展过程中,先后经历了西周至秦汉时期(理论体系初步形成时期)、晋唐时期(食养、食疗广泛实践和经验的积累以及食疗水平的提高时期)宋元时期(理论到实践的进一步丰富和完善时期)、明清时期(食疗本草学的发展和饮食养生学日渐成熟时期)。

(一) 西周至秦汉时期

西周至秦汉时期,由于社会生产力有了较大的提高,促进了科学文化的发展。饮食养生也在长期实践经验的积累上,逐步开始从理论上加以总结。这一时期,随着本草学的发展、中医理论体系的初步形成和辨证施治医疗实践原则的确立等,饮食养生理论体系的雏形也初步显现,从而为此后饮食养生文化的发展奠定了基础。此外,在当时的医政制度上还出现了专门的"食医",对推动饮食养生的发展起到了积极的作用。这一时期的代表性著作主要有《黄帝内经》《神农本草经》和《伤寒杂病论》。

(二) 晋唐时期

晋唐时期,饮食养生文化在前代初步形成的理论认识的指导下,食养、食疗实践和经验的积累更为广泛和丰富,特别是对一些营养缺乏性疾病的认识和治疗取得了较大的成就,进一步丰富了饮食养生文化的内容。与此同时,在理论总结上,食疗开始逐渐从各门学科中分化出来,出现了专门论述食疗的专卷以及在本草学中出现了系统总结食疗食物的专门著作,反映了对食疗的研究已达到了相当的水平,并标志着食疗专门研究的开始。这一时期的主要著作有《备急千金要方》《食疗本草》《食医心鉴》等。

(三) 宋元时期

宋元时期,饮食养生文化得到进一步的发展和完善,并相继出现了一些学术水平较高、影响较大的代表性著作。主要有《寿亲养老新书》《饮膳正要》等。另外，有关食疗的大量内容还散见于其他有关文献中，如《太平圣惠方》《圣济总录》《日用本草》等。

（四）明清时期

饮食养生文化发展到明清时期，较唐宋以前又有了明显的提高，特别是在丰富食养和食疗实践经验、野生食物资源的开发以及重视饮食养生的普及等方面，都大大超过了前代。这一时期的有关饮食养生方面的文献，特别是在食物本草方面，有许多专著刊行，如《食物本草》《随息居饮食谱》《调疾饮食辩》等。此外，《医学衷中参西录》《老老恒言》等著作中，对临证食疗实践和老年饮食养生方面有较多的论述；宋代林洪的《山家清供》、元代贾铭的《饮食须知》、清代黄云鹄的《粥谱》、清代朱本中的《饮食须知》等文献中，也有有关饮食养生学方面内容的记载。

第三节　传统饮食养生的观念和法则

一、传统饮食养生的主要观念

中国饮食养生以中医学理论为指导，具有自身独特的理论体系。这一理论体系具有三个方面的特点，一是整体饮食养生观，二是辨体与辨证施膳饮食养生观，三是脾胃为本饮食养生观。

（一）整体保健

人体是以五脏为中心的有机整体以及人与自然界相统一的整体观，是中医学的基本特点之一。饮食养生文化将中医学的整体观念贯穿于自身的理论体系中，并用于指导饮食养生的实践。

首先，人体是由脏腑、经络、五官、五体、九窍等组织器官所组成的。这些组织器官虽各有其不同的功能，但它们都不是孤立存在的。作为人体整个生命活动的一个组成部分，脏与脏之间、脏与腑之间、脏与五官之间等，在生理上是相互联系的，在病理情况下又是相互影响的，从而构成了机体的完整性。而在机体的这种完整性中，又是以五脏为中心，并通过经络系统把六腑、五官、五体、九窍等全身组织器官联系为一个有机的整体而实现的。如补肝以明目，补肾以壮骨、养心以安神、补肾以乌发等，都是人体整体现在饮食养生学中的具体体现。

其次，人与自然界的统一性。人类生活在自然界中，自然界存在着人类赖以生存的物质条件。同时，自然界的各种变化又可在不同程度上直接或间接地影响到人体的生理或病理变化，如四时气候的变化，地域环境差别等对人体的影响。这种强调人与自然界的密切联系，强调人的功能活动受自然环境影响，人体功能与自然界的变化相对应的关系，又称之为"天人相应"或"天人观"。在人对自然界的能动作用上，饮食养生发挥着重要的作用。这不仅是指饮食是人类赖以生存的物质基础，更是指通过饮食养生的能动作用，可以进一步增进人体的健康，提高人类适应自然界的能力。

（二）辨体与辨证施膳饮食养生观

辨体施膳是饮食养生的基本原则。体，即体质，是指人体由于受到先天禀赋和后天各种因素的影响，在其生、长、壮、老过程中所表现出来的机体在形态结构、生理功能和适应能力上综合的。相对稳定的特殊性。从中医学的立场出发，这种特殊性包含了人体正气的盛衰、抗邪能力和适应外界能力的强弱等。体质不仅反映了人体的健康水平，而且不同的体质对各种致病因素的易感性、患病后的病变类型及其发展规律也会产生一定的影响。所谓辨体，就是指根据个体的生理表现和体征，并结合先天禀赋、年龄、性别、饮食起居及天时、地理、社会环境等方面的因素，通过分析和综合，概括、判断为某种类型的体质。施膳，则是根据辨体的结果，确定相应的食养原则，并依据原则选择相应的食物，再按照配方的原则，制订相应的食谱，以达到改善体质、增进健康的目的。辨体是确定饮食养生的前提和依据，施膳是制订养生的原则，并具体实施的过程。辨体和施膳就是认识个体体质和通过饮食达到增进健康目的的过程。它强调了个体体质的特殊性，增强了饮食养生的个体针对性，因而也就提高了饮食养生的效果，是中医学理论在饮食养生中的具体应用，也是指导饮食养生的基本原则。

辨证施膳是饮食治疗的基本原则。证，即证候，是指机体在疾病发展过程中的某一阶段的病理概况。它包括了病变的部位、原因、性质以及邪正之间的关系，反映了疾病发展过程中某一阶段病理变化的本质，因而它也就成为中医学认识疾病的一种独特的方法。所谓辨证，就是根据疾病的病理表现和体征，通过分析和综合，概括、判断为某种性质的证。施膳，则是根据辨证的结果，确定相应的食疗方法及食疗食物和配方。与辨体施膳一样，辨证施膳的过程就是食疗上认识疾病和治疗疾病的过程，是中医学理论在饮食治疗中的具体应用，也是指导饮食治疗的基本原则。

（三）脾胃为本

中国饮食养生十分重视脾胃的重要作用，认为脾胃为饮食营养之本，并由此产生了"脾胃为后天之本"的观点。在日常饮食生活中，应重视保护脾胃的功能，养成科学的饮食习惯。包括食疗食物的选择、食疗配方的组成、烹调加工方法的选择及饮食禁忌等。

二、传统饮食养生的基本法则

（一）扶正祛邪

扶正祛邪是指扶助正气，祛除邪气。人体健康和疾病都关系到正气与邪气两个方面。若正气允盛，能抵御邪气侵犯，则身体健康；若正气不足，不能抵御邪气侵犯，则导致疾病的发生。既病之后，正气与邪气之间的对立和斗争，又决定着疾病的进退。扶助正气有助于祛邪；祛除邪气能使邪去正安，有利于正气的恢复；正邪兼顾，能够调整正虚邪恋引起的复杂情况。

1. 扶助正气

在正常情况下，对于体质虚弱者，扶助正气能够增强体质，提高抗邪能力。对于体质壮实者，则可进一步提高健康水平。在疾病情况下，扶助正气还有助于机体抗御和祛除病邪，促使机体早日康复。故扶助正气对于食养和食疗都具有重要意义。扶助正气在饮食养生上是通过食补来实现的。根据人体气、血、阴、阳的构成不同，食补主要包括补气、补血、补阴、补阳四个方面的内容，也即食补的四大要素。这四大要素的内容十分丰富。如补气包括补益元气、补益脾气、补益肺气等；补血包括补养精血、补养心血、补养肝血等；补阴包括滋补肾阴、滋补肺阴、滋补心阴等；补阳包括补肾壮阳、温补脾阳、补助心阳等。

2. 祛除邪气

祛除邪气，能使邪去正安，疾病康复。在食疗上，祛邪的方法很多，应根据邪气的性质和病变部位的不同，而采取相应的方法。如表邪宜用汗法，热邪宜用清法，寒邪宜用温法，食积宜用消法等。

3. 正邪兼顾

根据正虚为主、邪实为主、正虚邪实等不同情况，辨清正邪的消长盛衰，或先扶正后祛邪，或先祛邪后扶正，从而达到扶正祛邪的目的。

（二）调整阴阳

人体健康从根本上来说是阴阳保持相对平衡的结果，而阴阳的相对平衡遭到破坏又是导致疾病发生的主要原因。在正常情况下，调整阴阳的目的在于保持或促进阴阳的平衡。在疾病发生后，调整阴阳的目的则在于恢复阴阳的相对平衡。调整阴阳的方法根据阴阳出现偏盛、偏衰的情况，分别采用泻其偏盛、补其偏衰的方法。

1. 泻其偏盛

泻其偏盛，根据阳偏盛或阴偏盛的不同，又有清泻阳热和温散阴寒两种方法。如对于阳热偏盛所引起的热性体质或热性病证，宜用寒性的食物以清泻阳热；对于阴寒偏盛所引起的寒性体质或寒性病证，宜用热性食物以温散阴寒。前人并将这种方法概括为"热者寒之，寒者热之"。

2. 补其偏衰

补其偏衰，根据阴偏衰、阳偏衰和阴阳俱衰的不同，有滋补养阴、温补助阳和阴阳并补三种方法。如对于阴偏衰所引起的阴虚体质或阴虚病证，宜用滋补养阴的食物以补其阴衰不足；对于阳偏衰所引起的阳虚体质或阳虚病证，宜用温补助阳的食物以补其阳衰不足；对于阴阳俱衰所引起的阴阳俱虚体质或阴阳俱虚病证，则宜用补阴和补阳的食物以补其阴阳俱衰。此外，由于阴阳是互根互用的，阴偏衰或阳偏衰又可引起另一方的偏衰，故在补其偏衰时，还往往要注意"阴中求阳"或"阳中求阴"，也即在补阴时适当配用补阳的食物，在补阳时适当配用补阴的食物。还应指出的是，泻其偏盛与补其偏衰在许多情况下又是相互兼顾或配合使用的。这是因为人体的阴与阳之间是相互对立的。阴或阳一方的偏盛可导致另一方的偏衰，故在泻其偏盛时，应兼顾到另一方，配合补其不足的方法。

（三）调整脏腑功能

人体是以脏腑为核心的有机整体。脏腑功能及其相互关系的协调是人体健康的基础。相反，脏腑功能的异常及其相互间关系的失调又是疾病发生的病理基础。调整脏腑功能对于正常人来说，在于增强脏腑功能及促进脏腑间相互关系的协调。在疾病情况下，调整脏腑功能则在于纠正脏腑功能的异常及相互关系的失调。它包括调整脏腑自身的功能和调整脏腑间相互关系两个方面。

1. 调整脏腑自身的功能

调整脏腑自身的功能主要是依据脏腑各自的生理功能特点进行调整，以维持和增强脏腑各自正常的生理功能，或使异常的脏腑恢复正常的生理功能。如脾主运化和升清，宜用健运脾胃的食物和升发脾气的食物，以增强脾胃的生理功能；再如胃主通降，以降为和，若胃失通降，则可出现大便秘结等病证，宜用通降胃气的食物以恢复胃的正常生理功能。因为五脏之中，肾为先天之本，脾为后天之本，所以调整脾肾的功能在调整脏腑功能中占有重要地位。

2. 调整脏腑间的相互关系

调整脏腑间的相互关系应根据各脏腑生理上相互联系、病理上相互影响的特点进行协调。如在生理上脾的健运有赖于肝主疏泄，在调理脾胃运化功能时，除宜用健运脾胃的食物以外，还宜配合疏肝理气的食物，以增强脾胃的运化功能。相反，在病理情况下，肝失疏泄，可致脾失健运，宜用疏肝理气的食物为主，使肝脾之间的病理影响恢复正常，只有这样，食养和食疗才能收到较好的效果。

（四）调理气血

气血是构成人体和维持人体生命活动的物质基础。但它在体内必须保持运行通畅才能发挥其生理效应，表现出健康的生命活动。反之，气血运行失常，又构成疾病的病理基础，故食养和食疗都应注重调理气血。

调理气血是建立在扶正（补气、补血）基础之上的，主要有行气、活血和止血。在正常情况下，行气和活血在于保持气血运行的通畅。在疾病情况下，除了应根据气血运行不畅，出现气滞和血瘀，分别采用行气和活血的食物外，气血运行失常还可表现为另外一种情况，即出血，则宜用止血的食物。此外，气血的运行还受到食物寒、热性质的影响，具有寒凝热行的特点，故调畅气血宜用温热性食物，止血宜用寒凉性食物。

（五）因时、因地、因人制宜

由于季节气候、地理区域对机体生理和病理的影响以及个体体质差异、性别、差异、年龄差异等，在饮食养生上还必须考虑上述不同情况，区别对待，采取相应的食养方法，才能进一步提高养生的效果。

1. 因时制宜

自然界有春生、夏长、秋收、冬藏的变化，人也要顺应生、长、收、藏的特点。春天养生要掌握升发舒畅的特点，节制和宣达春阳之气，重点保护肝脏。夏季阳气最盛，易于新陈代谢，要使肌体气机宣泄自如，要表现出一种开放的心胸，重点保护心脏。秋天要保持阴气内守，保持内心的平静，收敛神气，保护肺脏。冬天应当固密心志，早睡晚起，保养精神，保护好肾脏。由此可见，人们应在符合自然环境、天人相应的整体观思想的指导下，掌握四时规律，采取相应的措施，以保持阴阳平衡。

2. 因地制宜

不同地区，由于自然环境及生活习惯各异，对人体生理功能的影响也不尽相同，病理特点也有差异。因地制宜就是指根据不同地区的自然环境特点，来制订适宜的食养和食疗方法，以适应不同地区的自然环境特点。我国西北高原地方气候寒凉干燥，宜食温阳散寒、生津润燥的食物；东南沿海地区气候温暖潮湿，宜食清淡化湿的食物。此外，各地区口味习惯不同，如东北、华北等地喜吃咸、辛辣；江浙地区喜吃甜咸；山西、陕西等地喜吃酸；云贵川湘等地喜欢辛辣；沿海地区喜吃海味；西北居民喜吃乳酪等，这些情况在选择食物配料和调味料时均应予以考虑。

3. 因人制宜

人体的生理病理状况随着年龄的变化和体质的不同也有明显区别，如儿童身体娇嫩、生长旺盛，宜选用性质平和、易于消化又能健脾开胃的食物，不宜选用油腻、不易于消化的食品。老年人生机减退，气血阴阳日趋虚弱，故应选用既有补益作用又易消化的食物，慎食难以消化及寒凉等食物。性别不同，男女生理也各有特点，食物的选择也应有所不同。另外，还须考虑人们从事的职业等因素，而选用相应的药膳。健康人群也有各自的体质特点，如寒体、热体等，应结合各人的体质特点选择相应的食品，其原则是"治寒以热，治热以寒"。

第四节 中国居民膳食指南

一、膳食指南的概念

膳食指南是以良好科学证据为基础，为促进人类健康，所提供的食物选择和身体活动的指导；是从科学研究到生活实践的科学共识。在各国，膳食指南都是营养专家根据营养学原则，结合国情，教育居民采用平衡膳食，以达到合理营养促进健康目的的指导性意见和公共政策基础。

在世界范围内，膳食指南作为公共卫生政策的组成部分已有百年以上历史。它是由早期食物指南，历经膳食供给量和膳食目标等阶段演变而来。其背景是在工业化后群众体力活动减少、脂肪摄入增多及其他营养素摄入量的改变导致心血管等慢性疾病增加而对膳食模式提出建议。

二、中国居民膳食指南历史背景

联合国粮农组织和世界卫生组织（FAO & WHO）于1992年在罗马召开的国际营养大会上把推广以食物为基础的膳食指南列为重点工作之一。会议强调推行合理膳食及健康生活方式是消除或明显减少慢性营养不良、微量营养素缺乏及膳食有关疾病的一项适宜的策略。1996年WHO & FAO联合专家会议发表了"编制与应用以食物为基础的膳食指南"，作为各国制定及应用膳食指南的依据和参考。

为实现我国政府在世界营养大会上的承诺，原卫生部会同国家计委、国家教委、原农业部等14个有关部委制定了《中国营养改善行动计划（1996—2000年）》。其总目标指出：通过保障食物供给，落实适宜的干预措施，减少饥饿和食物不足，降低蛋白质-能量营养不良的发生，预防、控制和消除微量营养素缺乏症；通过正确引导食物消费，优化膳食模式，促进健康的生活方式，全面改善居民的健康状况，预防与营养有关的慢性病。膳食指南的制定和贯彻是落实营养改善行动计划的具体措施。

由此可见，膳食指南的作用一方面在于引导居民合理消费食物，保护自己的健康。另一方面，这些原则可以成为政府发展食物生产及规划食物市场的根据，并可采取相应的政策满足人们合理的食物消费结构的需求。

中国居民膳食指南是贯彻营养改善行动计划的主要宣传教育大纲。其核心是倡导平衡膳食和合理营养以达到促进健康的目的。

三、中国居民膳食指南的沿革

第一版：《我国的膳食指南》（1989年发布）

1989年10月由中国营养学会常务理事会制定并发布了《我国的膳食指南》。膳食指南共八条，即食物要多样，饥饱要适当，油脂要适量，粗细要搭配，食盐要限量，甜食要少吃，饮酒要节制，三餐要合理。

第二版：《中国居民膳食指南》（1997年发布）

1997年《中国居民膳食指南》共有八条推荐条目。通用于健康成人和2岁以上儿童。鉴于特定人群对膳食营养的特殊需要，专家委员会又提出了《特定人群膳食指南》，作为《中国居民膳食指南》的补充。为了帮助消费者在日常生活中实践《中国居民膳食指南》，专家委员会进一步提出了食物定量指导方案，并以宝塔图形表示。它直观地告诉居民食物分类的概念及每天各类食物的合理摄入范围，告诉消费者每日应吃食物的种类及相应的数量，对合理调配平衡膳食进行具体指导，故称之为《中国居民平衡膳食宝塔》(简称"膳食宝塔")。

与第一版膳食指南相比，新指南强调"常吃奶类、豆类或其制品"，以弥补我国居民膳食钙摄入严重不足的缺陷；提倡居民重视食品卫生，增强自我保护意识。并根据特定人群的特点需要，制定出不同人群的膳食指南要点。

第三版：《中国居民膳食指南（2007）》

《中国居民膳食指南（2007）》由一般人群膳食指南、特定人群膳食指南和中国居民平衡膳食宝塔三部分组成。一般人群膳食指南共有10条推荐条目，适合于6岁以上的正常人群。和1997年膳食指南的条目比较，新指南增加了每天足量饮水，合理选择饮料，强调了加强身体活动、减少烹饪用油和合理选择零食等内容。

特定人群膳食指南是根据各人群的生理特点及其对膳食营养需要而制定的。特定人群包括孕妇、乳母、婴幼儿、学龄前儿童、儿童青少年和老年人人群。其中6岁以上各特定人群的膳食指南是在一般人群膳食指南10条的基础上增补形成的。

第四版：《中国居民膳食指南（2016）》

第四版《中国居民膳食指南（2016）》由一般人群膳食指南、特定人群膳食指南和中国居民平衡膳食实践三部分组成。一般人群膳食指南面对健康人群，共有6条核心推荐条目，在每个核心条目下设有提要、关键推荐、实践应用、科学依据、知识链接等6个部分。提要是对条目中心内容、关键推荐和关键事实进行总结；关键推荐是对实现核心条目建议的具体化操作要点；科学依据总结和分析了对同一问题的科学研究的系统综述和荟萃分析，集中了科学界的主流观点和共识；关键事实是对科学依据内容的提炼和总结。知识链接介绍与本条目有关的一些信息资料。指南特别结合我国居民的营养现况问题，推荐了解决方案和建议。特定人群膳食指南是根据不同年龄阶段人群的生理和行为特点，在一般人群膳食指南基础上进行了补充。特定人群包括孕妇乳母膳食指南、婴幼儿膳食指南（0~24月）、儿童少年（2~6岁、7~17岁）膳食指南、老年人群膳食指南（≥65岁）和素食人群膳食指南。为了更好地传播和实践膳食指南的主要内容和思想，修订了2007版的中国居民平衡膳食宝塔、新增了中国居民平衡营养餐盘和儿童平衡膳食算盘，以突出可视性和操作性。

与第三版《中国居民膳食指南（2007）》相比，新指南从写作格式和内容上有了较多的变化。一方面减少了核心条目推荐数量，突出了实践部分和膳食模式，以及健康饮食文化倡导；另一方面结合新研究和国内现状，对食物量和膳食模式进行修改完善；增加大量图表和食谱，使其更具有可读性和可操作性。

第五版：《中国居民膳食指南（2022）》

《中国居民膳食指南（2022）》由2岁以上一般人群膳食指南、特定人群膳食指南、平衡膳食模式和膳食指南编写说明三部分组成。一共包含2岁以上一般人群膳食指南，以及9个特定人群指南，也就是说"1+9"膳食指南。

中国营养学学会组织专家首先开展了《中国居民膳食指南科学研究报告（2022）》的编写。在分析我国应用问题和挑战，系统综述和荟萃分析科学证据基础上，提炼出了8条平衡膳食准则。八条准则是：食物多样，合理搭配；吃动平衡，健康体重；多吃蔬果、奶类、全谷、大豆；适量吃鱼、禽、蛋、瘦肉；少盐少油，控糖限酒；规律进餐，足量饮水；会烹会选，会看标签；公筷分餐，杜绝浪费。

思考题

1. 健康中国与合理膳食有什么关系？
2. 为什么说食养食疗是传统中医药与饮食的灵魂碰撞？
3. 什么是东方健康膳食模式？推出东方健康膳食模式有什么意义？
4. "冬吃萝卜，夏吃姜"包含什么饮食养生思想？
5. 《黄帝内经》有哪些饮食养生理论？

课外选读文献

1. 何宏. 中国饮食保健学［M］. 北京：中国轻工业出版社，2023.
2. 中国营养学会. 中国居民膳食指南（2022）［M］. 北京：人民卫生出版社，2022.
3. 姚颖，姚魁. 食养有道：老年人合理膳食指导手册［M］. 北京：中国轻工业出版社，2023.
4. 樊新荣，荆志伟. 中医食养与药膳调理［M］. 北京：中国中医药出版社，2021.
5. 国家卫生健康委《成人高尿酸血症与痛风食养指南（2024年版）》《成人肥胖食养指南（2024年版）》《儿童青少年肥胖食养指南（2024年版）》《成人慢性肾脏病食养指南（2024年版）》

第十六章
走向世界的饮食文化

课程导入

开展"国际中餐日"活动,推动中华饮食文化"走出去"

中餐是中华民族物质文明和精神文明的融合,具有科学性、艺术性、文化性特征。近年来,随着世界各国对中国文化的喜爱,中餐也成为弘扬中华文化,提升中国形象的生动载体。我们也在不断提升中餐的国际地位,扩大中餐的世界影响,推动中餐的创新发展,加强世界各国国家和地区餐饮业的交流与合作。很多海外中餐企业也成为民间交流的新使者,但他们在发展过程中也遇到一些困难,如急需获得有关当地法律法规、饮食风俗、商务环境的知识培训。

中国饮食文化具有非凡魅力和能量,在中国饮食文化"走出去"的过程中,需要全社会共同努力。开展"国际中餐日"活动,一方面有利于凝心聚力、提振人心,激励海内外中餐从业者奋发图强;另一方面也有利于拉动内需、促进消费,从而促进中餐业高质量发展。"国际中餐日"活动要以国内为主、国际为辅,从中餐传播较早、发展基础较好的国家和地区率先开始活动,逐年扩大参与面。同时,举办中餐烹饪比赛、中餐文化与产业发展高峰论坛、中餐非遗美食展演、商贸展会、美食品鉴等活动,作为"国际中餐日"的落地活动。

增强中华文明传播力影响力。坚守中华文化立场,提炼展示中华文明的精神标识和文化精髓,加快构建中国话语和中国叙事体系,讲好中国故事、传播好中国声音,展现可信、可爱、可敬的中国形象。加强国际传播能力建设,全面提升国际传播效能,形成同我国综合国力和国际地位相匹配的国际话语权。深化文明交流互鉴,推动中华文化更好走向世界。

——党的二十大报告

教学目标

◎知识目标

理解中国饮食文化的地位及其走向世界的意义;了解中国饮食文化走向世界的历史与现状;清楚中国饮食文化走向世界面临的机遇和挑战;掌握中国饮食文化走向世界的主体和途径。

◎能力目标

具有比较中西烹饪的初步能力,具有推动中国饮食文化走向世界的初步能力。

◎思政目标

坚定文化自信,具有人类命运共同体意识、国际化视野,崇尚工匠精神,立志讲好中国饮食文化故事、传播好中国饮食文化声音、阐释好中国饮食文化特色、展示好中国饮食文化形象。

第一节　中国饮食文化走向世界的历史

中国几千年的饮食文化在世界饮食文化发展史上，写下了光辉、璀璨的一页。从古至今，中国饮食文化外向开放的"送去主义"，如"润物细无声"的春雨洒遍世界各地，使世界不断认识和欣赏中国饮食文化。正是这种精神，展示出中国饮食文化的魄力、魅力、征服力和气度。

一、先秦、两汉、南北朝时期

先秦时期，我国与域外各国的交往是有的，但史料记载较少，往往都带有"天方夜谭"式的神话色彩。秦统一中国以后，特别是到西汉文、景、武帝时期，大汉帝国国力强盛，与外国的文化交流活动逐渐多了起来。从此我国中原地区与西北地区乃至南亚、西亚有了频繁的交往，这也促进了经济文化的交流和发展。

汉武帝时期，朝廷曾派张骞多次出使西域各国，后来班超再次出使西域，还有江都王刘建之女细君远嫁乌孙国王等友好活动，在中国与中亚，西亚各国之间，开辟了一条"丝绸之路"，中国文明迅速向外传播，西域文明也流向中原。东汉建武年间，汉光武帝刘秀派伏波将军马援南征，到达交趾（今越南）一带。当时，大批汉朝官兵在交趾等地筑城居住，将中国农历五月初五端午节吃粽子等食俗带到了交趾等地。所以，至今越南和东南亚各国仍然保留着吃粽子的习俗。

二、隋唐、五代、两宋时期

隋唐时期，特别是在唐代，我国国力强盛，曾多方吸取各国优秀文化，外事活动空前频繁。先有法显、玄奘"西天取经"，后有鉴真东海传教，外国王孙来朝受聘人员众多，波斯胡商云集长安、扬州、广州等地。仅日本一国就先后派出九批"遣唐使"，大批留学生来到中国，其中就有专门学习制造食物的（包括造酱）味僧。鉴真东渡时，携带了多种中国食品，其中有干胡饼、干薄饼、干蒸饼、落脂红绿米、甘蔗、蔗糖、石蜜（即冰糖）等，豆腐也约在此时传入日本。至今日本人还奉鉴真为豆食始祖。唐代时，在中国的日本留学生还几乎把中国的全套岁时食俗带回了本国，如元旦饮屠苏酒，正月初七吃七种菜，三月上巳摆曲水宴，五月初五饮菖蒲酒，九月初九饮菊花酒，等等。其中，端午节的粽子在引入日本后，日本人又根据自己的饮食习惯作了一些改进，并发展出若干品种，如道喜粽、饴粽、葛粽、朝比奈粽等。唐代时，日本还从中国传入了面条、馒头、饺子、馄饨和制酱法等。

唐宋时，也有一些外国的烹饪方法传入中国。例如石蜜之法，原自西域。《唐会要》载："西蕃胡国出石蜜，中国贵之。太宗遣使玉摩伽佗国取其法，令扬州煎甘蔗汁，于中厨自造焉，色味逾于西域所出者。"南宋杭州有味名菜叫冻波斯姜豉，就是传自伊朗。被苏东坡赞之为"霜叶露芽寒更苦"的菠菜，也是唐太宗时从尼泊尔传入的。

三、元、明、清时期

元代，成吉思汗的大帝国横征欧、亚两洲，元世祖忽必烈"用夏蛮夷"，大大推动了中外文化包括饮食文化的大交流。意大利著名学者马可·波罗旅居中国17年，足迹遍及长城内外、大江南北的重要城市，为两国经济文化交流贡献了毕生精力。他把中国面条带到意大利，经勤劳聪明的意大利人民发展创造，演变为今天举世闻名的意大利面条；与此同时，马可·波罗也给成吉思汗的子孙带来了意大利人民的佳肴美馔。

明代，三保太监郑和率众7次下西洋，游历了37个国家，无疑促进了中外文化交流包括饮食文化的交流。明代天启二年（1622年）来华的德国传教士汤若望在京居住期间，曾用"以蜜面和以鸡"制作的"西洋饼"款待中国人，使食者皆"诧为殊味"，于是效法流传开来。明代中国食品又引进了番食，如番瓜（南瓜）、番茄（洋柿子，南美传入）、番薯（山芋的良种，从吕宋传入）等。印度的笼蒸"婆罗门轻高面"，枣子和面做成的狮子形的"木蜜金毛面"等，也在元明时期传入。

清代康熙至乾隆年间（史称康乾盛世）我国对外文化交流范围更广。北疆的沙俄，大洋彼岸的非洲等，都与大清帝国有交往。到了晚清，不仅欧、亚、非、美四大洲，而且大洋洲也有了中国移民，中外饮食文化交流遍及全球。

晚清时期，在"下南洋谋生""北美淘金热"的驱动下，我国广东、福建等地移民开始在国外开设小型中餐馆。

1896年李鸿章访美，对炒杂碎这道菜赞誉有加。华人利用这个机会，借助美国媒体大肆宣传炒作，杜撰了关于炒杂碎与李鸿章的传说。依托着李鸿章的金牌代言，和《纽约时报》的采访报道，"李鸿章杂碎"火了，"炒杂碎"的中餐馆开始遍布美国中东部。"杂碎"，成为美国俚语里"中餐"的代名词，也成为一种文化象征。1925年，有首民间小调叫作《我走后谁帮你剁杂碎》。1926年，一首爵士歌曲《杂碎圆号曲》曾经风靡一时。2001年，美国甚至推出了一部电影，片名就叫《杂碎》。到了20世纪20年代，中餐厨师们尝试用肉丝代替原先的内脏，那些从来不吃内脏的美国人，也加入了杂碎爱好者大军。

值得一提的是，明清时期中日两国的饮食文化交流很频繁。日本人羽仓用九在日本天保甲寅年撰写了一本饮食专著，叫《养小录》。日本的铁研学人对此书的评价很高。但是如果把这本书与乾隆年间刊刻的顾仲《养小录》和袁枚《随园食单》对照一下就会发现，不仅在书名上相同，而且在行文结构、用语方面都有明显的相近之处，但此书的内容却是地道的日本特产，即有人说，这是"中国瓶装日本酒"。就全书的结构而言，按四季列菜单，有"宜春单""宜夏单""宜秋单""宜冬单"，其体裁与《随园食单》如出一辙；其烹饪，如"油炸""耳食"等也如《随园食单》。应该说，这部日本的饮食著作深受中国古老烹饪文化的熏陶，同时也表明，中日两国不仅在食馔上有密切关系，而且在烹饪理论方面也有交流。

四、民国时期

民国时期的中餐馆，在某种程度上是海外中国人的不同族群、不同阶层人士的一种共同的"原乡记忆"，从中可一窥海外中国人的家国情怀。第二次世界大战爆发后，日军侵华引起了美国民众对华人的同情。1943年，美国政府撤销了反华法案。来自中国的移民人口，带来了更加多元化的美食，粤菜、川菜、湘菜、浙菜等各大菜系，争奇斗艳，重新构建起了美国的中餐江湖。宫保鸡丁、榨菜肉丝，就是新成员中的典型代表。与此同时，美国国防工业在西海岸大规模发展，导致人口激增，西部地区唐人街的中餐馆，迅速迎来了成倍增长的客人。特别是日军偷袭珍珠港以后，美国对日宣战，视华人为盟友，中餐馆敏锐地捕捉到了当地对日的仇视情绪，积极推广中式菜肴。

鸦片战争以来，西方列强用坚船利炮敲开了中国的大门，自此"西学东渐"之风盛行，从科学技术到思想文化，中国处处扮演着学习者。在近百年的中外交流史中，唯独"中华美食"一项，随着中国人学习西方的步伐从东方传播到世界各地，上演了一出独特的东方味道自东向西流动的剧目。周松芳的《饮食西游记》，追本溯源，梳理近代以来中华美食在西方世界传播发展的独特历程，从"李鸿章杂碎"的风靡美国到巴黎"万花楼"的逸闻趣事，从伦敦"水手馆"的独特风味到越南"食在西贡"历史变迁，梳理了近代以来中华美食在海外传播发展的独特历程，展现了以粤菜为首的中华美食传播域外的"饮食西游记"。[1]

五、中华人民共和国成立以来

中华人民共和国成立初期，由于西方世界封锁，中国饮食文化在海外的发展受到一定影响。后来，随着我国综合国力的增强、国际影响力的提升以及外交事业的发展，国家越来越重视中国饮食文化等中华文化的海外传播。

1972年，尼克松访华，美国民众通过电视看到了他们的总统，和中国周恩来总理在使用筷子吃中餐，旁边还放着小口杯的茅台，异常新奇。很快，在美国掀起了新一轮中式菜的热潮。在美国使用筷子，成为体现个性的新时尚。美剧里开始出现各种主角，拿着筷子和中餐饭盒的画面。《中美联合公报》的签署，正式打开了两国贸易的大门，大量中国食材进入美国市场，"巧媳妇难为无米之炊"的中餐馆，总算摆脱了烹饪材料匮乏的窘境，一些原来没有的菜品随即添加了进来。针对美国人对甜味的嗜好，糖醋咕噜肉、西蓝花牛肉、蒙古牛肉被发明了出来。左宗棠鸡，更是出类拔萃，一推出就成为主打菜。

改革开放到20世纪末，海外中餐馆逐步完成了从"杂碎"到"左宗棠鸡""宫保鸡丁""烤鸭"的品质升级与形象跃迁。创始于1983年的"熊猫快餐"，是美国最大的中式快餐店。在美国的商业街、大型购物中心、超市、车站、火车站、机场，随处可见它们的身影。

21世纪前15年，以小肥羊、眉州东坡、刘一手火锅等为代表的中餐连锁品牌开启国际化之路，截至2015年，海外中餐馆超过40万家。2016—2020年，快餐和茶饮品牌在海外崭露头角。快乐小羊、阿香米线、沙县小吃、蜜雪冰城、喜茶、霸王茶姬等品牌都在海外取得不俗的成就。截至2021年，中餐已传播至全球130个国家，海外有超过60万家中式餐厅。

中餐是体验中国文化的重要且便捷的载体，伴随中国文化软实力增强，海外认同感提升，国际中餐市场受众正逐步从华人群体向非华人群体延伸，传承中华文化特色的民族餐饮品牌或迎出海契机。

中国烹饪自古以来便与海外进行着各种交流活动，这是中国烹饪发展中的重要篇章之一。

第二节　中国饮食文化走向世界的意义

当前，国际上综合国力竞争日趋激烈，文化在综合国力竞争中扮演着越来越重要的角色。我国要在激烈的国际竞争中立于不败之地，实现中华民族的伟大复兴，必须把提升对外文化交流能力作为一项重要战略任务。中国饮食文化作为中国文化的重要组成部分，对创造良好的国际环境有着积极的现实意义。

---

[1] 周松芳. 饮食西游记［M］. 北京：生活·读书·新知三联书店，2020.

一、让世界了解中国饮食文化

跨文化交流理论表明，双向交流、互动借鉴是世界各不同文化之间融合共生的有效途径。中国欲走向世界，首先得让文化走向世界，让世界更好地理解中华文化，积极参与国际文化交流，利用国际舞台传播中国文化。特别是在国外大肆传播"中国威胁论"情况下，加强对外文化交流，推动中华文化传向世界，让国外民众了解中国文化的核心价值观念，向国外解释、说明中国，已显得更有必要和有意义。

因此，中国饮食文化走向世界的主要目的，是让世界了解中国饮食文化，向世界展示中国饮食文化文化的博大精深，宣传中华文化的"和合"本质，改变西方对中国的文化印象，使中国文化为国际社会所了解、所认同、所向往。

二、更好地向世界学习

中国饮食文化走向世界的另一个目的，是要学习世界烹饪文化，看到不足，找出差距，努力学习外国烹饪的长处，博采众长，以丰富和发展自己。在对外传播上，也要借鉴其他国家经验，与时俱进，积极探索烹饪文化对外传播的专业化、市场化道路。

近几十年来，许多国外的烹饪涌入我国餐饮市场。外国文化与中国传统文化的碰撞，吸引了更多年轻人开始关注、喜欢西餐、韩餐、日餐等外国餐饮。年轻活力的消费群体是外国餐饮在全国各大城市遍地开花的坚实基础，外国文化的渗透为外国烹饪进入中国市场提供了有力的后备力量。引进的电影、电视剧中，外国烹饪的身影无处不在。虽然外国烹饪及其产品在亲情友情和文化传统、风土人情、饮食习惯等方面与中国饮食文化无法比拟，但其有着资金、人才、技术、设备、管理、营销等方面的优势。国外许多快餐食品如炸鸡、汉堡包、比萨饼等原来都是地方传统烹饪成品，他们后来采用统一配方，大批量生产，品质稳定、经济实惠，在餐馆的经营管理上不断改进，所以在餐饮市场上很有竞争力。随着社会的发展，人们的工作、生活节奏进一步加快以及人际交往的需要，国外烹饪将越来越多地走进老百姓的日常生活中，对中国的传统烹饪形成了挑战。

三、增强文化自信

文化是一个民族的精神和灵魂，是国家发展和民族振兴的强大力量。大力弘扬中华文化，推动中华文化走向世界，让博大精深的中华文化再现辉煌，对增强民族凝聚力、自信心和自豪感，构建社会主义和谐社会具有不可或缺的重要作用。

中国饮食文化，不仅仅是一种餐饮方式，更代表了中华民族的集体智慧和情感记忆。中国饮食文化在海外的传播不仅仅是一种饮食方式的传递，更是文化、历史和人文精神的传播。

今天，当我们在考虑中国饮食文化如何能够走向世界时，必须加强对中国饮食文化的自信，也只有当我们对自己的文化有充分的自信了，才能够理性、稳步、踏实地走向世界。

首先，在中国饮食文化在走向世界的过程中，不同层次的主体都有广泛学习和深入研究中国饮食文化的需要。因为，在国际层面要增强我国烹饪文化的传播效果，对外烹饪文化交流工作者必须深入地认识与理解中华烹饪文化，选择符合传播对象内容和形式，也就是中国文化，世界表达。同时，中国饮食文化对外传播效果的提升，会促使中华烹饪文化在国际上的影响力大大提高。国际上的"中国饮食文化热"必将带动国内民众对本民族烹饪文化的自信心和自豪感，这种动力会激发国民内心深处的对本民族烹饪文化的热爱，赞美中国饮食文化文化、宣传烹饪中国文化，将成为国内民众的自发行为，其在烹饪文化传播上的意义和价值是不言而喻的。

其次，随着经济全球化的不断蔓延，美食成为全球化的一种文化表现形式。几乎每个人都知道可口可乐、KFC、星巴克、必胜客等品牌，使快餐成为美国的代言词。在界各地，人们一提到寿司，就会想到日本料理，一提到甜点就会想到法国。国外饮食文化的挑战和侵蚀，对引起国民对中华烹饪文化的忧患意识起到重要的警醒作用，从而自发转换为弘扬中华烹饪文化的社会责任感，推动中华烹饪文化走向世界的发展。

四、增强中国饮食文化的话语权和国际影响力

韦斯特认为，一个社会在建立符合社会意识形态和价值观念的"正确的"食物选择和饮食方式的同时，会排除"不正确的"食物和就餐方式。因此食物叙事不仅仅是规范性的，而且是排他性的。代表主流文化的食物叙事植根于日常生活实践，甚至被纳入主体建构的过程中。也就是说，所谓"可以接受的午餐"其实与个人的喜好无关，而与意识形态和权力关系密切相关[①]。因此，在食物成为资本和饮食文化成为国家软实力的当下，中国饮食文化走向世界，打造舌尖上的中国标准，有助于推动建立中国饮食文化在世界上的话语权。同时，中国饮食文化走向世界，可以将我国优秀饮食文化信息及时、形象地传向世界，从而在时间和空间上拉近我国和其他国家的文化距离，有助于其他国家民众熟知和接受中华饮食文化，提高中华饮食文化的世界影响力。

第三节 中国饮食文化走向世界的主体和方法

中国饮食文化走向世界是一个系统性工程，不仅需要依靠政府的组织，还需要调动企业、社会组织和民间个人等一切力量，调动各方面的积极性，形成中国饮食文化走向世界过程中政府、企业、民间组织、个人等多主体共同参与的新格局。

一、中国饮食文化走向世界的主体

（一）政府相关部门

推动中国饮食文化走向世界，必须充分发挥政府的引领作用。

中国饮食文化走向世界在政府层面的方式多种多样，主要的传播方式有：综合性文化交流活动、烹饪艺术出访展演、举办展览、烹饪论坛、设立海外中餐繁荣基地等。如将重大餐饮交流活动纳入国家中外交流年、旅游年、文化交流中心、人文交流计划等国家对外交流合作计划，通过美食文化的交流推广，带动中餐"走出去"。

为了进一步推动中餐文化在海外的传承和发展，国务院侨办于2014年推出了"中餐繁荣计划"作为"海外惠侨工程"八大计划之一，旨在支持海外侨胞发展中餐事业。2016年1月，在扬州大学设立了第一个"海外中餐繁荣基地"，通过学历教育、技术培训、业务交流、在线授课、学术研究等多种方式，不断推进海外中餐事业的不断壮大。

---

① 姚红艳. 饮食同化与族裔身份——《点心》中的食物书写[J]. 华文文学, 2022, (02): 40-47.

（二）非政府组织

非政府组织，简单来说就是除官方机构以外的民间社会组织和团体的统称。社会团体作为非政府组织，在传播中国饮食文化的过程中可以发挥独特的作用，相对于官方机构和组织的对外文化传播，民间社会组织和团体有其自身的独特优势，因为没有官方色彩，所以不会被国外受众，特别是西方受众质疑和排斥，反而更容易被接受。非政府组织及其所从事和开展的活动成为烹饪文化交流的重要途径之一，非政府组织因其非营利性、公益性和志愿性等特点，通过慈善事业、教育培训等形式，在饮食文化交流过程中对促进经济、社会的发展有重要作用。由于非政府组织的特殊优势，在推动中国饮食文化走向世界过程中发挥着非常重要的作用。

非政府组织在中国饮食文化走向世界中具有不可替代的重要作用。如世界中餐业联合会编制了《关于推动海外中餐繁荣发展的计划（2022—2026）》，计划用5年时间打通海外中餐业者向国内餐饮业学习新业态、新模式、新理念的渠道，国内餐饮业者向海外输出新经验、新成就、新品牌的渠道。培养海外中餐业的经营管理人才、专业技术人才和产业复合型人才。同时建设海外中餐发展的智库平台，中华饮食文化的传播平台，中餐国际化发展的服务平台，民间美食外交的交流平台。

孔子学院不仅是语言教学机构，更是世界人民了解中国、认识中国的一个窗口，是促进世界人民和平友好的一项事业。随着中国综合国力与国际地位的提高，国际交流与合作的日益深入，汉语越来越受到各国政府、各跨国公司、国外大学、教育机构和国外大学生的关注，全球"汉语热"高潮迭起，可以说，孔子学院是"汉语热"全球升温的结果，它的诞生与兴起为中国文化的对外传播与交流开辟了一条新的途径。在孔子学院开设中国饮食文化课，可以以美食为媒介，让外国人亲自动手参与、学习实用技能，让他们通过直观的体验对中国、对中华文化感兴趣。

（三）食品及餐饮企业

食品及餐饮企业是推动中国饮食文化走向世界的中坚力量，由于食品餐饮企业的专业性，所以在实施对外饮食文化传播过程中，其传播效益和效果往往高于其他实施主体。食品餐饮企业承担着中国饮食文化对外传播的重要任务，尤其是在提高中国饮食文化的国际影响力方面有着不可替代的重要作用。

如今，海外众多中餐馆成为展示传播中华文化的重要场所，著名中式餐馆和名厨成为展示传播中华文化的形象代表。例如，美国"喜福居"中餐馆创始人朱镇中，每每遇到点北京烤鸭、麻婆豆腐的西方客人，都会耐心讲解中华美食的典故。每个星期六他还会花3个小时在店内现场教学中国菜。为进一步打造川菜文化海外推广窗口、川菜产业国际合作窗口、四川国际形象展示窗口，2023年4月，四川省侨务办公室、四川省人民政府新闻办公室、四川省商务厅、四川省文化和旅游厅评定老房子餐饮葡萄牙里斯本店、小龙坎西班牙马德里店、五粮液大酒家日本东京店、海底捞新加坡店、美国老四川餐厅、眉州东坡酒楼美国比弗利店、澳大利亚大味餐饮等7家海外中餐厅为首批"中华川菜·世界味道"全球形象体验店。截至2023年7月，眉州东坡集团在洛杉矶一共拥有5家门店。旗下一共拥有三个子品牌，分别为眉州东坡酒楼、王家渡火锅和眉州小吃，对应的细分为正餐、火锅和小吃。

（四）充分发挥华人华侨的桥梁作用

中国饮食文化走出去，华人华侨和留学生群体在其中扮演着关键角色和重要价值。早期华侨到国外谋生靠"三把刀"：切菜刀、剃头刀、裁衣服的剪刀，开中餐馆成为很多华人华侨的谋生手段，也成为他们的职业。而到目前为止，中餐馆依然是海外华人华侨普遍的创业、就业选择。

另外，中国饮食文化走向世界，文化界和学界知识分子（文人和学者）担负着既特殊，又重要的角色，在我国文化界和学界知识分子（文人和学者）在推动中国饮食文化走向世界的过程中同样有着特殊的意义。文人利用自己优秀的文化创作推动中华文化走出国门，与其他国家文化交流互动。学者利用对外学术交流推动中国文化走向世界，所以，要鼓励文人积极创作高质量文化作品，并助其走出国门；同时也要鼓励国内专家、学者参加各种国际学术会议，开展国际间的交流与合作，架构文化沟通的桥梁，努力在高端学术上拥有中国饮食文化文化阐释权和话语权，让中国饮食文化文化得到全世界的理解和认同。

（五）普通民众

公民面对面的交流在人类文明的早期就一直存在着。在文化全球化的今天，随着国际关系民主化进程的发展，公民个人参与国际事务的机会和能力大为增多，对世界事务的影响也越来越大。从参与人员上看，参与文化交流的不但有社会精英，还有普通大众；从交流的途径来看不仅有海外留学、访学、学术交流，而且可以通过国外旅游、参加国际运动会等方式实现文化间的流通。此外，公民个人还可以通过网络发布文化信息、互通文化有无，实现不同文化间的交流。在全球经济文化一体化的今天，越来越多的各层次的普通民众参与到国家对外交流的潮流中来，在民间的文化、艺术和体育交流中，随处都可以见到他们活跃的身影。普通民众已发展成为日益重要的国际文化传播交流的文化力量。

我国对外文化推广中，产品传播走出去非常重要，千百万走向市场的产品每天都在诉说中华文化是什么。其中食品很重要，中国美食讲究色、香、味、形、名、器、技、功、序。民以食为天，食之道，某种意义上就是人之道和国之道。中华文化要真正实现对外传播，需要"四管齐下"：以学术之理启迪人，以传播之力影响人，以艺术之美感染人，以产业之利惠及人。比如，以学术之理启迪人，即应好好整理、挖掘中华美食背后的道理，包括顺应天时的养生观，就地取材的生存观，荤素搭配的营养观，药食同源的保健观，物尽其用的节俭观等。

二、中国饮食文化走向世界的基本策略

实施中国饮食文化走向世界战略，要加强顶层设计、确定牵头机构、遵循市场规律、注重侨领示范、突出部门协同，应坚持政府主导、企业主体、市场运作、社会参与，统筹国际、国内两种资源，利用网络订餐技术，筹划网络订餐平台，打造专业投资运营团队来培育当地中餐文化品牌，让国外民众轻轻触屏即可量身定制美食"e大餐"，努力实现海外中餐业发展模式和盈利模式的多元化。

（一）选择的合适的传播内容和传播形式

中国饮食文化走出去，必须先明确，我们要对外传播的饮食文化内容是什么？所选择的传播内容是否能够体现中国文化乃至中华民族的民族精神？中国饮食文化历史悠久，但也随着历史的发展经历了不断的自适应改造。

所选择的传播内容、传播形式都要符合受众的饮食文化及习惯，才能收获良好的文化传播效果。如果一味坚持传播中国饮食文化特色，不顾受众饮食文化是否能够接受，是无法实现良好的传播效果的。但也不能一味地顺应西方的饮食文化和习惯，放弃中国饮食文化特色，而是在传承中国饮食文化的基础上，根据受众文化和习惯作出适度的调整，实现双赢。

只有坚持传播中国文化，兼顾受众文化及习惯，才能有效传递中国文化和中华民族精神，逐渐建立起不同文化受众对中国文化的身份认同。

这就需要相关研究者们不断挖掘、整理特色菜系的文化负载信息，如菜品名称、饮食习俗、美食典故、食材选料特色、品牌故事等，秉持传承+创新+传播的理念，将这些信息形成美食故事，打造成中国饮食文化名片。选择合适的传播内容，才能将融合了传统与现代元素的、多样化的中国饮食文化准确的传播出去。把文化融入菜品中，就是最好的中国故事。

（二）准确把握阐释中国饮食文化的话语权

在中华饮食文化传播中需要坚持"以我为主"的原则，把握文化阐释的话语权。传统文化对外传播一方面的确需要根据受众的接受习惯、文化背景等调整传播方式，另一方面也须抓住文化阐释的话语权和主导权。

以饺子在海外的传播为例，目前在全世界广泛使用的英文名称多为dumpling或日文音译的gyoza。按照维基百科的定义，dumpling是一个"集大成"的概念：原则上任何"面皮裹馅儿"的食物都可以叫"dumpling"，因此波兰的pierogi、南美的empanada、韩国的mandu、意大利的ravioli或gnocchi等都可以被归在dumpling里，那么中华饮食的独特性与文化意涵不就在世界文化交往中被忽视甚至被磨灭了吗？原本是中国的传统美食，jiǎozi在外国的认知度却远远低于日本的gyoza，以gyoza为名的小吃店也遍布全球，这确实是一件令人难堪的事情。可见，放弃对自身文化的阐释权和主导权，就会导致文化传播陷入被动。

合理化、规范化翻译饮食文化传播内容的信息材料，既要防止文化流失，还要提升文化自信，推动多元文化传播。

首先，译者作为传播者应该遵循官方公布的相关规范要求，例如《中文菜单英文译法》《公共服务领域英文译写规范》等，将规范化的翻译作为饮食文化对外传播内容的基本质量保障。

其次，译者需要知己知彼。翻译负载文化的信息材料时，译者需要精通源语言和目的语言，更需要熟悉这两种语言所负载的文化。

最后，译者需要精读有关饮食文化对外译介的核心研究文献，从中汲取智慧，针对不同的文化情境选择最适合的翻译策略，确保译文的准确性、合理性。

（三）开发多元化传播渠道

文化走出去战略实施以来，各级政府机构致力于文化传播渠道开发。目前，就中国饮食文化传播而言，传播渠道较为多元，包括官方网站、短视频平台、微信公众号等。但是，这些饮食文化传播渠道还不够多元化，系统化、规范化。自媒体时代的文化传播，既可以通过官方渠道进行品牌化、系列化传播，更可以将优质的饮食文化传播素材开放给不同平台、组织、个人，大家按需取材，进行辐射式传播。避免各自为政，饮食文化传播内容质量参差不齐，在各种国内外传播渠道散播，最终造成受众对中国饮食文化的误解或者产生困扰。饮食文化品牌化有利于形成优质形象名片，在受众群体中产生文化共鸣。

（四）参加或举办世界烹饪大赛

参加或举办世界烹饪大赛也是中国烹饪走向世界绝佳机会，奥林匹克世界烹饪大赛、法国博古斯世界烹饪大赛、中国烹饪世界大赛、中餐烹饪世界锦标赛、东方美食国际大奖赛等。中国烹饪世界大赛由世界中餐业联合会主办，首届大赛于1992年在上海举办，每四年举办一届，轮流在各国举行。中国烹饪世界大赛素有中餐奥林匹克之称。参加每届中国烹饪世界大赛的参赛团队和厨师由各国中餐烹饪协会选拔，均是代表各个国家和地区最高中餐烹饪水平的厨师。截至2023年10月，中国烹饪世界大赛已在中国、日本、马来西亚、荷兰等地成功举行了八届，极大地促进了中国烹饪文化和技术的交流与提升，对促进其走向世界产生了重要影响。

（五）锻造高素质人才队伍

练好"内功"，不断夯实适应新时代国际传播需要的高素质专门人才队伍，同时深化媒体与高校各领域合作，加强传播规律研究，建强国际传播后备军。广交朋友、团结和争取大多数，不断扩大知华友华的国际舆论朋友圈，让人人都成为中国饮食文化的讲述者，形成"大珠小珠落玉盘"的文化大合唱格局，让中国饮食文化"传起来"。

总之，我们要坚持不懈以习近平文化思想为指引，自信自强、守正创新，用心用情、润物无声，向世界阐释推介更多具有中国特色、体现中国精神、蕴藏中国智慧的优秀饮食文化，讲好中华饮食文明的当代价值和世界意义，促进国际社会对中华饮食文明及其蕴含的全人类共同价值的认知认同，不断增强中华文明传播力影响力，推动中华文化更好走向世界。

思考题

1. 中国饮食文化的优势主要体现在哪些方面？
2. 中国饮食文化走向世界面临的机遇和挑战是什么？
3. 除了教材上所讲，中国饮食文化走向世界的主体和途径还有哪些？
4. 如何打造中国饮食文化软实力？
5. 你认为中国饮食文化如何才能更好走向世界？

课外选读文献

1. 刘征宇. 中国菜走向世界：一个永久进行时态的问题——专访著名饮食文化学者赵荣光教授［J］. 南宁职业技术学院学报，2011，16（01）：3-6.
2. 黄力之. 在文明交流互鉴中推动中华文化走向世界［J］. 华东师范大学学报（哲学社会科学版），2022，54（06）：30-36+176.
3. 孙宝国. 让中国人民品味世界美食让中国美食走向世界［J］. 中国食品工业，2023（07）：22-23.
4. ［马来西亚］陈志明. 东南亚的华人饮食与全球化［M］. 厦门：厦门大学出版社，2017.
5. 周松芳. 饮食西游记［M］. 北京：生活. 读书. 新知三联书店，2020.

参考文献

[1] 张光直, 编. 中国文化中的饮食 [M]. 王冲, 译. 桂林：广西师范大学出版社, 2023.
[2] 葛兆光. 古代中国文化讲义重订增补本 [M]. 北京：商务印书馆, 2022.
[3] 刘晓杰, 等. 中国饮食文化 [M]. 北京：旅游教育出版社, 2022.
[4] 赵荣光. 中华食学 [M]. 北京：中国轻工业出版社, 2022.
[5] 王仁湘. 中华文脉至味中国饮食文化记忆 [M]. 郑州：河南科学技术出版社, 2022.
[6] 杜莉等. 中国饮食文化 [M]. 3版. 北京：旅游教育出版社, 2022.
[7] 赵荣光. 中华食礼 [M]. 北京：中国轻工业出版社, 2021.
[8] 赵荣光. 中华菜论 [M]. 北京：中国轻工业出版社, 2021.
[9] 陈波. 中国饮食文化 [M]. 3版. 北京：电子工业出版社, 2021.
[10] 张传军. 饮食文化 [M]. 2版. 长春：东北师范大学出版社, 2020.
[11] 蔡沐禅. 饮食文化 [M]. 北京：中国人民大学出版社, 2021.
[12] 石访访. 饮食的文化符号学 [M]. 成都：四川大学出版社, 2020.
[13] 李中华, 著. 中国文化通义 [M]. 北京：世界图书出版公司, 2019.
[14] 李明晨, 宫润华. 中国饮食文化 [M]. 武汉：华中科技大学出版社, 2019.
[15] 李世化. 饮食文化十三讲 [M]. 北京：当代世界出版社, 2019.
[16] 金洪霞, 赵建民. 中国饮食文化概论 [M]. 2版. 北京：中国轻工业出版社, 2019.
[17] 赵荣光. 中华饮食文化概论 [M]. 北京：高等教育出版社, 2018.
[18] 康琪. 载食载礼饮食与文化的桥梁中华文化解码 [M]. 西安：未来出版社, 2018.
[19] 赵建民, 金洪霞. 五味杂陈：中国传统饮食文化 [M]. 济南：山东大学出版社, 2017.
[20] 谢静. 中国传统饮食文化文献研究 [M]. 北京：中国广播影视出版社, 2017.
[21] 本书编委会组织编写. 注册中国烹饪大师名师培训教程 [M]. 北京：中国轻工业出版社, 2017.
[22] 贺正柏. 中国饮食文化 [M]. 北京：旅游教育出版社, 2017.
[23] 杨春华, 等. 中国饮食文化概论 [M]. 西安：世界图书西安出版公司, 2014.
[24] 徐海荣. 中国饮食史 卷一 [M]. 杭州：杭州出版社, 2014.
[25] 高成鸢. 饮食与文化 [M]. 上海：复旦大学出版社, 2013.
[26] 冯玉珠, 沈博. 饮食文化概论 [M]. 北京：中国纺织出版社, 2009.